基础数学教程

（五年制大专）

主　编　张海英　丁　霞
副主编　徐海燕　丁艳梅　孟　玲
主　审　李兆斌

西安电子科技大学出版社

内 容 简 介

本书分为上、中、下三篇，上篇包括有理数的运算、整式、乘法公式与因式分解、分式、一元一次方程与不等式、二元一次方程组和概率初步；中篇包括集合、一次函数、二次函数、指数函数与对数函数、三角函数；下篇包括平面向量，数列，函数、极限与连续，导数及其应用，线性代数。本书精选传统内容，结合学生的实际情况，配有难度适中的习题，是一本非常实用的基础教材。

本书可作为五年一贯制高职院校电气、造价、冶金等学生的基础数学教材，也可供其他专业的学生学习和参考。

图书在版编目(CIP)数据

基础数学教程：五年制大专/张海英，丁霞主编. —西安：西安电子科技大学出版社，2021.8

ISBN 978-7-5606-5687-8

Ⅰ. ①基… Ⅱ. ①张… ②丁… Ⅲ. ①高等数学—高等职业教育—教材
Ⅳ. ①O13

中国版本图书馆 CIP 数据核字(2020)第 124787 号

策划编辑 万晶晶
责任编辑 许青青
出版发行 西安电子科技大学出版社(西安市太白南路 2 号)
电　　话 (029)88242885 88201467　　邮　　编 710071
网　　址 www.xduph.com　　电子邮箱 xdupfxb001@163.com
经　　销 新华书店
印刷单位 陕西日报社
版　　次 2021 年 8 月第 1 版 2021 年 8 月第 1 次印刷
开　　本 787 毫米×1092 毫米 1/16 印张 19.5
字　　数 461 千字
印　　数 1～2000 册
定　　价 56.00 元
ISBN 978-7-5606-5687-8/O

XDUP 5989001-1

前　言

人类社会的进步与数学这门学科的广泛应用是分不开的。现代数学正成为科技发展的强大动力，数学学科的内容、思想和方法是现代文化的重要组成部分，同时也广泛和深入地渗透到了社会科学的各个领域。

多年的教学实践证明，五年制大专学生在数学方面基础知识薄弱，基本运算能力欠缺，学习数学的积极性不高，在校期间要完成数学学习任务难度较大。为贯彻“以服务为宗旨，以就业为导向”的教学指导思想，本书编者本着“以应用为目的，以必需、够用为度”的原则，结合五年制大专学生的知识水平和能力水平编写了本书，旨在为学生提供应用数学知识解决各种数学相关问题的方法，以便学生加深对数学概念的理解，认识数学知识与实际的联系，并学会用数学知识和方法解决一些实际问题。

本书突出中职教育改革特色，难易程度适合目前的生源情况，内容条理清晰，循序渐进，例题较多，典型性强，可以培养学生的学习兴趣，极大地调动学生的积极性。

由于编者水平有限，书中难免存在不足之处，希望读者在使用本书的过程中及时提出修改意见和建议，以便我们不断完善本书。

编　者

2021 年 5 月

目 录

上 篇

中 篇

下　篇

上篇

第 1 章　有理数的运算

有理数是初等数学最基础和最重要的内容之一，有理数的运算是初等数学最基本的运算，是人们认识客观世界和周围事物的重要工具之一。它所蕴含的丰富内容深刻反映了许多重要的基础数学思想和方法，是整个初等数学的基石。本章的主要内容是有理数的加、减、乘、除运算以及有理数的乘方运算。

1.1　有理数的加法与减法

1. 有理数的加法

道路巡视员在一条东西方向的大道上先走了 50 米，然后又走了 15 米，巡视员与初始位置相距多少米？他现在位于原来位置的哪个方向？

把巡视员的初始位置记为 0 米，向东走记为正，向西走记为负。这是一个求两次位移的和的问题。

如果巡视员两次都向东走，那么一共向东走了 65 米，巡视员位于原来位置的东方 65 米处。用算式表示就是：

$$(+50)+(+15)=+65$$

如果巡视员两次都向西走，那么一共向西走了 50 米，巡视员位于原来位置的西方 65 米处。用算式表示就是：

$$(-50)+(-15)=-65$$

如果巡视员第一次向东走，第二次向西走，那么一共向东走了 35 米，巡视员位于原来位置的东方 35 米处。用算式表示就是：

$$(+50)+(-15)=+35$$

如果巡视员第一次向西走，第二次向东走，那么一共向西走了 35 米，巡视员位于原来位置的西方 35 米处。用算式表示就是：

$$(-50)+(+15)=-35$$

观察上面的加法算式，你发现两个有理数相加时，两个加数的符号有哪几种情况？如果两个加数同号，和的符号与加数的符号有什么关系？和的绝对值与加数的绝对值有什么关系？两个加数异号呢？由此你能得出有理数的加法法则吗？

有理数的加法法则如下：

(1) 同号两数相加，取相同的符号，并把它们的绝对值相加。

(2) 异号两数相加，绝对值相等时，和为 0；绝对值不等时，取绝对值较大的加数的符号，并用较大的绝对值减去较小的绝对值。

(3) 一个数与 0 相加，仍得这个数。

两个数相加，要先根据加数的符号，确定和的符号；再根据加数的绝对值，确定和的绝对值。

例 1.1　计算：

(1) $(-3)+(-8)$；　(2) $(+9)+(-13.4)$；

(3) $(-2.1)+0$；　(4) $\left(-\frac{1}{2}\right)+\left(+\frac{1}{3}\right)$。

解　(1) $$(-3)+(-8)=-(3+8)=-11$$

(2) $$(+9)+(-13.4)=-(13.4-9)=-4.4$$

(3) $$(-2.1)+0=-2.1$$

(4) $$\left(-\frac{1}{2}\right)+\left(+\frac{1}{3}\right)=-\left(\frac{1}{2}-\frac{1}{3}\right)=-\frac{1}{6}$$

例 1.2　土星表面的夜间平均温度是－150℃，白天比夜间高26℃，那么白天的平均温度是多少？

解　$$(-150)+26=-124$$

所以，土星表面白天的平均温度是－124℃。

2. 有理数的减法

有理数的减法法则：减去一个数，等于加上这个数的相反数，即 $a-b=a+(-b)$。

例 1.3　计算：

(1) $-2-(+7)$；(2) $4.6-(-2.8)$；(3) $0-(-8.8)$；(4) $\left(-\frac{3}{2}\right)-\left(+\frac{1}{4}\right)$。

解　(1) $$-2-(+7)=-2+(-7)=-9$$

(2) $$4.6-(-2.8)=4.6+(+2.8)=7.4$$

(3) $$0-(-8.8)=0+(+8.8)=+8.8$$

(4) $$\left(-\frac{3}{2}\right)-\left(+\frac{1}{4}\right)=\left(-\frac{3}{2}\right)+\left(-\frac{1}{4}\right)=-\frac{7}{4}$$

例 1.4　假定某地一天的气温是－3～4℃，那么此地这一天的最大温差是多少？

解　$$4-(-3)=7$$

所以，此地这一天的最大温差是7℃。

3. 有理数的加减混合运算

例 1.5　计算 $(+10)-(-3)+(-5)-(+26)$。

解　$$\begin{aligned}(+10)-(-3)+(-5)-(+26)&=(+10)+(+3)+(-5)+(-26)\\&=10+3-5-26=-18\end{aligned}$$

在上面计算过程的第一步中，按照有理数减法法则，把加减运算都统一成为加法运算。为了简便，我们通常把算式中所有加号及括号都省略不写。

例 1.6　计算：

(1) $-2.3+4.7-6.4+8$；　(2) $-\frac{3}{2}+\frac{1}{6}+\frac{3}{2}-\frac{1}{3}$。

解　(1) $$-2.3+4.7-6.4+8=2.4-6.4+8=-4+8=4$$

(2) $$-\frac{3}{2}+\frac{1}{6}+\frac{3}{2}-\frac{1}{3}=-\frac{3}{2}+\frac{3}{2}+\frac{1}{6}-\frac{1}{3}=\frac{1}{6}-\frac{1}{3}=-\frac{1}{6}$$

★练习 1.1

1. 计算。

(1) $(-27)+(-31)$；　(2) $-11+0$；　(3) $(-8.5)-(-1.5)$；

(4) $\left(-8\frac{2}{3}\right)+(+4.5)$；　(5) $\left(-\frac{1}{3}\right)+\left(+\frac{1}{2}\right)$；　(6) $\left(-7\frac{2}{3}\right)+\left(-3\frac{5}{6}\right)$；

(7) $\left(-\frac{2}{3}\right)-\left(-3\frac{1}{2}\right)$；　(8) $\left(+\frac{1}{2}\right)+\left(-\frac{1}{3}\right)-\left(+\frac{1}{4}\right)$；

(9) $\left(-\frac{1}{3}\right)+\left(+\frac{2}{5}\right)-\left(+\frac{3}{5}\right)+\left(-1\frac{2}{3}\right)$；

(10) $2\frac{2}{5}+\left(-2\frac{7}{8}\right)+\left(-1\frac{5}{12}\right)+4\frac{3}{5}+\left(-1\frac{1}{8}\right)+\left(-3\frac{7}{12}\right)$。

2. 已知 $|a|=3$，$|b|=1$。

(1) 求 $|a-b|$ 的值；

(2) 若 $a>b$，求 $a+b$ 的值。

3. 一个水利勘察队，第一天沿江向下游走 $3\frac{1}{3}$ km，第二天又向下游走 $5\frac{2}{3}$ km，第三天向上游走 $7\frac{1}{5}$ km，第四天向上游走 $4\frac{3}{5}$ km，这时勘察队在出发点的上游多少千米处？

4. 上周股市收盘指数是 1419 点，本周收盘涨跌(正数表示涨，负数表示跌)如下：

$$-48，-1，+15，-3，+39$$

则本周的最高点和最低点分别是多少？

5. 已知 a，b 互为相反数，c 是绝对值最小的数，d 是负整数中最大的数，则 $a+b+c-d$ 是多少？

1.2　有理数的乘法与除法

1. 有理数的乘法

有理数的乘法法则：两数相乘，同号得正，异号得负，并把绝对值相乘；任何数与 0 相乘，积仍是 0。

有理数相乘，也要先根据因数的符号确定积的符号，再根据因数的绝对值确定积的绝对值。

例 1.7　计算：

(1) $(-2)\times(-8)$；　(2) $(-0.5)\times 6$；

(3) $\left(-\frac{3}{2}\right)\times\left(-\frac{1}{4}\right)$；　(4) $\left(-\frac{1}{2}\right)\times\frac{2}{5}$。

解　(1)　$(-2)\times(-8)=+(2\times 8)=16$

(2)　$(-0.5)\times 6=-(0.5\times 6)=-3$

(3)　$\left(-\frac{3}{2}\right)\times\left(-\frac{1}{4}\right)=+\left(\frac{3}{2}\times\frac{1}{4}\right)=\frac{3}{8}$

(4) $$\left(-\frac{1}{2}\right)\times\frac{2}{5}=-\left(\frac{1}{2}\times\frac{2}{5}\right)=-\frac{1}{5}$$

2. 有理数的除法

有理数的除法法则：两数相除，同号得正，异号得负，并把绝对值相除；0 除以任何一个不等于 0 的数，都得 0。注意：0 不能作除数。

除以一个不为 0 的数，等于乘这个数的倒数。

例 1.8　计算：

(1) $(-56)\div 14$；　(2) $(-0.5)\div(-6)$；

(3) $\left(-\frac{3}{2}\right)\div\left(-\frac{5}{6}\right)\div\left(-\frac{15}{14}\right)$；　(4) $(-2.4)\div\frac{5}{6}\times(-0.75)$。

解　(1) $$(-56)\div 14=-(56\div 14)=-4$$

(2) $$(-0.5)\div(-6)=+(0.5\div 6)=\frac{1}{2}\times\frac{1}{6}=\frac{1}{12}$$

(3) $$\left(-\frac{3}{2}\right)\div\left(-\frac{5}{6}\right)\div\left(-\frac{15}{14}\right)=\left(-\frac{3}{2}\right)\times\left(-\frac{6}{5}\right)\times\left(-\frac{14}{15}\right)$$
$$=-\left(\frac{3}{2}\times\frac{6}{5}\times\frac{14}{15}\right)=-\frac{42}{25}$$

(4) $$(-2.4)\div\frac{5}{6}\times(-0.75)=(-2.4)\times\frac{6}{5}\times(-0.75)=\frac{12}{5}\times\frac{6}{5}\times\frac{3}{4}=\frac{54}{25}$$

★练习 1.2

1. 计算。

(1) $\left(-5\frac{7}{22}\right)\times\left(+1\frac{1}{4}\right)\times\left(-1\frac{1}{21}\right)$；　(2) $(-2)\times(-5)\times(-2)\times(-7)$；

(3) $(-2)\times\frac{5}{4}\times\left(-\frac{9}{10}\right)\times\left(-\frac{2}{3}\right)$；　(4) $(-6)\times 5\times\left(-\frac{7}{6}\right)\times\frac{2}{7}$。

2. 计算。

(1) $(-24)\div(-2)\div\left(-1\frac{1}{5}\right)$；　(2) $(-0.75)\div\frac{5}{4}\div(-0.3)$；

(3) $2\frac{1}{12}\div\left(-1\frac{1}{4}\right)\div\left(-1\frac{2}{3}\right)$；　(4) $|-49|\div\left|-2\frac{1}{3}\right|$；

(5) $(-0.33)\div\left(-\frac{1}{3}\right)\div(-11)$。

3. 计算。

(1) $-2.5\div\frac{5}{8}\times\left(-\frac{1}{4}\right)$；　(2) $-27\div 2\frac{1}{4}\times\frac{4}{9}\div(-24)$；

(3) $\left(-\frac{3}{5}\right)\times\left(-3\frac{1}{2}\right)\div\left(-1\frac{1}{4}\right)\div 3$；　(4) $-4\times\frac{1}{2}\div\left(-\frac{1}{2}\right)\times 2$；

(5) $-5\div\left(-1\frac{2}{7}\right)\times\frac{4}{5}\times\left(-2\frac{1}{4}\right)\div 7$；　(6) $\left|-1\frac{1}{8}\right|\div\frac{3}{4}\times\frac{4}{3}\times\left|-\frac{1}{2}\right|$。

4. 已知两个数的积是 -3，其中一个因数是 $-2\frac{1}{5}$，则另一个因数是多少？

5. 一天，小王与小张利用温差测量山的高度，小王在山顶测得温度是-4℃，小张此时在山脚测得温度是5℃。已知该地区高度每增加100 m，气温大约降低0.8℃，这个山峰的高度大约是多少米?

1.3 有理数的乘方与混合运算

1. 有理数的乘方

一般地，n个相同的因数a相乘，即$\underbrace{a\cdot a\cdot a\cdot\cdots\cdot a}_{n\text{个}}$，记作$a^n$。这种求$n$个相同因数的积的运算，叫作乘方，乘方的结果叫作幂。在a^n中，a叫作幂的底数，n叫作幂的指数。a^n读作a的n次方，也可读作a的n次幂。

例如，在2^5中，底数是2，指数是5，2^5读作2的5次方，也可以读作2的5次幂。

例1.9 计算：

(1) $(-2)^3$；　　(2) $(-2)^4$。

解 (1) $(-2)^3=(-2)\times(-2)\times(-2)=-8$

(2) $(-2)^4=(-2)\times(-2)\times(-2)\times(-2)=16$

幂的符号的性质如下：

(1) 幂的底数是正数时，结果一定为正数。

(2) 幂的底数是负数时，若指数为正偶数，则结果为正，若指数为正奇数，则结果为负。

(3) 0的任何正整数次幂都得0。

2. 有理数的混合运算

有理数的混合运算顺序如下：

(1) 先算乘方，再算乘除，最后算加减。

(2) 同级运算，可按照从左到右的顺序进行，也可按照运算律调整顺序后再进行计算。

(3) 如果有括号，则首先算小括号里的，其次算中括号里的，最后算大括号里的。

例1.10 计算：

(1) $\frac{4}{5}\times\left(-1-\frac{4}{5}\right)\div\frac{6}{5}$；　　(2) $(-4)^2\times\left[(-1)^7+\frac{1}{4}+\left(-\frac{1}{2}\right)^3\right]$。

解 (1) $\frac{4}{5}\times\left(-1-\frac{4}{5}\right)\div\frac{6}{5}=\frac{4}{5}\times\left(-\frac{9}{5}\right)\times\frac{5}{6}=-\frac{6}{5}$

(2) $(-4)^2\times\left[(-1)^7+\frac{1}{4}+\left(-\frac{1}{2}\right)^3\right]=16\times\left[-1+\frac{1}{4}-\frac{1}{8}\right]=16\times\left(-\frac{7}{8}\right)=-14$

★练习1.3

1. 计算。

(1) -3^3；　　(2) 10^5；　　(3) $(-1)^6$

(4) $(2\times3)^2$；　　(5) 2×3^2；　　(6) $(-3)^3$。

2. 计算。

(1) $(-1.5)+4\frac{1}{4}+2.75+\left(-5\frac{1}{2}\right)$；

(2) $-8\times(-5)-63$；

(3) $\left(-\frac{2}{3}\right)^3+\left(-\frac{5}{6}\right)-(-4.6)-0.6$；

(4) $4-5\times\left(-\frac{1}{2}\right)^3$；

(5) $\left(-\frac{1}{2}\right)^2+\frac{1}{2}\times\left(\frac{2}{3}-\left|\frac{2}{3}-2\right|\right)$；

(6) $(-2)^{2008}+(-2)^{2009}$；

(7) $-1^{1997}-(1-0.5)\times\frac{1}{3}$；

(8) $-\frac{3}{2}\times\left[-3^2\times\left(-\frac{2}{3}\right)^2-2\right]$；

(9) $\left(-\frac{3}{4}\right)^2+\left(-\frac{2}{3}+1\right)\times 0$。

3. 把面积为1的长方形硬纸片沿中间对折，使两边能完全重合，如此折叠五次后所得长方形的面积是多少？

习　题　1

1. 选择题。

(1) 下面等式错误的是(　　)。

A. $\frac{1}{2}-\frac{1}{3}-\frac{1}{5}=\frac{1}{2}-\left(\frac{1}{3}+\frac{1}{5}\right)$　　B. $-5+2+4=4-(5+2)$

C. $(+3)-(-2)+(-1)=3+2-1$　　D. $2-3-4=-(-2)-(+3)+(-4)$

(2) 下列说法正确的是(　　)。

A. $3\frac{1}{8}$的相反数是$\frac{8}{25}$，倒数是$-3\frac{1}{8}$

B. 除以一个数，等于乘以这个数的相反数

C. 除以一个数(不为零)，等于乘以这个数的倒数

D. 负数没有倒数

(3) 如果一个数的绝对值与这个数的商等于-1，则这个数是(　　)。

A. 正数　　B. 负数　　C. 非正　　D. 非负

(4) 若两个有理数的和与它们的积都是正数，则这两个数(　　)。

A. 都是正数　　B. 是符号相同的非零数

C. 都是负数　　D. 都是非负数

(5) 下列说法正确的是(　　)。

A. 负数没有倒数　　B. 正数的倒数比自身小

C. 任何有理数都有倒数　　D. -1的倒数是-1

(6) 下列运算结果不一定为负数的是(　　)。

A. 异号两数相乘　　B. 异号两数相除

C. 异号两数相加　　D. 奇数个负因数的乘积

(7) 已知两个有理数a，b，如果$a\cdot b<0$，且$a+b<0$，那么(　　)。

A. $a>0$，$b>0$　　B. $a<0$，$b>0$

C. a，b 异号　　D. a，b 异号，且负数的绝对值较大

(8) 如果 $a \div b(b\neq 0)$ 的商是负数，那么(　　)。

A. a，b 异号　　B. a，b 同为正数　　C. a，b 同为负数　　D. a，b 同号

(9) 下列结论错误的是(　　)。

A. 若 a，b 异号，则 $a\cdot b<0$，$\frac{a}{b}<0$　　B. 若 a，b 同号，则 $a\cdot b>0$，$\frac{a}{b}>0$

C. $\frac{-a}{b}=\frac{a}{-b}=-\frac{a}{b}$　　D. $\frac{-a}{-b}=-\frac{a}{b}$

(10) 下列运算结果不一定为负数的是(　　)。

A. 异号两数相乘　　B. 异号两数相除

C. 异号两数相加　　D. 奇数个负因数的乘积

2. 填空题。

(1) 已知上周股市收盘指数是 2419 点，本周收盘涨跌(正数表示涨，负数表示跌)为 -28，-10，$+15$，-3，$+29$，则本周最高点是______，最低点是__________。

(2) 两数的积是 -6，其中一个因数是 $-2\frac{1}{5}$，则另一个因数是________。

(3) 若 $|a|=5$，$b=-2$，$ab>0$，则 $a+b=$________。

(4) $2\times\left(-\frac{1}{2}\right)=$________。

(5) -7 的倒数是________，它的相反数是________，它的绝对值是________。

(6) $-2\frac{2}{5}$的倒数是________，倒数等于它本身的有理数是________。

3. 计算题。

(1) $(-7.6)+0.5$；　　(2) $(3-9)-(4-8)$；

(3) $0+(-4.6)$；　　(4) $15-(-7)$；

(5) $\left(-2\frac{1}{2}\right)\times(-6)$；　　(6) $\left(+2\frac{3}{4}\right)+\left(-1\frac{5}{8}\right)+\left(-\frac{5}{6}\right)+\frac{3}{8}+\left(-4\frac{2}{3}\right)$；

(7) $\frac{3}{4}\times(-8)\times(-4)-2$；　　(8) $8-\frac{3}{4}\times(-4)\times(-2)$；

(9) $\left(-\frac{5}{8}\right)\times(-4)^2-0.25\times(-5)\times(-4)^3$；

(10) $(-3)^2-\left(1\frac{1}{2}\right)^3\times\frac{2}{9}-6\div\left|-\frac{2}{3}\right|$。

4. 已知 $|x+2|+|y-3|=0$，求 $-2\frac{1}{2}x-\frac{5}{3}y+4xy$ 的值。

5. 若 a，b 互为相反数，c，d 互为倒数，m 的绝对值是 1，求 $(a+b)cd-2009m$ 的值。

第 2 章　整　　式

整式是代数式中最基本的式子，是基于有理数而抽象化的产物。它既是对所学知识的深化和发展，也是学习方程、函数等数学知识及其他学科知识的基础。本章的主要内容是整式的加减运算以及同底数幂的乘法与除法运算等。

2.1　整式的加减

1. 单项式

1）单项式的定义

表示数与字母的乘积的代数式叫作单项式，单独一个数或一个字母也是单项式。

例如，代数式 $4x$，$-n$，$3ab$，3，x，$3a^2b^3$ 都是单项式。

2）单项式的系数

单项式中的数字因数叫作单项式的系数。

如果一个单项式只含有字母因数，则不带负号的单项式的系数为 1，带负号的单项式的系数为 -1。

例 2.1　单项式 $4x$，$-n$，$3ab$，3，x，$3a^2b^3$ 的系数分别是什么？

解　系数分别是 4，-1，3，3，1，3。

3）单项式的次数

一个单项式中，所有字母的指数的和叫作这个单项式的次数。

例 2.2　代数式 $4x$，$-n^2$，$3ab$，$-5x^2y^2$，x^3，$3a^2b^3$ 都是单项式，它们的次数分别是多少？

解　次数分别是 1，2，2，4，3，5。

2. 多项式

1）多项式的定义

几个单项式的和叫作多项式。在多项式中，每个单项式叫作多项式的项，其中不含字母的项叫作常数项。一个多项式含有几项就叫作几项式。

2）多项式的次数

多项式中，次数最高的项的次数就是这个多项式的次数。

3. 整式

单项式和多项式统称为整式。

4. 同类项

所含字母相同，并且相同字母的指数也分别相同的项叫作同类项。所有的常数项都是同类项。

例如，$4x$ 与 $3x$，$-n^2$ 与 $2n^2$，$-5x^2y^2$ 与 x^2y^2，-3 与 5 都是同类项。

例 2.3　指出下列各多项式中的同类项。

(1) $4x-5xy^2-3-3x+2xy^2-2x^2y^2-5$；

(2) $5a^2+4b^2+2ab^2-2a^2-5b^2$。

解　(1) $4x$ 与 $-3x$ 是同类项，$-5xy^2$ 与 $2xy^2$ 是同类项，-3 与 -5 是同类项。

(2) $5a^2$ 与 $-2a^2$ 是同类项，$4b^2$ 与 $-5b^2$ 是同类项。

5. 合并同类项

把一个多项式中的同类项合并在一起，叫作合并同类项。

合并同类项时，把同类项的系数相加，字母和字母的指数保持不变。

例 2.4　合并下列各多项式中的同类项。

(1) $4x-5y^2-3-4x+2y^2-5$；

(2) $2a+4b^2+7ab^2-2a-5b^2$。

解　(1) $4x-5y^2-3-4x+2y^2-5=(4x-4x)+(-5y^2+2y^2)+(-3-5)=-3y^2-8$

(2) $2a+4b^2+7ab^2-2a-5b^2=(2a-2a)+(4b^2-5b^2)+7ab^2=-b^2+7ab^2$

6. 整式的加减

整式加减时，可通过合理添括号、去括号来合并同类项。

例 2.5　化简：

(1) $4x-(5xy^2+3)-4x+2xy^2-5$；

(2) $(2a^2+4b^2)+7ab^2-(2a^2+5b^2)$。

解　(1)
$$\begin{aligned}4x-(5xy^2+3)-4x+2xy^2-5&=4x-5xy^2-3-4x+2xy^2-5\\&=(4x-4x)+(-5xy^2+2xy^2)+(-3-5)\\&=-3xy^2-8\end{aligned}$$

(2)
$$\begin{aligned}(2a^2+4b^2)+7ab^2-(2a^2+5b^2)&=2a^2+4b^2+7ab^2-2a^2-5b^2\\&=(2a^2-2a^2)+(4b^2-5b^2)+7ab^2\\&=-b^2+7ab^2\end{aligned}$$

★练习 2.1

1. 合并同类项。

(1) $3xy-4xy-(2xy)$；　　(2) $2a+b+3(2a+3b)-2(4a-6b)$。

2. 填空。

(1) 多项式 $3x^2-2x-7x^3+1$ 是______次______项式，最高次项是__________。

(2) 如果 $2x^{2-a}y$ 与 $-4x^3y$ 是同类项，则 $a=$________。

(3) $5x^2y^m$ 和 $-3x^ny^2$ 是同类项，则 $m=$________，$n=$________。

(4) 合并同类项：$5x-2(x-3)=$______。

3. 化简。

(1) $5-6(2a+\dfrac{a+1}{3})$；

(2) $-\frac{1}{3}ab-\frac{1}{4}a^2+\frac{1}{3}a^2-\left(-\frac{2}{3}ab\right)$；

(3) $2x^2-[x^2-2(x^2-3x-1)-3(x^2-1-2x)]$。

4. 若多项式 $4x^2-6xy+2x-3y$ 与 $ax^2+bxy+3ax-2by$ 的和不含二次项，求 a，b 的值。

2.2 同底数幂的乘法与幂的乘方运算

1. 同底数幂的乘法法则

同底数幂的乘法法则：同底数幂相乘，底数不变，指数相加。以两个幂相乘为例，可以表示如下：

$$a^m \cdot a^n = a^{m+n} \quad (m,\ n \text{ 都是正整数})$$

三个或三个以上同底数幂相乘时，也具有这一性质。例如：

$$a^m \cdot a^n \cdot a^p = a^{m+n+p} \quad (m,\ n,\ p \text{ 都是正整数})$$

2. 幂的乘方法则

幂的乘方法则：底数不变，指数相乘。这一法则可以表示如下：

$$(a^m)^n = a^{mn} \quad (m,\ n \text{ 都是正整数})$$

3. 积的乘方法则

积的乘方法则：把积的每一个因式分别乘方，再把所得的幂相乘。以两个因数为例，可以表示如下：

$$(ab)^n = a^n b^n \quad (n \text{ 为正整数})$$

三个或三个以上因式的乘方也具有这一性质，例如 $(abc)^n = a^n b^n c^n$。

例 2.6 计算：

(1) $10^2\times10^5$； (2) $-6^4\times(-6)^5\times6^3$。

解 (1) $10^2\times10^5=10^{2+5}=10^7$

(2) $-6^4\times(-6)^5\times6^3=6^4\times6^5\times6^3=6^{4+5+3}=6^{12}$

例 2.7 计算：

(1) $(10^2)^5$； (2) $(b^3)^4$。

解 (1) $(10^2)^5=10^{2\times5}=10^{10}$

(2) $(b^3)^4=b^{3\times4}=b^{12}$

例 2.8 计算：

(1) $(-3x)^4$； (2) $(-2a^2b^3)^5$。

解 (1) $(-3x)^4=(-3)^4\cdot x^4=81x^4$

(2) $(-2a^2b^3)^5=(-2)^5\cdot(a^2)^5\cdot(b^3)^5=-32a^{2\times5}\cdot b^{3\times5}=-32a^{10}\cdot b^{15}$

★练习 2.2

1. 计算。

(1) $x^2x^3+xx^4$； (2) $(x+y)^2(x+y)^5$；

(3) $(a-b)^2\cdot(b-a)^3$； (4) $10^3\times100\times10+100\times100\times100-10000\times10\times10$。

2. 计算。

(1) $-(x^3)^4$;　　(2) $[(-x)^3]^4$;

(3) $(b^{m+1})^4 \cdot (b^{m-1})^5$;

3. 计算。

(1) $(9a^2)^3 \cdot \left(\frac{1}{3}\right)^8$;　　(2) $(-x^3)^2 \cdot (-x^2)^3$;

(3) $(a^{2n-2})^2 \cdot (a^{n+1})^3$;　　(4) $[(x+y)^2]^3 \cdot [(x+y)^3]^4$;

(5) $\left(\frac{1}{2}ab^2\right)^3$;　　(6) $(-2x^4)^4+2x^{10} \cdot (-2x^2)^3+2x^4 \cdot 5(x^4)^3$。

4. 若 $m^{a-2}=6$，$m^{b+5}=11$，求 m^{a+b+3} 的值。

2.3 同底数幂的除法与负整数指数幂

1. 同底数幂的除法法则

同底数幂的除法法则：同底数的幂相除，底数不变，指数相减。这一法则可以表示如下：

$$a^m \div a^n = a^{m-n} \quad (a\neq 0，m、n \text{ 都是正整数}，m>n)$$

2. 负整数指数幂

我们规定，$a^0=1$，其中 $a\neq 0$。

这就是说，任何不等于零的数的零次幂等于1，零的零次幂没有意义。这样一来，幂指数的范围就从正整数扩充到了全体自然数。

负整数指数幂运算法则：任何不等于零的数的 $-p$(p 为正整数)次幂，等于这个数的 p 次幂的倒数。这一法则可以表示如下：

$$a^{-p}=\frac{1}{a^p} \quad (a\neq 0，p \text{ 是正整数})$$

这样一来，幂指数的范围又从全体自然数扩充到了全体整数。

例 2.9　计算：

(1) $3^{15} \div 3^{13}$;　　(2) $(-xy)^5 \div (-xy)^2$。

解　(1)
$$3^{15} \div 3^{13} = 3^{15-13} = 3^2 = 9$$

(2)
$$(-xy)^5 \div (-xy)^2 = (-xy)^{5-2} = (-xy)^3$$

例 2.10　计算：

(1) $(-0.1)^0$;　　(2) $\left(-\frac{1}{4}\right)^{-2}$;　　(3) $5^{10} \div 25^4$。

解　(1)
$$(-0.1)^0 = 1$$

(2)
$$\left(-\frac{1}{4}\right)^{-2} = \frac{1}{\left(-\frac{1}{4}\right)^2} = \frac{1}{\frac{1}{16}} = 16$$

(3)
$$5^{10} \div 25^4 = 5^{10} \div (5^2)^4 = 5^{10} \div 5^8 = 5^{10-8} = 5^2 = 25$$

★练习 2.3

1. 计算。

(1) $a^6 \div a^2$;　　(2) $(ab)^4 \div (ab)^2$;

(3) $(-a)^5\div(-a)$；

(4) $a^{10n}\div a^{2n}$（n 是正整数）；

(5) $\left(\frac{3}{2}\right)^5\div\left(-\frac{3}{2}\right)^2$；

(6) $\left(-\frac{4}{3}\right)^7\div\left(-\frac{4}{3}\right)^4$。

2. 计算下列各式，并把结果化为只含有正整数指数幂的形式。

(1) $(-4^{-1}x^3y^{-2})^{-2}$；

(2) $[-2(m-n)^{-2}\cdot(m+n)^2\cdot(m+n)^{-1}\cdot(m-n)^{-2}]^{-3}$。

3. (1) 已知 $x^a=32$，$x^b=4$，求 x^{b-a}。

(2) 已知 $x^m=5$，$x^n=3$，求 x^{2m-3n}。

(3) 已知 $3^2\cdot9^{2a+1}\div27^{a+1}=81$，求 a 的值。

4. 地震的强度通常用里克特震级表示，描述地震震级的数字表示地震的强度是 10 的若干次幂。例如，用里克特震级表示地震是 8 级，说明地震的强度是10^7。2007 年，A 地发生了 6 级地震，2008 年，B 地发生了 8 级地震，B 地的地震强度是 A 地地震强度的多少倍?

习 题 2

1. 填空题。

(1) 已知 $-3x^{2n}y^{n+1}+3x^2y^3+4$ 是一个 7 次多项式，则 $n=$______。

(2) 多项式 $-\frac{4}{5}x^2y-\frac{2}{3}\pi x^4y^2-x+1$ 是一个____次____项式，其中最高次项的系数为______。

(3) 若$(2x+n)(-x-3)$中不含 x 的一次项，则 n 的值为______。

(4) 若 $5^{2x+1}=1$，则 $x=$______；若 $3^x=\frac{1}{27}$，则 $x=$______。

(5) $0.25^9\times64^3\times\left(-\frac{1}{2}\right)^{-2}\times7^0=$________。

(6) $(y-x)^{2n}\cdot(x-y)^{n-1}(x-y)=$________。

(7) 若 $2^m=3$，$4^n=8$，则 $2^{3m+2n-1}=$______。

(8) 如果 a，b 互为倒数，则 $a^{2008}\cdot b^{2009}=$__________。

2. 计算题。

(1) $(-a)^5\div(-a)^3\div(-a)$；

(2) $x^{2m+1}\div x^{m-1}$；

(3) $(9a^2)^3\cdot\left(\frac{1}{3}\right)^8$；

(4) $[(x+y)^2]^3\cdot[(x+y)^3]^4$；

(5) $(x^3)^7\div x^6(x^2)^3$；

(6) $(x^2y^3)^4\div(-x^2y^3)^2\cdot(x^2y^3)^2$。

3. 解答题。

(1) 已知 $A=4x^2-4xy+y^2$，$B=x^2+xy-5y^2$，求$(3A-2B)-(2A+B)$。

(2) 若 $2\cdot8^n\cdot16^n=2^{22}$，求正整数 n 的值。

第 3 章　乘法公式与因式分解

有一个狡猾的地主，把一边长为 x 米的正方形土地租给张大爷种植。有一年他对张大爷说：“我把这块地的一边增加 5 米，另一边减少 5 米，继续租给你，你也没有吃亏，你看如何?”张大爷一听没有吃亏就答应了。回到家他把这件事给邻居说了，邻居一听，说：“张大爷，你吃亏了!”张大爷非常吃惊。你们知道是怎么回事吗?

要回答上面的问题，需要用到整式的乘法和因式分解的知识。本章我们将继续学习整式的乘法和因式分解，它们是代数运算以及解决很多数学问题的重要基础。

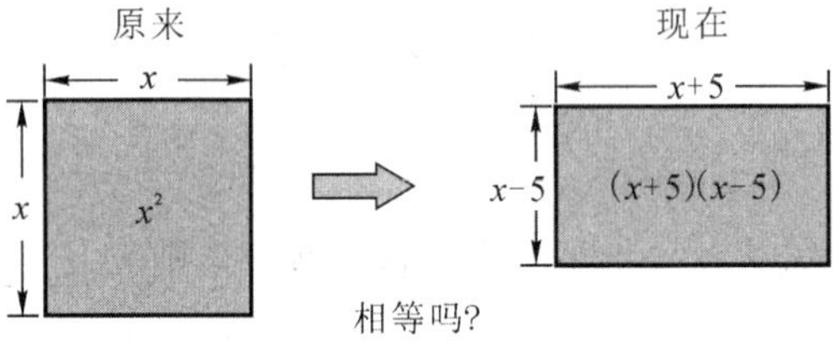

平方差公式的应用十分广泛，能够灵活运用该公式进行计算是整式乘法学习的重要内容之一。因式分解可把一个多项式写成几个整式乘积的形式，如果从运算角度上考虑，也就是把一个和在保持大小不变的条件下写成一个乘积的形式，而有些积运算比和运算要简单，因此因式分解在解决实际问题中有着重要应用。

本章主要介绍平方差公式、完全平方公式和因式分解。

3.1　平方差公式

问题 1

(1) $(x+8)(x-8)=$________；　　(2) $(y+2x)(y-2x)=$________；

(3) $(1+3x)(1-3x)=$________；　　(4) $(a+2b)(a-2b)=$________；

(5) $(x+1)(x-1)=$________；　　(6) $(a+3)(a-3)=$________。

通过计算你发现了什么规律?

两个数的和与这两个数的差的积，等于这两个数的平方差。

问题 2

将长为 $a+b$、宽为 $a-b$ 的长方形，剪下宽为 b 的长方形①，放在图 3－1 中②处拼成有空缺的正方形，你能用等式表示剪、拼前后的图形的面积关系吗?

整式乘法具有怎样的特点时，可以用这个规律去简化计算? 怎样证明这个规律的一般性呢?

两个数的和与这两个数的差的积，等于这两个数的平方差，即

$$(a+b)(a-b)=a^2-b^2$$

我们把这个公式叫作平方差公式。

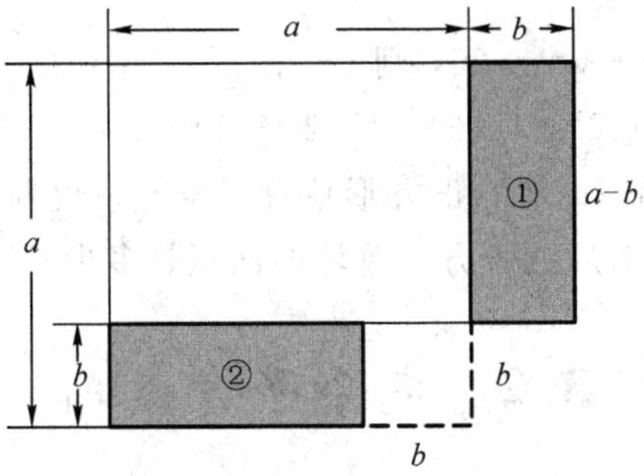

图 3-1　平方关系图

例 3.1　运用平方差公式计算：

(1) $(3x+2)(3x-2)$；　　(2) $(-x+2y)(-x-2y)$。

分析　在(1)中，可以把 $3x$ 看成 a，把 2 看成 b，则

$$(3x+2)(3x-2)=(3x)^2-2^2=9x^2-4$$

$$\updownarrow\quad\updownarrow\quad\updownarrow\quad\updownarrow\quad\updownarrow\quad\updownarrow$$

$$(a+b)\ (a-b)\ =\ a^2\ -b^2$$

解　(1) $(3x+2)(3x-2)=(3x)^2-2^2=9x^2-4$

(2) $(-x+2y)(-x-2y)=(-x)^2-(2y)^2=x^2-4y^2$

思考　下列计算对不对？若不对，应怎样改正？

(1) $(2a-3b)(2a+3b)=2a^2-3b^2$；

(2) $(m+2)(m-3)=m^2-6$；

(3) $(2a-3b)(2a+3b)=(2a)^2-(3b)^2$。

例 3.2　利用平方差公式计算 102×98。

解　$102\times98=(100+2)(100-2)=100^2-2^2=9996$

(1) 平方差公式的结构特征为 $(a+b)(a-b)=a^2-b^2$，公式左边两个二项式必须是相同的两数的和与差相乘，且左边两括号内的第一项相等，第二项符号相反(互为相反数(式))。

(2) 公式右边是这两个数的平方差，即右边是左边括号内第一项的平方减去第二项的平方。

(3) 公式中的 a 和 b 可以是数，也可以是代数式。

★练习 3.1

1. 计算。

(1) $(2a+3b)(2a-3b)$；　　(2) $(c^2-d^2)(d^2+c^2)$；

(3) $(4a-7b)(4a+7b)$；　　(4) $(-2m-n)(2m-n)$；

(5) $\left(\frac{1}{3}a+\frac{1}{2}b\right)\left(\frac{1}{3}a-\frac{1}{2}b\right)$；　　(6) $-(5+2x)(5-2x)$。

2. 计算。

（1）998^2-4；　　（2）$2003\times2001-2002^2$；　　（3）502×498。

3. 拓展应用。

（1）若 $x^2-y^2=100$，$x+y=-25$，则 $x-y$ ______；

（2）计算 $(2+1)(2^2+1)(2^4+1)(2^8+1)(2^{16}+1)+1$。

4. 广场内有一块边长为 $2a$ 米的正方形草坪，经统一规划后，南北方向要缩短 3 米，东西方向要加长 3 米，则改造后的长方形草坪的面积是多少？

3.2　完全平方公式

问题　根据乘方的定义，我们知道 $a^2=a\cdot a$，那么 $(a+b)^2$ 应该写成什么样的形式呢？$(a+b)^2$ 的运算结果有什么规律呢？计算下列各式，你能发现什么规律？

（1）$(p+1)^2=(p+1)(p+1)=$ ________，$(m+2)^2=$ ________；

（2）$(p-1)^2=(p-1)(p-1)=$ ________，$(m-2)^2=$ ________。

推广　$(a+b)^2=$ ________，$(a-b)^2=$ ________。

由此，我们得到下面的完全平方公式：

$$(a+b)^2=a^2+2ab+b^2$$

$$(a-b)^2=a^2-2ab+b^2$$

即两数和（或差）的平方，等于它们的平方和加（或减）它们的积的 2 倍。

两数和的完全平方公式的几何意义可以通过图 3－2 看出来。

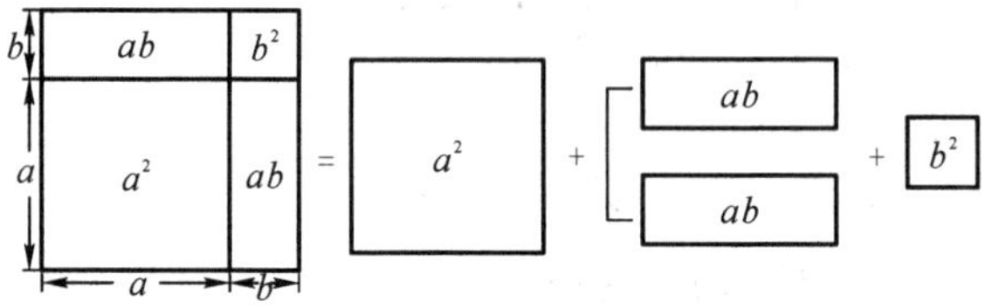

图 3－2　完全平方公式的几何意义

例 3.3　应用完全平方公式计算：

（1）$(4m+n)^2$；　　（2）$\left(y-\dfrac{1}{2}\right)^2$。

解　（1）

$$(4m+n)^2=16m^2+8mn+n^2$$

（2）

$$\left(y-\frac{1}{2}\right)^2=y^2-y+\frac{1}{4}$$

例 3.4　利用完全平方公式计算：

（1）$(5-a)^2$；　　（2）$(-3m-4n)^2$；　　（3）$(-3a+b)^2$。

解析　直接运用完全平方公式进行计算即可。

解　（1）

$$(5-a)^2=25-10a+a^2$$

（2）

$$(-3m-4n)^2=9m^2+24mn+16n^2$$

（3）

$$(-3a+b)^2=9a^2-6ab+b^2$$

例 3.5　运用完全平方公式计算：

(1) 102^2；　　　　(2) 99^2。

解　(1)　$102^2=(100+2)^2=10000+400+4=10404$

(2)　$99^2=(100-1)^2=10000-200+1=9801$

记忆口诀　首平方，尾平方，积的 2 倍放中央，中间符号同前方。

★练习 3.2

1. 填空。

(1) $(a+2b)^2=a^2+$ ________ $+4b^2$；

(2) $(3a-5)^2=9a^2+25-$ ________；

(3) $(3m^2+$ ________ $)^2=$ ________ $+12m^2n+$ ________；

(4) $4a^2+4a+3=(2a+1)^2+$ ________；

(5) $(a-b)^2=(a+b)^2-$ ________。

2. 计算。

(1) $(-2a+5b)^2$；

(2) $(-ab^2-c)^2$；

(3) $(x-3y-2)(x+3y-2)$；

(4) $(2a+3)^2+(3a-2)^2$。

3. 用简便方法计算。

(1) 97^2；　　　　(2) $99^2-98\times100$。

4. 求值。

(1) 已知 $a+b=7$，$ab=10$，求 a^2+b^2、$(a-b)^2$ 的值。

(2) 已知 $2a-b=5$，$ab=\frac{3}{2}$，求 $4a^2+b^2-1$ 的值。

3.3　用提公因式法进行因式分解

我们已经会求几个整数的积，并且可以把一个整数分解为几个质数的积的形式。例如：

$$6=2\times3$$

$$84=2\times2\times3\times7$$

其中，每一个质数都是原来整数的一个约数(或因数)。

类似地，我们也能把一个整式分解为几个整式的积的形式：

$$ma+mb+mc=m(a+b+c)$$

对于多项式，我们定义如下：把一个多项式化为几个整式乘积的形式，叫作把这个多项式因式分解，也叫作将多项式分解因式。

可以看出，因式分解和整式乘法是相反方向的变形。例如：

$$x^2-4\underset{\text{整式乘法}}{\overset{\text{因式分解}}{\rightleftharpoons}}(x+2)(x-2)$$

通常我们把各项都含有的因式叫作公因式，比如多项式 $ma+mb+mc$ 的公因式是 m，可以将它提取出来，得到公因式 m 与多项式 $a+b+c$ 的乘积，这种因式分解的方法就叫作提取公因式法。

例 3.6 分解因式$8a^3b^2+12ab^3c$。

解 $$8a^3b^2+12ab^3c=4ab^2\cdot 2a^2+4ab^2\cdot 3bc=4ab^2(2a^2+3bc)$$

例 3.7 把下列各式因式分解：

(1) $-a^2x^{m+2}+abx^{m+1}-acx^m-ax^{m+3}$；

(2) $a(a-b)^3+2a^2(b-a)^2-2ab(b-a)$。

分析 (1) 若多项式的第一项系数是负数，则一般要提出“－”号，使括号内的第一项系数是正数。在提出“－”号后，多项式的各项都要变号。

(2) 有时将因式经过符号变换或将字母重新排列后可化为公因式。例如，当 n 为自然数时，$(a-b)^{2n}=(b-a)^{2n}$，$(a-b)^{2n-1}=-(b-a)^{2n-1}$都是在因式分解过程中常用的因式变换。

解 (1) $-a^2x^{m+2}+abx^{m+1}-acx^m-ax^{m+3}=-ax^m(ax^2-bx+c+x^3)$

(2) $$\begin{aligned}a(a-b)^3+2a^2(b-a)^2-2ab(b-a)&=a(a-b)^3+2a^2(a-b)^2+2ab(a-b)\\&=a(a-b)[(a-b)^2+2a(a-b)+2b]\\&=a(a-b)(3a^2-4ab+b^2+2b)\end{aligned}$$

例 3.8 利用提公因式法简化计算过程：

$$123\times\frac{987}{1368}+268\times\frac{987}{1368}+456\times\frac{987}{1368}+521\times\frac{987}{1368}$$

分析 算式中每一项都含有$\frac{987}{1368}$，可以把它看成公因式提取出来，再算出结果。

解 $$原式=\frac{987}{1368}\times(123+268+456+521)=\frac{987}{1368}\times1368=987$$

可以看到，多项式的各项的公因式可以这样组成：

(1) 公因式的系数，是多项式中各项系数的最大公约数。

(2) 公因式中字母的幂，是各项中都含有的字母的幂中次数最低的。

(3) 遇到多项式的首项系数为负时，要把负号提取出来，并把括号内各项都改变符号。

(4) 因式分解后要注意检查提取公因式后的另一个因式的项数与分解前是否一致，不要丢项。

★练习 3.3

1. 把下列各式分解因式。

(1) $ax+ay$；

(2) $3mx-6my$；

(3) $6x^3y^2-5x^2y^3+2x^2y^2$；

(4) $2a(y-z)-3b(z-y)$；

(5) $p(a^2+b^2)-q(a^2+b^2)$；

(6) $(m+n)(p+q)-(m-n)(p+q)$；

(7) $a^3-a^2b+a^2c-abc$；

(8) $1+x+x(1+x)+x(x+1)^2$；

(9) $4ax+6am-20bx-30bm$；

(10) $a(x+y)+b(x+y)-c(x+y)$。

2. 先分解因式 $4a^2(x+7)-3(x+7)$，再求值。其中 $a=-5$，$x=3$。

3. 用简便方法计算。

(1) $5\times3^4+4\times3^4+9\times3^2$；

(2) $89\times3.51+3.11\times3.51-3.51\times4$ 。

3.4　用公式法进行因式分解

代数中常用的乘法公式如下：

平方差公式：

$$a^2-b^2=(a+b)(a-b)$$

完全平方公式：

$$(a\pm b)^2=a^2\pm2ab+b^2$$

利用将上述乘法公式反过来得到的关于因式公解的公式来分解因式的方法叫作公式法分解因式。该法主要有以下公式：

平方差公式：

$$a^2-b^2=(a+b)(a-b)$$

完全平方公式：

$$a^2\pm2ab+b^2=(a\pm b)^2$$

应用公式来分解因式的关键是要弄清各个公式的形式和特点，也就是要从它们的各项的系数、符号等方面掌握其特征。注意：公式中的字母可以表示任何数、单项式或多项式；对于相似的公式，要避免发生混淆，只有牢记公式，才能灵活运用公式。运用公式法进行因式分解有一定的局限性，只有符合其公式特点的多项式才能用公式法来分解。

例3.9　分解如下因式：

(1) $4a^2-9b^2$；　　(2) $-25a^2y^4+16b^{16}$。

解　(1)
$$4a^2-9b^2=(2a)^2-(3b)^2=(2a+3b)(2a-3b)$$

(2)
$$-25a^2y^4+16b^{16}=16b^{16}-25a^2y^4=(4b^8)^2-(5ay^2)^2$$
$$=(4b^8+5ay^2)(4b^8-5ay^2)$$

注：要先将原式写成公式 $a^2-b^2=(a+b)(a-b)$ 等号左边的形式，即写成 $(4b^8)^2-(5ay^2)^2$。

例3.10　分解因式：

(1) $36b^4x^8-9c^6y^{10}$；　　(2) $(3a+2b)^2-(2a+3b)^2$。

分析　(1) 二项式有公因式9，故应该先提取公因式，再对剩余因式进行分解，符合平方差公式。

(2) 该题也是二项式，$3a+2b$ 和 $2a+3b$ 是平方差公式中的 a 和 b。

解　(1) $36b^4x^8-9c^6y^{10}=9(4b^4x^8-c^6y^{10})=9[(2b^2x^4)^2-(c^3y^5)^2]$

$$=9(2b^2x^4+c^3y^5)(2b^2x^4-c^3y^5)$$

注：解题中，写成公式 $a^2-b^2=(a+b)(a-b)$ 等号左边的形式，这一步骤一定不要丢。

(2) $(3a+2b)^2-(2a+3b)^2=[(3a+2b)+(2a+3b)][(3a+2b)-(2a+3b)]$

$=(3a+2b+2a+3b)(3a+2b-2a-3b)$

$=(5a+5b)(a-b)=5(a+b)(a-b)$

注：$5a+5b$ 这个因式里的 5 还可以再提取，所以应该再提取出来。

例 3.11 分解因式：

(1) $x^2+6ax+9a^2$；　　(2) $-x^2-4y^2+4xy$；

(3) $9(a-b)^2+6(a-b)+1$。

分析 该题的三个小题都为三项式，又都没有公因式，可考虑能否用完全平方公式。

(1) 中，$x^2=(x)^2$，$9a^2=(3a)^2$，且这两项的符号相同，可写成平方和。这样 x 和 $3a$ 就为公式中的 a 和 b 了。

(2) 中，$-x^2$ 和 $-4y^2$ 这两项符号相同，提取负号后可写成平方和，即 $-x^2-4y^2=-[x^2+(2y)^2]$，$4xy$ 可写成 $2\cdot x\cdot(2y)$，是完全平方公式中的 $2ab$ 项，因此此题可用完全平方公式。注意：提取负号时，$4xy$ 要变号为 $-4xy$。

(3) 中，$9(a-b)^2+1$ 可写成平方和 $[3(a-b)]^2+1^2$，这样就找到了完全平方公式中的 a 和 b 项，分别为 $3(a-b)$ 和 1，$6(a-b)$ 正好是 $2\times3(a-b)\times1$，为完全平方公式中的 $2ab$ 项，故符合完全平方公式。

解 (1) $x^2+6ax+9a^2=x^2+2\cdot x\cdot 3a+(3a)^2=(x+3a)^2$

(2) $-x^2-4y^2+4xy=-(x^2-4xy+4y^2)=-[x^2-2\cdot x\cdot(2y)+(2y)^2]$

$=-(x-2y)^2$

(3) $9(a-b)^2+6(a-b)+1=[3(a-b)]^2+2\times3(a-b)\times1+1^2$

$=[3(a-b)+1]^2=(3a-3b+1)^2$

例 3.12 请利用完全平方公式分解因式。

(1) $16x^2+24x+9$；　　(2) $-x^2+4xy-4y^2$。

解 (1) $16x^2+24x+9=(4x)^2+2\cdot4x\cdot3+3^2=(4x+3)^2$

(2) $-x^2+4xy-4y^2=-(x^2-4xy+4y^2)=-(x-2y)^2$

★练习 3.4

1. 分解因式。

(1) x^2-4；　　(2) $9-y^2$；

(3) $1-a^2$；　　(4) $4x^2-y^2$；

(5) $1-25b^2$；　　(6) $x^2y^2-z^2$；

(7) $\frac{4}{9}m^2-0.01b^2$；　　(8) $a^2-\frac{1}{9}x^2$；

(9) $36-m^2n^2$；　　(10) $4x^2-9y^2$；

(11) $0.81a^2-16b^2$；　　(12) $25p^2-49q^2$；

(13) $(x+p)^2-(x+q)^2$；　　(14) $(3m+2n)^2-(m-n)^2$；

(15) $16(a-b)^2-9(a+b)^2$。

2. 分解因式。

(1) x^2+2x+1；　　(2) $4a^2+4a+1$；

(3) $1-6y+9y^2$；　(4) $1+m+\frac{m^2}{4}$；

(5) x^2-2x+1　(6) $a^2-8a+16$；

(7) $1-4t+4t^2$；　(8) $m^2-14m+49$；

(9) $(x+y)^2+6(x+y)+9$；　(10) $(m+n)^2+4m(m+n)+4m^2$。

3.5　二次三项式的因式分解

1. 二次三项式

多项式 ax^2+bx+c 称为字母 x 的二次三项式，其中 ax^2 为二次项，bx 为一次项，c 为常数项。例如，x^2-2x-3 和 x^2+5x+6 都是关于 x 的二次三项式。

在多项式 $x^2-6xy+8y^2$ 中，如果把 y 看作常数，则该多项式就是关于 x 的二次三项式；如果把 x 看作常数，则该多项式就是关于 y 的二次三项式。

十字相乘法是适用于二次三项式的因式分解方法。

2. 十字相乘法的依据和具体内容

利用十字相乘法分解因式，实质上是逆用 $(ax+b)(cx+d)$ 竖式乘法法则。它的一般规律是：

对于二次项系数为 1 的二次三项式 x^2+px+q，如果能把常数项 q 分解成两个因数 a、b 的积，并且 $a+b$ 为一次项系数 p，那么它就可以运用公式：

$$x^2+(a+b)x+ab=(x+a)(x+b)$$

上述公式的特点如下：

(1) 二次项系数是 1。

(2) 常数项是两个因数的乘积。

(3) 一次项系数是两个因数的和。

例 3.13　分解因式 x^2+5x+6。

分析　将 6 写成两个数相乘，且这两个数的和要等于 5，由于

$$6=2\times3=(-2)\times(-3)=1\times6=(-1)\times(-6)$$

从中可以发现，只有 2×3 的分解适合，因为 $2+3=5$。

解

$$\begin{aligned}x^2+5x+6&=x^2+(2+3)x+2\times3\\&=(x+2)(x+3)\end{aligned}$$

用此方法进行分解的关键是：将常数项分解成两个因数的积，且这两个因数的代数和要等于一次项的系数。

例 3.14　分解因式 x^2-7x+6。

解

$$\begin{aligned}\text{原式}&=x^2+[(-1)+(-6)]x+(-1)(-6)\\&=(x-1)(x-6)\end{aligned}$$

例 3.15　把下列各式分解因式：

(1) $x^2-2x-15$；　(2) $x^2-5xy+6y^2$。

分析　(1) 常数项 -15 可写成 $3\times(-5)$，且 $3+(-5)=-2$，恰为一次项系数。

(2) 将 y 看作常数，原式转化为关于 x 的二次三项式，常数项 $6y^2$ 可写成 $(-2y)$

$(-3y)$，而$(-2y)+(-3y)=-5y$，恰为一次项系数。

解 (1) $$x^2-2x-15=(x+3)(x-5)$$

(2) $$x^2-5xy+6y^2=(x-2y)(x-3y)$$

★练习 3.5

1. 分解因式。

(1) $x^2+14x+24$；

(2) $x^2-15x+36$；

(3) $x^2-10x-24$；

(4) $2x^2-5x-3$；

(5) $3x^2+8x-3$；

(6) x^4-7x^2+6；

(7) x^4-5x^2-36。

习　题　3

1. 选择题。

(1) 下列多项式的乘法中，能用平方差公式进行计算的是(　　)。

A. $(x+y)(-x-y)$

B. $(2x+3y)(2x-3z)$

C. $(-a-b)(a-b)$

D. $(m-n)(n-m)$

(2) 在下列多项式的乘法中，能用平方差公式计算的是(　　)。

A. $(x+1)(1+x)$

B. $\left(\frac{1}{2}a+b\right)\left(b-\frac{1}{2}a\right)$

C. $(-a+b)(a-b)$

D. $(x^2-y)(x+y)$

(3) 下列计算正确的是(　　)。

A. $(2x+3)(2x-3)=2x^2-9$

B. $(x+4)(x-4)=x^2-4$

C. $(5+x)(x-6)=x^2-30$

D. $(-1+4b)(-1-4b)=1-16b^2$

(4) 下列运算中，正确的是(　　)。

A. $(-a-2b)(a+2b)=a^2-4b^2$

B. $(-a+2b)(a-2b)=-a^2-2b^2$

C. $(a+2b)(a-2b)=-a^2-2b^2$

D. $(-a-2b)(-a+2b)=a^2-4b^2$

(5) 下列各式的因式分解结果中，正确的是(　　)。

A. $a^2b+7ab-b=b(a^2+7a)$

B. $3x^2y-3xy-6y=3y(x-2)(x+1)$

C. $8xyz-6x^2y^2=2xyz(4-3xy)$

D. $-2a^2+4ab-6ac=-2a(a+2b-3c)$

(6) 多项式 $m(n-2)-m^2(2-n)$分解因式等于(　　)。

A. $(n-2)(m+m^2)$

B. $(n-2)(m-m^2)$

C. $m(n-2)(m+1)$

D. $m(n-2)(m-1)$

(7) 下列各式中，能用平方差公式分解因式的是(　　)。

A. a^2+b^2

B. $-a^2+b^2$

C. $-a^2-b^2$

D. $-(-a^2)+b^2$

(8) 若 $9x^2+mxy+16y^2$ 是一个完全平方式，那么 m 的值是(　　)。

A. -12　　B. ±24　　C. 12　　D. ±12

(9) 若 $a^2+a=-1$，则 $a^4+2a^3-3a^2-4a+3$ 的值为(　　)。

A. 8　　B. 7　　C. 10　　D. 12

(10) 把 $(m^2+3m)^4-8(m^2+3m)^2+16$ 分解因式得(　　)。

A. $(m+1)^4(m+2)^2$　　B. $(m-1)^2(m-2)^2(m^2+3m-2)$

C. $(m+4)^2(m-1)^2$　　D. $(m+1)^2(m+2)^2(m^2+3m-2)^2$

(11) 把 $x^2-7x-60$ 分解因式得(　　)。

A. $(x-10)(x+6)$　　B. $(x+5)(x-12)$

C. $(x+3)(x-20)$　　D. $(x-5)(x+12)$

(12) 若 $mx^2+kx+9=(2x-3)^2$，则 m、k 的值分别是(　　)。

A. $m=-2$，$k=6$　　B. $m=2$，$k=12$

C. $m=-4$，$k=-12$　　D. $m=4$，$k=-12$

2. 填空题。

(1) 已知 $x^2-y^2=6$，$x+y=3$，则 $x-y=$________。

(2) $(x+2a)(x-2a)$(____________)$=x^4-16a^4$。

(3) 若 x^2-6x+k 是 x 的完全平方式，则 $k=$________。

(4) 利用分解因式计算：

$16.8\times\frac{7}{32}+7.6\times\frac{7}{16}=$________；

$1.22^2\times9-1.33^2\times4=$________；

$5\times998+10=$________。

(5) 当 $m=$________时，$x^2+2(m-3)x+25$ 是完全平方式。

(6) 若 $x^2-3x-10=(x+a)(x+b)$，则 $a=$________，$b=$________。

(7) 若 $9x^2+k+y^2$ 是完全平方式，则 $k=$________。

(8) 若 $x^2-ax-15=(x+1)(x-15)$，则 $a=$________。

3. 计算题。

(1) $(x+3)^2-x^2$；　　(2) $y^2-(x+y)^2$；

(3) $(a-b-3)(a-b+3)$；　　(4) $15b(2a-b)^2+25(b-2a)^3$；

(5) $a^3-a^2b+a^2c-abc$；　　(6) $4ax+6am-20bx-30bm$；

(7) $(x-y+2)(x+y-2)$；　　(8) $(a+b+c)(a-b-c)$。

4. 求值计算。

(1) 若 $x^2+4x+k=(x+2)^2$，求 k 值。

(2) 若 x^2+2x+k 是完全平方式，求 k 值。

(3) 已知 $a+\frac{1}{a}=3$，求 $a^2+\frac{1}{a^2}$ 的值。

5. 先分解因式，再求值。已知 $x-y=1$，$xy=3$，求 x^2y-xy^2 的值。

趣味阅读

约瑟夫问题与因式分解

有一个古老的传说，有 64 名战士被敌人俘虏了，敌人命令他们排成一个圈，编上号码 1，2，3，…，64。敌人把 1 号杀了，又把 3 号杀了，他们是隔一个杀一个这样转着圈杀。最后剩下一个人，这个人就是约瑟夫，请问约瑟夫是多少号？

这就是数学上有名的“约瑟夫问题”。给大家一个提示：敌人从1号开始，隔一个杀一个，第一圈把奇数号码的战士全杀死了。剩下的32名战士需要重新编号，而敌人在第二圈杀死的是重新编排的奇数号码。按照这个思路，你能不能解决这个问题？

答案解析：

第一圈剩下的全部是偶数号2，4，6，8，…，64。把它们全部用2除，得1，2，3，4，…，32，这是第二圈重新编的号码。第二圈杀过之后，又把奇数号码都杀掉了，还剩下16个人。如此下去，可以想到最后剩下的必然是64号。

由于$64=2\times2\times2\times2\times2\times2$，它可以连续被2整除6次，是从1到64中质因数里2最多的数，因此，最后必然把64号剩下。从$64=2\times2\times2\times2\times2\times2$还可以看到，是转过6圈之后，把约瑟夫剩下的。

第 4 章　分　　式

长方形的面积为 10 cm^2，长为 7 cm，宽应为________ cm；长方形的面积为 S，长为 a，宽应为________。

把体积为 200 cm^3的水倒入底面积为 33 cm^2的圆柱形容器中，水面高度为________ cm；把体积为 V 的水倒入底面积为 S 的圆柱形容器中，水面高度为______。

问题 1　上面问题中得到的式子$\frac{10}{7}$，$\frac{S}{a}$，$\frac{200}{33}$，$\frac{V}{S}$，哪些不是我们学过的整式？

问题 2　式子$\frac{S}{a}$、$\frac{V}{S}$与以前学过的整式不同，这些代数式有什么共同特征？

定义 4.1　一般地，如果 A、B 表示两个整式，并且 B 中含有字母，那么式子$\frac{A}{B}$叫作分式(fraction)，分式$\frac{A}{B}$中，A 叫作分子，B 叫作分母。

问题 3　除上面遇到的分式外，你还能举出几个分式的例子吗？

例 4.1　下列式子中，哪些是分式？哪些是整式？

$$\frac{x}{3},\ \frac{4}{3b^2+5},\ \frac{2a-5}{3},\ \frac{x}{x^2-y^2},\ \frac{m-n}{m+n},\ c\div(a-b)$$

分式有意义的条件如下：

(1) 当 x __________ 时，分式$\frac{2}{3x}$有意义；

(2) 当 x __________ 时，分式$\frac{x}{x-1}$有意义；

(3) 当 x __________ 时，分式$\frac{1}{5-3x}$有意义；

(4) 当 x、y 满足关系____________ 时，分式$\frac{x+y}{x-y}$有意义。

4.1　分式的基本性质

问题　下列分数是否相等？

$$\frac{2}{3},\ \frac{4}{6},\ \frac{8}{12},\ \frac{16}{24},\ \frac{32}{48}$$

分数的基本性质：一个分数的分子、分母乘(或除以)同一个不为 0 的数，分数的值不变。

定理 4.1(分式的基本性质)　分式的分子与分母乘(或除以)同一个不等于 0 的整式，分式的值不变。用式子可表示为

$$\frac{A}{B}=\frac{A\cdot C}{B\cdot C},\ \frac{A}{B}=\frac{A\div C}{B\div C}\quad (C\neq 0)$$

运算中要注意:

(1) 分子、分母应同时做乘、除法中的同一种运算。

(2) 所乘(或除以)的必须是同一个整式。

(3) 所乘(或除以)的整式应该不等于零。

例 4.2 在空白处填空,使等式成立。

(1) $\frac{2y}{x}=\frac{2xy}{(\ )}$; (2) $\frac{-m^2}{m^3}=\frac{(\ )}{m}$。

解 (1) 等号右边的分子 $2xy$,等于等号左边的分子 $2y$ 乘 x,所以

$$\frac{2y}{x}=\frac{2y\cdot x}{x\cdot x}=\frac{2xy}{x^2}$$

即括号内应填入 x^2。

(2) 等号右边的分母 m,等于等号左边的分母 m^3 除以 m^2,所以

$$\frac{-m^2}{m^3}=\frac{-m^2\div m^2}{m^3\div m^2}=\frac{-1}{m}$$

即括号内应填入-1。

思考:

(1) $\frac{-b}{-a}$与$\frac{b}{a}$是否相等?

(2) $\frac{b}{-a}$与$\frac{-b}{a}$是否相等?

(3) $\frac{-b}{a}$与$-\frac{b}{a}$是否相等?

由此你发现了什么结论?

在分式及其分子、分母的三个符号中,如果同时改变其中的两个,分式的值不变。

(4) 你能不改变分式的值,使分式$\frac{-x}{2y}$和$\frac{3x}{-y^2}$的分子和分母中都不含负号吗?

★练习 4.1

1. 选择题。

(1) 下列各式中,属于分式的是(   )。

A. $3x^2+x-1$ B. $\frac{x-2}{3}$ C. $\frac{2x-3}{x-1}$ D. $\frac{1}{4}(2x-1)$

(2) 把 $a+b\div c$ 写成分式的形式,正确的是(   )。

A. $\frac{a+b}{c}$ B. $a+\frac{b}{c}$ C. $\frac{a}{c}+\frac{b}{c}$ D. $\frac{a}{b+c}$

(3) 原计划 m 天制造 80 件产品,现需要提前 1 天完成,则实际每天生产的件数为(   )。

A. $\frac{80}{m-n}$ B. $\frac{80}{m+n}$ C. $\frac{80}{n-m}$ D. $m-\frac{80}{n}$

(4) $\frac{1}{5}(1-x)$，$\frac{4x}{\pi-3}$，$\frac{x^2-y^2}{2}$，$\frac{1}{x}$，$\frac{5x}{x+1}$中，分式的个数为（　　）。

A. 2 个　　B. 3 个　　C. 4 个　　D. 5 个

(5) 分式$\frac{x}{x^2+1}$有意义，则 x 的取值范围为（　　）。

A. $x\neq1$　　B. $x\neq-1$　　C. $x\neq1$ 或 $x\neq-1$　　D. 全体实数

2. 填空题。

(1) 请你写出一个含有字母 a 和 b 的分式：____________。

(2) 甲、乙两地相距 150 千米，某人骑车从甲地到乙地需 a 小时，现需提前 1 小时到达，则骑车的速度应为____________千米小时。

(3) 若分式$\frac{x}{x^2-16}$有意义，则 x 的取值范围为____________。

3. 练习。

(1) 确定分式的符号：$\frac{-5y}{-25x^2}$，$\frac{-a}{2b}$，$\frac{4m}{-3n}$，$-\frac{-x}{2y}$。

(2) 相反数的互换：$a-2=(\qquad)(2-a)$，　$-a-2=(\qquad)(a+2)$。

4. 下面各组中的分式相等吗？为什么？

(1) $\frac{m-n}{a}$与$\frac{2m-2n}{2a}$；　　(2) $\frac{a+ab}{ac}$与$\frac{b+1}{c}$；

(3) $\frac{-a+b}{a-b}$与-1；　　(4) $\frac{x+0.23y}{0.5x-y}$与$\frac{100x+23y}{50x-100y}$。

5. 下面的等式成立吗？为什么？

(1) $\frac{x}{x+y}$与$\frac{2x}{2x+y}$；　　(2) $\frac{n+m}{n-m}$与$\frac{m+n}{m-n}$。

6. 在下面的括号内填上适当的整式，使等式成立。

(1) $\frac{16a^2x}{(\quad)}=\frac{a}{x}$；　　(2) $\frac{2p}{10q}=\frac{(\quad)}{5q}$；

(3) $\frac{x+1}{x^2-1}=\frac{1}{(\quad)}$；　　(4) $\frac{a-1}{a+1}=\frac{a^2-1}{(\quad)}$。

4.2　约　分

我们以前学习过分数的约分，当分数的分子与分母含有 1 以外的公因数时，通常要约去这样的公因数，把分数化成最简分数。

下面仿照分数约分的方法，约去分式中分子和分母的公因式：

(1) $\frac{a^2}{2a^3}=$________；

(2) $\frac{xy}{4y^2}=$________。

定义 4.2　利用分式的基本性质，把一个分式的分子和分母中 1 以外的公因式约去，叫作分式的约分。

例 4.3　约分：

(1) $\dfrac{-2x^2y}{4axy^3}$；　　(2) $\dfrac{a^2b+ab^2}{a^2+ab}$。

解　(1) $$\frac{-2x^2y}{4axy^3}=-\frac{2x^2y}{4axy^3}=-\frac{2xy\cdot x}{2xy\cdot 2ay^2}=-\frac{x}{2ay^2}$$

(2) $$\frac{a^2b+ab^2}{a^2+ab}=\frac{ab(a+b)}{a(a+b)}=b$$

定义 4.3　当一个分式的分子与分母除去 1 以外没有其他公因式时，这样的分式叫作最简分式。

例 4.4　计算：

(1) $-9a^2b^2\div(-3ab^2)$；　　(2) $(a^2-4)\div(a^2-4a+4)$。

解　(1) $$-9a^2b^2\div(-3ab^2)=\frac{-9a^2b^2}{-3ab^2}=\frac{-3ab^2\cdot(3a)}{-3ab^2}=3a$$

(2) $$(a^2-4)\div(a^2-4a+4)=\frac{a^2-4}{a^2-4a+4}=\frac{(a+2)(a-2)}{(a-2)^2}=\frac{a+2}{a-2}$$

通过例题可以发现：

(1) 把整式的除法写成分式的形式，可以利用约分进行运算。

(2) 两个整式相除，商可能是整式，也可能是分式。

★练习 4.2

1. 约分。

(1) $\dfrac{2bc}{ac}$；　　(2) $\dfrac{(x+y)y}{xy^2}$；

(3) $\dfrac{x^2+xy}{(x+y)^2}$；　　(4) $\dfrac{x^2-y^2}{(x-y)^2}$。

2. 约分。

(1) $\dfrac{2-a}{a^2-4}$；　　(2) $\dfrac{9-a^2}{-a^2-3a}$；

(3) $\dfrac{m^2-7m}{49-m^2}$；　　(4) $\dfrac{9-a^2}{a^2-6a+9}$。

3. 指出下列分式中的最简分式。

$$\frac{a+b}{a^2+b^2},\ \frac{a+b}{a^2-b^2},\ \frac{3x}{12y},\ \frac{2a+b}{a+b}$$

4. 计算。

(1) $6x^2y\div 3xy$；　　(2) $5ab^2\div(-15abc)$；

(3) $(6x^3y+4x^2y^3)\div(-2x^2y)$；　　(4) $(x^2-1)\div(x^2+2x+1)$。

5. 化简下面的分式，并求分式的值。

(1) $\dfrac{3a-6b}{a^2-4ab+4b^2}$，其中 $a=2$，$b=3$；

(2) $\dfrac{-x^2+2xy}{6y^2-3xy}$，其中 $x=2$，$y=3$。

6. 已知$\frac{1}{a}-\frac{1}{b}=4$，求$\frac{a-2ab-b}{2a-2b+7ab}$的值。

4.3　分式的通分

问题 1　某市为缓解某交通路口车辆堵塞现象，决定在该路口新建一座大型立交桥。原计划 x 个月完工，每个月需完成工程量的几分之几？如果要求这项工程比原计划提前 3 个月完成，那么每个月需完成工程量的几分之几？

问题 2　你能把上面问题中得到的两个分式化为同分母的分式吗？

在问题 1 中，如果按原计划，那么每月需完成工程量的$\frac{1}{x}$，如果提前 3 个月完成，那么每月需完成工程量的$\frac{1}{x-3}$。类比分数的通分，因为 $x(x-3)$是分式$\frac{1}{x}$与$\frac{1}{x-3}$的公分母，所以可以把它们都化成分母是 $x(x-3)$的分式。根据分式的基本性质，得

$$\frac{1}{x}=\frac{x-3}{x(x-3)},\ \frac{1}{x-3}=\frac{x}{x(x-3)}$$

定义 4.4　把几个异分母的分式化成与原来的分式相等的同分母分式的变形叫作分式的通分。

与异分母分数的通分类似，异分母分式的通分其关键是确定它们的公分母。通常取各分母系数的最小公倍数与所有字母因式的最高次幂的积作为公分母，这样的公分母叫作最简公分母。

以$\frac{3}{2x^2}$与$\frac{a}{3xy}$为例，这两个分式的分母 $2x^2$ 与 $3xy$ 都是单项式，系数 2 和 3 的最小公倍数是 6，字母因式 x、y 的最高次幂分别是 x^2、y，所以这两个分母的最简公分母是 $6x^2y$。

接下来要把分式化成分母是 $6x^2y$ 的分式，它们的分子、分母应当分别同乘一个怎样的整式呢？

因为$\frac{3}{2x^2}$与$\frac{a}{3xy}$的最简公分母是 $6x^2y$，$6x^2y\div 2x^2=3y$，$6x^2y\div 3xy=2x$，所以

$$\frac{3}{2x^2}=\frac{3\cdot 3y}{2x^2\cdot 3y}=\frac{9y}{6x^2y}$$

$$\frac{a}{3xy}=\frac{a\cdot 2x}{3xy\cdot 2x}=\frac{2ax}{6x^2y}$$

例 4.5　把下列各题中的分式通分：

(1) $\frac{y}{2x^2}$，$\frac{1}{3xy}$，$\frac{3x}{4xy^2}$；　　(2) $\frac{n}{2(m+4)}$，$\frac{-5mn}{m^2-16}$。

解　(1) 分式$\frac{y}{2x^2}$，$\frac{1}{3xy}$，$\frac{3x}{4xy^2}$的最简公分母是 $12x^2y^2$，所以

$$\frac{y}{2x^2}=\frac{y\cdot 6y^2}{2x^2\cdot 6y^2}=\frac{6y^3}{12x^2y^2}$$

$$\frac{1}{3xy}=\frac{1\times 4xy}{3xy\cdot 4xy}=\frac{4xy}{12x^2y^2}$$

$$\frac{3x}{4xy^2}=\frac{3x\cdot 3x}{4xy^2\cdot 3x}=\frac{9x^2}{12x^2y^2}$$

(2) 因为 $m^2-16=(m+4)(m-4)$，所以分式$\frac{n}{2(m+4)}$和$\frac{-5mn}{m^2-16}$的最简公分母是 $2(m+4)(m-4)$。因此

$$\frac{n}{2(m+4)}=\frac{n(m-4)}{2(m+4)(m-4)}$$

$$\frac{-5mn}{m^2-16}=-\frac{10mn}{2(m+4)(m-4)}$$

当分母是多项式时，最简公分母的确定方法是：先因式分解，再将每一个因式看成一个整体，最后确定最简公分母。

★练习 4.3

1. 填空。

(1) $\frac{2}{xy}$与$\frac{3y}{xy-x^2}$的最简公分母是__________；

(2) $\frac{a}{a^2-9}$与$\frac{1}{a^2+6a+9}$的最简公分母是__________。

2. 写出下列各组分式的最简公分母及通分后的分式。

(1) $\frac{3}{4xy}$，$\frac{5}{2x^2y}$；　　(2) $\frac{1}{2x-1}$，$\frac{1}{2x+1}$；

(3) $\frac{x}{2x-1}$，$\frac{x+1}{4x^2-1}$。

3. 把下列各题中的分式通分。

(1) $\frac{1}{a}$，$\frac{1}{b}$，$\frac{1}{c}$；　　(2) $\frac{b}{2a}$，$\frac{a}{3b}$；

(3) $\frac{2}{2x+3}$，$\frac{3}{2x}$；　　(4) $\frac{x-1}{x(x+1)}$，$\frac{1}{x-1}$；

(5) $\frac{3}{8xy}$，$\frac{1}{6xz^2}$；　　(6) $\frac{a}{a+b}$，$\frac{b}{a-b}$；

(7) $\frac{a}{(a-2)^2}$，$\frac{3a-1}{a-2}$；　　(8) $\frac{x}{x+y}$，$\frac{x+y}{x^2-xy}$，$\frac{y}{x-y}$。

4. 把下列各题中的分式通分。

(1) $\frac{1}{6x-4y}$，$\frac{2y}{9x^2-4y^2}$，$\frac{x}{3x+2y}$；

(2) $\frac{1}{(x+y)(y+z)}$，$\frac{1}{(y+z)(x+z)}$，$\frac{1}{(x+y)(x+z)}$；

(3) $\frac{b}{a(x-1)(2-x)}$，$\frac{a}{b(1-x)(x-2)}$。

5. 分数和分式在约分和通分的做法上有什么共同点？这些做法的根据是什么？

4.4　分式的加减乘除

4.4.1　分式的加减

问题 1　甲工程队完成一项工程需 n 天，乙工程队要比甲队多用 3 天才能完成这项工程，两队共同工作一天完成这项工程的几分之几？

思考：

(1) 甲工程队一天完成这项工程的几分之几？

(2) 乙工程队一天完成这项工程的几分之几？

(3) 甲乙两队共同工作一天完成这项工程的几分之几？

问题 2　2009 年、2010 年、2011 年某地的森林面积(单位为 km^2)分别是 S_1，S_2，S_3，2011 年与 2010 年相比，森林面积增长率提高了多少？

思考：

(1) 什么是增长率？

(2) 2010 年、2011 年的森林面积增长率分别是多少？

(3) 2011 年与 2010 年相比，森林面积增长率提高了多少？

分式的加减法与分数的加减法类似，它们实质上相同。观察下列分数加减运算的式子，你能将它们推广，得出分式的加减法法则吗？

$$\frac{1}{5}+\frac{2}{5}=\frac{3}{5},\qquad \frac{1}{5}-\frac{2}{5}=-\frac{1}{5}$$

$$\frac{1}{2}+\frac{1}{3}=\frac{3}{6}+\frac{2}{6}=\frac{5}{6},\qquad \frac{1}{2}-\frac{1}{3}=\frac{3}{6}-\frac{2}{6}=\frac{1}{6}$$

定理 4.2(分式的加减法法则)　同分母分式相加减，分母不变，把分子相加减；异分母分式相加减，先通分，变为同分母的分式，再加减。用式子可表示为

$$\frac{a}{c}\pm\frac{b}{c}=\frac{a\pm b}{c}$$

$$\frac{a}{b}\pm\frac{c}{d}=\frac{ad}{bd}\pm\frac{bc}{bd}=\frac{ad\pm bc}{bd}$$

例 4.6　计算：

(1) $\frac{a+2}{2a-3}+\frac{3a-8}{2a-3}$；　　(2) $\frac{x^2}{x-y}+\frac{y^2}{y-x}$。

解　(1) $\frac{a+2}{2a-3}+\frac{3a-8}{2a-3}=\frac{(a+2)+(3a-8)}{2a-3}=\frac{4a-6}{2a-3}=\frac{2(2a-3)}{2a-3}=2$

(2) $\frac{x^2}{x-y}+\frac{y^2}{y-x}=\frac{x^2}{x-y}-\frac{y^2}{x-y}=\frac{x^2-y^2}{x-y}=\frac{(x+y)(x-y)}{x-y}=x+y$

例 4.7　计算：

(1) $\frac{a+b}{3ab}-\frac{a-b}{5b^2}$；　　(2) $\frac{12}{m^2-9}+\frac{2}{3-m}$；　　(3) $\frac{x}{x+1}-\frac{1}{x-1}+\frac{2}{x^2-1}$。

解　(1) $\frac{a+b}{3ab}-\frac{a-b}{5b^2}=\frac{5b(a+b)}{15ab^2}-\frac{3a(a-b)}{15ab^2}=\frac{5b(a+b)-3a(a-b)}{15ab^2}=\frac{5b^2+8ab-3a^2}{15ab^2}$

(2) $\frac{12}{m^2-9}+\frac{2}{3-m}=\frac{12}{(m+3)(m-3)}-\frac{2}{m-3}=\frac{12}{(m+3)(m-3)}-\frac{2(m+3)}{(m+3)(m-3)}$

$=\frac{12-2(m+3)}{(m+3)(m-3)}=\frac{6-2m}{(m+3)(m-3)}=\frac{-2(m-3)}{(m+3)(m-3)}$

$=-\frac{2}{m+3}$

(3) $\frac{x}{x+1}-\frac{1}{x-1}+\frac{2}{x^2-1}=\frac{x}{x+1}-\frac{1}{x-1}+\frac{2}{(x+1)(x-1)}$

$=\frac{x(x-1)}{(x+1)(x-1)}-\frac{x+1}{(x+1)(x-1)}+\frac{2}{(x+1)(x-1)}$

$=\frac{x^2-2x+1}{(x+1)(x-1)}=\frac{(x-1)^2}{(x+1)(x-1)}=\frac{x-1}{x+1}$

★练习 4.4.1

1. 计算。

(1) $\frac{a+b}{a}+\frac{a-b}{a}$;　　(2) $\frac{3x-1}{xy}-\frac{1}{xy}$;

(3) $\frac{a^3}{a-1}+\frac{a}{1-a}$;　　(4) $\frac{3a}{a-4b}-\frac{a+b}{4b-a}$。

2. 计算。

(1) $\frac{a}{a-b}+\frac{b}{a+b}$;　　(2) $\frac{5}{x-3}-\frac{2x-5}{x^2-3x}$;

(3) $\frac{x+1}{x}+\frac{1}{x-1}$;　　(4) $\frac{3x-1}{x^2-y^2}-\frac{y}{x-y}$。

3. 计算。

(1) $\frac{b-a}{ab}+\frac{c-b}{bc}+\frac{a-c}{ac}$;　　(2) $\frac{3}{x}-\frac{6}{1-x}-\frac{x+5}{x^2-x}$;

(3) $1-\frac{4x}{2x+y}$;　　(4) $\frac{x^2}{x+1}-x+1$。

4. (1) 甲、乙两捆相同型号的电线，质量分别为 m kg 和 n kg($m>n$)。如果这种电线每米的质量为 a kg，那么这两捆电线的长度相差多少米?

(2) 甲、乙两捆型号不同的电线，质量分别为 p kg 和 q kg，甲捆电线每米的质量为 a kg，乙捆电线每米的质量为 b kg，那么这两捆电线的总长度为多少米?

5. 一艘客轮在静水中航行的平均速度为 v km/h，长江水流的平均速度为 a km/h，武汉到上海的水上距离为 s km。如果这艘客轮从武汉开往上海后停留 6 小时，然后返回武汉，那么往返一次所用的时间是多少?

6. 已知 $A=\frac{4}{x^2-4}$，$B=\frac{1}{x+2}+\frac{1}{2-x}$，在以下三个结论中，哪个正确? 为什么?

(1) $A=B$;

(2) A、B 互为倒数;

(3) A、B 互为相反数。

7. 已知 $\frac{5x-4}{(x-5)(x+2)}=\frac{A}{(x-5)}+\frac{B}{(x+2)}$，求 A、B 的值。

4.4.2　分式的乘除

问题 1　大拖拉机 m 天耕地 a 公顷，小拖拉机 n 天耕地 b 公顷，大拖拉机的工作效率是小拖拉机的工作效率的多少倍？

思考：

(1) 本题中出现的“工作效率”的含义是什么？

(2) 大拖拉机和小拖拉机的工作效率怎样表示？

观察上述两个问题中所列出的式子，其中涉及分式的有哪些运算？你能用学过的运算法则求出结果吗？

问题 2　计算：

(1) $\frac{3}{5}\times\frac{15}{2}$；　　(2) $\frac{3}{5}\div\frac{15}{2}$。

在计算过程中，你运用了分数的什么法则？你能叙述这个法则吗？如果将分数换成分式，那么你能类比分数的乘除法法则，说出分式的乘除法法则吗？怎样用字母来表示分式的乘除法法则呢？

定理 4.3(分式的乘除法法则)

$$\frac{a}{b}\cdot\frac{c}{d}=\frac{a\cdot c}{b\cdot d},\ \frac{a}{b}\div\frac{c}{d}=\frac{a}{b}\cdot\frac{d}{c}=\frac{a\cdot d}{b\cdot c}$$

如何用文字语言来描述呢？

乘法法则：两个分式相乘，把分子的积作为积的分子，分母的积作为积的分母。

除法法则：两个分式相除，把除式的分子与分母颠倒位置后，与被除式相乘。也就是说，将分式的除法转化为分式的乘法进行运算。

例 4.8　计算：

(1) $\frac{2mn}{3m^2}\cdot\frac{6mn}{5n}$；　　(2) $\frac{ab^3}{2c^2}\div\frac{-5a^2b^2}{4cd}$。

解　(1)
$$\frac{2mn}{3m^2}\cdot\frac{6mn}{5n}=\frac{2mn\cdot 6mn}{3m^2\cdot 5n}=\frac{4}{5}n$$

(2)
$$\frac{ab^3}{2c^2}\div\frac{-5a^2b^2}{4cd}=\frac{ab^3}{2c^2}\cdot\frac{4cd}{-5a^2b^2}=-\frac{4ab^3cd}{10a^2b^2c^2}=-\frac{2bd}{5ac}$$

在分式的乘法运算过程中，当按照法则，分子与分子相乘，分母与分母相乘时，如果分子、分母有 1 以外的公因式，可先进行约分，然后分别相乘。

如果分式的分子或分母是多项式，则应当先因式分解，以便于约分。

例 4.9　计算：

(1) $\frac{a+1}{a-1}\cdot\frac{a}{a^2-1}$；　　(2) $\frac{1}{49-m^2}\div\frac{1}{m^2-7m}$。

解　(1)
$$\frac{a+1}{a-1}\cdot\frac{a}{a^2-1}=\frac{a+1}{a-1}\cdot\frac{a}{(a+1)(a-1)}=\frac{a}{(a-1)^2}$$

(2)
$$\frac{1}{49-m^2}\div\frac{1}{m^2-7m}=-\frac{1}{m^2-49}\cdot(m^2-7m)=-\frac{m(m-7)}{(m+7)(m-7)}=-\frac{m}{m+7}$$

此外，根据乘方的意义和分式的乘法法则，容易得出：

$$\left(\frac{a}{b}\right)^2=\frac{a}{b}\cdot\frac{a}{b}=\frac{a\cdot a}{b\cdot b}=\frac{a^2}{b^2}$$

$$\left(\frac{a}{b}\right)^3=\frac{a}{b}\cdot\frac{a}{b}\cdot\frac{a}{b}=\frac{a\cdot a\cdot a}{b\cdot b\cdot b}=\frac{a^3}{b^3}$$

$$\vdots$$

一般地，当 n 是正整数时，有

$$\left(\frac{a}{b}\right)^n=\frac{a}{b}\cdot\frac{a}{b}\cdot\cdots\cdot\frac{a}{b}=\frac{a\cdot a\cdots a}{b\cdot b\cdots b}=\frac{a^n}{b^n}$$

即

$$\left(\frac{a}{b}\right)^n=\frac{a^n}{b^n}$$

也就是说，分式的乘方是把分子、分母分别乘方。

例 4.10　计算：

(1) $\left(-\frac{b}{2a^3}\right)^3$；　　(2) $\left(\frac{a^2b}{-cd^3}\right)^3\div\frac{2a}{d^3}\cdot\left(\frac{c}{2a}\right)^2$。

解　(1) $\left(-\frac{b}{2a^3}\right)^3=-\frac{b^3}{(2a^2)^3}=-\frac{b^3}{8a^6}$

(2) $\left(\frac{a^2b}{-cd^3}\right)^3\div\frac{2a}{d^3}\cdot\left(\frac{c}{2a}\right)^2=\frac{a^6b^3}{-c^3d^9}\div\frac{2a}{d^3}\cdot\frac{c^2}{4a^2}=\frac{a^6b^3}{-c^3d^9}\cdot\frac{d^3}{2a}\cdot\frac{c^2}{4a^2}=-\frac{a^3b^3}{8cd^6}$

在进行分式乘方时，要注意幂的符号。若分式本身的符号是负的，则应类比负数乘方法则进行，即负数的偶次幂为整数，负数的奇次幂为负数。

另外，式与数具有相同的混合运算顺序，即先乘方，再乘除。

★练习 4.4.2

1. 计算。

(1) $\frac{8x}{9y}\cdot\frac{3y}{2x^2}$；　　(2) $\frac{3bc}{5a^2}\cdot\frac{-2ab}{3c^2}$；

(3) $(-4ab)\div\frac{2b}{ax}$；　　(4) $\frac{2x}{5y}\div\frac{-3x}{4y}$。

2. 计算。

(1) $\frac{3mn^2}{5a^2b}\cdot\left(-\frac{15ab^2}{7m^2n}\right)$；　　(2) $\frac{12xy}{5a}\div 8x^2y$。

3. 计算。

(1) $\frac{2a}{a+1}\div\frac{2}{a+1}$；　　(2) $\frac{x-2y}{x+2y}\div\frac{2}{x^2-4y^2}$；

(3) $\frac{x-y}{x+y}\div(x-y)$；　　(4) $\frac{2a-2b}{a+b}\div\frac{a^2-b^2}{a^2+2ab+b^2}$。

4. 计算。

(1) $\left(\frac{3x}{4y}\right)^3$；　　(2) $\left(-\frac{x^2}{y}\right)^2\div\left(-\frac{y}{x}\right)^3$。

5. (1) 试写出两个分式，使它们的积为 $2x+1$；

(2) 试写出一个整式和一个分式，使它们的积为 $2x+1$。

6. 计算。

(1) $\left(\frac{a-b}{ab}\right)^2\cdot\frac{a}{a^2-b^2}$；　　(2) $\left(\frac{4ac-16ab}{4a}\right)^2\div(c-4b)^2$。

7. 给定下列分式：$\frac{x^3}{y}$，$-\frac{x^5}{y^2}$，$\frac{x^7}{y^3}$，$-\frac{x^9}{y^4}$，…$(xy\neq0)$。

(1) 从第2个分式起，把任意一个分式除以前面一个分式，你发现了什么规律？

(2) 根据你发现的规律，写出给定的这列分式中的第10个分式。

4.4.3 分式的混合运算

定理4.4 分式混合运算的顺序与有理数混合运算的顺序相同，即先乘方，再乘除，最后算加减，如果有括号，就先算括号里的。

例4.11 计算：

(1) $\frac{x}{x-y}\cdot\frac{y^2}{x+y}-\frac{x^4y}{x^4-y^4}\div\frac{x^2}{x^2+y^2}$；　　(2) $\left(\frac{2}{x-3}-\frac{1}{x}\right)\div\frac{x+3}{x^2-3x}$。

解 (1)

$$\begin{aligned}&\frac{x}{x-y}\cdot\frac{y^2}{x+y}-\frac{x^4y}{x^4-y^4}\div\frac{x^2}{x^2+y^2}\\&=\frac{x}{x-y}\cdot\frac{y^2}{x+y}-\frac{x^4y}{(x^2+y^2)(x+y)(x-y)}\cdot\frac{x^2+y^2}{x^2}\\&=\frac{xy^2}{(x+y)(x-y)}-\frac{x^2y}{(x+y)(x-y)}\\&=\frac{xy(y-x)}{(x+y)(x-y)}\\&=-\frac{xy}{x+y}\end{aligned}$$

(2) $\left(\frac{2}{x-3}-\frac{1}{x}\right)\div\frac{x+3}{x^2-3x}=\frac{x+3}{x(x-3)}\div\frac{x+3}{x^2-3x}=\frac{x+3}{x(x-3)}\cdot\frac{x(x-3)}{x+3}=1$

例4.12 先化简，再求值：

$$1-\frac{a-1}{a}\div\left(\frac{a}{a+2}-\frac{1}{a^2+2a}\right)$$

其中，$a=2$。

解 $1-\frac{a-1}{a}\div\left(\frac{a}{a+2}-\frac{1}{a^2+2a}\right)=1-\frac{a-1}{a}\div\frac{a^2-1}{a(a+2)}=1-\frac{a-1}{a}\cdot\frac{a(a+2)}{(a+1)(a-1)}$

$$=1-\frac{a+2}{a+1}=-\frac{1}{a+1}$$

当$a=2$时，原式$=-\frac{1}{3}$。

★练习4.4.3

1. 计算。

(1) $1-\frac{x-y}{x+2y}\div\frac{x^2-y^2}{x^2+4xy+4y^2}$；　　(2) $\left(\frac{x-2}{x+2}-\frac{x+2}{x-2}\right)\cdot\frac{x^2-4}{x^2}$；

(3) $\left(1-\frac{1}{1-x}\right)\div\frac{x}{x-1}$；　　(4) $1-\frac{x-y}{x+2y}\div\frac{x^2-y^2}{x^2+4xy+4y^2}$。

2. 计算。

(1) $\frac{a^2-b^2}{a-b}\div\left(2+\frac{a^2+b^2}{ab}\right)$；　(2) $\frac{2-x}{x-1}\div\left(x+1-\frac{3}{x-1}\right)$；

(3) $\left(1+\frac{n}{m}\right)\div\left(1-\frac{n}{m}\right)\cdot(m^2-n^2)$；　(4) $\left(\frac{x}{x-2}-\frac{x}{x+2}\right)\div\frac{4x}{x-2}$。

3. 化简求值。

(1) $\left(\frac{1}{x+y}+\frac{1}{y-x}\right)\div\frac{y^2}{xy-y^2}$，其中 $x=-2$，$y=1$；

(2) $\left(\frac{a}{a-b}-\frac{a^2}{a^2-2ab+b^2}\right)\div\left(\frac{a}{a+b}-\frac{a^2}{a^2-b^2}\right)+1$，其中 $a=\frac{2}{3}$，$b=-3$。

习　题　4

1. 选择题。

(1) 在 $\frac{4}{y}$，$\frac{y}{4}$，$\frac{6}{x+y}$，$\frac{x+y}{2}$ 中，分式的个数为(　　)。

A. 1 个　B. 2 个　C. 3 个　D. 4 个

(2) 下列分式中为最简分式的是(　　)。

A. $\frac{4x^2y}{12ab}$　B. $\frac{x+y}{3x}$　C. $\frac{a-b}{a^2-b^2}$　D. $\frac{x^2-y^2}{x^2+2xy+y^2}$

(3) 当 a 为任何实数时，下列分式中一定有意义的是(　　)。

A. $\frac{a+1}{a^2}$　B. $\frac{1}{a+1}$　C. $\frac{a^2+1}{a+1}$　D. $\frac{a+1}{a^2+1}$

(4) 下列分式中，计算正确的是(　　)。

A. $\frac{2(b+c)}{a+3(b+c)}=\frac{2}{a+3}$　B. $\frac{a+b}{a^2+b^2}=\frac{2}{a+b}$

C. $\frac{(a-b)^2}{(a+b)^2}=-1$　D. $\frac{x-y}{2xy-x^2-y^2}=\frac{1}{y-x}$

(5) 若分式 $\frac{x^2-4}{2x-4}$ 的值为零，则 x 等于(　　)。

A. 2　B. -2　C. ±2　D. 0

(6) 分式 $\frac{b-2}{3ab^2}$ 与 $\frac{c-5}{8a^3bc^3}$ 的最简公分母是(　　)。

A. $24a^2b^2c^2$　B. $24a^6b^4c^3$　C. $24a^3b^2c^3$　D. $24a^2b^3c^3$

(7) 把分式 $\frac{x-2}{x+2}-\frac{x+2}{x-2}$ 化简的正确结果为(　　)。

A. $\frac{-8x}{x^2-4}$　B. $\frac{-8x}{x^2+4}$　C. $\frac{8x}{x^2-4}$　D. $\frac{2x^2+8}{x^2-4}$

(8) 若分式 $\frac{x-3}{x^2}$ 的值为正数，则 x 的取值范围是(　　)。

A. $x>3$　B. $x<3$　C. $x<3$ 且 $x\neq0$　D. $x>-3$ 且 $x\neq0$

(9) 如果把分式 $\frac{x+2y}{x+y}$ 中的 x、y 都扩大 2 倍，则分式的值(　　)。

A. 扩大2倍 B. 缩小2倍 C. 是原来的$\frac{2}{3}$ D. 不变

(10) 化简$\left(a-\frac{b^2}{a}\right)\cdot\frac{a}{a-b}$的结果是(　　)。

A. $a-b$ B. $a+b$ C. $\frac{1}{a-b}$ D. $\frac{1}{a+b}$

2. 填空题。

(1) 计算：$(\pi-3.14)^0=$________。

(2) 若$x+\frac{1}{x}=4$，则$x^2+\frac{1}{x^2}=$________。

(3) 当$x=$______时，分式$\frac{|x|-2}{x-2}$的值为零；当x______时，分式$\frac{x-3}{|x|+3}$有意义。

(4) 若$\left(x+\frac{1}{x}\right)^2=4$，则$x^2+\frac{1}{x^2}=$________，$\left(x-\frac{1}{x}\right)^2=$________。

(5) 计算：$\frac{a^2}{a-2}-\frac{4}{a-2}=$________，$\frac{1}{x+1}+\frac{1}{x-1}=$________。

(6) 已知关于x的方程$\frac{x+m}{m(x-1)}=\frac{4}{5}$的解为$x=\frac{1}{5}$，则$m=$________。

3. 计算题。

(1) $\frac{4x^2}{2x-3}+\frac{9}{3-2x}$；

(2) $\frac{12}{m^2-9}-\frac{2}{m-3}$；

(3) $\frac{2x^2}{3y^2}\cdot\frac{5y}{6x}\div\frac{10y}{21x^2}$；

(4) $\frac{a^2-ab}{a^2}\div\left(\frac{a}{b}-\frac{b}{a}\right)$。

4. 先化简，再求值计算。

(1) $\frac{x^2-4x}{x^2-8x+16}$，其中$x=5$；

(2) $\left(1-\frac{8}{x+1}\right)\div\frac{x+3}{x+1}$，其中$x=2$。

第 5 章　一元一次方程与不等式

今有雉兔同笼，
上有三十五头，
下有九十四足，
问雉兔各几何?

“雉(鸡)兔同笼”是中国古代的数学名题之一。大约在1500年前，《孙子算经》中就记载了这个有趣的问题。你会解吗?

方程是解决问题的一种重要的数学模型，它的应用非常广泛。本章主要学习一元一次方程和一元一次不等式，以及如何应用它们解决实际问题。

5.1　一元一次方程及其解法

方程是解决问题的一种重要的数学模型。一元一次方程是最简单的方程。它的应用非常广泛，可以解决大多数较简单的工程问题、行程问题、分配问题、盈亏问题、积分表问题、电话计费问题、数字问题等。

请观察下面的方程：

$$3x-2=7,\ 4x-5=2x+3,\ 5(x-5)+2x=-4$$

我们不难发现，这些方程都只含有一个未知数，并且未知数的次数都是 1。我们把这样的方程叫作一元一次方程。一元一次方程的标准形式为 $ax+b=0$(其中 x 是未知数，a、b 是已知数，并且 $a\neq 0$)。

一般地，能够使方程左、右两边的值相等的未知数的值叫作方程的解。只含有一个未知数的方程的解，叫作方程的根。求得方程的解的过程，叫作解方程。

解一元一次方程的一般步骤如下：

(1) 去分母：在方程两边都乘以各分母的最小公倍数。

(2) 去括号：先去小括号，再去中括号，最后去大括号。

(3) 移项：把含有未知数的项都移到方程的一边，其他项都移到方程的另一边(记住：移项要变号)。

(4) 合并同类项：把方程化为 $ax=b(a\neq 0)$ 的形式。

(5) 系数化为 1：在方程两边都除以未知数的系数 a，得到方程的解 $x=\dfrac{b}{a}$。

例 5.1　解下列方程：

(1) $6x-13=-1$;　　　　(2) $10x+1=14x-3$。

解　(1)

$$6x-13=-1$$

移项，得

$$6x=-1+13$$

合并同类项，得

$$6x=12$$

系数化成 1，得

$$x=2$$

(2) $$10x+1=14x-3$$

移项，得

$$10x-14x=-3-1$$

合并同类项，得

$$-4x=-4$$

系数化成 1，得

$$x=1$$

例 5.2　解方程：$8y-(8-2y)=3y+2(4y+7)$。

分析　方程中有括号，应设法先去括号再求解。

解　去括号，得

$$8y-8+2y=3y+8y+14$$

移项，得

$$8y+2y-3y-8y=14+8$$

合并同类项，得

$$-y=22$$

系数化成 1，得

$$y=-22$$

例 5.3　解方程：$\frac{x-2}{5}-\frac{2x-5}{3}=\frac{x+3}{10}-3$。

分析　方程中含有分母，应注意：确定分母的最小公倍数是 30；不能漏乘不含分母的项；方程中的三个分子在去分母后都应加上括号。

解　去分母，得

$$\left(\frac{x-2}{5}-\frac{2x-5}{3}\right)\cdot 30=\left(\frac{x+3}{10}-3\right)\cdot 30$$

即

$$6(x-2)-10(2x-5)=3(x+3)-90$$

去括号，得

$$6x-12-20x+50=3x+9-90$$

移项，得

$$6x-20x-3x=9-90+12-50$$

合并同类项，得

$$-17x=-119$$

系数化成 1，得

$$x=7$$

我们已经知道了一元一次方程的基本解法，现在来讨论绝对值方程的解法。

我们把绝对值符号内含有未知数的方程叫作含有绝对值的方程，如 $2x+|x|=6$、$|4x-5|=1$ 等。

怎样才能求出含有绝对值的方程的解呢？

根据绝对值的意义，把绝对值的符号去掉，这样就可以将含有绝对值的方程转化为一元一次方程进行求解，即

$$|a|=\begin{cases} a & (a>0) \\ 0 & (a=0) \\ -a & (a<0) \end{cases}$$

例 5.4 解方程 $|3x-5|=1$。

分析 把 $|3x-5|$ 看作一个整体。

解 根据绝对值的意义，得 $3x-5=1$ 或 $3x-5=-1$。分别解这两个方程，得

$$x=2$$

或

$$x=\frac{4}{3}$$

★练习 5.1

1. 判断下列各式中哪些是等式，哪些是代数式，哪些是方程，哪些是一元一次方程。

(1) $-2+5=3$；　(2) $3x-1=7$；　(3) $m=0$；

(4) $x>3$；　(5) $x+y=8$；

(6) $2x^2+5x+1=0$。

2. 解下列方程。

(1) $5(x+2)=2(5x-1)$；　(2) $(x+1)-2(x-1)=1-3x$；

(3) $\frac{x+3}{4}-\frac{2-3x}{8}=\frac{5}{2}$；　(4) $\frac{5a-1}{8}=\frac{7}{4}$。

3. 列方程求解。

(1) 当 x 取何值时，代数式 $3(2-x)$ 和 $2(3+x)$ 的值相等？

(2) 当 y 取何值时，$2(3y+4)$ 的值比 $5(2y-7)$ 的值多 3？

4. 若关于 x 的方程 $3a-x=\frac{x}{2}+3$ 的解是 $x=4$，求 a^2-a 的值。

5. 解方程：$\frac{x}{1\times2}+\frac{x}{2\times3}+\cdots+\frac{x}{2009\times2010}=2009$。

6. 解方程。

(1) $2x+|x|=6$；　(2) $|3x|+x-2=4$。

5.2 一元一次方程的应用

例 5.5 如图 5-1 所示，天平的两个盘内分别盛有 51 g、45 g 盐，问应该从盘 A 内拿出多少盐放到盘 B 内才能使两者所盛盐的质量相等？

图 5 - 1　例 5.5 图

分析　设应从盘 A 内拿出盐 x g，则拿出后两盘质量分别为$(51-x)$g 和$(45+x)$g。

解　设应从盘 A 内拿出盐 x g 放到盘 B 内，则根据题意，得

$$51-x=45+x$$

解这个方程，得

$$x=3$$

经检验，符合题意。

例 5.6　初一(2)班共有学生 42 人，在一次考试中，数学得优的有 30 人，语文得优的有 28 人，两门功课都没有得优的有 2 人，问数学、语文都得优的有几人？

分析　单是语文得优人数＋单是数学得优人数＋两门都得优人数＋2 门都没有得优的 2 人＝全班总人数。

解　设语文、数学都得优的为 x 人，依题意得

$$28-x+30-x+x+2=42$$

解这个方程，得

$$x=18$$

例 5.7　学校团委组织 65 名新团员为学校搬砖修建花坛。女同学每人搬 6 块，男同学每人搬 8 块，每人搬了 4 次，共搬了 1800 块。问这些新团员中有多少名男同学？

分析　设新团员中有 x 名男同学，可列出表 5 - 1。

表 5 - 1　例 5.7 表

	男同学	女同学	总　数
参加人数	x		65
每人搬砖数	8×4	6×4	
共搬砖数			1800

解　设新团员中有 x 名男同学，则根据题意得

$$32x+24(65-x)=1800$$

解这个方程，得

$$x=30$$

经检验，符合题意。

例 5.8　某人从甲村出发去乙村，在乙村停留 1 小时后，又绕道丙村，再停留半小时后，返回甲村。去时的速度是每小时 5 千米，回来的速度是每小时 4 千米，来回(包括停留时间在内)一共用 6 小时 30 分钟。如果回来时因绕道关系，路程比去时多 2 千米，求去时的路程。

分析 路程问题(即行程问题)涉及速度、时间、路程(即距离)三者关系，若设去时的路程为 S 千米，可列表如表 5-2 所示。

表 5-2 例 5.8 表

	速度/(千米/时)	时间/小时	路程/千米
去	5	$S/5$	S
回	4	$(S+2)/4$	$S+2$
其他已知量		停留 $\left(1+\frac{1}{2}\right)$ 小时，来回共用 $6\frac{1}{2}$ 小时	回来时多走 2 千米

从表 5-2 中可以清楚发现这样一个相等关系：走路的时间+停留时间=总时间。

解 设去时的路程为 S 千米，依题意得

$$\frac{S}{5}+\frac{S+2}{4}+1+\frac{1}{2}=6\frac{1}{2}$$

解这个方程得

$$S=10$$

例 5.9 要把 95%的酒精溶液 800 克稀释成 75%的酒精溶液，需要加水多少克？

分析 95%的酒精溶液加上水后，重量变了，浓度变了，但酒精溶液中的纯酒精没有变(如图 5-2 所示)。也就是说，这道应用题含有这样一个相等关系：加水前纯酒精重量=加水后纯酒精重量。

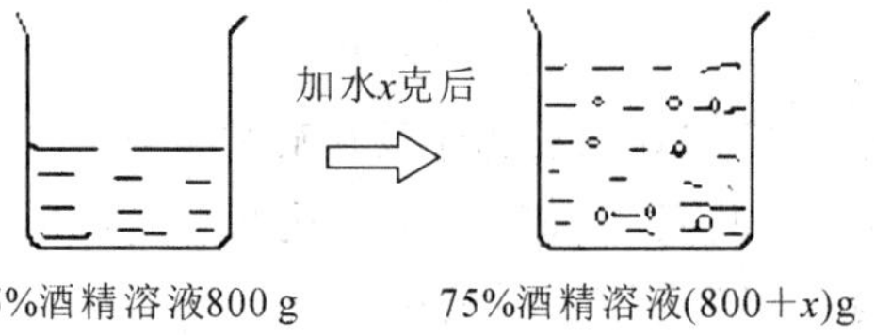

图 5-2 例 5.9 图

解 设需要加水 x 克，依题意得

$$95\%\times800=(800+x)\times75\%$$

解这个方程得

$$x=213$$

归 纳

用一元一次方程解答实际问题，其关键在于抓住问题中有关数量的相等关系，列出方程，求得方程的解后，经过检验，就可得到实际问题的解答。

这一过程也可以简单地表述如下：

问题 $\xrightarrow[\text{抽象}]{\text{分析}}$ 方程(组) $\xrightarrow[\text{检验}]{\text{求解}}$ 解答

列方程解应用题的主要步骤如下：

(1) 认真读题，理解题意，弄清题目中的数量关系，找出其中的相等关系。

（2）设未知数，用含有未知数的代数式表示题目中涉及的数量关系。

（3）根据相等关系列出方程。

（4）求出所列方程的解。

（5）检验方程的解是否符合问题的实际意义。

（6）写出答案。

★练习 5.2

1. 修筑一条公路，由 3 个工程队分筑，第一工程队筑全路的$\frac{1}{3}$，第二工程队筑剩下的$\frac{1}{3}$，第三工程队筑了 20 千米把全部路筑完，问全路共有多少千米？

2. 大箱子装有洗衣粉 36 千克，把大箱子里的洗衣粉分装在 4 个同样大小的小箱子里，装满后还剩余 2 千克洗衣粉，求每个小箱子里装有洗衣粉多少千克。

3. 一个三位数，三个数位上的数字的和是 17，百位上的数比十位上的数大 7，个位上的数是十位上的数的 3 倍，求这个三位数。

4. 抗洪救灾中，甲处有 91 名解放军战士，乙处有 49 名解放军战士，现又调来 100 名战士支援，使甲处的人数是乙处人数的 3 倍少 12 人，应往甲、乙两处各调多少名战士？

5. 甲骑摩托车，每小时行 40 km。乙骑脚踏车，每小时行 20 km。上午 7 时他们从相距 140 千米的 A、B 两地同时出发。

（1）相向而行，在什么时刻他们相距 20 km？

（2）同向而行，在什么时刻他们相距 20 km？

趣味阅读

丢番图的墓志铭与方程

古希腊数学家丢番图(Diophantus)是以研究一类方程(不定方程)而著称于世的数学家。在他的墓碑上，刻写着这样一段墓志铭：

坟中安葬着丢番图，
多么令人惊讶，
它忠实地记录了他所经历的道路。
上帝给予的童年占六分之一，
又过十二分之一，两颊长胡，
再过七分之一，点燃起结婚的蜡烛，
五年之后天赐贵子，
可怜迟到的宁馨儿，
享年仅及其父之半，便进入冰冷的墓。
悲伤只有用数论的研究去弥补，
又过四年，他也走完了人生的旅途。

请你列出方程算一算丢番图去世时的年龄。

你知道吗?现存世界上最古老的方程出现在英国考古学家兰德1858年找到的一份古埃及人的纸草书上,经破译,上面都是一些方程,共85个问题。例如,“啊哈,它的全部,它的$\frac{1}{7}$,是19”“一堆,它的$\frac{2}{3}$,$\frac{1}{2}$,$\frac{1}{7}$,居然是33”。译得更明白一点就是:$x+\frac{1}{7}x=19$,$x+\frac{2}{3}x+\frac{1}{2}x+\frac{1}{7}x=33$。

在我国,“方程”一词最早出现于东汉初年的数学经典著作《九章算术》。到唐、宋时期,对方程的研究达到我国古代的鼎盛阶段。这时创立的用“天元术”解题,从设未知数到列方程都和现代数学十分相似。也就是在这段时期,方程的知识从中国传入了日本。

5.3 一元一次不等式的解法

现实世界中的数量关系有相等关系,也有不等关系。相等关系是相对的、局部的,而不等关系是普遍的、绝对的。不等式是现实世界中不等关系在数学上的表现形式,不等式的知识也是研究方程、函数和其他数学分支的重要工具。不等式中最基础且在实际中应用最广泛的是一元一次不等式。

1. 不等式的概念及性质

用不等号“<”或“>”表示不等关系的式子,叫作不等式。能使不等式成立的未知数的值,叫作不等式的解。一个不等式的所有解组成这个不等式的解的集合,简称这个不等式的解集。

不等式$x+2>5$的解集可以表示成$x>3$,它也可以在数轴上直观地表示出来,如图5-3所示。

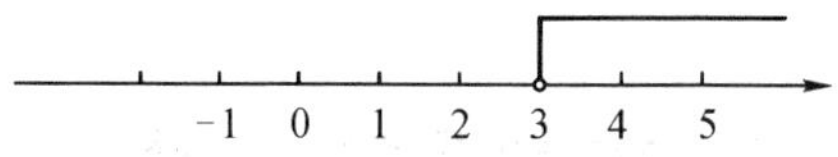

图5-3 不等式$x>3$的解集

同样地,如果某个不等式的解集为$x\leqslant -2$,则也可以在数轴上直观地表示出来,如图5-4所示。

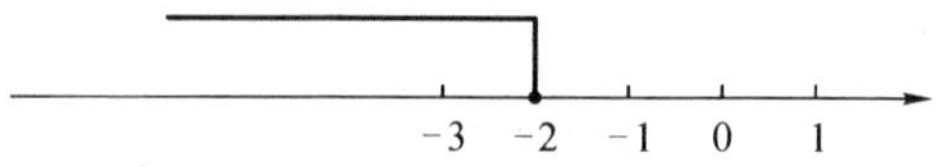

图5-4 不等式$x\leqslant -2$的解集

一般地,不等式具有下面的基本性质:

(1) 不等式两边都加上(或减去)同一个数或同一个整式,不等号的方向不变。

(2) 不等式两边都乘(或除以)同一个正数,不等号的方向不变。

(3) 不等式两边都乘(或除以)同一个负数,不等号的方向改变。

不等式的基本性质用数学式子表示如下:

(1) 如果$a>b$,那么$a\pm c>b\pm c$。

(2) 如果$a>b$,且$c>0$,那么$ac>bc$。

(3) 如果 $a>b$，且 $c<0$，那么 $ac<bc$。

2. 一元一次不等式的求解

只含有一个未知数，并且未知数的最高次数是 1，系数不等于 0，我们把这样的不等式叫作一元一次不等式 。

同解一元一次方程类似，解一元一次不等式的过程就是要利用不等式的基本性质将不等式变形成 $x<a$ 或 $x>a$ 的形式。特别要注意，当不等式两边都乘同一个负数时，不等号要改变方向。

例 5.10 解下列不等式，并将解集在数轴上表示出来。

(1) $2x-1<4x+13$；　　(2) $2(5x+3)\leqslant x-3(1-2x)$。

解 (1)
$$2x-1<4x+13$$
移项：
$$2x-4x<13+1$$
合并同类项：
$$-2x<14$$
系数化 1：
$$x>-7$$
它在数轴上的表示如图 5-5 所示。

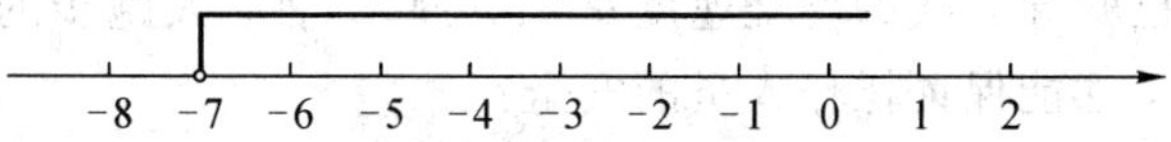

图 5-5　例 5.10 图 1

(2)
$$2(5x+3)\leqslant x-3(1-2x)$$
去括号：
$$10x+6\leqslant x-3+6x$$
移项并合并同类项：
$$3x\leqslant -9$$
系数化 1：
$$x\leqslant -3$$
它在数轴上的表示如图 5-6 所示。

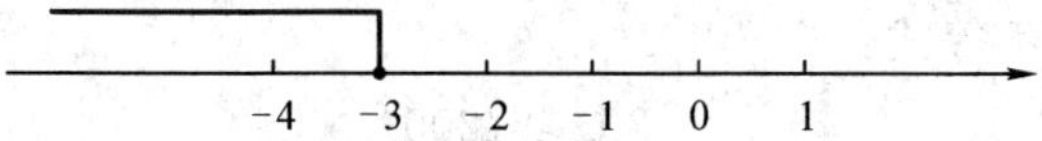

图 5-6　例 5.10 图 2

例 5.11 当 x 取何值时，代数式$\dfrac{x+4}{3}$与$\dfrac{3x-1}{2}$的值的差大于 1?

解 根据题意，得
$$\frac{x+4}{3}-\frac{3x-1}{2}>1$$
去分母：
$$2(x+4)-3(3x-1)>6$$

去括号:

$$2x+8-9x+3>6$$

移项:

$$-7x>-5$$

系数化 1:

$$x<\frac{5}{7}$$

所以,当 x 取小于 $\frac{5}{7}$ 的任何数时,代数式 $\frac{x+4}{3}$ 与 $\frac{3x-1}{2}$ 的值的差大于 1。

★练习 5.3

1. 解下列不等式,并把解集在数轴上表示出来。

(1) $2x+1>3$;　　(2) $2-x<1$;

(3) $2(x+1)<3x$;　　(4) $3(x+2)\geqslant 4(x-1)+7$。

2. 解不等式:$\frac{2x-3}{3}>\frac{3x-2}{2}$。

3. 求不等式 $2x+1>3$ 的负整数解。

4. 某高速公路工地需要实施爆破,操作人员点燃导火线后,要在炸药爆炸前跑到 400 米以外的安全区域。已知导火线的燃烧速度是 1.2 厘米/秒,人跑步的速度是 5 米/秒。问导火线必须超过多长,才能保证操作人员的安全?

5. 一个工程队原定在 10 天内至少要挖土 600 m^3,在前两天一共完成了 120 m^3。由于整个工程调整工期,要求提前两天完成挖土任务。问以后几天内平均每天至少要挖土多少 m^3?

5.4 一元一次不等式组的解法

问题 用每分钟可抽 30 吨水的抽水机来抽污水管道里积存的污水,估计积存的污水不少于 1200 吨且不超过 1500 吨,那么大约需要多少时间才能将污水抽完?

设需要 x 分钟才能将污水抽完,那么总的抽水量为 $30x$ 吨。由题意知,积存的污水在 1200 吨到 1500 吨之间,应有

$$1200\leqslant 30x\leqslant 1500$$

上式实际上包括了两个不等式:

$$30x\geqslant 1200$$

和

$$30x\leqslant 1500$$

这说明在该实际问题中未知量 x 应同时满足这两个条件。我们把这两个一元一次不等式合在一起,就得到一个一元一次不等式组:

$$\begin{cases}30x\geqslant 1200 & ①\\ 30x\leqslant 1500 & ②\end{cases}$$

分别求这两个不等式的解集,得

$$\begin{cases}x\geqslant 40\\x\leqslant 50\end{cases}$$

同时满足不等式①、②的未知数 x 应是这两个不等式解集的公共部分。在数轴上表示这两个不等式的解集，见图 5-7，可知其公共部分是 40 和 50 之间的数(包括 40 和 50)，记作 $40\leqslant x\leqslant 50$。这就是所列不等式组的解集。

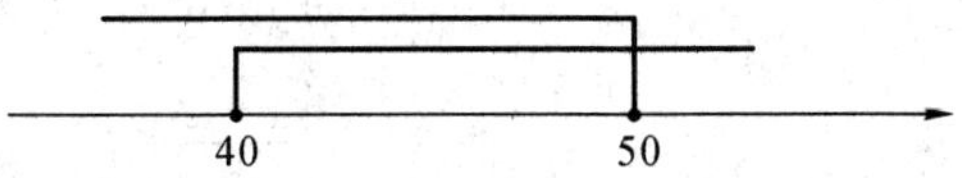

图 5-7　在数轴上表示 $x\geqslant 40$ 和 $x\leqslant 50$

一般地，几个一元一次不等式的解集的公共部分，叫作由它们所组成的一元一次不等式组的解集。求不等式组的解集的过程，叫作解不等式组。

解一元一次不等式组，通常可以先分别求出不等式组中每一个不等式的解集，再求出它们的公共部分。利用数轴可以直观地帮助我们求出不等式组的解集。

例 5.12　解不等式组：

$$\begin{cases}3x-1>2x+1 & ①\\2x>8 & ②\end{cases}$$

解　解不等式①，得

$$x>2$$

解不等式②，得

$$x>4$$

在数轴上表示不等式①、②的解集，如图 5-8 所示，可知所求不等式组的解集是

$$x>4$$

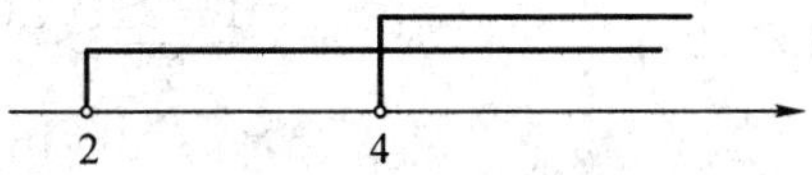

图 5-8　例 5.12 图

例 5.13　解不等式组：

$$\begin{cases}2x+1<-1 & ①\\3-x\leqslant 1 & ②\end{cases}$$

解　解不等式①，得

$$x<-1$$

解不等式②，得

$$x\geqslant 2$$

在数轴上表示不等式①、②的解集，如图 5-9 所示。

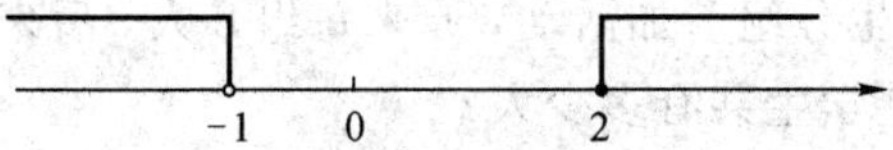

图 5-9　例 5.13 图

从数轴上可以看出，两个不等式的解集没有公共部分，所以解集为空集。

★练习 5.4

1. 解下列不等式组，并把它们的解集在数轴上表示出来。

(1) $\begin{cases}2x>x+2\\x+8>4x-1\end{cases}$；　　(2) $\begin{cases}2x+4>0\\3-2x>0\end{cases}$；

(3) $\begin{cases}x-1>6(x+3)\\5(x-2)-1\leqslant 4(1+x)\end{cases}$；　　(4) $\begin{cases}\dfrac{x-2}{3}<0\\4-\dfrac{1}{3}x\leqslant\dfrac{1}{4}x\end{cases}$。

2. 求不等式组 $2\leqslant 3x-7<8$ 的整数解。

3. 把一堆苹果分给几个孩子，如果每人分 3 个，那么多 8 个；如果前面每人分 5 个，那么最后一人得到的苹果少于 3 个。问有几个孩子？有多少只苹果？

习　题　5

1. 解下列方程。

(1) $4x+3=2(x-1)+1$；　　(2) $y+\dfrac{1}{2}=\dfrac{2-y}{3}$；

(3) $\dfrac{2}{7}(3x+7)=2-\dfrac{3}{2}x$；　　(4) $\dfrac{2x+5}{6}-\dfrac{3x-2}{8}=1$。

2. 解下列不等式，并把它们的解集在数轴上表示出来。

(1) $-3x<0$；　　(2) $8x+1\leqslant 5x-3$；

(3) $3(x+2)-1\geqslant 5-2(x-2)$；　　(4) $\dfrac{1-2x}{3}>\dfrac{3(2x-1)}{2}$。

3. 解下列不等式组。

(1) $\begin{cases}2(x+1)<0\\2x-1\leqslant 0\end{cases}$；　　(2) $\begin{cases}2x>3x\\x+2>4\end{cases}$；

(3) $\begin{cases}\dfrac{1}{2}x+\dfrac{1}{2}<1\\3x-7<-1\end{cases}$；　　(4) $\begin{cases}2x-6<3x\\\dfrac{x+2}{5}-\dfrac{x-1}{4}\geqslant 0\end{cases}$。

4. (1) x 取何值时，代数式 $4x-5$ 与 $3x-6$ 的值互为相反数？

(2) k 取何值时，代数式$\dfrac{k+1}{3}$的值比$\dfrac{3k+1}{2}$的值小 1？

(3) 求不等式组$\begin{cases}2x-5<5-2x\\4x-6\geqslant 7x-15\end{cases}$的自然数解。

5. 课外活动中一些学生分组参加活动，原来每组 8 人，后来重新编组，每组 12 人，这样比原来减少 2 组，问这些学生共有多少人？

6. 一种药品现在售价每盒 56.10 元，比原来降低了 15%，问原售价多少元？

7. 用一根直径为 12 厘米的圆柱形铅柱铸造 10 只直径为 12 厘米的铅球，问应截取多

长的铅柱？$\left(\text{注：球的体积为}\frac{4}{3}\pi R^3\right)$

8. 一个三位数，百位上的数字比十位上的数字大 1，个位上的数字比十位上数字的 3 倍少 2。若将三个数字顺序颠倒后，所得的三位数与原三位数的和是 1171，求这个三位数。

9. 一年级三个班为希望小学捐赠图书。1 班捐了 152 册，2 班捐书数是三个班级的平均数，3 班捐书数是年级总数的 40%，三个班共捐了多少册？

10. 某城市的出租汽车起步价为 10 元(即行驶距离在 5 千米以内都需付 10 元车费)，达到或超过 5 千米后，每行驶 1 千米加 1.2 元(不足 1 千米也按 1 千米计)。现某人乘车从甲地到乙地，支付车费 17.2 元，问从甲地到乙地的路程大约是多少千米？

第 6 章　二元一次方程组

方程是代数学的主要内容，本章我们主要研究二元一次方程组，并利用它去解决一些实际问题。由几个方程组成的一组方程叫作方程组。如果方程组中含有两个未知数，且含未知数的项的次数都是 1，那么这样的方程组叫作二元一次方程组。

6.1　二元一次方程组的定义

问题　为了响应奥运精神，一班要举办"迎奥运"知识竞赛，并以福娃玩具和奥运笔作为奖品。因此，黄老师想了解一个福娃和一支奥运笔的价格分别为多少元。

信息一：一个福娃和两支奥运笔共需 56 元。

信息二：两个福娃和三支奥运笔共需 102 元。

请问：

(1) 由信息一能得到福娃和奥运笔的价格吗?

(2) 有了这两个信息，能得到福娃和奥运笔的价格吗?

(3) 你是怎么得到的?

思考：

(1) 如果我们用方程的知识来解决上述问题，首先要想清楚问题中都涉及哪些数量，这些数量中哪些是已知量，哪些是未知量。

(2) 是否可以设两个未知数，通过列出含有这两个未知数的方程来求解呢?

1. 二元一次方程组的概念

由问题一我们可以得到以下两个方程，设一个福娃和一支奥运笔的价格分别为 x 和 y 元，则

$$\begin{cases} x+2y=56 \\ 2x+3y=102 \end{cases}$$

像这样由两个方程组合在一起的方程组称为二元一次方程组。

定义 6.1　含有两个未知数，未知数的项的指数都是 1，并且一共由两个方程组成的方程组叫作二元一次方程组。

注意：

(1) 在方程中，"元"是指未知数，"二元"就是指方程中有且只有两个未知数。

(2) "未知数的项的指数都是 1"是指含有未知数的项(单项式)的次数是 1，不可理解为两个未知数的次数都是 1。例如，方程 $3xy-2=0$ 中含有两个未知数，且两个未知数的次数都是 1，但是未知数的项"$3xy$"的次数是 2，所以它不是二元一次方程。

(3) 二元一次方程是整式方程。例如，方程 $\frac{1}{x}-y=1$ 不是二元一次方程，因为它的左边不是整式。

(4) 把具有相同未知数的两个二元一次方程合在一起，就组成了一个二元一次方程组。二元一次方程组不一定都是由两个二元一次方程合在一起组成的，方程的个数可以超过2个，其中有的方程可以是一元一次方程。方程组的各方程中，相同字母代表同一数量，否则不能将两个方程合在一起。

例 6.1　下列方程组中为二元一次方程组的是(　　)。

A. $\begin{cases} x-y=1 \\ xy=2 \end{cases}$　　B. $\begin{cases} 4x-y=1 \\ y=2x+3 \end{cases}$　　C. $\begin{cases} 5x+y=0 \\ y=\dfrac{1}{x}+3 \end{cases}$

答案：B。

例 6.2　下列方程中，是二元一次方程的有__________。

(1) $\frac{1}{2}x=\frac{1}{3}x-1$；　(2) $\frac{x-y}{5}=1$；　(3) $m^2-1=n$；

(4) $5xy=7$；　(5) $7x^2+5y=2$；　(6) $7x+5y=5$。

解　方程(1)中只含有一个未知数，不是二元一次方程；方程(3)中，未知数 m 的次数是2，不是1，不是二元一次方程；方程(4)中，$5xy$ 项的次数2，不是二元一次方程；方程(5)中，x 的次数是2，不是二元一次方程。所以只有方程(2)、(6)是二元一次方程。

例 6.3　下列方程组中，不是二元一次方程组的是(　　)。

A. $\begin{cases} x=1 \\ y+2=3 \end{cases}$　　B. $\begin{cases} x+y=1 \\ x-y=2 \end{cases}$　　C. $\begin{cases} x-y=1 \\ xy=0 \end{cases}$　　D. $\begin{cases} y=x \\ x-2y=1 \end{cases}$

解　C 选项中，xy 这一项的次数是2，$xy=0$ 不是二元一次方程，所以C选项不是二元一次方程组。

2. 二元一次方程组的解

定义 6.2　一般地，使二元一次方程两边的值相等的两个未知数的值，叫作二元一次方程的解。二元一次方程组的两个方程的公共解，叫作二元一次方程组的解。

注意：

(1) 方程组的解满足方程中的每一个方程；

(2) 由于方程组需用大括号表示，因此方程组的解也要用大括号表示。

例 6.4　若关于 x 的二元一次方程 $kx+3y=5$ 有一组解是 $\begin{cases} x=2 \\ y=1 \end{cases}$，则 k 的值是____。

解　$x=2$，$y=1$ 是二元一次方程 $kx+3y=5$ 的解，那么它一定适合此二元一次方程，将 $x=2$，$y=1$ 代入方程得 $2k+3=5$，即 $k=1$。

例 6.5　方程 $\begin{cases} ax+y=0 \\ x+by=1 \end{cases}$ 的解是 $\begin{cases} x=1 \\ y=-1 \end{cases}$，则 a、b 为(　　)。

A. $\begin{cases} a=0 \\ b=1 \end{cases}$　　B. $\begin{cases} a=1 \\ b=0 \end{cases}$　　C. $\begin{cases} a=1 \\ b=1 \end{cases}$　　D. $\begin{cases} a=0 \\ b=0 \end{cases}$

解　$\begin{cases} x=1 \\ y=-1 \end{cases}$ 是二元一次方程组的解，将此解代入方程组即可求出 a 和 b 的值，答案是B。

★练习 6.1

1. 判断下列方程哪些是二元一次方程，哪些不是。

(1) $3x+2y=8$；　　(2) $m+2=8$；

(3) $3x^2+y=6$；　　(4) $-5x=3y-4$；

(5) $a+2b=3-2c$；　　(6) $7x+\frac{1}{y}=4$。

2. 判断下列每个二元一次方程后面给出的 x 与 y 的值是否满足这个二元一次方程。

(1) $x+y=2(x=1,\ y=1)$；　　(2) $5x+y=7(x=2,\ y=3)$；

(3) $x-5y=0(x=5,\ y=1)$；　　(4) $3x-y=1(x=2,\ y=5)$。

3. 利用一元一次方程 $2x-4=-x+5$ 解二元一次方程组 $\begin{cases}y=2x-4\\y=-x+5\end{cases}$。

4. 若 $\begin{cases}x=2\\y=1\end{cases}$ 是方程组 $\begin{cases}mx-ny=1\\nx+my=8\end{cases}$ 的解，则(　　)。

A. $\begin{cases}m=2\\n=3\end{cases}$　　B. $\begin{cases}m=3\\n=2\end{cases}$　　C. $\begin{cases}m=1\\n=8\end{cases}$　　D. $\begin{cases}m=1\\n=6\end{cases}$

6.2 代入消元法解二元一次方程组

例 6.6 怎样求出二元一次方程组 $\begin{cases}y=5-x\\x-2y=2\end{cases}$ 的解？

解 由于有相等关系 $y=5-x$，因此 y 和 $5-x$ 可以互相替代。如果我们把方程 $x-2y=2$ 中的 y 用 $5-x$ 替代，就得到一个关于 x 的一元一次方程 $x-2(5-x)=2$，从而可以求出 x 的值。化简方程得 $x=4$。把 $x=4$ 代入 $y=5-x$ 中，得 $y=1$。所以原方程组的解是 $\begin{cases}x=4\\y=1\end{cases}$。

通过例题可知，求方程组的解可以把方程组中的一个方程进行变形，写出用一个未知数 x(或 y)表示另一个未知数 y(或 x)的代数式，然后把它代入另一个方程中，消去未知数 y(或 x)，得到关于 x(或 y)的一元一次方程，通过解这个一元一次方程，再来求二元一次方程组的解。

我们把这种通过“代入”消去一个未知数，从而求出方程组的解的方法叫作代入消元法，简称代入法。

例 6.7 解下列二元一次方程组：

(1) $\begin{cases}x-y=3\\3x-2y=5\end{cases}$；　　(2) $\begin{cases}3x+2y=5\\4x-3y=1\end{cases}$。

解 (1)

$$\begin{cases}x-y=3 & ①\\3x-2y=5 & ②\end{cases}$$

由①得

$$y=x-3 \qquad ③$$

把③代入②，得

$$3x-2(x-3)=5$$

解这个方程，得 $x=-1$。
把 $x=-1$ 代入③，得

$$y=-4$$

所以原方程组的解是

$$\begin{cases}x=-1\\y=-4\end{cases}$$

(2)
$$\begin{cases}3x+2y=5 & ①\\4x-3y=1 & ②\end{cases}$$

由①得

$$y=\frac{5-3x}{2} \quad ③$$

把③代入②，得

$$4x-3\times\frac{5-3x}{2}=1$$

解得 $x=1$。
把 $x=1$ 代入③，得 $y=1$。所以原方程组的解是

$$\begin{cases}x=1\\y=1\end{cases}$$

用代入消元法解二元一次方程组的步骤如下：

(1) 从方程组中选取一个系数比较简单的方程，把其中的某一个未知数用含另一个未知数的式子表示出来。

(2) 把一个未知数的代数式表示成含另一个未知数的方程，之后将其代入另一个方程，消去一个未知数。

(3) 解所得到的一元一次方程，求得一个未知数的值。

(4) 把所求得的一个未知数的值代入(1)中求得的方程，求出另一个未知数的值，从而确定方程组的解。

简化解题步骤如下：

(1) 变形 $y=ax+b$(或 $x=ay+b$)。

(2) 代入消元 y(或 x)。

(3) 解一元一次方程得 x(或 y)。

(4) 把 x(或 y)代入 $y=ax+b$(或 $x=ay+b$)中求解。

★练习 6.2

1. 用代入消元法解下列方程组。

(1) $\begin{cases}y=2x-3\\2x+3y=7\end{cases}$；　(2) $\begin{cases}2x+3y=-2\\4x-y=3\end{cases}$；

(3) $\begin{cases}3x=5y\\2x-3y=1\end{cases}$；　(4) $\begin{cases}9m-13n-12=0\\m=2-3n\end{cases}$。

6.3 用加减消元法解方程组

请你观察方程组$\begin{cases}3x+2y=1\\x-2y=3\end{cases}$的结构特点，想一想，除了可以用代入法解方程组外，是否还有其他解法。

通过观察我们发现，这个方程组的两个方程中分别含有 $2y$ 和 $-2y$ 的项，它们的系数互为相反数，因此它们的和为零，所以我们还可以用下面的方法解这个方程组。

$$\begin{cases}3x+2y=1 & ①\\x-2y=3 & ②\end{cases}$$

利用 ①+②消去 y，得

$$x=1$$

把 $x=1$ 代入①，得

$$y=-1$$

所以原方程组的解是

$$\begin{cases}x=1\\y=-1\end{cases}$$

当二元一次方程组中两个方程的某个未知数的系数互为相反数或相等时，可以把方程的两边分别相加(当某个未知数的系数互为相反数时)或相减(当某个未知数的系数相等时)来消去这个未知数，得到一个一元一次方程，进而求得二元一次方程组的解。

像上面这种解二元一次方程组的方法叫作加减消元法，简称加减法。

例 6.8 用加减消元法解下列方程组：

$$\begin{cases}3x+2y=14\\5x-y=6\end{cases}$$

解

$$\begin{cases}3x+2y=14 & ①\\5x-y=6 & ②\end{cases}$$

②×2，得

$$10x-2y=12 \qquad ③$$

①+③，得

$$13x=26$$

即 $x=2$。把 $x=2$ 代入①，得 $y=4$。所以原方程组的解是

$$\begin{cases}x=2\\y=4\end{cases}$$

★练习 6.3

1. 用加减消元法解下列方程组。

(1) $\begin{cases}2x+5y=1\\3x-5y=4\end{cases}$；　　(2) $\begin{cases}3s+2t=9\\3s-5t=2\end{cases}$；

(3) $\begin{cases}2x+3y=5\\3x+2y=7\end{cases}$；　　(4) $\begin{cases}4s-15t-17=0\\6s-25t-23=0\end{cases}$。

2. 解下列方程组。

(1) $\begin{cases}3x-z=2\\3x=11-2z\end{cases}$；　　(2) $\begin{cases}5(x-1)=2(y+3)\\2(x+1)=3(y-3)\end{cases}$；

(3) $\begin{cases}8m+3n+2=0\\6m+5n+7=0\end{cases}$；　　(4) $\begin{cases}s=2.6+9.8t\\\frac{s}{3}=1+3t\end{cases}$。

6.4　二元一次方程组的应用

例 6.9　李威喜欢集邮，他有中国邮票和外国邮票共 335 张，其中中国邮票的张数比外国邮票的张数的 3 倍少 17 张，他有中国邮票和外国邮票各多少张？

分析　题目中含有两个未知数：中国邮票的张数与外国邮票的张数。根据题意，这两个未知数要同时满足以下关系：

(1) 中国邮票的张数＋外国邮票的张数＝335；

(2) 中国邮票的张数＝3×外国邮票的张数－17。

解　设李威有中国邮票 x 张，外国邮票 y 张，根据题意列出方程组，得

$$\begin{cases}x+y=335 & ①\\x=3y-17 & ②\end{cases}$$

把②代入①，得

$$3y-17+y=335$$

解这个方程，得

$$y=88$$

把 $y=88$ 代入②，得

$$x=247$$

所以

$$\begin{cases}x=247\\y=88\end{cases}$$

例 6.10　某校七年级(1)、(2) 两班的同学积极参加全民健身活动，为此两班到同一商店购买体育用品。已知七年级(1) 班购买了 3 个篮球和 8 副羽毛球拍，共用了 442 元，七年级(2) 班购买了同样的 5 个篮球和 6 副羽毛球拍，共用了 480 元，问每个篮球和每副羽毛球拍各多少元？

解　设每个篮球 x 元，每副羽毛球拍 y 元，根据题意列方程组，得

$$\begin{cases}3x+8y=442 & ①\\5x+6y=480 & ②\end{cases}$$

①×5，得

$$15x+40y=2210 \quad ③$$

②×3，得

$$15x+18y=1440 \quad ④$$

③－④，得

$$22y=770$$

$$y=35$$

把 $y=35$ 代入①，得 $x=54$，所以

$$\begin{cases}x=54\\y=35\end{cases}$$

例 6.11 张强与李毅二人分别从相距 20 千米的 A、B 两地出发，相向而行。如果张强比李毅早出发 30 分钟，那么在李毅出发后 2 小时，他们相遇；如果他们同时出发，那么 1 小时后两人还相距 11 千米。求张强、李毅每小时各走多少千米？

解 设张强每小时走 x 千米，李毅每小时走 y 千米，根据题意列方程组，得

$$\begin{cases}2.5x+2y=20\\20-(x+y)=11\end{cases}$$

解这个方程组，得

$$\begin{cases}x=4\\y=5\end{cases}$$

★练习 6.4

1. 为支援西部开发，东方投资公司和南方发展有限公司共投资 267 万元。已知东方投资公司比南方发展有限公司多投资 17 万元，这两个公司各投资多少万元？

2. 小明家某月共缴纳电话费和上网费 135.8 元，已知他家的电话费比上网费少 35.6 元，这个月小明家的电话费和上网费各多少元？

3. 学校和博物馆相距 24 千米。已知王盟比李婷每小时多走 1 千米，他们分别从学校和博物馆同时出发相向而行，3 小时后相遇，王盟和李婷每小时各走多少千米？

6.5 二次根式及四则运算

1. 二次根式

很明显，$\sqrt{3}$、$\sqrt{10}$等都是一些正数的算术平方根。

定义 6.3 形如$\sqrt{a}\,(a\geqslant0)$的式子叫作二次根式，$\sqrt{}$ 称为二次根号。

$-\sqrt{a}\,(a\geqslant0)$也是二次根式。要使二次根式在实数范围内有意义，必须满足被开方数是非负数。

例 6.12 下列式子中，哪些是二次根式，哪些不是二次根式？

$$\sqrt{2},\ \frac{1}{x},\ \sqrt{x}\,(x>0),\ \sqrt{0},\ \sqrt[4]{2},\ -\sqrt{2},\ \frac{1}{x+y},\ \sqrt{x+y}\,(x\geqslant0,\ y\geqslant0)$$

解 是二次根式的是$\sqrt{2}$，$\sqrt{x}\,(x>0)$，$\sqrt{0}$，$-\sqrt{2}$，$\sqrt{x+y}\,(x\geqslant0,\ y\geqslant0)$，其余的不是二次根式。

例 6.13　当 x 是多少时，$\sqrt{3x-1}$ 在实数范围内有意义？

解　要使二次根式在实数范围内有意义，必须满足被开方数是非负数，所以 $3x-1\geqslant 0$，即 $x\geqslant\frac{1}{3}$。

2. 二次根式的四则运算

两个二次根式的乘除等于一个二次根式，并且把这两个二次根式中的数相乘，作为等号另一边二次根式中的被开方数。

1）二次根式的乘除

一般地，对二次根式的乘法，规定：

$$\sqrt{a}\cdot\sqrt{b}=\sqrt{ab}\quad(a\geqslant 0,\ b\geqslant 0)$$

一般地，对二次根式的除法，规定：

$$\frac{\sqrt{a}}{\sqrt{b}}=\sqrt{\frac{a}{b}}\quad(a\geqslant 0,\ b>0)$$

例 6.14　化简：

（1）$\sqrt{\frac{3}{64}}$；　（2）$\sqrt{\frac{64b^2}{9a^2}}$；　（3）$\sqrt{\frac{9x}{64y^2}}$；　（4）$\sqrt{\frac{5x}{169y^2}}$。

解　（1）
$$\sqrt{\frac{3}{64}}=\frac{\sqrt{3}}{\sqrt{64}}=\frac{\sqrt{3}}{8}$$

（2）
$$\sqrt{\frac{64b^2}{9a^2}}=\frac{\sqrt{64b^2}}{\sqrt{9a^2}}=\frac{8b}{3a}$$

（3）
$$\sqrt{\frac{9x}{64y^2}}=\frac{\sqrt{9x}}{\sqrt{64y^2}}=\frac{3\sqrt{x}}{8y}$$

（4）
$$\sqrt{\frac{5x}{169y^2}}=\frac{\sqrt{5x}}{\sqrt{169y^2}}=\frac{\sqrt{5x}}{13y}$$

例 6.15　计算：

（1）$\frac{\sqrt{12}}{\sqrt{3}}$；　（2）$\sqrt{\frac{3}{2}}\div\sqrt{\frac{1}{8}}$；　（3）$\sqrt{\frac{1}{4}}\div\sqrt{\frac{1}{16}}$。

解　（1）
$$\frac{\sqrt{12}}{\sqrt{3}}=\sqrt{\frac{12}{3}}=\sqrt{4}=2$$

（2）
$$\sqrt{\frac{3}{2}}\div\sqrt{\frac{1}{8}}=\sqrt{\frac{3}{2}\div\frac{1}{8}}=\sqrt{12}=2\sqrt{3}$$

（3）
$$\sqrt{\frac{1}{4}}\div\sqrt{\frac{1}{16}}=\sqrt{\frac{1}{4}\div\frac{1}{16}}=\sqrt{4}=2$$

2）最简二次根式

我们把满足下述两个条件的二次根式，叫作最简二次根式。

（1）被开方数不含分母。

（2）被开方数中不含开方开得尽的因数或因式。

3）二次根式的加减

二次根式加减时，可以先将二次根式化成最简二次根式，再将被开方数相同的二次根式进行合并。

例 6.16 计算：

(1) $3\sqrt{48}-9\sqrt{\frac{1}{3}}+3\sqrt{12}$；

(2) $(\sqrt{48}+\sqrt{20})\times(\sqrt{12}-\sqrt{5})$。

解 (1) $3\sqrt{48}-9\sqrt{\frac{1}{3}}+3\sqrt{12}=3\times4\sqrt{3}-9\times\frac{\sqrt{3}}{3}+3\times2\sqrt{3}=15\sqrt{3}$

(2) $$(\sqrt{48}+\sqrt{20})\times(\sqrt{12}-\sqrt{5})=(4\sqrt{3}+2\sqrt{5})(2\sqrt{3}-\sqrt{5})$$
$$=24+4\sqrt{15}-4\sqrt{15}-10=14$$

★练习 6.5

1. x 是什么样的实数时，下列各式在实数范围内有意义？

(1) $\sqrt{x-5}$；　(2) $\sqrt{x+3}$；　(3) $\sqrt{2x-1}$。

2. 化简。

(1) $\sqrt{4\times49}$；　(2) $\sqrt{300}$；　(3) $\sqrt{49a^2}$；

(4) $\sqrt{3^2\times4^3\times5}$　(5) $\sqrt{\frac{a^2b}{4c^2}}$；　(6) $\sqrt{\frac{x^2}{4y^2}}$。

3. 计算。

(1) $(\sqrt{11^2})$；　(2) $\sqrt{24}\times\sqrt{42}$；　(3) $\sqrt{\sqrt{6}\times\sqrt{5}\times\sqrt{10}}$；

(4) $\sqrt{17\div\sqrt{85}}$；　(5) $\sqrt{3}\cdot\sqrt{2}\div\sqrt{30}$。

4. 分母有理化。

(1) $\sqrt{\frac{3}{\sqrt{5}}}$；　(2) $\sqrt{\frac{5\sqrt{3}}{2\sqrt{2}}}$；　(3) $\sqrt{\frac{4ab}{\sqrt{2a}}}$；　(4) $\frac{x+1}{3\sqrt{x+1}}$；

(5) $\frac{2(x+1)}{\sqrt{2x+4}}$；　(6) $\frac{x}{\sqrt{2x}-1}$。

5. 把下列各式化成最简二次根式。

(1) $6\sqrt{\frac{1}{18}}$；　(2) $\sqrt{\frac{a}{b}}$；　(3) $\sqrt{1\frac{1}{3}}$　(4) $x^2\cdot\sqrt{\frac{y}{x}}$。

6.6 一元二次方程的解法

问题 1 绿苑小区准备在两幢楼房之间开辟面积为 900 平方米的一块长方形绿地，并且长比宽多 10 米，那么绿地的长和宽各为多少？

解 设长方形绿地的宽为 x 米，不难列出方程：

$$x(x+10)=900$$

整理可得

$$x^2+10x-900=0 \quad ①$$

问题 2　学校图书馆去年年底有图书 5 万册，预计到明年年底增加到 7.2 万册，求这两年的年平均增长率。

解　设这两年的年平均增长率为 x，我们知道，去年年底的图书数是 5 万册，则今年年底的图书数是 $5(1+x)$ 万册；同样，明年年底的图书数是今年年底的 $1+x$ 倍，即 $5(1+x)(1+x)=5(1+x)^2$ 万册。可列得方程：

$$5(1+x)^2=7.2$$

整理可得

$$5x^2+10x-2.2=0 \quad ②$$

这里问题 1 和问题 2 分别归结为解方程①和②。显然，这两个方程都不是一元一次方程。那么这两个方程与一元一次方程的区别在哪里呢？它们有什么共同特点呢？

这两个方程的共同特点是：

(1) 都是整式方程。

(2) 只含有一个未知数。

(3) 未知数的最高次数是 2。

1. 一元二次方程的概念

上述两个整式方程中都只含有一个未知数，并且未知数的最高次数是 2，这样的方程叫作一元二次方程。通常可写成如下的一般形式：

$$ax^2+bx+c=0 \quad (a，b，c \text{ 是已知数}，a\neq 0)$$

其中，ax^2 叫作二次项，a 叫作二次项系数；bx 叫作一次项，b 叫作一次项系数；c 叫作常数项。

一元二次方程的一般形式 $ax^2+bx+c=0(a\neq 0)$ 具有两个特征：一是方程的右边为 0；二是左边的二次项系数不能为 0，且二次项、二次项系数、一次项、一次项系数、常数项都是包括符号的。

例 6.17　下列方程中哪些是一元二次方程？试说明理由。

(1) $3x+2=5x-3$；　　(2) $x^2=4$；　　(3) $x^2-4=(x+2)^2$。

解　(1) 是一元一次方程；

(2) 是一元二次方程；

(3) 化简后得 $-4=4x+4$，是一元一次方程。

例 6.18　将下列方程化为一般形式，并分别指出它们的二次项系数、一次项系数和常数项。

(1) $6y^2=y$；　　(2) $(x-2)(x+3)=8$；

(3) $(x+3)(3x-4)=(x+2)^2$。

解　(1)化简得 $6y^2-y=0$，所以二次项系数为 6，一次项系数为 -1。

(2) 化简得 $x^2+x-14=0$，所以二次项系数为 1，一次项系数为 1，常数项为 -14。

(3) 化简得 $2x^2+x-16=0$，所以二次项系数为 2，一次项系数为 1，常数项为 -16。

例 6.19　方程 $(2a-4)x^2-2bx+a=0$ 在什么条件下为一元二次方程？在什么条件下

为一元一次方程?

解 当 $a\neq 2$ 时是一元二次方程;当 $a=2$,$b\neq 0$ 时是一元一次方程。

例 6.20 已知关于 x 的一元二次方程 $(m-1)x^2+3x-5m+4=0$ 有一根为 2,求 m。

解 一根为 2,即 $x=2$,把 $x=2$ 代入原方程,得 $m=6$。

2. 一元二次方程的解法

1) 直接开方法

直接开方法是利用平方根的定义直接开平方来求解的方法。

例 6.21 解下列方程:

(1) $x^2-2=0$;　　(2) $16x^2-25=0$。

解 (1) 移项,得

$$x^2=2$$

直接开平方,得

$$x=\pm\sqrt{2}$$

所以原方程的解是 $x_1=\sqrt{2}$,$x_2=-\sqrt{2}$。

(2) 移项得 $16x^2=25$,即

$$x^2=\frac{25}{16}$$

直接开平方,得

$$x=\pm\frac{5}{4}$$

所以原方程的解是 $x_1=\frac{5}{4}$,$x_2=-\frac{5}{4}$。

2) 配方法

配方法是先把方程的常数项移到方程的右边,再把左边配成一个完全平方式,如果右边是非负数,就可以进一步通过直接开平方法来求出它的解。

例 6.22 用配方法解方程:

(1) $x^2-6x-7=0$;　　(2) $x^2+3x+1=0$。

解 (1) 移项,得

$$x^2-6x=7$$

方程左边配方,得

$$x^2-6x+9=7+9$$

即

$$(x-3)^2=16$$

所以

$$x-3=\pm 4$$

原方程的解是 $x_1=7$,$x_2=-1$。

(2) 移项,得

$$x^2+3x=-1$$

方程左边配方,得

$$\left(x+\frac{3}{2}\right)^2=\frac{5}{4}$$

所以

$$x+\frac{3}{2}=\pm\frac{\sqrt{5}}{2}$$

原方程的解是

$$x_1=-\frac{3}{2}+\frac{\sqrt{5}}{2},\ x_2=-\frac{3}{2}-\frac{\sqrt{5}}{2}。$$

例 6.23　用配方法解下列方程 $4x^2-12x-1=0$。

分析　关键是把二次项系数不为 1 的一元二次方程转化为二次项系数为 1 的一元二次方程。

解　将方程两边同时除以 4，得

$$x^2-3x-\frac{1}{4}=0$$

移项，得

$$x^2-3x=\frac{1}{4}$$

配方，得

$$x^2-3x+\left(\frac{3}{2}\right)^2=\frac{1}{4}+\left(\frac{3}{2}\right)^2$$

即

$$\left(x-\frac{3}{2}\right)^2=\frac{10}{4}$$

直接开平方，得

$$x-\frac{3}{2}=\pm\frac{\sqrt{10}}{2}$$

所以 $x_1=\frac{3}{2}+\frac{\sqrt{10}}{2}$，$x_2=\frac{3}{2}-\frac{\sqrt{10}}{2}$。

3）**公式法**

利用求根公式解一元二次方程的方法叫公式法。一元二次方程的求根公式可由配方法得到。

例 6.24　用配方法解方程 $ax^2+bx+c=0$。

解　移项得

$$ax^2+bx=-c$$

将方程两边同时除以 a，得

$$x^2+\frac{b}{a}x=-\frac{c}{a}$$

配方，得

$$\left(x+\frac{b}{2a}\right)^2=\frac{b^2-4ac}{4a^2}$$

当 $b^2-4ac\geqslant0$ 时，直接开平方得

$$x=\frac{-b\pm\sqrt{b^2-4ac}}{2a}$$

因此可得根的判别式：$\Delta=b^2-4ac$。

(1) 当 $\Delta>0$ 时，方程有两个不相等的实数根；

当 $\Delta=0$ 时，方程有两个相等的实数根；

当 $\Delta<0$ 时，方程没有实数根。

(2) 一元二次方程的根与系数的关系(韦达定理)：如果一元二次方程 $ax^2+bx+c=0$ 的两个根是 x_1、x_2，则 $x_1+x_2=-\frac{b}{a}$，$x_1\cdot x_2=\frac{c}{a}$。

公式法求解方程的一般步骤如下：

(1) 把方程化为一般形式。

(2) 确定 a，b，c。

(3) 判定 $\Delta=b^2-4ac$ 的值。

(4) 代入求根公式。

例 6.25　求解方程 $2x^2-7x-2=0$。

解　$a=2$，$b=-7$，$c=-2$，$\Delta=b^2-4ac=49+16=65$，因此

$$x_1=\frac{7+\sqrt{65}}{4}，x_2=\frac{7-\sqrt{65}}{4}$$

4) 因式分解法

因式分解法是利用因式分解把方程化为$(a_1x+b_1)(a_2x+b_2)=0$ 的形式来求解的方法。

例 6.26　解下列方程：

(1) $x^2=4$；　　(2) $x^2-1=0$。

解　(1) 移项得

$$x^2-4=0$$

将方程左边用平方差公式分解因式，得

$$(x-2)(x+2)=0$$

必有 $x-2=0$ 或 $x+2=0$。分别解这两个一元一次方程，得

$$x_1=2，x_2=-2$$

(2) 将方程左边用平方差公式分解因式，得

$$(x-1)(x+1)=0$$

必有 $x-1=0$ 或 $x+1=0$。分别解这两个一元一次方程，得

$$x_1=1，x_2=-1$$

★练习 6.6

1. 把下列方程化成一元二次方程的一般形式，并写出它的二次项系数、一次项系数及常数项。

(1) $3x^2=5x-4$；　　(2) $(2y-1)(3y+2)=3$。

2. 用公式法解下列方程。

(1) $2x^2+5x-3=0$；　　(2) $2x^2-4x-1=0$；　　(3) $x^2+2x-5=0$。

3. 用公式法解下列方程。

(1) $y^2-2y-2=0$；　(2) $3y^2+4y-7=0$；

(3) $2x^2+8x-1=0$；　(4) $2x^2-11x+5=0$；

(5) $x^2+2x-3=0$；　(6) $x^2-4x-5=0$。

4. 一正方体的表面积是 96 cm^2，求这个正方体的边长。

5. 解下列方程。

(1) $x^2=16$；　(2) $x^2-2x=0$；

(3) $3(x-1)^2=27$；　(4) $x^2-4x-8=0$；

(5) $3x^2-2x-1=0$；　(6) $3y^2-5(2y+1)=0$。

6. 解方程。

(1) $3x^2+2x-3=0$；　(2) $2x^2-4x+5=0$；

(3) $3x^2=6x$；　(4) $3(2x-1)^2-27=0$；

(5) $2(2x-3)^2=3(3-2x)$；　(6) $x^2-7x+6=0$；

(7) $x^2-4x+5=1$；　(8) $x^2-7x+10=0$；

(9) $x^2-6x+3=0$；　(10) $x^2+5x-1=x$；

(11) $y^2-y-2=3y$　(12) $2x^2-5x+1=0$；

(13) $x^2-3x+1=0$；　(14) $3x^2+2x-3=0$。

7. 下列方程两根的和与两根的积分别是多少？

(1) $x^2-2x-5=0$；　(2) $3x^2-2x-2=0$；

(3) $3x^2-6x-5=0$；　(4) $4x^2=1$。

习　题　6

1. 选择题。

(1) 下列方程中，一元二次方程的个数是(　　)。

$$x^2=0，\frac{1}{x^2}-2=0，2x^2+3x=(1+2x)(2+x)，$$

$$3x^2-\sqrt{x}=0，\frac{2x^3}{x}-8x+1=0，x^2+2y-1=0$$

A. 1 个　B. 2 个　C. 3 个　D. 4 个

(2) 下列方程中，常数项为零的是(　　)。

A. $x^2+x=1$　B. $2x^2-x-12=12$

C. $2(x^2-1)=3(x-1)$　D. $2(x^2+1)=x+2$

(3) 把方程$(x-\sqrt{5})(x+\sqrt{5})+(2x-1)^2=0$ 化为一元二次方程的一般形式是(　　)。

A. $5x^2-4x-4=0$　B. $x^2-5=0$

C. $5x^2-2x+1=0$　D. $5x^2-4x+6=0$

(4) 方程 $x(x+1)=3(x+1)$的解的情况是(　　)。

A. $x=-1$　B. $x=3$　C. $x_1=-1，x_2=3$　D. 以上答案都不对

(5) 方程 $x^2=6x$ 的根是(　　)。

A. $x_1=-6$，$x_2=0$　B. $x_1=6$，$x_2=0$　C. $x=6$　D. $x=0$

(6) 如果$\sqrt{\frac{x}{y}}(y>0)$是二次根式，那么化为最简二次根式是（　　）。

A. $\frac{\sqrt{x}}{\sqrt{y}}(y>0)$　B. $\sqrt{xy}(y>0)$　C. $\frac{\sqrt{xy}}{y}(y>0)$　D. 以上都不对

(7) 把$(a-1)\sqrt{-\frac{1}{a-1}}$中根号外的 $a-1$ 移入根号内得（　　）。

A. $\sqrt{a-1}$　B. $\sqrt{1-a}$　C. $-\sqrt{a-1}$　D. $-\sqrt{1-a}$

(8) 在下列各式中，化简正确的是（　　）。

A. $\sqrt{\frac{5}{3}}=3\sqrt{15}$　B. $\sqrt{\frac{1}{2}}=\pm\frac{1}{2}\sqrt{2}$

C. $\sqrt{a^4b}=a^2\sqrt{b}$　D. $\sqrt{x^3-x^2}=x\sqrt{x-1}$

(9) 化简$\frac{-3\sqrt{2}}{\sqrt{27}}$的结果是（　　）。

A. $-\frac{\sqrt{2}}{3}$　B. $\frac{-2}{\sqrt{3}}$　C. $-\frac{\sqrt{6}}{3}$　D. $-\sqrt{2}$

2. 填空题。

(1) 由 $y=\frac{5}{8}x+\frac{1}{4}$可以得到用 y 表示 x 的式子，$x=$________。

(2) 已知二元一次方程 $2x-y-4=0$，当 $x=0$ 时，$y=$______；当 $y=0$ 时，$x=$______。

(3) 在 $y=ax+b$ 中，当 $x=5$ 时，$y=6$，当 $x=-1$ 时，$y=-2$，则 $a=$________，$b=$________。

(4) 把方程 $3x(x-1)=(x+2)(x-2)+9$ 化成一般式是____________。

(5) 关于 x 的方程 $abx^2-(a+b)x-ab=0(ab\neq 0)$中，二次项是________，一次项系数是________，常数项是________。

(6) 在关于 x 的方程$(m-3)x^{m^2-7}+(m+3)x+3=0$ 中，当 $m=$________时，它是一元二次方程，此时方程的解为______________。

(7) 若 n 是方程 $x^2+mx+n=0$ 的根，$n\neq 0$，则 $m+n=$__________。

(8) 方程$(x+1)(x-2)=4$ 的根是________；当 x 满足________的条件时，$\sqrt{3x-1}$在实数范围内有定义。

(9) x^2+6x+____$=(x+$____$)^2$；　x^2-3x+____$=(x-$____$)^2$；

x^2+x+____$=(x+$____$)^2$；　$x^2+\frac{1}{3}x+$____$=(x+$____$)^2$；

$x^2-\frac{\sqrt{3}}{2}x+$____$=(x-$____$)^2$；　x^2-px+____$=(x-$____$)^2$。

3. 计算题。

(1) 解下列方程组。

① $\begin{cases}3x+2y=4\\8x-y=2\end{cases}$；　② $\begin{cases}\frac{2}{3}x+\frac{1}{2}y=-\frac{5}{24}\\\frac{1}{4}x-\frac{1}{6}y=-\frac{1}{6}\end{cases}$；　③ $\begin{cases}0.4m-0.2n=3.9\\0.3m-0.4n=1.7\end{cases}$。

(2) 解一元二次方程。

① $(2x-3)(x-4)=9$；　② $3x(x-1)=2-2x$；

③ $y^2-4y-3=0$；　④ $6x^2+7x-10=0$；

⑤ $3y^2-11y+9=0$；　⑥ $x^2+4x-2=0$。

(3) 解方程组 $\begin{cases} m-t=-4 \\ t-2n=-1 \\ m+n-t=-1 \end{cases}$。

(4) 计算。

① $\frac{n}{m}\sqrt{\frac{n}{2m^3}}\cdot\left(-\frac{1}{m}\sqrt{\frac{n^3}{m^3}}\right)\div\sqrt{\frac{n}{2m^3}}$　$(m>0，n>0)$；

② $-3\sqrt{\frac{3m^3-3n^2}{2a^2}}\div\left(\frac{3}{2}\sqrt{\frac{m+n}{a^2}}\right)\times\sqrt{\frac{a^2}{m-n}}$　$(a>0)$。

(5) 用加减消元法解下列方程组。

① $\begin{cases} 3m+n=8 \\ 2m-n=7 \end{cases}$；　② $\begin{cases} 3x+2y=16 \\ 3x-y=1 \end{cases}$。

(6) 3 支钢笔和 2 支圆珠笔售价 11 元，2 支钢笔和 1 支圆珠笔售价 7 元，圆珠笔、钢笔售价分别是多少？

第7章　概率初步

概率是近代发展起来的一门数学学科，在生产实践和日常生活中有着广泛的应用。本章将介绍概率初步的基础知识。

7.1　计数原理

定理7.1(分类计数原理)　一般地，完成一件事有 n 类方式，第1类方式有 k_1 种方法，第2类方式有 k_2 种方法，以此类推，第 n 类方式有 k_n 种方法，那么完成这件事的方法共有

$$N=k_1+k_2+\cdots+k_n(\text{种})$$

定理7.2(分步计数原理)　一般地，如果完成一件事，需要分成 n 个步骤，完成第1个步骤有 k_1 种方法，完成第2个步骤有 k_2 种方法，以此类推，完成第 n 个步骤有 k_n 种方法，并且只有这 n 个步骤都完成后，这件事才能完成，那么完成这件事的方法共有

$$N=k_1\times k_2\times\cdots\times k_n(\text{种})$$

分类计数原理和分步计数原理的区别如下：分类计数原理中，各类方式间相互独立，各类方式中的每种方法都能独立完成这件事(一步到位)；分步计数原理中，一步不能完成，依次完成各步才能完成这件事(一步不到位)。

确定适用分类计数原理还是分步计数原理的关键是判断能否一次完成。

例7.1　书架上有7本不同的数学书，6本不同的语文书，4本不同的英语书。如果从书架上任取一本，共有多少种不同的取法？

分析　从书架上任取一本书，有三类取法：第一类取法是取一本数学书，可以从7本数学书中任取一本，有7种不同的取法，即 $m_1=7$；第二类取法是取一本语文书，可以从6本语文书中任取一本，有6种不同的取法，即 $m_2=6$；第三类取法是取一本英语书，可以从4本英语书中任取一本，有4种不同的取法，即 $m_3=4$。无论是取数学书、语文书还是取英语书，任务都可以完成，符合分类计数原理。

解　根据分类计数原理，不同的取法共有：

$$N=m_1+m_2+m_3=7+6+4=17(\text{种})$$

即有17种不同的取法。

例7.2　某高职院校电气一班的同学分为三个小组，甲组有10人，乙组有11人，丙组有9人。

(1) 现要从电气一班中选派1名同学参加学校的技能活动，有多少种不同的选法？

(2) 现要从电气一班三个小组中各选1名同学参加技能活动，有多少种不同的选法？

分析　(1) 从电气一班这三个小组中任选1名同学，可以从甲组的10人中任选1人，也可以从乙组的11人中任选1人，还可以从丙组的9人中任选1人，每一种选法都可以完成这件事，共有3类方式，符合分类计数原理。

（2）从电气一班这三个小组中各选1名同学，可以分为三个步骤：第一步，从甲组的10人中任选1人；第二步，从乙组的11人中任选1人；第三步，从丙组的9人中任选1人。这三个步骤缺少任何一个，都不能完成这件事，符合分步计数原理。

解 （1）根据分类计数原理，不同的选法有

$$N=10+11+9=30(\text{种})$$

（2）根据分步计数原理，不同的选法有

$$N=10\times 11\times 9=990(\text{种})$$

即从这三个小组中任选1名同学，有30种不同的选法，从这三个小组中各选1名同学，有990种不同的选法。

★练习 7.1

1. 一个学生从3本不同的科技书、4本不同的文艺书、5本不同的外语书中任选一本阅读，不同的选法有________种。

2. 一个乒乓球队里有男队员5人，女队员4人，从中选出男、女队员各一名组成混合双打队伍，共有________种不同的选法。

3. 一商场有3个大门，商场内有2个楼梯，顾客从商场外到二楼的走法有________种。

4. 从分别写有1，2，3，…，9的九张数字卡片中抽出两张数字和为奇数的卡片，共有________种不同的抽法。

5. 某国际科研合作项目成员由11个美国人、4个法国人和5个中国人组成。

（1）从中选出1人担任组长，有多少种不同的选法？

（2）从中选出不同国家的2个人作为成果发布人，有多少种不同选法？

6. （1）3名同学报名参加4个不同学科的比赛，每名学生只能参赛一项，问有多少种不同的报名方案？

（2）若有4项冠军在3个人中产生，每项冠军只能由一人获得，问有多少种不同的夺冠方案？

7. 用5种不同的颜色给图中4个区域（见图7－1）涂色，每个区域涂一种颜色。

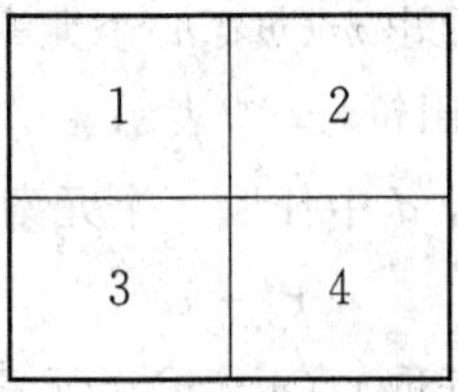

图7－1 四个区域

（1）共有多少种不同的涂色方法？

（2）若要求相邻（有公共边）的区域不同色，那么共有多少种不同的涂色方法？

8. 从甲地到乙地有2种走法，从乙地到丙地有4种走法，从甲地不经过乙地到丙地有3种走法，则从甲地到丙地共有多少种不同的走法？

9. 某电话局的电话号码其后面的五位数字是由6或8组成的，则这样的电话号码一共有多少个？

10. 从 0，1，2，…，9 这十个数字中任取两个不同的数字相加，其和为偶数的不同取法有多少种？

11. 已知两条异面直线上分别有 5 个点和 8 个点，则经过这 13 个点可确定多少个不同的平面？

7.2　排列与组合

7.2.1　排列

在北京、重庆、上海 3 个民航站之间的直达航线，需要准备多少种不同的机票？

这个问题就是从北京、重庆、上海 3 个民航站中每次取出 2 个站，按照起点在前、终点在后的顺序排列，求不同的排列方法的总数。

首先确定机票的起点，从 3 个民航站中任意选取 1 个，有 3 种不同的方法；然后确定机票的终点，从剩余的 2 个民航站中任意选取 1 个，有 2 种不同的方法。根据分步计数原理，共有 $3\times2=6$ 种不同的方法，即需要准备 6 种不同的飞机票：北京→重庆，北京→上海，重庆→北京，重庆→上海，上海→北京，上海→重庆。我们将被取的对象(如上面问题中的民航站)叫作元素，上面的问题就是：从 3 个不同元素中任取 2 个，按照一定的顺序排成一列，可以得到多少种不同的排列。

定义 7.1　一般地，从 n 个不同元素中任取 $m(m\leqslant n)$ 个元素，按照一定的顺序排成一列，叫作从 n 个不同元素中取出 m 个元素的一个排列，$m<n$ 时叫作选排列，$m=n$ 时叫作全排列。

例 7.3　写出从 4 个元素 a，b，c，d 中任取 2 个元素的所有排列。

分析　首先任取 1 个元素放在左边，然后在剩余的元素中任取 1 个元素放在右边。

解　所有排列为

$$ab,\ ac,\ ad,\ ba,\ bc,\ bd,\ ca,\ cb,\ cd,\ da,\ db,\ dc$$

说明　如果两个排列相同，那么不仅要求这两个排列的元素完全相同，而且排列的顺序也要完全相同。

定义 7.2　从 n 个不同元素中取出 $m(m\leqslant n)$ 个元素的所有排列的个数，叫作从 n 个不同元素中取出 m 个元素的排列数，用符号 P_n^m 表示。

例 7.3 中，从 4 个元素 a，b，c，d 中任取 2 个元素的排列数为 P_4^2，可以看到：

$$\mathrm{P}_4^2=12$$

定理 7.3　从 n 个不同元素中任取 $m(m\leqslant n)$ 个元素的排列数 P_n^m 为

$$\mathrm{P}_n^m=n(n-1)\cdots(n-m+1)$$

其中，m，$n\in\mathbf{N}^*$，且 $m\leqslant n$。此公式叫作排列数公式。

当 $m=n$ 时，由公式得

$$\mathrm{P}_n^n=n(n-1)(n-2)\times\cdots\times3\times2\times1$$

正整数由 1 到 n 的连乘积叫作 n 的阶乘，记作 $n!$。因此，

$$\mathrm{P}_n^n=n!$$

一般地，有

$$\begin{aligned}P_n^m &= n(n-1)(n-2)\cdots(n-m+1)\\ &= \frac{n(n-1)(n-2)\cdots(n-m+1)(n-m)\times\cdots\times 2\times 1}{(n-m)\times\cdots\times 2\times 1}\\ &= \frac{n!}{(n-m)!}\end{aligned}$$

因此，当 $m<n$ 时，排列数公式还可以写成

$$P_n^m=\frac{n!}{(n-m)!}$$

例 7.4　计算 P_5^2 和 P_4^4。

解

$$P_5^2=5\times4=20$$

$$P_4^4=4!=4\times3\times2\times1=24$$

例 7.5　小华准备从 7 本世界名著中任选 3 本，分别送给甲、乙、丙 3 位同学，每人 1 本，共有多少种选法？

分析　选出 3 本不同的书，分别送给甲、乙、丙 3 位同学，书的排序不同，结果是不同的，因此选法的种数是从 5 个不同元素中取 3 个元素的排列数。

解　不同选法的种数是

$$P_7^3=7\times6\times5=210$$

即共有 210 种不同选法。

例 7.6　用 0，1，2，3，4，5 可以组成多少个没有重复数字的 3 位数？

分析　因为百位上的数字不能为 0，所以分成两步考虑问题：第一步，排百位上的数字；第二步，从剩余的数字中任取 2 个数排列。

解　所求三位数的个数为

$$P_9^1\cdot P_9^2=9\times(9\times8)=648$$

★练习 7.2.1

1. 填空。

(1) 已知 $P_n^2=56$，那么 $n=$__________。

(2) 用 1，2，3，4，5 这五个数字组成没有重复数字的三位数，共有_____个。

2. 在 A，B，C，D 四个候选人中选出正、副班长各一个，选法的种数是多少？

3. 用 1，2，3，4，5 这五个数字组成没有重复数字的三位数，其中偶数有多少个？

4. 现有 3 张参观券，要在 5 人中选出 3 人去参观，共有多少种不同的选法？

7.2.2　组合

在北京、重庆、上海 3 个民航站的直达航线之间有多少种不同的飞机票价？(假设两地之间的往返票价和舱位票价是相同的)

飞机票的价格有如下三种：

北京——重庆(重庆——北京)；

北京——上海(上海——北京)；

重庆——上海(上海——重庆)。

这个问题是从 3 个不同的元素中任取 2 个，不管是怎样的顺序总认为是一组，求一共

有多少个不同的组。

定义 7.3 一般地，从 n 个不同的元素中任取 $m(m\leqslant n)$ 个不同元素，组成一组，叫作从 n 个不同元素中取 m 个不同元素的一个组合。

三地之间不同的飞机票价种数，就是从 3 个不同元素中取出 2 个不同元素的所有组合的个数。

注意 组合问题与排列问题的区别是：从 n 个不同元素中取 $m(m\leqslant n)$ 个元素的一个组合与 m 个元素的排列顺序无关，而从 n 个不同元素中取 $m(m\leqslant n)$ 个元素的一个排列与 m 个元素的排列顺序有关。

定理 7.4 一般地，从 n 个不同元素中取 $m(m\leqslant n)$ 个不同元素的所有组合的个数，叫作从 n 个不同元素中取出 m 个不同元素的组合数，用符号 C_n^m 表示。

一般地，求从 n 个不同元素中取 $m(m\leqslant n)$ 个不同元素的组合数为

$$C_n^m=\frac{P_n^m}{P_m^m}=\frac{n(n-1)(n-2)\cdots(n-m+1)}{m!}$$

由于

$$P_n^m=\frac{n!}{(n-m)!},\quad P_n^m=C_n^m\cdot P_m^m$$

因此组合数公式还可以写作：

$$C_n^m=\frac{n!}{m!(n-m)!}$$

其中，n，$m\in\mathbf{N}^*$，并且 $m\leqslant n$。

可以证明，组合数具有如下性质(证明略)：

定理 7.5 $C_n^m=C_n^{n-m}(m\leqslant n)$。

利用这个性质，当 $m>\frac{n}{2}$ 时，通过计算 C_n^{n-m} 可以得到 C_n^m 的值，如

$$C_{20}^{18}=C_{20}^{20-18}=C_{20}^{2}=\frac{20\times19}{2!}=190$$

定理 7.6 $C_{n+1}^m=C_n^m+C_n^{m-1}(m\leqslant n)$。

定理 7.6 反映出了组合数公式中 m 与 n 之间存在的联系。

例 7.7 计算 C_7^3、C_4^4 和 C_5^0。

解

$$C_7^4=C_7^3=\frac{P_7^3}{3!}=\frac{7\times6\times5}{3!}=35$$

$$C_4^4=\frac{P_4^4}{4!}=\frac{4\times3\times2\times1}{4!}=1$$

$$C_5^0=\frac{5!}{0!(5-0)!}=\frac{5!}{5!}=1$$

说明 一般地，可以得到 $C_n^n=1$，$C_n^0=1$。

例 7.8 圆周上有 10 个点，以任意 3 点为顶点画圆内接三角形，一共可以画多少个？

分析 只要选出 3 个点，三角形就唯一确定，与 3 个点的排列顺序无关，所以是计算从 10 个不同元素中取 3 个元素的组合数问题。

解 可以画出的圆内接三角形的个数为

$$C_{10}^{3}=\frac{10\times9\times8}{3!}=120(个)$$

即可以画出120个圆内接三角形。

例7.9 某城市的电话号码是从0、1、2、3、4、5、6、7、8、9中取8个数字组成的(允许数字重复)，但0和1不能作为电话号码的首位数。问该城市最多可以装多少部电话?

分析 一个电话号码的形成分为两个步骤：第一步，选首位数字，从2、3、4、5、6、7、8、9中取1个数；第二步，从第2位至第8位，每个位置填入上述10个数字中的任意一个数，再根据分步计数原理计算。

解 城市最多可以装电话的数量为

$$C_8^1\cdot C_{10}^1\cdot C_{10}^1\cdot C_{10}^1\cdot C_{10}^1\cdot C_{10}^1\cdot C_{10}^1\cdot C_{10}^1=8\times10^7=80\ 000\ 000(部)$$

★练习 7.2.2

1. 计算下列各数。

(1) C_7^2； (2) C_5^4； (3) C_8^3； (4) C_{12}^{10}。

2. 6个朋友聚会，每两人握手一次，一共握手多少次?

3. 从3、5、7、11这四个质数中任取两个相乘，可以得到多少个不相等的积?

4. 学校开设了6门任意选修课，要求每个学生从中选学3门，共有多少种不同的选法?

5. 平面内有8个点。

(1) 以其中每2个点为端点的线段共有多少条?

(2) 以其中每2个点为端点的有向线段共有多少条?

6. 有11个队参加的篮球比赛分成两个阶段进行。第一阶段，分成2个小组，第1小组5个队，第2小组6个队，各组都进行单循环比赛；第二阶段，各组的前两名进行单循环比赛以确定冠、亚军。问共需要多少场比赛?

7. 袋中共有10个不同的球，其中白色球有8个，红色球有2个，从中任意取出3个球。

(1) 取出的3个球全部是白球的取法共有多少种?

(2) 取出的3个球中恰好有1个是红球的方法共有多少种?

(3) 取出的3个球中至少有1个是红球的方法共有多少种?

7.3 随机事件及概率

现实生活中下列问题哪些是必然发生的?哪些是不可能发生的?

(1) 太阳从西边下山；

(2) 某人的体温是100℃；

(3) 两位同班同学的学生证号码相同；

(4) 水往低处流；

(5) 三个人的性别各不相同；

(6) 一元二次方程 $x^2+2x+3=0$ 无实数解。

“太阳从西边落山”“水往低处流”“一元二次方程 $x^2+2x+3=0$ 无实数解”都是必然会发生的事件，称为必然事件，而“某人的体温是100℃”“两位同班同学的学生证号码相同”

“三个人的性别各不相同”都是不可能发生的事件，称为不可能事件。

必然事件和不可能事件的结果都是确定的，统称为确定事件。

再如，在日常生活中，经常可以见到各种体育比赛、抽奖活动等，这些活动的结果事先谁都不能准确地预知，其发生的可能性与个人的愿望无关，正因为如此，才使得这些活动悬念丛生、跌宕起伏、魅力无穷。像这种可能发生也可能不发生的事件叫作随机事件，也叫作不确定事件。

例 7.10　将标有数字 1，2，3，4，5 的五个乒乓球放进一个不透明的袋子中，从中任意摸出一个球，叫作一次试验。读出这个球上所示的数字，分别指出下列事件是随机事件、必然事件还是不可能事件，并说明理由。

(1) 球上所标的数字不大于 5；

(2) 球上所标的数字大于 5；

(3) 球上所标的数字是 3；

(4) 球上所标的数字是偶数；

(5) 同时摸出两个球，球上所标的数字之和等于 6。

解　事件(1)是必然事件。因为球上的数字只能是 1，2，3，4，5 中的某一个数，不论摸出哪一个球，球上所标的数字都不大于 5，所以事件(1)是必然事件。

事件(2)是不可能事件。因为不论摸出哪个球，球上所标的数学都不会大于 5，所以事件(2)是不可能事件。

事件(3)、(4)、(5)都是随机事件。因为从袋子中任意摸出一个球时，球上的数字可能是 3，也可能是 1，2，4，5；可能是偶数 2，4，也可能是奇数 1，3，5；摸出两个球时，球上所标的数字之和可能是 6，也可能是 3，4，5，7，8，9。也就是说，这三个事件都是可能发生也可能不发生的事件，所以这三个事件都是随机事件。

取 6 个相同的乒乓球，两个标字母 A，两个标字母 B，一个标字母 C，一个标字母 D，装进一个不透明的袋子，从中随机摸出一个球，有几种可能的结果？如果把同一种可能发生的结果看作一个事件，则哪个事件发生的可能性大？

进行一次摸球试验后，记下摸出球所标的字母，把球放回袋中，重复这样的试验 60 次，你猜将会得到怎样的结果？

把上面 60 次摸球试验所出现的全部结果看作一个总体，按 4 种可能发生的事件，将总体分为 4 组。把 60 次摸球试验中某个事件一共发生的次数叫作该事件发生的频数，把该事件发生的频数与摸球试验总次数的比值叫作该事件发生的频率。

结合上述试验中给出的频数并计算相应的频率，把结果填入表 7－1 中。

表 7－1　频数、频率分布表

组别	A	B	C	D
频数/次	20	24	10	6
频率	1/3	2/5	1/6	1/10

可以发现，将 60 次摸球试验的结果分组后，各组的频数之和等于摸球试验的总次数，各组的频率之和等于 1。

一般地，将总体中的数据按照统一标准分组后，各组数据的频数之和等于总体中数据的个数，各组数据的频率之和等于 1。

一般地，一个事件发生的可能性的大小可以用一个数来表示，我们把这个数叫作这个事件发生的概率，通常记为 P(事件)。在进行大量重复试验时，随着试验次数的增加，一个随机事件发生的频率总在这个事件发生的概率附近波动，显示出一定的稳定性。因而可以用事件发生的频率估计事件发生的概率。

在上述摸球试验中，$P(\mathrm{A})=\frac{1}{3}$，$P(\mathrm{B})=\frac{2}{5}$，$P(\mathrm{C})=\frac{1}{6}$，$P(\mathrm{D})=\frac{1}{10}$。

一个事件发生的频率是已发生的，也是可测的，而这个事件发生的概率是某个客观存在的确定数值，但可能事先并不知道。用频率来估计概率可以实现由已知探求未知，从偶然中去发现必然，它蕴含着深刻的数学思想。

★练习 7.3

1. 下面的事件分别属于随机事件、必然事件、不可能事件中的哪一类？

(1) 两直线平行，内错角相等。

(2) 刘翔再次打破 110 米栏的世界纪录。

(3) 打靶命中靶心。

(4) 掷一次骰子，向上一面是 3 点。

(5) 13 个人中，至少有 2 个人出生的月份相同。

(6) 经过有信号灯的十字路口，遇见红灯。

(7) 在装有 3 个球的布袋里摸出 4 个球。

(8) 物体在重力的作用下自由下落。

(9) 抛掷 1000 枚硬币，全部正面朝上。

2. 选择题。

(1) 下列的事件中，不可能事件是(　　)。

A. 金鱼离开水不久便死亡

B. 从一个只有 6 个红球的袋子中摸出一个黑球

C. 一辆行驶中的公共汽车，下一站恰有 3 人上车

D. 弟弟的个子比哥哥高

(2) 下列事件中，概率最大的是(　　)，概率最小的是(　　)。

A. 抛掷一枚质地均匀的硬币，出现正面朝上的概率

B. 抛掷一枚骰子，掷出的点数为奇数的概率

C. 在一副扑克牌中随机地抽取一张，恰好是红桃的概率

D. 在不透明的袋子里装有除颜色外都相同的 2 个红球、1 个黄球、3 个白球，从中随机地摸出一个球，不是红球的概率

3. 100 枚图钉落在地上，共有 63 枚钉尖触地，其余的钉尖朝上。你能由此估计一枚图钉落地时钉尖触地的概率大约是多少吗？

4. 在一个不透明的袋子里装有 8 个白球和若干个黄球，它们除颜色外其余均相同。小亮将球摇匀后，从袋子中随机摸出 1 个球，记下它的颜色，然后将球放回袋子中，摇匀后再重新摸球，如此重复试验 150 次，共摸出黄球 90 次，试估计袋中黄球有多少个。

5. 连续抛掷一枚质地均匀的硬币 3 次，落下后都为正面朝上，抛掷第 4 次时，落下后

正面朝上的概率是多少?

6. 表 7-2 是某篮球运动员在 5 月份 6 场比赛中投篮的记录。

表 7-2 投篮记录

日期	5 月 1 日	5 月 2 日	5 月 6 日	5 月 12 日	5 月 18 日	5 月 30 日
投篮次数	21	12	15	17	8	20
命中次数	10	5	6	7	3	8

你能由此估计出该运动员投篮时的命中率吗?

7. 服装商店对一周内进入该店的顾客人次进行了统计，经整理后得出表 7-3。

(1) 估计一名顾客进入该店后购买商品的概率。

(2) 估计哪一种性别的顾客进入该店后购买商品的可能性较大。

表 7-3 一周内进入服装商店的顾客 人次

性别	购买	不购买
男性	505	1352
女性	1529	9203

8. 养鱼专业户李大伯用下面的方法估计鱼塘中鱼的条数:

(1) 从鱼塘中捕获 k 条鱼，每条鱼做上记号后，重新放回鱼塘;

(2) 放养一段时间后，从鱼塘中捞出 m 条鱼;

(3) 统计这 m 条鱼中有记号的鱼的数目，设为 n，便可估计出整个鱼塘中鱼的数量。

你能说出这种方法的道理吗? 试估计这个鱼塘中共有多少条鱼。

7.4 古典概率模型和概率计算公式

将扑克牌(52 张)反扣在桌上，先从中任意抽取一张，那么抽到的牌为红心的概率有多大?

是否一定要进行大量的重复试验，用“出现红心”这一事件的频率来估计概率呢? 该法工作量较大且不够准确，有更好的解决方法吗?

把“抽到红心”记为事件 B，那么事件 B 相当于“抽到红心 A”“抽到红心 2”……“抽到红心 K”这 13 种情况，而抽到其他牌共有 39 种情形。由于是任意抽取的，因此可以认为这 52 种情况的可能性是相等的。所以，当出现红心是“抽到红心 A”“抽到红心 2”……“抽到红心 K”这 13 种情形之一时，事件 B 就发生，于是 $P(\mathrm{B})=\frac{13}{52}=\frac{1}{4}$。这就是我们本节要学习的古典概型。

上述试验结果“抽到红心 A”“抽到红心 2” ……“抽到红心 K”都是随机事件，我们把这样的事件称为基本事件，它是事件的每一个可能结果。

基本事件具有如下两个特点:

(1) 任何两个基本事件是互斥的;

(2) 任何事件(除不可能事件)都可以表示成基本事件的和。

进一步地，若在一次试验中，每个基本事件发生的可能性都相同，则称这些基本事件为等可能基本事件。

定义 7.4　在一个随机试验中，如果满足以下两个条件：

(1) 试验中所有的基本事件只有有限个，

(2) 每个基本事件的发生都是等可能的，

则我们把这样的概率模型称为古典概率模型，简称古典概型。

向一个圆面内随机地投射一个点，如果该点落在圆内任意一点都是等可能的，你认为这是古典概型吗？为什么？

因为试验的所有可能结果是圆面内所有的点，试验的所有可能结果有无限个，虽然每一个试验结果出现的可能性相同，但这个试验不满足古典概型的第一个条件，所以该试验不是古典概型。

某同学随机地向一靶心进行射击(见图 7-2)，这一试验的结果只有有限个：命中 10 环，命中 9 环……命中 5 环，不中环。你认为这是古典概型吗？为什么？

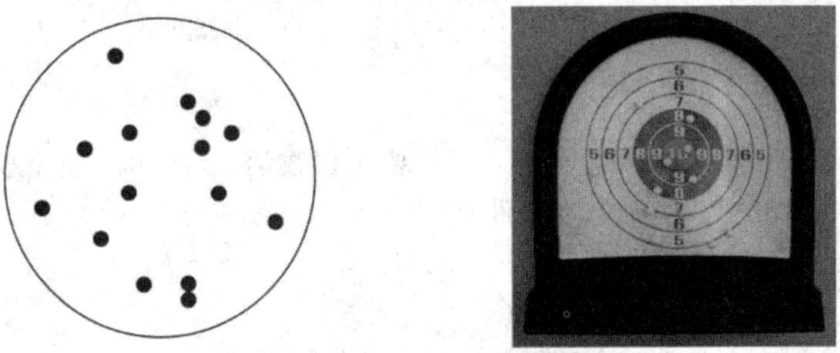

图 7-2　射击靶心

该试验不是古典概型。因为试验的所有可能结果只有 7 个，而命中 10 环，命中 9 环……命中 5 环，不中环的出现不是等可能的，即不满足古典概型的第二个条件。

定理 7.7　如果一次试验的等可能基本事件共有 n 个，那么每一个等可能基本事件发生的概率都是 $\frac{1}{n}$，如果某个事件 A 包含了其中 m 个等可能基本事件，那么事件 A 发生的概率为 $P(\mathrm{A})=\frac{m}{n}$。

例 7.11　一个口袋内装有大小相同的 5 个球，其中 3 个为白球，2 个为黑球，从中一次摸出两个球。

(1) 共有多少个基本事件？

(2) 摸出的两个球都是白球的概率是多少？

分析　可用枚举法找出所有的等可能基本事件。

解　(1) 分别记白球为 1、2、3 号，黑球为 4、5 号，从中摸出 2 个球，有如下基本事件(摸到 1、2 号球用(1, 2)表示)：

(1, 2), (1, 3), (1, 4), (1, 5), (2, 3), (2, 4), (2, 5), (3, 4), (3, 5), (4, 5)

因此，共有 10 个基本事件。

(2) 上述 10 个基本事件发生的可能性是相同的，且只有 3 个基本事件是摸到两个白球(记为事件 A)，即(1, 2)、(1, 3)、(2, 3)，故

$$P(A)=\frac{3}{10}$$

所以共有 10 个基本事件，摸到两个白球的概率为$\frac{3}{10}$。

例 7.12 豌豆的高矮性状的遗传由一对基因决定，其中决定高的基因记为 D，决定矮的基因记为 d，则杂交所得第一子代的一对基因为 Dd，若第二子代的 D、d 基因的遗传是等可能的，求第二子代为高茎的概率(只要有基因 D，则为高茎，只有两个基因全是 d 时，才显现为矮茎)。

分析 由于第二子代的 D、d 基因的遗传是等可能的，因此可以将各种可能的遗传情形都枚举出来。

解 D 与 d 的搭配方式共有 4 种：DD，Dd，dD，dd。其中，只有第四种表现为矮茎，故第二子代为高茎的概率为$\frac{3}{4}=0.75$。

★练习 7.4

1. 选择题。

(1) 为了丰富高一学生的课外生活，某校要组建数学、计算机、航空模型 3 个兴趣小组，小明要选报其中的 2 个，则基本事件有(　　)。

A. 1 个　　B. 2 个　　C. 3 个　　D. 4 个

(2) 下列试验中，是古典概型的为(　　)。

A. 种下一粒花生，观察它是否发芽

B. 向正方形 $ABCD$ 内任意投掷一点 P，观察点 P 是否与正方形的中心 O 重合

C. 从 1，2，3，4 四个数中任取两个数，求所取两数之一是 2 的概率

D. 在区间[0，5]内任取一点，求此点小于 2 的概率

(3) 袋中有 2 个红球、2 个白球、2 个黑球，从里面任意摸 2 个球，不是基本事件的为(　　)。

A. {正好 2 个红球}　　B. {正好 2 个黑球}

C. {正好 2 个白球}　　D. {至少 1 个红球}

(4) 在 200 瓶饮料中，有 4 瓶已过保质期，从中任取 1 瓶，则取到的饮料已过保质期的概率是(　　)。

A. 0.2　　B. 0.02　　C. 0.1　　D. 0.01

(5) 下列对古典概型的说法中，正确的是(　　)。

① 试验中所有可能出现的基本事件只有有限个

② 每个事件出现的可能性相等

③ 每个基本事件出现的可能性相等

④ 基本事件总数为 n，随机事件 A 若包含 k 个基本事件，则 $P(A)=\frac{k}{n}$

A. ②④　　B. ①③④　　C. ①④　　D. ③④

(6) 从 1，2，3，4 中任取 2 个不同的数，则取出的 2 个数之差的绝对值为 2 的概率是(　　)。

A. $\frac{1}{2}$　　B. $\frac{1}{3}$　　C. $\frac{1}{4}$　　D. $\frac{1}{6}$

(7) 先后抛掷两枚均匀的正方体骰子(它们的六个面分别标有点数 1，2，3，4，5，6)，骰子朝上的面的点数分别为 x、y，则满足 $\log_{2x}y=1$ 的概率为(　　)。

A. $\frac{1}{6}$　　B. $\frac{5}{36}$　　C. $\frac{1}{12}$　　D. $\frac{1}{2}$

(8) 将号码分别为 1，2，3，4 的四个小球放入一个袋中，这些小球仅号码不同，其余完全相同，甲从袋中摸出一个小球，其号码为 a，放回后，乙从此口袋中再摸出一个小球，其号码为 b，则使不等式 $a-2b+4<0$ 成立的事件发生的概率为(　　)。

A. $\frac{1}{8}$　　B. $\frac{3}{16}$　　C. $\frac{1}{4}$　　D. $\frac{1}{2}$

(9) 若某公司从五位大学毕业生甲、乙、丙、丁、戊中录用三人，这五人被录用的机会均等，则甲或乙被录用的概率为(　　)。

A. $\frac{2}{3}$　　B. $\frac{2}{5}$　　C. $\frac{3}{5}$　　D. $\frac{9}{10}$

(10) 第一组有 1 个数，为 1，第二组有 2 个数，为 3、5，第三组有 3 个数，为 7、9、11，以此类推，则从第十组中随机抽取一个数恰为 3 的倍数的概率为(　　)。

A. $\frac{1}{10}$　　B. $\frac{3}{10}$　　C. $\frac{1}{5}$　　D. $\frac{3}{5}$

(11) 袋中共有 6 个除了颜色外完全相同的球，其中有 1 个红球、2 个白球和 3 个黑球，从袋中任取 2 个球，2 个球颜色为一白一黑的概率等于(　　)。

A. $\frac{1}{5}$　　B. $\frac{2}{5}$　　C. $\frac{3}{5}$　　D. $\frac{4}{5}$

(12) 若连续抛掷两次骰子得到的点数分别为 m、n，则点 $P(m, n)$ 在直线 $x+y=4$ 上的概率是(　　)。

A. $\frac{1}{3}$　　B. $\frac{1}{4}$　　C. $\frac{1}{6}$　　D. $\frac{1}{12}$

2. 填空题。

(1) 袋子中有大小相同的四个小球，分别涂以红、白、黑、黄颜色。

① 从中任取 1 球，取出白球的概率为________。

② 从中任取 2 球，取出的是红球、白球的概率为________。

(2) 在两个袋内分别装着写有 0，1，2，3，4，5 六个数字的 6 张卡片，今从每个袋中任取一张卡片，则两数之和等于 5 的概率为________。

(3) 某学校共有 2000 名学生，各年级男、女生人数如表 7-4 所示。

表 7-4　某学校各年级男、女生人数

性别	一年级	二年级	三年级
男生	369	370	y
女生	381	x	z

已知从全校学生中随机抽取 1 名学生，抽到二年级女生的概率是 0.19，现拟采用分层抽样的方法从全校学生中抽取 80 名学生，则三年级应抽取的学生人数为________人。

(4) 一枚硬币连掷 3 次，仅有 2 次正面向上的概率为________。

3. 解答题。

(1) 随意安排甲、乙、丙 3 人在 3 天假期中值班，每人值班 1 天。

① 这 3 人的值班顺序共有多少种不同的排列方法?

② 这 3 人的值班顺序中，甲在乙之前的排法有多少种?

③ 甲排在乙之前的概率是多少?

(2) 袋中有五张卡片，其中红色卡片三张，标号分别为 1、2、3，蓝色卡片两张，标号分别为 1、2。

① 从以上五张卡片中任取两张，求这两张卡片颜色不同且标号之和小于 4 的概率。

② 现往袋中再放入一张标号为 0 的绿色卡片，从这六张卡片中任取两张，求这两张卡片颜色不同且标号之和小于 4 的概率。

(3) 一个袋中有 4 个大小相同的小球，其中红球 1 个、白球 2 个、黑球 1 个，现从袋中有放回地取球，每次随机取一个。

① 求连续取两次都是白球的概率;

② 假设取一个红球记 2 分，取一个白球记 1 分，取一个黑球记 0 分，若连续取三次，则分数之和为 4 分的概率是多少?

习 题 7

1. 选择题。

(1) 一个袋中只装有 3 个红球，从中随机摸出一个是红球( )。

A. 可能性为$\frac{1}{3}$　　B. 属于不可能事件

C. 属于随机事件　　D. 属于必然事件

(2) 一个盒中装有 4 个均匀的球，其中 2 个白球、2 个黑球，今从中取出 2 个球，“两球同色”与“两球异色”的可能性分别记为 a、b，则( )。

A. $a>b$　　B. $a<b$　　C. $a=b$　　D. 不能确定

(3) 下列说法正确的是( )。

A. 购买江苏省体育彩票有中奖与不中奖两种情况，所以中奖的概率是$\frac{1}{2}$

B. 国家级射击运动员射靶一次，正中靶心是必然事件

C. 如果在若干次试验中一个事件发生的频率是$\frac{1}{4}$，那么这个事件发生的概率一定也是$\frac{1}{4}$

D. 如果车间生产的零件不合格的概率为$\frac{1}{1000}$，那么平均每检查 1000 个零件会查到 1 个次品

(4) 将三粒均匀的标有 1，2，3，4，5，6 的正六面体骰子同时掷出，出现的数字分别为 a、b、c，a、b、c 正好是直角三角形的三条边长的概率是( )。

A. $\frac{1}{216}$　　B. $\frac{1}{72}$　　C. $\frac{1}{36}$　　D. $\frac{1}{12}$

(5) 小明随机地在如图 7-3 所示的正三角形及其内部区域投针，则针扎到其内切圆(阴影)区域的概率为(　　)。

A. $\frac{1}{2}$　　B. $\frac{\sqrt{3}}{6}\pi$　　C. $\frac{\sqrt{3}}{9}\pi$　　D. $\frac{3\sqrt{3}}{\pi}$

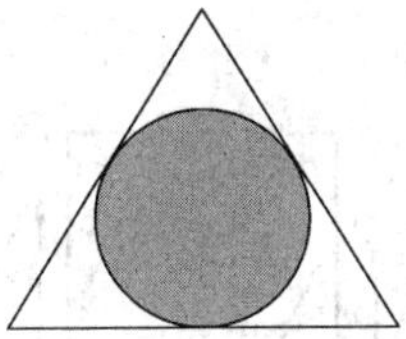

图 7-3　在正三角形内投针

(6) 一只蚂蚁在如图 7-4 所示的位置向上爬，在树枝上寻觅食物，假定蚂蚁在每一个岔路口都会随机选择一条路径，那么这只蚂蚁爬到树枝头 A 和 E 的概率的大小关系是(　　)。

A. A 的概率大　　B. E 的概率大　　C. 同样大　　D. 无法比较

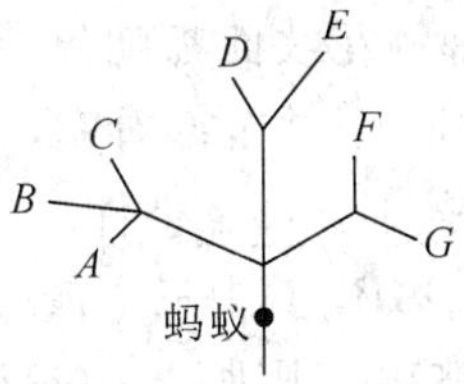

图 7-4　蚂蚁爬树

(7) 在平面直角坐标系中给定以下五个点 $A(-2, 0)$、$B(1, 0)$、$C(4, 0)$、$D(-2, \frac{9}{2})$、$E(0, -6)$，在五个形状、颜色、质量完全相同的乒乓球上标上 A、B、C、D、E 来代表以上五个点。接下来玩摸球游戏，每次摸三个球，摸一次，三球代表的点恰好能确定一条抛物线(对称轴平行于 y 轴)的概率是(　　)。

A. $\frac{1}{2}$　　B. $\frac{3}{5}$　　C. $\frac{7}{10}$　　D. $\frac{4}{5}$

(8) 小明准备用 6 个球设计一个摸球游戏，下面四个方案中，不成功的是(　　)。

A. P(摸到白球)$=\frac{1}{2}$，P(摸到黑球)$=\frac{1}{2}$

B. P(摸到白球)$=\frac{1}{2}$，P(摸到黑球)$=\frac{1}{3}$，P(摸到红球)$=\frac{1}{6}$

C. P(摸到白球)$=\frac{2}{3}$，P(摸到黑球)$=P$(摸到红球)$=\frac{1}{3}$

D. 摸到白球、黑球、红球的概率都是$\frac{1}{3}$

(9) 有两把不同的锁和三把钥匙，其中两把钥匙分别能打开其中一把锁，第三把钥匙不能打开这两把锁，任取出一把钥匙去开任意一把锁，一次打开锁的概率为(　　)。

A. $\frac{2}{3}$　　B. $\frac{1}{3}$　　C. $\frac{1}{6}$　　D. $\frac{1}{2}$

(10) 如图 7-5 所示，正方形 $ABCD$ 的边长为 2，将长为 2 的线段 QR 的两端放在正方形的相邻的两边上同时滑动。如果点 Q 从点 A 出发，沿图中所示方向按 $A \to B \to C \to D \to A$ 滑动到 A 为止，同时点 R 从点 B 出发，沿图中所示方向按 $B \to C \to D \to A \to B$ 滑动到 B 为止。在这个过程中，线段 QR 的中点 M 所经过的路线围成的图形的面积记为 S。点 N 是正方形 $ABCD$ 内任一点，把 N 点到四个顶点 A、B、C、D 的距离均不小于 1 的概率记为 P，则 $S=$(　　)。

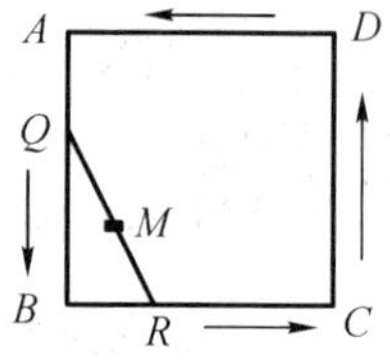

图 7-5　在正方形相邻边上滑动

A. $(4-\pi)P$　　B. $4(1-P)$　　C. $4P$　　D. $(\pi-1)P$

2. 填空题。

(1) 将四张花纹面相同的扑克牌的花纹面都朝上，两张一叠放成两堆。若每次可任选一堆的最上面的一张翻看(看后不放回)，并全部看完，则共有______种不同的翻牌方式。

(2) 明天下雨的概率为 0.99，是 ________ 事件。

(3) 在平面直角坐标系中，作△OAB，其中三个顶点分别是 $O(0, 0)$、$B(1, 1)$、$A(x, y)$ $(-2 \leqslant x \leqslant 2, -2 \leqslant y \leqslant 2$，$x$、$y$ 均为整数)，则所作△OAB 为直角三角形的概率是________。

(4) 如图 7-6 所示，有三个同心圆，由里向外的半径依次是 2 cm、4 cm、6 cm，将圆盘分为三部分，飞镖可以落在任意一部分内，那么飞镖落在阴影圆环内的概率是________。

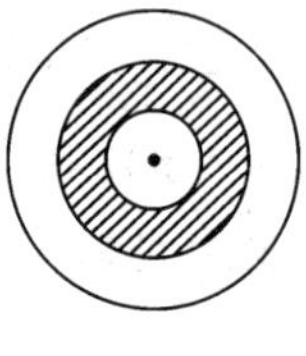

图 7-6　飞镖游戏

(5) 我市初中毕业男生体育测试项目有四项，其中“立定跳远”“1000 米跑”“肺活量测试”为必测项目，另一项“引体向上”或“推铅球”中选一项测试。小亮、小明和大刚从“引体向上”或“推铅球”中选择同一个测试项目的概率是________。

(6) 王红和刘芳两人在玩转盘游戏，如图 7-7 所示，把转盘甲、乙分别分成 3 等份，并在每一份内标上数字。游戏规则是：转动两个转盘，待转盘停止后，指针所指的两个数字之和为 7 时，王红胜；数字之和为 8 时，刘芳胜。那么这二人中获胜可能性较大的是________。

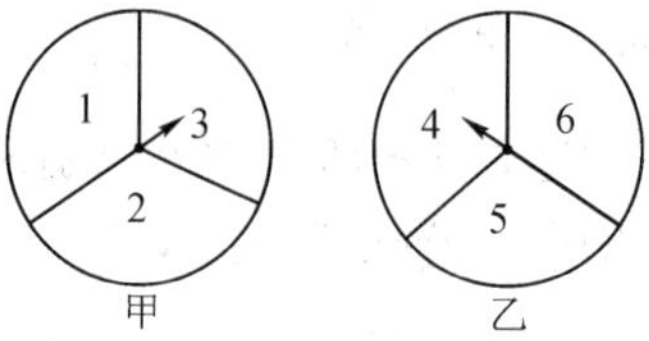

图 7-7　转盘游戏

3. 解答题。

(1) 甲、乙两人各进行一次射击，若两人击中目标的概率均为 0.6。

① 求两人均击中目标的概率；

② 求至少有 1 人击中目标的概率。

(2) 有 A、B 两个口袋，A 口袋中装有两个分别标有数字 2、3 的小球，B 口袋中装有三个分别标有数字−1、4、−5 的小球。小明先从 A 口袋中随机取出一个小球，用 m 表示所取球上的数字，再从 B 口袋中随机取出一个小球，用 n 表示所取球上的数字之和。

① 列出小明所取出的三个小球的所有可能结果；

② 求$\frac{n}{\pi}$的值是整数的概率。

(3)“十一”期间，老张在某商场购物后参加了出口处的抽奖活动。抽奖规则如下：每张发票可摸球一次，每次从装有大小、形状都相同的 1 个白球和 2 个红球的盒子中随机摸出一个球，若摸出的是白球，则获得一份奖品，若摸出的是红球，则不获奖。

① 求每次摸球中奖的概率；

② 老张想：“我手中有两张发票，那么中奖的概率就翻了一倍。”你认为老张的想法正确吗？

(4) ① 把一个木制正方体的表面涂上红色，然后将其分割成 64 个大小相同的小正方体，如图 7－8 所示。若将这些小正方体均匀地搅混在一起，则任意取出一个正方体，其两面涂有红色的可能性为________，各面都没有红色的可能性为________。

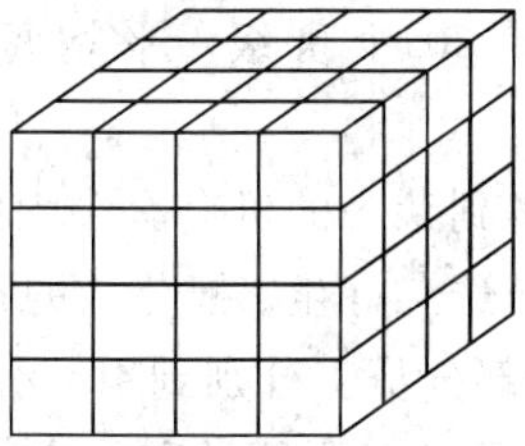

图 7－8　正方体

② 若将大正方体用同样的方法分割成 n^3(n 为正整数，$n \geqslant 5$)个大小相同的小正方体，试分别回答上面两个问题。

(5) 小军与小玲共同发明了一种“字母棋”，进行比胜负的游戏。他们用四种字母做成 10 只棋子，其中 A 棋 1 只，B 棋 2 只，C 棋 3 只，D 棋 4 只。

“字母棋”的游戏规则如下：

· 游戏时两人各摸 1 只棋进行比赛算作一轮比赛，先摸者摸出的棋不放回；

· A 棋胜 B 棋、C 棋，B 棋胜 C 棋、D 棋，C 棋胜 D 棋，D 棋胜 A 棋；

· 相同棋子不分胜负。

① 若小玲先摸，小玲摸到 C 棋的概率是多少？

② 已知小玲先摸到了 C 棋，小军在剩余的 9 只棋中随机摸 1 只，问这一轮中小玲胜小军的概率是多少？

③ 已知小玲先摸 1 只棋，小军在剩余的 9 只棋中随机摸 1 只，问这一轮中小玲摸到哪种棋胜小军的概率最大?

(6) 如图 7-9 所示，两个转盘 A、B 都被分成了 3 个全等的扇形，在每一个扇形内均标有不同的自然数，固定指针，同时转动转盘 A、B，两个转盘停止后观察两个指针所指扇形内的数字(若指针停在扇形的边线上，则当作指向上边的扇形)。

① 列表写出两个转盘停止转动后指针所指扇形内数字的所有可能结果。

② 小明每转动一次就记录数据，并算出两数之和，其中“和为 7”的频数与频率如表 7-5 所示。

表 7-5 “和为 7”的频数与频率

转盘总次数	10	20	30	50	100	150	180	240	330	450
“和为 7”出现的频数	2	7	10	16	30	46	59	81	110	150
“和为 7”出现的频率	0.20	0.35	0.33	0.32	0.30	0.31	0.33	0.34	0.33	0.33

如果实验继续进行下去，根据表 7-5 中的数据，出现“和为 7”的频率将稳定在它的概率附近，试估计出现“和为 7”的概率。

③ 根据②，若 $0<x<y$，试求出 x 与 y 的值。

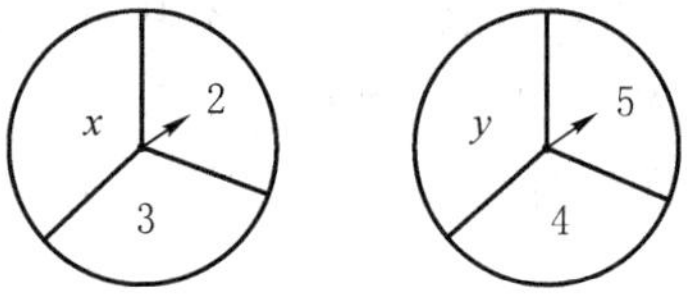

图 7-9 转盘

(7) 某校每学期都要对优秀学生进行表扬，每班采取民主投票的方式进行选举，然后把名单报到学校。若每个班级平均分到 3 位三好生、4 位模范生、5 位成绩提高奖的名额，且各项均不能兼得。现在学校有 30 个班级，平均每班 50 人。

① 作为一名学生，你恰好能得到荣誉的机会有多大?

② 作为一名学生，你恰好能当选三好生、模范生的机会有多大?

(8)“五一”假期，某公司组织部分员工分别到甲、乙、丙、丁四地考察，公司按定额购买了前往各地的车票。图 7-10 所示是车票种类和相应数量的条形统计图。根据统计图回答下列问题:

① 若去丁地的车票占全部车票的 10%，求出去丁地的车票数量，并补全统计图。

② 若公司采用随机抽取的方式发车票，小胡先从所有车票中随机抽取一张(所有车票的形状、大小、质地完全相同)，那么员工小胡抽到去甲地的车票的概率是多少?

③ 若有一张车票，小王和小李都想去，于是决定采取摸球的方式来确定这张车票给谁，具体规则是：每人从不透明袋子中摸出分别标有 1、2、3、4 的四个球中的一个(球除数字不同外完全相同)，并放回让另一人摸，若小王摸得的数字比小李的小，车票给小王，否则给小李。试分析这个规则对双方是否公平。

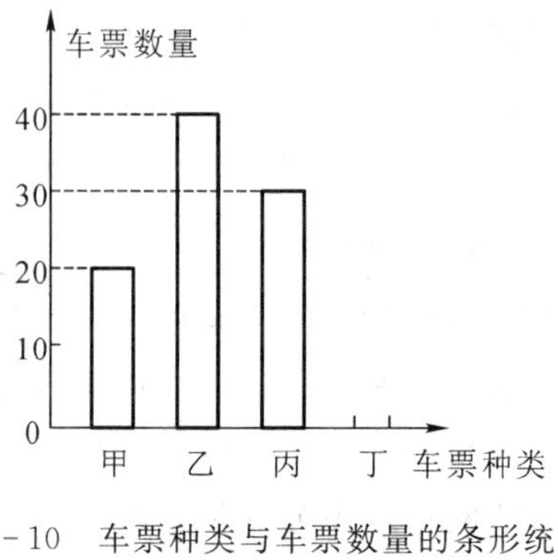

图 7-10 车票种类与车票数量的条形统计图

中篇

第8章 集　　合

8.1 集合及其表示

8.1.1 集合的概念

在现实生活和数学中，我们把一些对象放在一起，作为一个整体来研究。例如：

(1) “小于 10”的正整数；

(2) 所有平行四边形；

(3) 满足 $3x>x+2$ 的全体实数；

(4) 某中等职业学校所有高一学生。

定义 8.1 一般地，把一些能够确定的不同的对象看成一个整体，就说这个整体是由这些对象的全体构成的集合(或集)。构成集合的每个对象叫作集合的元素(或成员)。

集合通常用大写的英文字母 A，B，C，…来表示，它们的元素通常用小写的英文字母 a，b，c，…表示。

如果 a 是集合 A 的元素，就说 a 属于 A，记作 $a\in A$，读作“a 属于 A”；如果 a 不是集合 A 的元素，就说 a 不属于 A，记作 $a\notin A$，读作“a 不属于 A”。

集合的元素具有以下特征：

(1) 确定性。设 A 是一个给定的集合，x 是某一个具体对象，则或者 x 是 A 的元素，或者 x 不是 A 的元素，两种情况必有一种且只有一种成立。

(2) 互异性。一个给定集合中的元素，指属于这个集合的互不相同的个体(对象)，因此，同一集合中不应重复出现同一元素。

(3) 无序性。一般不考虑元素之间的顺序，但在表示数列之类的特殊集合时，通常按照习惯的由小到大的数轴顺序书写。

数的集合简称数集。我们把常用数集用特定的字母表示：

(1) 自然数集：全体非负整数的集合，记作 $\mathbf{N}$。

(2) 正整数集：非负整数集内排除 0 的集合，记作 $\mathbf{N}^*$ 或 $\mathbf{N}_+$。

(3) 整数集：全体整数的集合，记作 $\mathbf{Z}$。

(4) 有理数集：全体有理数的集合，记作 $\mathbf{Q}$。

(5) 实数集：全体实数的集合，记作 $\mathbf{R}$。

8.1.2 集合的表示方法

1. 列举法

定义 8.2 把集合的元素一一列举出来，写在大括号内表示集合的方法叫作列举法。

例如，由 1，2，3，4，5 构成的集合可表示为

$$\{1, 2, 3, 4, 5\}$$

又如，“中国的直辖市”构成的集合可表示为

{北京，上海，天津，重庆}

有些集合的元素较多，在不发生误解的情况下，也可列出几个元素作为代表，其他元素用省略号表示。例如，小于 100 的自然数的全体构成的集合可表示为

$$\{0, 1, 2, 3, \cdots, 99\}$$

有的集合只有一个元素，如$\{0\}$、$\{1\}$、$\{b\}$等。注意：$\{0\}$与 0 有着本质的区别，$\{0\}$表示一个集合，0 是集合$\{0\}$的一个元素。

例 8.1 用列举法表示下列集合：

(1) 小于 10 的所有自然数组成的集合；

(2) 方程 $x^2=x$ 的所有实数根组成的集合；

(3) 由 1～20 以内的所有质数组成的集合。

解 (1) 设小于 10 的所有自然数组成的集合为 A，那么

$$A=\{0, 1, 2, 3, 4, 5, 6, 7, 8, 9\}$$

由于元素完全相同的两个集合相等，而与列举的顺序无关，因此集合 A 可以有不同的列举法。例如：

$$A=\{9, 8, 7, 6, 5, 4, 3, 2, 1, 0\}$$

(2) 设方程 $x^2=x$ 的所有实数根组成的集合为 B，那么 $B=\{0, 1\}$。

(3) 设由 1～20 以内的所有质数组成的集合为 C，那么

$$C=\{2, 3, 5, 7, 11, 13, 17, 19\}$$

2. 描述法

我们容易看出，满足不等式 $2x>4$ 的全体实数构成的集合不可能用列举法来表示，这时可以用集合的特征或性质来表示。

定义 8.3 用确定的条件表示某些对象是否属于这个集合，并把这个条件写在大括号内表示集合的方法称为描述法。

格式：$\{x\in U \mid P(x)\}$ 。

含义：在集合 U 中满足条件 $P(x)$的 x 的集合。

例如，满足不等式 $2x>4$ 的全体实数构成的集合可表示为

$$A=\{x\in \mathbf{R} \mid x>2\}$$

在某种约定下，x 的取值集合可以不写。例如，在实数集 $\mathbf{R}$ 中取值，$x\in \mathbf{R}$ 常常省略不写，上述集合 A 可以简写为$\{x \mid x>2\}$。

例 8.2 试用描述法表示下列集合：

(1) 方程 $x^2-2=0$ 的所有实数根组成的集合；

(2) 由大于 10 小于 20 的所有整数组成的集合。

解 (1) 设方程 $x^2-2=0$ 的实数根为 x，并且满足条件 $x^2-2=0$，因此，用描述法表示为

$$A=\{x\in \mathbf{R} \mid x^2-2=0\}$$

(2) 设大于 10 小于 20 的整数为 x，它满足条件 $x\in \mathbf{Z}$，且 $10<x<20$。因此，用描述法表示为

$$B=\{x\in \mathbf{Z} \mid 10<x<20\}$$

★练习 8.1

1. 用∈、∉填空。

(1) π ____**Q**;　(2) $\sqrt{3}$ ____**Z**;　(3) $\sqrt{3}$ ____**R**;　(4) 0 ____**N**;

(5) 0 ____$\mathbf{N}^*$;　(6) 0 ____**Z**;　(7) $\sqrt{2}$ ____**Q**;　(8) −1.5 ____**R**。

2. 写出集合。

(1) 利用列举法表示下列集合:

① {15 的正约数};

② 不大于 10 的非负偶数集;

③ $\{(x, y)|x+y=2, x-2y=4\}$;

④ $\{x|x=(-1)^n, n\in\mathbf{N}\}$。

(2) 用描述法表示下列集合:

① 正偶数集;

② {1, −3, 5, −7, …, −39, 41}。

3. 试选择适当的方法表示下列集合。

(1) 由方程 $x^2-9=0$ 的所有实数根组成的集合;

(2) 由小于 8 的所有素数组成的集合;

(3) 一次函数 $y=x+3$ 与 $y=-2x+6$ 的图像的交点组成的集合;

(4) 不等式 $4x-5<3$ 的解集。

4. 已知 $M=\{2, a, b\}$, $N=\{2a, 2, b^2\}$, 且 $M=N$, 求 a、b 的值。

5. 已知集合 $A=\{0, 1, 2\}$, 集合 $B=\{x|x=ab, a\in A, b\in A\}$。

(1) 用列举法写出集合 B;

(2) 判断集合 B 的元素和集合 A 的关系。

8.2　集合间的基本关系

思考:实数有大小关系,集合之间是否具备类似的关系呢?

引例　考察下列三组集合,并说明两集合内存在怎样的关系。

(1) $M=\{1, 2, 3\}$, $N=\{1, 2, 3, 4, 5\}$;

(2) $C=\{x|x$ 是两条边相等的三角形$\}$, $D=\{x|x$ 是等腰三角形$\}$。

可以看出,对于(1)中的两个集合,集合 M 中的任意一个元素都是集合 N 的元素,但集合 N 中有的元素不在集合 M 中。

对于(2)中的两个集合,集合 C 的任意一个元素都是集合 D 的元素,并且集合 D 的任意一个元素都是集合 C 的元素。

为了表达集合之间的这些关系,我们引入如下概念。

1. 子集

定义 8.4　一般地,对于两个集合 A、B,如果 A 中任意一个元素都是 B 的元素,称集合 A 是集合 B 的子集,记作 $A\subseteq B$,读作“A 包含于 B”(或 B 包含 A)。

用 Venn 图表示两个集合间的包含关系，如图 8－1 所示。

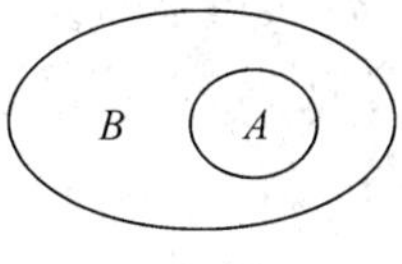

图 8－1　$A\subseteq B$(或 $B\supseteq A$)

2. 真子集

定义 8.5　如果集合 $A\subseteq B$，并且 B 中至少有一个元素不属于 A，则称 A 是 B 的真子集，记作 $A\subsetneqq B$，读作“A 真包含于 B”。

对于前面的集合 M 与 N，它们之间的关系可用真子集的符号表示为

$$M\subsetneqq N$$

3. 集合相等

定义 8.6　如果两个集合的元素完全相同，那么我们就说这两个集合相等，集合 A 等于集合 B，记作 $A=B$。

由集合相等的定义，可得：若 $A\subseteq B$，且 $B\subseteq A$，则 $A=B$；反之，若 $A=B$，则 $A\subseteq B$，且 $B\subseteq A$。

4. 空集

定义 8.7　不含任何元素的集合称为空集，记作$\varnothing$。

规定：空集是任何集合的子集；空集是任何非空集合的真子集。

例 8.3　写出集合 $A=\{1, 2, 3\}$的所有子集和真子集。

解　集合 A 的所有子集为$\varnothing$，$\{1\}$，$\{2\}$，$\{3\}$，$\{1, 2\}$，$\{1, 3\}$，$\{2, 3\}$，$\{1, 2, 3\}$。在上述集合中，除去集合 A 本身，即$\{1, 2, 3\}$，剩下的集合都是 A 的真子集。

例 8.4　考察下列各组集合，并指明两集合的关系。

(1) $A=\mathbf{Z}$，$B=\mathbf{N}$；

(2) $A=\{$长方形$\}$，$B=\{$平行四边形$\}$；

(3) $A=\{x\mid x^2-3x+2=0\}$，$B=\{1, 2\}$。

解　(1) $A\subseteq B$；

(2) $A\subseteq B$；

(3) $A=B$。

★练习 8.2

1. 判断正误。

(1) 空集没有子集；

(2) 空集是任何一个集合的真子集；

(3) 任一集合必有两个或两个以上子集；

(4) 若 $B\subseteq A$，那么凡不属于集合 A 的元素，则必不属于 B。

2. 写出集合$\{a, b, c, d\}$的所有子集。

3. 已知集合 $A=\{x|a<x<5\}$，$B=\{x|x\geqslant 2\}$，且满足 $A\subseteq B$，求实数 a 的取值范围。

4. 设集合 $A=\{$四边形$\}$，$B=\{$平行四边形$\}$，$C=\{$矩形$\}$，$D=\{$正方形$\}$，试用 Venn 图表示它们之间的关系。

5. 求满足条件 $\{1, 2, 3\}\subsetneqq M\subsetneqq\{1, 2, 3, 4, 5, 6\}$ 的集合 M。

6. 已知 $A=\{0, 1\}$ 且 $B=\{x|x\in A\}$，求 B。

8.3　集合的基本运算

我们知道两数存在大小关系，两集合存在包含、相等关系，实数能进行加减运算，那么集合是否也有相应运算呢？

8.3.1　并集

下列集合 A、B 与集合 C 之间有什么关系呢？

$$A=\{1, 3, 5\}, B=\{2, 4, 6\}, C=\{1, 2, 3, 4, 5, 6\}$$

在上述例子中，集合 A、B 与集合 C 之间具有这样的一种关系：集合 C 是由集合 A 和集合 B 的元素组成的。

定义 8.8　一般地，由所有属于集合 A 或集合 B 的元素组成的集合称为集合 A 与 B 的并集，记作 $A\cup B$，读作 A 并 B，即 $A\cup B=\{x|x\in A$ 或 $x\in B\}$，Venn 图表示如图 8-2 所示。

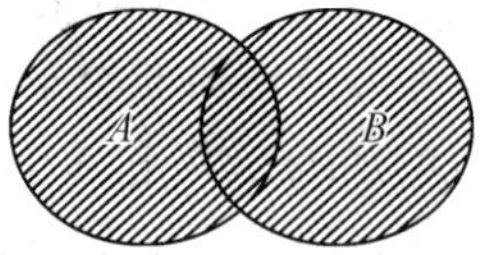

图 8-2　$A\cup B$

说明　两个集合求并集，结果还是一个集合，这个集合是由集合 A 与 B 的所有元素组成的（重复元素只看成一个元素）。

由并集的定义可知，对于任意两个集合 A、B，都有：

(1) $A\cup A=A$；

(2) $A\cup\varnothing=A$；

(3) $A\cup B=B\cup A$；

(4) 如果 $A\subseteq B$，那么 $A\cup B=B$。

例 8.5　设 $A=\{4, 5, 6, 8\}$，$B=\{3, 5, 7, 8\}$，求 $A\cup B$。

解　$A\cup B=\{4, 5, 6, 8\}\cup\{3, 5, 7, 8\}=\{3, 4, 5, 6, 7, 8\}$。

例 8.6　设集合 $A=\{x|-1<x<2\}$，集合 $B=\{x|1<x<3\}$，求 $A\cup B$。

解　$A\cup B=\{x|-1<x<2\}\cup\{x|1<x<3\}=\{x|-1<x<3\}$，如图 8-3 所示。

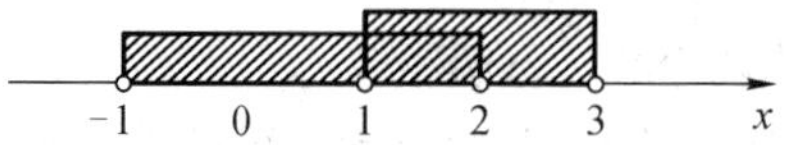

图 8-3　例 8.6 图

8.3.2　交集

已知集合 $A=\{1, 2, 3\}$，$B=\{2, 3, 4\}$，集合 $C=\{2, 3\}$ 与 A、B 之间是什么关系？

在这个问题中，集合 C 是由那些既属于集合 A 又属于集合 B 的所有元素组成的。

定义 8.9　一般地，由属于集合 A 且属于集合 B 的元素所组成的集合，叫作集合 A 与 B 的交集，记作 $A\cap B$，读作 A 交 B，即 $A\cap B=\{x\mid x\in A \text{ 且 } x\in B\}$。

交集的 Venn 图表示如图 8 - 4 所示。

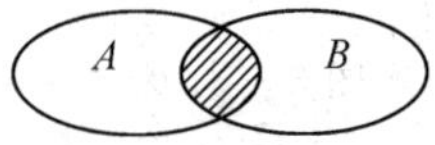

图 8 - 4　$A\cap B$

说明　两个集合求交集，结果还是一个集合，这个集合是由集合 A 与 B 的公共元素组成的。

由交集的定义可知，对于任意两个集合 A、B，有：

(1) $A\cap A=A$；

(2) $A\cap\varnothing=\varnothing$；

(3) $A\cap B=B\cap A$；

(4) 如果 $A\subseteq B$，那么 $A\cap B=A$。

例 8.7　$A=\{2, 4, 6, 8, 10\}$，$B=\{3, 5, 8, 12\}$，$C=\{8\}$，求 $A\cap B$。

解　因 $A\cap B=\{8\}$，故

$$A\cap B=C$$

例 8.8　设平面内直线 l_1 上点的集合为 L_1，直线 l_2 上点的集合为 L_2，试用集合的运算表示 l_1、l_2 的位置关系。

解　平面内直线 l_1、l_2 可能有三种位置关系，即相交于一点、平行或重合。

(1) 直线 l_1、l_2 相交于一点 P 可表示为

$$l_1\cap l_2=\{\text{点 } P\}$$

(2) 直线 l_1、l_2 平行可表示为

$$l_1\cap l_2=\varnothing$$

(3) 直线 l_1、l_2 重合可表示为

$$l_1\cap l_2=l_1=l_2$$

8.3.3　补集

在研究问题时，我们经常需要确定研究对象的范围。例如，$A=\{$全班参加数学兴趣小组的同学$\}$，$B=\{$全班没有参加数学兴趣小组的同学$\}$，$U=\{$全班同学$\}$，问 U、A、B 三个集合的关系如何？容易看出，集合 B 就是集合 U 中不属于集合 A 的元素构成的集合。

定义 8.10　一般地，如果一个集合含有我们所研究问题中所涉及的所有元素，那么就称这个集合为全集，记作 U。

定义 8.11 对于一个集合 A，由全集 U 中不属于集合 A 的所有元素组成的集合称为集合 A 相对于全集 U 的补集，记作 C_UA，读作 A 在 U 中的补集，即

$$C_UA=\{x \mid x\in U，且\ x\in A\}$$

补集的 Venn 图表示如图 8-5 所示。

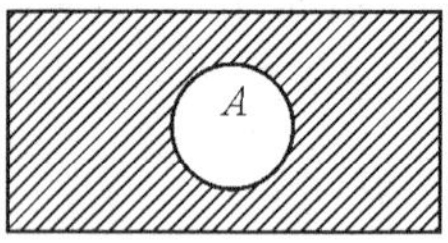

图 8-5 C_UA

由补集的定义可知，对于全集 U 以及它的任意一个子集 A，有：

(1) $A\cup(C_UA)=U$；

(2) $A\cap(C_UA)=\varnothing$；

(3) $C_U(C_UA)=A$。

例 8.9 设 $U=\{x \mid x$ 是小于 9 的正整数$\}$，$A=\{1，2，3\}$，$B=\{3，4，5，6\}$，求 C_UA、C_UB。

解 根据题意可知，$U=\{1，2，3，4，5，6，7，8\}$，所以

$$C_UA=\{4，5，6，7，8\}$$

$$C_UB=\{1，2，7，8\}$$

例 8.10 设全集 $U=\{x \mid x$ 是三角形$\}$，$A=\{x|x$ 是锐角三角形$\}$，$B=\{x \mid x$ 是钝角三角形$\}$，求 $A\cap B$、$C_U(A\cup B)$。

解 根据三角形的分类可知：

$$A\cap B=\varnothing$$

$$A\cup B=\{x \mid x\ 是锐角三角形或钝角三角形\}$$

$$C_U(A\cup B)=\{x \mid x\ 是直角三角形\}$$

★练习 8.3

1. 设集合 $A=\{1，2，3，4\}$，集合 $U=\{1，2，3，4，5，6\}$，求 C_UA。

2. 如果集合 $U=\{1，2，3，4，5，6，7，8\}$，$A=\{2，5，8\}$，$B=\{1，3，5，7\}$，求 C_UA、$(C_UA)\cap B$。

3. 已知集合 $M=\{(x，y)|x+y=2\}$，$N=\{(x，y)|x-y=4\}$，求 $M\cap N$。

4. 设集合 $A=\{$四边形$\}$，$B=\{$平行四边形$\}$，$C=\{$矩形$\}$，$D=\{$正方形$\}$，求 $A\cap B$、$B\cap C$、$C\cap D$。

5. 已知 $A=\{-4，2a-1，a^2\}$，$B=\{a-5，1-a，9\}$，$A\cap B=\{9\}$，求 a。

6. 若集合 $M=\{x|-3<x<1\}$，$N=\{x|x\leqslant -3\}$，求 $M\cup N$。

7. 若集合 $A=\{x|-2\leqslant x\leqslant 3\}$，$B=\{x|x<-1$ 或 $x>4\}$，求 $A\cap B$。

趣味阅读

集合论的发展史

集合是什么？通俗地说，它是一些元素组成的集体，是一些确定而又可分的“物”的集体。集合并不指具体的“物”，而是由物的集体所组成的新对象。20世纪以来的研究表明，不仅微积分的基础——实数理论奠定在集合论的基础上，而且各种复杂的数学概念都可以用“集合”的概念定义出来，而各种数学理论又都可以“嵌入”集合论之内。因此，集合论就成了全部数学的基础，有力地促进了各个数学分支的发展。现代数学的绝大部分分支都会用到集合这个概念。

集合论最重要的创建者是康托尔(Georg Cantor，1845—1918)。在19世纪，人们很少怀疑微积分的基础应该建立在严密的实数理论上，而严密的实数理论可以由集合论推出。但是微积分本质上是一种“无限数学”，那么无限集合的本质是什么呢？它是否具备有限集合所具有的性质呢？

从19世纪60年代起，法国数学家康托尔承担了这一工作，他清楚地看到以往数学基础中的问题都与无穷集合有关。康托尔的集合论的建立不仅是数学发展史上一座高耸的里程碑，甚至还是人类思维发展史上的一座里程碑，它标志着人类经过几千年的努力，终于基本上弄清了无限的性质，找到了制服无限这一“妖怪”的法宝。苏联著名数学家柯尔莫戈洛夫说：“康托尔的不朽功绩在于向无限冒险迈进。”德国数学大师伯特赞扬康托尔的理论是“数学思想最惊人的产物，在纯粹理性的范畴中人类活动最美的表现之一”。

然而事情并非总是顺利。1900年前后，正当康托尔的思想逐渐被人接受，并成功地把集合论应用到了许多其他数学领域中，大家认为数学的“绝对严格性”有了保证的时候，一系列人们完全没有想到的逻辑矛盾在集合论的边缘被发现了。开始，人们并不直接称之为矛盾，而只把它们看成数学中的奇特现象。1903年，英国哲学家兼数学家罗素(B. A. W. Russell，1872—1970)提出了一个悖论：“一切不包含自身的集合所形成的集合是否包含自身?”如果说是，即包含自身，属于这个集合，那么它就不包含自身；如果说否，它不包含自身，那么它理应是这个集合的元素，即包含自身。

可能有人看不懂罗素悖论，于是罗素本人用通俗的“理发师悖论”作了比喻：理发师自称，他给所有自己不刮胡子的人刮胡子，但不给任何自己刮胡子的人刮胡子，试问理发师该不该给自己刮胡子？如果他从来不给自己刮胡子，那么他就属于“自己不刮胡子的人”，根据他的自称，他就应该给自己刮胡子，但是一旦他给自己刮胡子，他就成了“自己刮胡子的人”了，还是根据他的自称，他就不应该给自己刮胡子，所以不管理发师的胡子由谁来刮，都会产生矛盾。罗素悖论以其简单、明确震动了整个西方数学界和逻辑学界。逻辑学家弗雷格收到罗素的信之后，在他刚要出版的《算术基础法则》第二卷末尾写道：“一位科学家不会碰到比这更难堪的事情了，即在工作完成之时，它的基础垮掉了，当这本书等待付印的时候，罗素先生的一封信把我置于这种境地。”弗雷格对罗素悖论的迅速反应是因为他惊恐地感到“算术开始受难了”。

数学史上第三次危机来临了，数学王国的居民们惶惶不安，因为数学家们一贯追求严密性，一旦发现他们自称绝对严密的数学的基础——集合论并不严密，竟然出现了“悖论”这种自相矛盾的结果，可以想象他们是多么震惊。震惊之余，数学家们意识到，应当建立某种公理系统来对集合论作出必要的规定，以排除“罗素悖论”和其他有关的“悖论”。现在，各种成功地解决悖论的方案都对集合的“无限扩张”进行了限制，因此现在任何一种形式的集合论，实质上都包含一个“限制大小”的公理。

集合论是现代数学中重要的基础理论，它的概念和方法已经渗透到代数、拓扑和分析等许多数学分支以及物理学和质点力学等一些自然学科，为这些学科提供了奠基的方法，改变了这些学科的面貌。几乎可以说，如果没有集合论的观点，很难对现代数学获得一个深刻的理解。所以集合论的创立不仅对数学基础的研究有重要意义，对现代数学的发展也有深远的影响。

习 题 8

1. 选择题。

(1) 下列元素与集合的关系中，正确的是(　　)。

A. $\frac{1}{2}\in\mathbf{N}$　　B. $2\in\{x\in\mathbf{R}\mid x\geqslant\sqrt{3}\}$　　C. $|-3|\notin\mathbf{N}^*$　　D. $-3.2\notin\mathbf{Q}$

2. 给出下列四个命题：

① 很小的实数可以构成集合；

② 集合$\{y\mid y=x^2-1\}$与集合$\{(x, y)\mid y=x^2-1\}$是同一个集合；

③ $1, \frac{3}{2}, \frac{6}{4}, \left|-\frac{1}{2}\right|, 0.5$这些数字组成的集合有5个元素；

④ 集合$\{(x, y)\mid xy\leqslant 0, x, y\in\mathbf{R}\}$是指第二象限或第四象限内的点的集合。

以上命题中，正确命题的个数是(　　)。

A. 0　　B. 1　　C. 2　　D. 3

(3) 下列集合中表示同一集合的是(　　)。

A. $M=\{(3, 2)\}$，$N=\{(2, 3)\}$

B. $M=\{3, 2\}$，$N=\{(2, 3)\}$

C. $M=\{(x, y)\mid x+y=1\}$，$N=\{y\mid x+y=1\}$

D. $M=\{1, 2\}$，$N=\{2, 1\}$

(4) 集合$\{x\in\mathbf{N}\mid x<5\}$的另一种表示方法是(　　)。

A. $\{0, 1, 2, 3, 4\}$　　B. $\{1, 2, 3, 4\}$

C. $\{0, 1, 2, 3, 4, 5\}$　　D. $\{1, 2, 3, 4, 5\}$

(5) 已知集合$A=\{x\mid -1<x<2\}$，$B=\{x\mid 0<x<1\}$，则(　　)。

A. $A>B$　　B. $A\subset B$　　C. $B\subset A$　　D. $A\subseteq B$

(6) 下列五个关系式中，正确的有(　　)。

① $0\subset\{0\}$；② $0\in\{0\}$；③ $\{0\}=\varnothing$；④ $\varnothing\in\{0\}$；⑤ $\varnothing\subset\{0\}$。

A. ①③　　B. ①⑤　　C. ②④　　D. ②⑤

(7) 设集合$M=\{m\in\mathbf{Z}\mid -3<m<2\}$，$N=\{n\in\mathbf{Z}\mid -1\leqslant n\leqslant 3\}$，则$M\cap N=$(　　)。

A. {0, 1}　　B. {−1, 0, 1}

C. {0, 1, 2}　　D. {−1, 0, 1, 2}

(8) 在下列各式中，错误的个数是(　　)。

① $1\in\{0, 1, 2\}$；　② $\{1\}\in\{0, 1, 2\}$；

③ $\{0, 1, 2\}\subseteq\{0, 1, 2\}$；　④ $\{0, 1, 2\}=\{2, 0, 1\}$。

A. 1个　　B. 2个　　C. 3个　　D. 4个

(9) 已知集合 $M=\{(x, y)|x+y=2\}$，$N=\{(x, y)|x-y=4\}$，那么集合 $M\cap N$ 为(　　)。

A. $x=3$，$y=-1$　　B. $(3, -1)$

C. $\{3, -1\}$　　D. $\{(3, -1)\}$

(10) 设全集 $U=\{1, 3, 5, 6, 8\}$，$A=\{1, 6\}$，$B=\{5, 6, 8\}$，则 $(C_UA)\cap B$ 等于(　　)。

A. {6}　　B. {5, 8}　　C. {6, 8}　　D. {3, 5, 6, 8}

2. 填空题。

(1) 若 $A=\{1, 3, x\}$，$B=\{x^2, 1\}$ 且 $A\cup B=\{1, 3, x\}$，则这样的 x 的不同值有________个。

(2) 已知集合 $A=\{-1, 3, m\}$，集合 $B=\{3, 4\}$，若 $B\subseteq A$，则实数 $m=$________。

(3) 用符号"∈"或"∉"填空。

① 0 ________ **N**；

② $\sqrt{5}$ ________ **N**；

③ $\sqrt{16}$ ________ **N**。

(4) 用列举法表示 $A=\{y|y=x^2+1, -2\leqslant x\leqslant 2, x\in\mathbf{Z}\}$ 为________。

(5) 用描述法表示集合"方程 $x^2-2x+3=0$ 的解集"为________。

(6) 已知集合 $P=\{x\mid 2<x<a, x\in\mathbf{N}\}$，集合 P 中恰有 3 个元素，则整数 $a=$________。

(7) 设集合 $A=\{x|x>-1\}$，$B=\{x|-2<x<2\}$，则 $A\cup B$ 等于________。

(8) 集合 $U=\{1, 2, 3, 4, 5\}$，$A=\{2, 4\}$，$B=\{3, 4, 5\}$，$C=\{3, 4\}$，$(A\cup B)\cap(C_UC)=$________。

3. 解答题。

(1) 已知集合 $A=\{0, 1, 2\}$，集合 $B=\{x|x=ab, a\in A, b\in A\}$。

① 用列举法写出集合 B；

② 判断集合 B 的元素和集合 A 的关系。

(2) 已知集合 $S=\{x\mid 1<x\leqslant 7\}$，$A=\{x\mid 2\leqslant x<5\}$，$B=\{x\mid 3\leqslant x<7\}$，试求：

① $(C_SA)\cap(C_SB)$；

② $C_S(A\cup B)$；

③ $(C_SA)\cup(C_SB)$；

④ $C_S(A\cap B)$。

(3) 已知集合 $\{1, a, b\}$ 与 $\{-1, -b, 1\}$ 是同一集合，求实数 a、b 的值。

第9章　一次函数

9.1　平面直角坐标系

9.1.1　概念

定义 9.1　平面内两条有公共原点且互相垂直的数轴，构成平面直角坐标系。其中，水平的数轴叫作 x 轴或横轴，通常取向右为正方向；垂直的数轴叫作 y 轴或纵轴，取竖直向上为正方向，两轴交点 O 是原点。在平面中建立了这个坐标系后，这个平面叫作坐标平面，如图 9－1 所示。

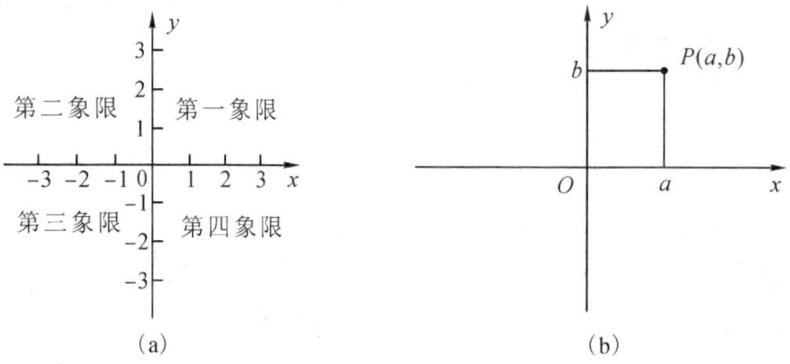

图 9－1　平面直角坐标系

坐标平面的划分：x 轴和 y 轴将坐标平面分成四个象限，如图 9－1(a)所示，编号为第一、二、三、四象限。注意：坐标原点、x 轴、y 轴不属于任何象限；坐标平面上的任意一点 P 的坐标都和唯一的一对有序实数对$(a，b)$一一对应，其中，a 为横坐标，b 为纵坐标；x 轴上的点，其纵坐标等于 0；y 轴上的点，其横坐标等于 0；坐标原点的坐标是(0，0)。

9.1.2　四个象限

四个象限的点的坐标具有如下特征：

(1) 象限符号如表 9－1 所示。

表 9－1　象限符号

象限	横坐标 x	纵坐标 y
第一象限	正	正
第二象限	负	正
第三象限	负	负
第四象限	正	负

(2) 在平面直角坐标系(见图 9-2)中，已知点 $P(a,b)$，则

① 点 P 到 x 轴的距离为 $|b|$；

② 点 P 到 y 轴的距离为 $|a|$；

③ 点 P 到原点 O 的距离为 $PO=\sqrt{a^2+b^2}$；

④ 平行直线上的点的坐标特征为：与 x 轴平行的直线上所有点的纵坐标相等，点 A、B 的纵坐标都等于 m，如图 9-3 所示；与 y 轴平行的直线上所有点的横坐标相等，点 C、D 的横坐标都等于 n，如图 9-4 所示。

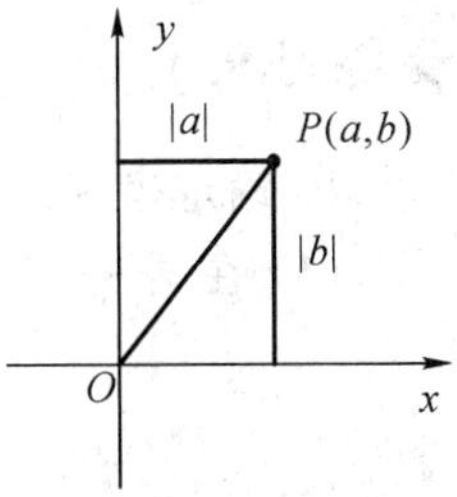

图 9-2　平面直角坐标系

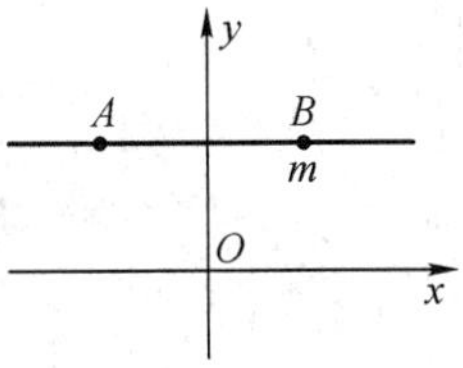

图 9-3　与 x 轴平行的直线上的点

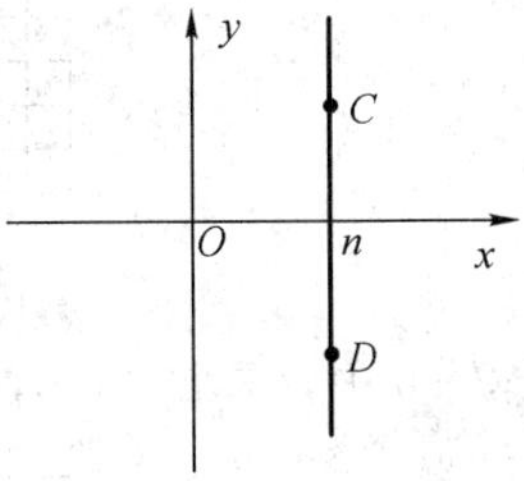

图 9-4　与 y 轴平行的直线上的点

(3) 对称点(见图 9-5)的坐标特征如下：

① 点 $P(m,n)$ 关于 x 轴的对称点为 $P_1(m,-n)$，即横坐标不变，纵坐标互为相反数；

② 点 $P(m,n)$ 关于 y 轴的对称点为 $P_2(-m,n)$，即纵坐标不变，横坐标互为相反数；

③ 点 $P(m,n)$ 关于原点的对称点为 $P_3(-m,-n)$，即横、纵坐标都互为相反数。

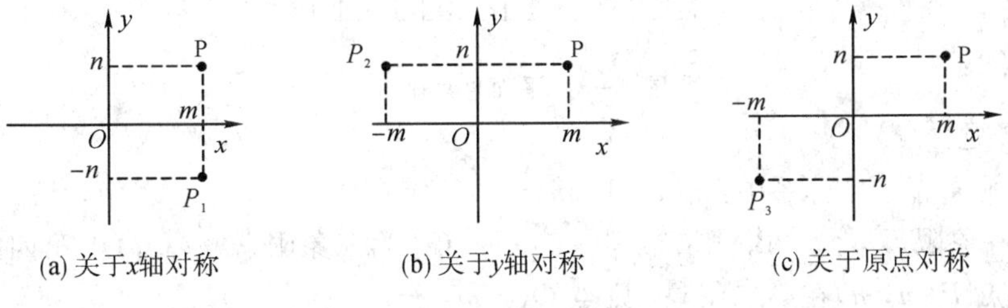

图 9-5　对称点

(4) 两条坐标轴夹角平分线上的点(见图 9-6)的坐标特征为：若点 $P(m,n)$ 在第一、三象限的角平分线上，则 $m=n$，即横、纵坐标相等；若点 $P(m,n)$ 在第二、四象限的角平分线上，则 $m=-n$，即横、纵坐标互为相反数。

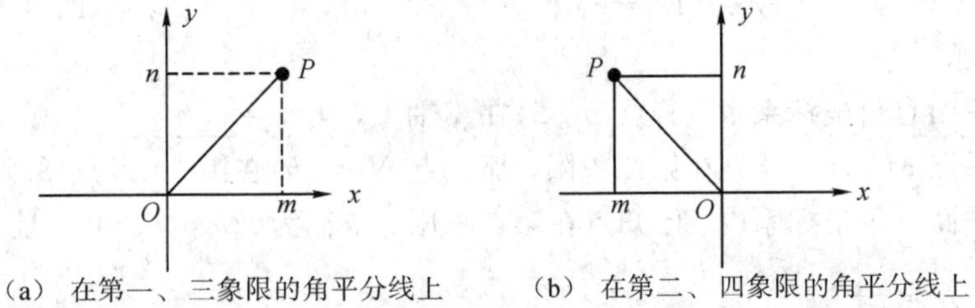

图 9-6　两条坐标轴夹角平分线上的点

★练习 9.1

1. 确定坐标。

(1) 在图 9-7 中，确定 A，B，C，D，E，F，G 的坐标。

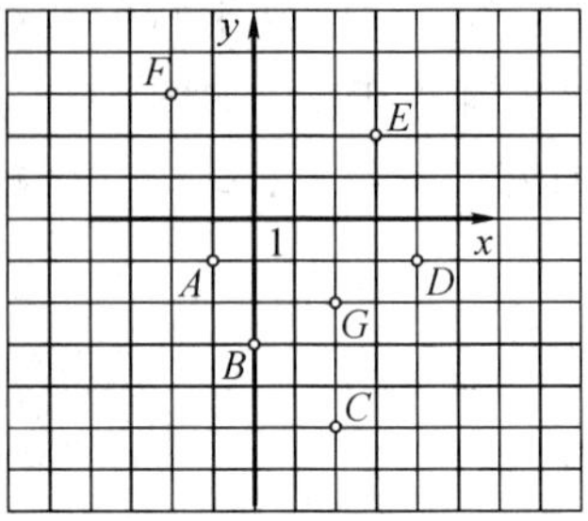

图 9-7　平面直角坐标系

(2) 在图 9-8 中，求出 A，B，C，D，E，F 的坐标。

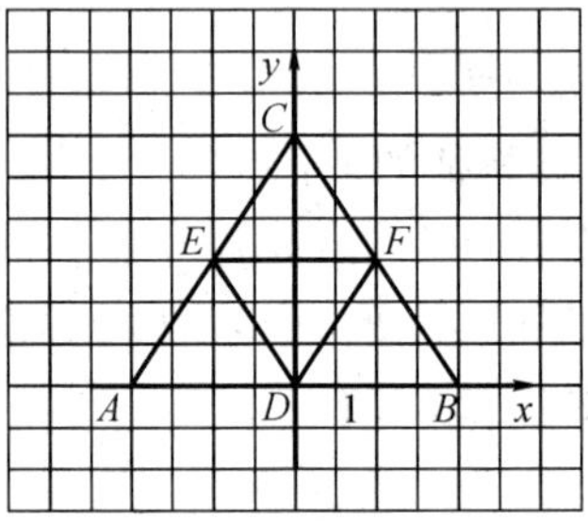

图 9-8　平面直角坐标系

2. 选择题。

(1) 在平面直角坐标系中，点$(-1, m^2+1)$一定在(　　)。

A. 第一象限　　B. 第二象限　　C. 第三象限　　D. 第四象限

(2) 若点 $P(m, n)$在第二象限，则点 $Q(-m, -n)$在(　　)。

A. 第一象限　　B. 第二象限　　C. 第三象限　　D. 第四象限

(3) 点 $P(2, -3)$关于 y 轴的对称点的坐标是(　　)。

A. $(2, 3)$　　B. $(-2, -3)$　　C. $(-2, 3)$　　D. $(-3, 2)$

(4) 点 $P(-1, 3)$关于原点对称的点的坐标是(　　)。

A. $(-1, -3)$　　B. $(1, -3)$　　C. $(1, 3)$　　D. $(-3, 1)$

3. 填空题。

(1) 在平面直角坐标系中，若点$(x, 2)$在 y 轴上，则 $x=$________。

(2) 如果点 $M(a+b, ab)$在第二象限，那么点 $N(a, b)$在第________象限。

(3) 在平面直角坐标系内，已知点在第四象限，坐标为$(2m, m-4)$，且 m 为偶数，那么 m 的值为________。

9.2 一次函数的表达式

9.2.1 函数的概念

定义9.2 设有两个变量 x 和 y，如果变量 x 在其取值范围内任取一个值时，变量 y 按照一定的法则总有唯一确定的值与之对应，则称变量 y 是变量 x 的函数，记作 $y=f(x)$。x 称为自变量，y 称为因变量。自变量 x 的取值范围称为函数的定义域，常用 D 表示。

函数的两要素是：定义域、对应法则。

函数的定义域是使函数的表达式有意义的一切实数的集合(也称作函数的自然定义域)，在实际问题中应根据实际意义具体确定。

在讨论函数关系时，常说函数 $y=f(x)$ 在某点 x_0 有定义，即当自变量取某个已知值 x_0 时，函数 y 就有确定的值 $f(x_0)$ 与之对应，$f(x_0)$ 称为函数 $y=f(x)$ 在点 x_0 处的函数值。函数值的全体称为函数的值域，常用 W 表示。不同的函数必须用不同的记号表示，如 $f(x)$、$g(x)$、$\varphi(x)$ 等。

下面介绍在研究函数时常常用到的区间的概念。

设 a、b 是两个实数，而且 $a<b$。我们把满足 $a\leqslant x\leqslant b$ 的实数 x 的集合叫作闭区间，表示为 $[a, b]$；把满足 $a<x<b$ 的实数 x 的集合叫作开区间，表示为 (a, b)；把满足 $a\leqslant x<b$，$a<x\leqslant b$ 的实数 x 的集合都叫作半开半闭区间，分别表示为 $[a, b)$、$(a, b]$。这里的 a 与 b 都叫作相应区间的端点，区间的长即为 $b-a$。以上区级都叫作有限区间。

实数集 **R** 也可以用区间表示为 $(-\infty, +\infty)$，∞ 读作“无穷大”，$+\infty$ 读作“正无穷大”，$-\infty$ 读作“负无穷大”。我们把满足 $x\geqslant a$，$x>a$，$x\leqslant b$，$x<b$ 的实数集合分别表示为 $[a, +\infty)$，$(a, +\infty)$，$(-\infty, b]$，$(-\infty, b)$。以上区间都叫作无限区间。

例9.1 已知 $f(x)=3x^2-2$，求 $f(-3)$、$f(0)$。

解

$$f(-3)=3\times(-3)^2-2=27-2=25$$

$$f(0)=3\times 0-2=-2$$

例9.2 求下列函数的定义域：

(1) $y=\sqrt{9-x^2}$；　　(2) $y=x^3+2x+1$。

解 (1) 根据函数的意义得

$$9-x^2\geqslant 0$$

解不等式得：

$$-3\leqslant x\leqslant 3$$

所以函数 $y=\sqrt{9-x^2}$ 的定义域是 $[-3, 3]$。

(2) x 取任何实数，函数都有意义，所以函数 $y=x^3+2x+1$ 的定义域是 $(-\infty, +\infty)$。

定义9.3 若两个变量 x、y 可以表示成 $y=kx+b$ (k、b 为常数，$k\neq 0$)的形式，则称 y 是 x 的一次函数。当 $b=0$ 时，称 y 是 x 的正比例函数，其中 k 叫作正比例系数。

9.2.2 一次函数解析式的确定

例 9.3 已知一次函数图像过点(3，5)与(−4，−9)，求这个一次函数的解析式。

解 设函数的解析式为 $y=kx+b$，由于图像过点(3，5)与(−4，−9)，因此

$$\begin{cases}5=3k+b\\-9=-4k+b\end{cases}$$

解得

$$\begin{cases}k=2\\b=-1\end{cases}$$

像这样先设函数解析式，再根据条件确定解析式中未知的系数，从而具体写出这个式子的方法，叫作待定系数法。

例 9.4 已知直线 $y=kx+b$ 经过点(9，10)和(24，20)，求 k 与 b。

解 由已知条件，得

$$\begin{cases}9k+b=10\\24k+b=20\end{cases}$$

解得 $k=\frac{2}{3}$，$b=4$。

例 9.5 在弹性限度内，弹簧的长度 y(厘米)是所挂物体的质量 x(千克)的一次函数，当所挂物体的质量为 0 千克时，弹簧长 14.5 厘米，当所挂物体的质量为 3 千克时，弹簧长 16 厘米。写出 y 与 x 的关系式，并求出所挂物体的质量为 4 千克时弹簧的长度。

解 设 $y=kx+b$，根据题意，得

$$14.5=b \qquad ①$$

$$16=3k+b \qquad ②$$

将 $b=14.5$ 代入②，得 $k=0.5$。所以在弹性限度内，有

$$y=0.5x+14.5$$

当 $x=4$ 时，$y=16.5$(厘米)，即物体的质量为 4 千克时，弹簧长度为 16.5 厘米。

求一次函数表达式的步骤如下：

(1) 设一次函数表达式；

(2) 根据已知条件列出有关方程；

(3) 解方程；

(4) 把求出的 k、b 值代回表达式中。

9.2.3 反比例函数

下面首先看两个例子。

当路程 s 一定时，时间 t 与速度 v 成反比例，即

$$t=\frac{s}{v} \quad (s\text{ 是常数})$$

当矩形面积 S 一定时，长 a 与宽 b 成反比例，即

$$a=\frac{S}{b} \quad (S\text{ 是常数})$$

从函数的观点看，上面的例子中两个变量可以分别称为自变量与函数。

定义 9.4　一般地，函数 $y=\frac{k}{x}$（k 是常数，$k\neq 0$）叫作反比例函数。

在上面的例子中，当路程 s 是常数时，时间 t 就是速度 v 的反比例函数；当矩形面积 S 为常数时，长 a 就是宽 b 的反比例函数。

例 9.6　已知 y 与 x^2 成反比例，并且当 $x=3$ 时 $y=4$，求 $x=1.5$ 时 y 的值。

解　设 $y=\frac{k}{x^2}$。因为当 $x=3$ 时 $y=4$，所以

$$4=\frac{k}{9}$$

解得

$$k=36$$

当 $x=1.5$ 时，得

$$y=\frac{36}{x^2}=\frac{36}{1.5^2}=16$$

★练习 9.2

1. 下列函数中哪些是一次函数，哪些是正比例函数？

(1) $y=-8x$；　　(2) $y=3x+5$；

(3) $y=5x+6$；　　(4) $y=-0.5x-1$。

2. 若一次函数 $y=2x+b$ 的图像经过 $A(-1,1)$，则 $b=$________，该函数图像经过点 $B(1,$ _____ $)$ 和点 $C($ _____ $,0)$。

3. 已知直线 l 与直线 $y=-2x$ 平行，且与 y 轴交于点 $(0,2)$，求直线 l 的表达式。

4. 一个小球由静止开始在一个斜坡向下滚动，其速度每秒增加 2 米。

(1) 小球速度 v 随时间 t 变化的函数是一次函数吗？

(2) 求第 2.5 秒时小球的速度。

9.3　一次函数的图像

9.3.1　图像的画法

首先我们来看看什么是函数的图像。

把一个函数的自变量 x 与对应的因变量 y 的值分别作为点的横坐标和纵坐标，在直角坐标系内描出它的对应点，所有这些点组成的图形叫作该函数的图像。

例 9.7　请作出一次函数 $y=2x+1$ 的图像。

解　(1) 列表，如表 9-2 所示。

表 9-2　例 9.7 表

x	…	-2	-1	0	1	2	…
$y=2x+1$	…	-3	-1	1	3	5	…

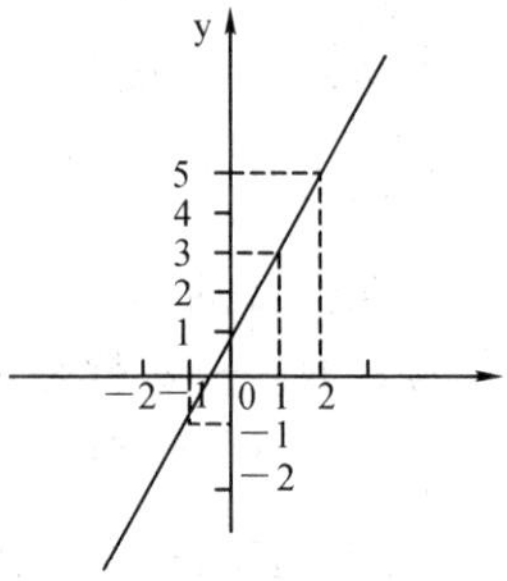

图 9－9　例 9.7 图

(2) 描点，即以表中各组对应值作为点的坐标，在直角坐标系内描出相应的点。

(3) 连线，即把这些点依次连接起来，得到 $y=2x+1$ 的图像，如图 9－9 所示。

由函数式画图像，一般按下列步骤进行：

(1) 列表：列表给出自变量与函数的一些对应值。

(2) 描点：以表中对应值为坐标，在坐标平面内描出相应的点。

(3) 连线：按照自变量由小到大的顺序，把所描的各点用平滑的曲线连接起来。描出的点越多，图像越精确，有时不能把所有的点都描出，就用平滑曲线连接画出的点，从而得到函数的相似图像。

9.3.2　一次函数的性质

一次函数 $y=kx+b$ 的图像是一条经过$(0, b)$、$\left(-\frac{b}{k}, 0\right)$两点的直线，其中 k 决定直线的倾斜程度，叫作斜率，b 决定直线与 y 轴的交点位置，叫作截距。直线 $y=kx+b$ 可以看作由直线 $y=kx$ 平移 $|b|$ 个单位长度而得到(当 $b>0$ 时，向上平移；当 $b<0$ 时，向下平移)。一次函数 $y=kx+b$ 的图像与性质总结如表 9－3 所示。

表 9－3　一次函数 $y=kx+b$ 的图像与性质总结

一次函数 $y=kx+b(k\neq0)$						
条件	$k>0$			$k<0$		
	$b>0$	$b=0$	$b<0$	$b>0$	$b=0$	$b<0$
图像	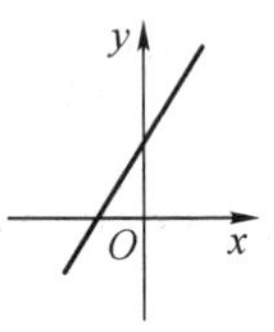	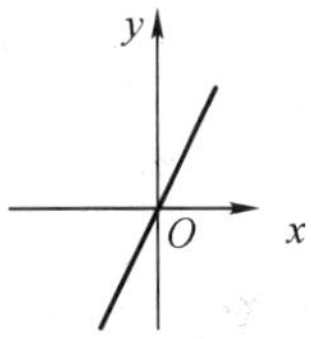	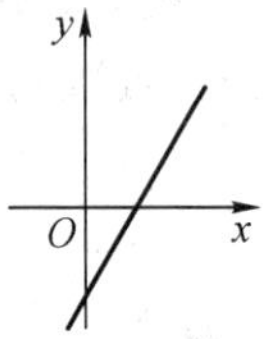	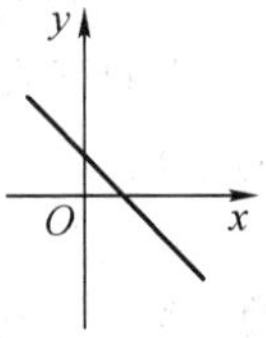	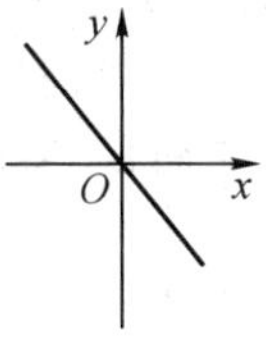	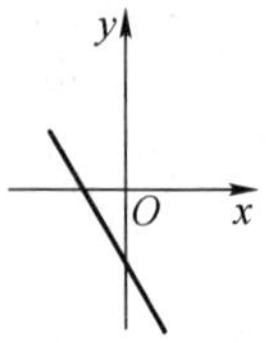
性质	$k>0$ 时 y 随 x 的增大而<u>增大</u>，图像必经过<u>一、三</u>象限； $k<0$ 时 y 随 x 的增大而<u>减小</u>，图像必经过<u>二、四</u>象限					

例 9.8　某登山队大本营所在地的气温为 15℃，海拔每升高 1 km，气温下降 6℃。登山队员由大本营向上登高 x km 时，他们所处位置的气温是 y℃。试用解析式表示 y 与 x 的关系。

解　由于海拔每升高 1 km，气温下降 6℃，因此函数的斜率 $k=-6$，函数解析式可表示为

$$y=-6x+15\quad(x\geqslant0)$$

例 9.9　某城市的市内固定电话的月收费额 y(单位为元)包括月租费 22 元和拨打电话 x 分钟的计时费(按 0.1 元/分钟收取)，$y=$________________。(用含 x 的式子表示 y)

解　这个函数可表示为

$$y=0.1x+22$$

★练习 9.3

1. 画图。

(1) 在同一坐标系中，画出函数 $y=-6x$ 与 $y=-6x+3$ 的图像；

(2) 画出函数 $y=2x-1$ 与 $y=-0.5x+1$ 的图像。

2. 分别说出满足下列条件的一次函数的图像过哪几个象限。

(1) $k>0$，$b>0$；　　(2) $k>0$，$b<0$；

(3) $k<0$，$b>0$；　　(4) $k<0$，$b<0$。

3. 已知一次函数 $y=kx+2$，当 $x=5$ 时 y 的值为4，求 k 的值。

4. 已知直线 $y=kx+b$ 经过点(9，0)和点(24，20)，求 k、b 的值。

5. 若一次函数 $y=2x+b$ 的图像与坐标轴围成的三角形的面积是9，求 b 的值。

6. 生物学家研究表明，某种蛇的长度 y cm 是其尾长 x cm 的一次函数，当蛇的尾长为 6 cm 时，蛇的长为 45.5 cm，当蛇的尾长为 14 cm 时，蛇的长为 105.5 cm。当一条蛇的尾长为 10 cm 时，这条蛇的长度是多少？

9.4 函数的性质

9.4.1 单调性的定义

定义 9.5 对于区间 I 内任意两点 x_1、x_2，当 $x_1<x_2$ 时，恒有 $f(x_1)<f(x_2)$，则称函数 $f(x)$ 在区间 I 上是单调增加的，如图 9-10(a)所示；当 $x_1<x_2$ 时，恒有 $f(x_1)>f(x_2)$，则称函数 $f(x)$ 在区间 I 上是单调减少的，如图 9-10(b)所示。单调增加和单调减少的函数统称为单调函数。

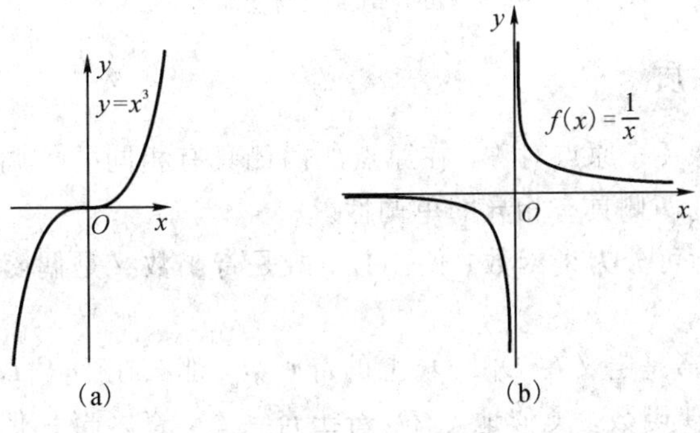

图 9-10 单调函数

9.4.2 单调性的性质

(1) 若函数 $y=f(x)$ 和 $y=g(x)$ 在公共区间 D 内都是增(减)函数，则函数 $y=f(x)+g(x)$ 在区间 D 内是增(减)函数。

(2) 若两个正值函数 $y=f(x)$ 和 $y=g(x)$ 在公共区间 D 内都是增(减)函数，则函数 $y=f(x)g(x)$ 在区间 D 内是增(减)函数。

(3) 在单调性的定义中，x_1、x_2 的任意性非常重要，它要求给定区间上的任意两个自变量 x_1、x_2 与相应的函数值 $f(x_1)$、$f(x_2)$的大小关系始终是一致或相反的。也就是当 $\frac{f(x_1)-f(x_2)}{x_1-x_2}>0$ 时，函数为增函数；当 $\frac{f(x_1)-f(x_2)}{x_1-x_2}<0$ 时，函数为减函数。

例 9.10 证明函数 $f(x)=3x+1$ 在 $(-\infty,+\infty)$ 上是增函数。

证明 设 x_1、x_2 是 $(-\infty,+\infty)$ 上任意两点，且 $x_1<x_2$，则

$$f(x_1)-f(x_2)=3x_1+1-(3x_2+1)=3(x_1-x_2)$$

因为 $x_1<x_2$，则 $x_1-x_2<0$，所以

$$f(x_1)-f(x_2)<0$$

即

$$f(x_1)<f(x_2)$$

由定义知，$f(x)=3x+1$ 在 $(-\infty,+\infty)$ 上是增函数。

9.4.3 奇偶性的定义

定义 9.6 设函数的定义域 I 为关于原点对称的区间，若对于每一个 $x\in I$，都有 $f(-x)=-f(x)$，则函数 $f(x)$为奇函数，若 $f(-x)=f(x)$，则函数 $f(x)$为偶函数。奇函数的图像关于原点对称，偶函数的图像关于 y 轴对称，如图 9-11 所示。

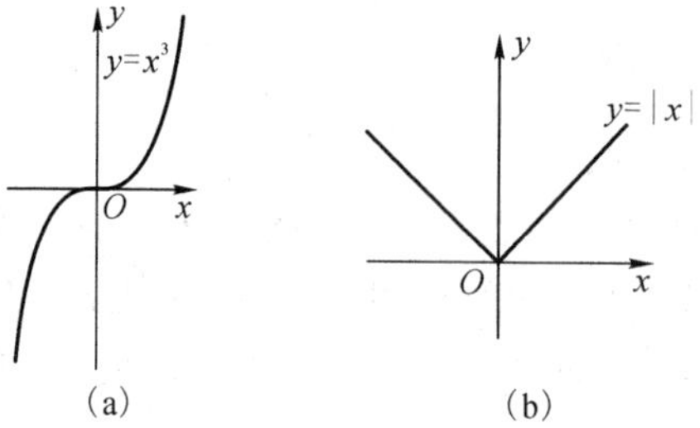

图 9-11 奇函数与偶函数

9.4.4 奇偶性的性质

(1) 奇函数的图像关于原点对称，在原点的两侧具有相同的单调性；偶函数的图像关于 y 轴对称，在原点的两侧具有相异的单调性。

(2) 函数按奇偶性可分为奇函数、偶函数、既是奇函数又是偶函数、既不是奇函数又不是偶函数共四类。

(3) 设 $f(x)$、$g(x)$是定义在 D_1、D_2 上的奇函数，那么在 $D_1\cap D_2$ 上，$f(x)+g(x)$是奇函数，$f(x)g(x)$是偶函数。类似地，有：奇±奇=奇，奇×奇=偶，偶±偶=偶，偶×偶=偶，奇×偶=奇。

(4) $f(x)$是奇函数的充要条件是其图像关于原点对称；$f(x)$是偶函数的充要条件是其图像关于 y 轴对称。

(5) 若 $f(x)$具有奇偶性且在正(负)区间为单调函数，则奇(偶)函数在正负对称区间上的单调性是相同(反)的。

例 9.11 判断下列函数的奇偶性。

(1) $f(x)=x^3$；　　(2) $f(x)=x^4$；

(3) $f(x)=x^2+1$；　　(4) $f(x)=3x+1$。

解　(1) 因为 $f(-x)=(-x)^3=-x^3=-f(x)$，所以 $f(x)=x^3$ 是奇函数。

(2) 因为 $f(-x)=(-x)^4=x^4=f(x)$，所以 $f(x)=x^4$ 是偶函数。

(3) 因为 $f(-x)=(-x)^2+1=x^2+1=f(x)$，所以 $f(x)=x^2+1$ 是偶函数。

(4) 因为 $f(-x)=3(-x)+1=-3x+1$，即 $f(-x)\neq f(x)$ 且 $f(-x)\neq -f(x)$，所以函数 $f(x)=3x+1$ 既不是奇函数，也不是偶函数，这样的函数称为非奇非偶函数。

★练习 9.4

1. 证明函数 $f(x)=\frac{1}{x}$ 在 $(0, +\infty)$ 上是减函数。

2. 判断下列函数的奇偶性。

(1) $f(x)=\frac{1}{x}$；　　(2) $f(x)=x^3+\sqrt[3]{x}$。

3. 求函数 $y=-x^2+1$ 的单调区间。

4. 设 $y=f(x)$ 在定义域 $(-\infty, +\infty)$ 上是奇函数，且在 $(0, +\infty)$ 上是减函数，问在 $(-\infty, 0)$ 上是增函数还是减函数？

5. 设函数 $f(x)=\frac{4x-a}{x^2-1}$，若已知 $f(1)=\frac{1}{2}$，求 a 的值。

9.5　一次函数的应用

例 9.12　某市自来水公司为了鼓励市民节约用水，采取分段收费标准，若某户居民每月应交水费 y(元)是用水量 x(吨)的函数，当 $0\leqslant x\leqslant 5$ 时，$y=0.72x$，当 $x>5$ 时，$y=0.9x-0.9$。

(1) 画出函数的图像；

(2) 观察图像，利用函数解析式，回答自来水公司采取的收费标准。

分析　画函数图像时，应就自变量 $0\leqslant x\leqslant 5$ 和 $x>5$ 分别画出图像。当 $0\leqslant x\leqslant 5$ 时，是正比例函数；当 $x>5$ 时是一次函数。所以，这个函数的图像是一条折线。

解　(1) 函数的图像如图 9-12 所示。

(2) 自来水公司的收费标准是：当用水量在 5 吨以内时，每吨 0.72 元；当用水量在 5 吨以上时，每吨 0.90 元。

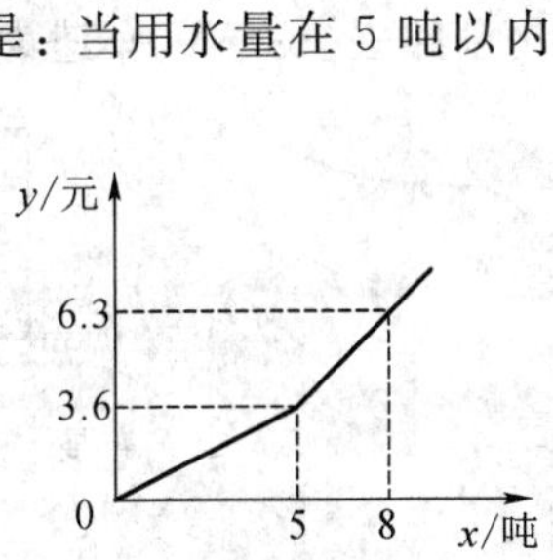

图 9-12　例 9.12 图

例 9.13　某加油飞机接到命令，立即给另一架正在飞行的运输飞机进行空中加油。在加油过程中，设运输飞机的油箱余油量为 Q_1 吨，加油飞机的加油油箱的余油量为 Q_2 吨，

加油时间为 t 分钟，Q_1、Q_2 与 t 之间的函数图像如图 9－13 所示，结合图像回答下列问题：

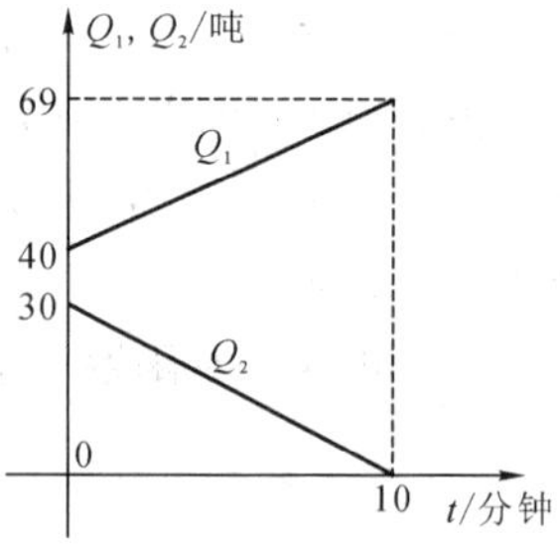

图 9－13　例 9.13 图

(1) 加油飞机的加油油箱中装载了多少吨油？将这些油全部加给运输飞机需要多少分钟？

(2) 求加油过程中运输飞机的余油量 Q_1(吨)与时间 t(分钟)的函数关系式；

(3) 运输飞机加完油后以原速继续飞行，需 10 小时到达目的地，油料是否够用？

解　(1) 由函数图像知，加油飞机的加油油箱中装载了 30 吨油，全部加给运输飞机需 10 分钟。

(2) 设 $Q_1=kt+b$，把(0，40)和(10，69)代入，得

$$\begin{cases}40=b\\69=10k+b\end{cases}$$

解得

$$\begin{cases}k=2.9\\b=40\end{cases}$$

所以

$$Q_1=2.9t+40\quad(0\leqslant t\leqslant 10)$$

(3) 根据函数图像可知，运输飞机的耗油量为每分钟 0.1 吨，10 小时耗油量为 $10\times60\times0.1=60$(吨)<69(吨)，所以油料够用。

例 9.14　小聪和小慧去某风景区(地图见图 9－14)游览，约好在“飞瀑”见面，上午 7:00 小聪乘电动汽车从“古刹”出发，沿景区公路去“飞瀑”，车速为 36 km/h，小慧也于上午 7:00 从“塔林”出发，骑电动自行车沿景区公路去“飞瀑”，车速为 26 km/h。

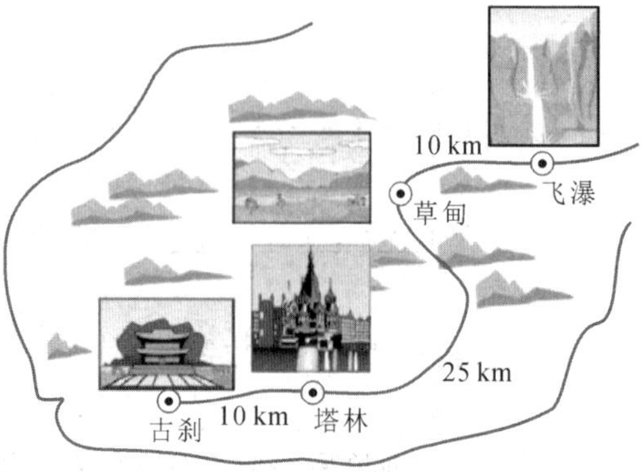

图 9－14　例 9.14 图

(1) 当小聪追上小慧时，他们是否已经过了“草甸”？

(2) 当小聪到达“飞瀑”时，小慧离“飞瀑”还有多少 km？

分析　当小聪追上小慧时，说明他们两个人的什么量是相同的？是否已经过了“草甸”该用什么量来表示？你会选择用哪种方式来解决？图像法？还是解析法？

解　设经过 t 时，小聪与小慧离“古刹”的路程分别为 s_1、s_2，由题意得

$$s_1=36t$$

$$s_2=26t+10$$

(1) 两条直线 $s_1=36t$，$s_2=26t+10$ 的交点坐标为(1，36)，这说明当小聪追上小慧时，$s_1=s_2=36$ km，即离“古刹”36 km，已超过 35 km。也就是说，他们已经过了“草甸”。

(2) 当小聪到达“飞瀑”时，即 $s_1=45$ km，此时 $s_2=42.5$ km，所以小慧离“飞瀑”还有 $45-42.5=2.5$ km。

注意　解决含有多个变量的问题时，可以分析这些变量间的关系，选取其中某个变量作为自变量，然后根据问题条件寻求可以反映实际问题的函数，这样就可以利用函数知识来解决了。在解决实际问题的过程中，还要注意根据实际情况确定自变量的取值范围，如果自变量的取值范围弄错了，则很容易出现失误，得到错误的结论。

★练习 9.5

1. 从 A、B 两水库向甲、乙两地调水，其中甲地需水 15 万吨，乙地需水 13 万吨，A、B 两水库各可调出水 14 万吨。从 A 地到甲地 50 千米，到乙地 30 千米；从 B 地到甲地 60 千米，到乙地 45 千米。设计一个调运方案使水的调运量(万吨·千米)最少。

习　题　9

1. 选择题。

(1) 点 $P(-3,4)$关于原点对称的点的坐标是(　　)。

A. $(3,-4)$　　B. $(-3,-4)$　　C. $(3,4)$　　D. $(-4,3)$

(2) 若点 $A(m,n)$在第二象限，则点 $B(|m|,-n)$在(　　)。

A. 第一象限　　B. 第二象限　　C. 第三象限　　D. 第四象限

(3) 若点 $P(m,2)$与点 $Q(3,n)$关于原点对称，则 m、n 的值分别是(　　)。

A. $-3,2$　　B. $3,-2$　　C. $-3,-2$　　D. $3,-2$

(4) 已知点 P 的坐标为$(2-a,3a+6)$，且点 P 到两坐标轴的距离相等，则点 P 的坐标是(　　)。

A. $(3,3)$　　B. $(3,-3)$　　C. $(6,-6)$　　D. $(3,3)$或$(6,-6)$

(5) 点 $P(x-1,x+1)$不可能在(　　)。

A. 第一象限　　B. 第二象限　　C. 第三象限　　D. 第四象限

(6) 点 $M(x,y)$在第二象限，且 $|x|-\sqrt{2}=0$，$y^2-4=0$，则点 M 的坐标是(　　)。

A. $(-\sqrt{2},2)$　　B. $(\sqrt{2},-2)$　　C. $(-2,\sqrt{2})$　　D. $(2,-\sqrt{2})$

(7) 已知一次函数 $y=3x-b$ 的图像经过点 $P(1,-1)$，则函数图像必经过点(　　)。

A. $(-1,1)$　　B. $(2,2)$　　C. $(-2,4)$　　D. $(2,-2)$

(8) 油箱中存油 20 升，油从油箱中均匀流出，流速为 0.2 升/分钟，则油箱中剩余油量 Q(升)与流出时间 t (分钟)的函数关系是(　　)。

A. $Q=0.2t$　　B. $Q=20-0.2t$　　C. $t=0.2Q$　　D. $t=20-0.2Q$

(9) 若把一次函数 $y=2x-3$ 向上平移 3 个单位长度，则得到的图像的解析式是(　　)。

A. $y=2x$　　B. $y=2x-6$　　C. $y=5x-3$　　D. $y=-x-3$

(10) 下面函数图像不经过第二象限的为(　　)。

A. $y=3x+2$　　B. $y=3x-2$　　C. $y=-3x+2$　　D. $y=-3x-2$

(11) 过第三象限的直线是(　　)。

A. $y=-3x+4$　　B. $y=-3x$　　C. $y=-3x-3$　　D. $y=-3x+7$

(12) 函数 $y=k(x-k)(k<0)$的图像不经过 (　　)。

A. 第一象限　　B. 第二象限　　C. 第三象限　　D. 第四象限

2. 填空题。

(1) 点 $M(-2, 1)$关于 y 轴对称的点的坐标是________。

(2) 在直角坐标系中，已知点 $P(-3, -2)$，则点 P 关于 x 轴对称的点的坐标为________。

(3) 直角坐标系中，第四象限内点 M 到横轴的距离为 28，到纵轴的距离为 6，则 M 点的坐标为________。

(4) 一次函数 $y=kx+b$ 的图像如图 9-15 所示，看图填空。

① 当 $x=0$ 时，$y=$________，当 $x=$________时，$y=0$。

② $k=$________，$b=$________。

③ 当 $x=5$ 时，$y=$________；当 $y=30$ 时，$x=$________。

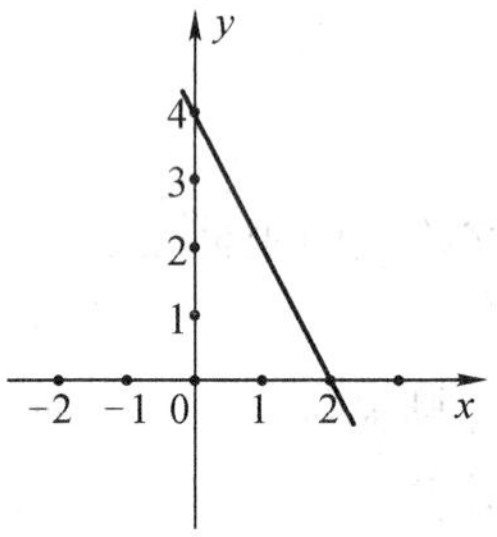

图 9-15　一次函数的图像

(5) 已知一个正比例函数的图像经过点$(-2, 4)$，则这个正比例函数的表达式是________。

(6) 已知一次函数 $y=kx+5$ 的图像经过点$(-1, 2)$，则 $k=$________。

(7) 如果直线经过 $A(0, 2)$和 $B(3, 0)$两点，那么这个一次函数关系式是________。

(8) 函数 $y=(m+1)x-(4m-3)$的图像在第一、二、四象限，那么 m 的取值范围是________。

(9) 直线 $y=2x-3$ 与 x 轴的交点坐标为________，与 y 轴的交点坐标为________，图像经过第________象限，y 随 x 增大而________。

3. 解答题。

(1) 汽车油箱中原有油 50 升，如果行驶中每小时用油 5 升，求油箱中的油量 y(升)随

行驶时间 x(小时)变化的函数关系式，并写出自变量 x 的取值范围。y 是 x 的一次函数吗？

(2) 在直角坐标系中分别作出 $y=\frac{1}{2}x$ 与 $y=-3x+9$ 的图像。

(3) $y+3$ 与 $x-2$ 成正比例，且 $x=1$ 时，$y=1$。

① 写出 y 与 x 之间的函数关系式；

② 画出函数的图像；

③ 求当 $x=0$ 时 y 的值和 $y=0$ 时 x 的值。

(4) 若一次函数 $y=kx+2$ 的图像与坐标轴围成的三角形的面积是 6，求 k 的值。

(5) 点 $M(-2, k)$在直线 $y=2x+1$ 上，求点 M 到 x 轴的距离 d。

(6) 假定甲、乙二人在一项赛跑中路程 y 与时间 x 的关系如图 9-16 所示。

① 这是一次多少米的赛跑？

② 甲、乙二人谁先到达终点？

③ 甲、乙二人的速度分别是多少？

④ 求甲、乙二人 y 与 x 的函数关系式。

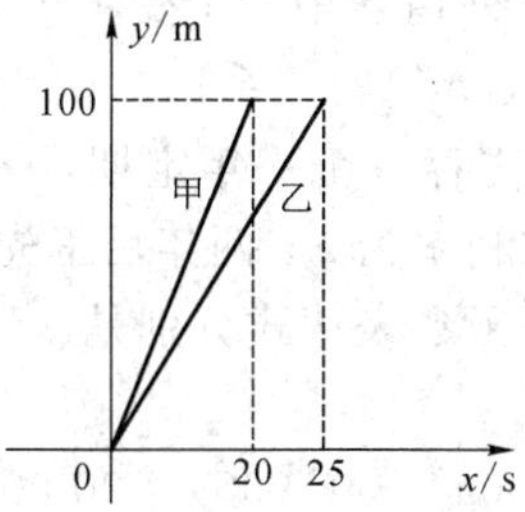

图 9-16　赛跑中路程 y 与时间 x 的关系

(7) 一农民带上若干千克自产的土豆进城出售，为了方便，他带了一些零钱备用，按市场价售出一些后，又降价出售，售出土豆的重量(千克)与他手中持有的钱数(含备用零钱)的关系如图 9-17 所示。结合图 9-17 回答下列问题：

① 农民自带的零钱是多少？

② 试求降价前 y 与 x 之间的关系。

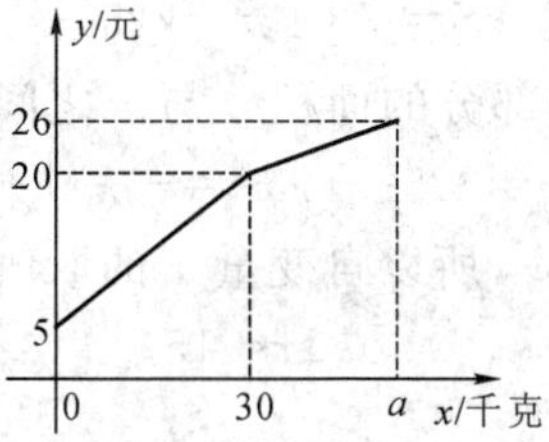

图 9-17　售出土豆的重量 x 与农民手中持有钱数 y 的关系

③ 由表达式你能求出降价前每千克的土豆价格是多少吗？

④ 降价后他按每千克 0.4 元将剩余土豆售完，这时他手中的钱(含备用零钱)是 26 元，试问他一共带了多少千克土豆？

第 10 章　二 次 函 数

问题 1　现有一根 12 米长的绳子，用它围成一个矩形，如何围才能使矩形的面积最大？李明同学认为当围成的矩形是正方形时，它的面积最大，他说的有道理吗？

问题 2　很多同学都喜欢打篮球，你知道投篮时篮球运动的路线是什么曲线吗？怎么计算篮球达到最高点时的高度呢？

这些问题都可以通过学习二次函数的数学模型来解决，下面介绍二次函数。

10.1　二次函数的定义

请用适当的函数表达式表示下列情境中两个变量 y 与 x 之间的关系：

(1) 圆的半径 x(cm)与面积 y(cm^2)的关系；

(2) 王先生存入银行 2 万元，先存一个一年定期，一年后银行将本息自动转存为又一个一年定期，设一年定期的年存款利率为 x，两年后王先生共得本息 y 元。

经过整理，以上两个问题中的函数表达式分别是：

(1) $y=\pi x^2$

(2) $y=20\ 000(1+x)^2=20\ 000x^2+40\ 000x+20\ 000$

观察这两个函数表达式，你发现它们具有什么共同特征？

定义 10.1　一般地，形如 $y=ax^2+bx+c$(a，b，c 是常数，且 $a\neq 0$)的函数叫作二次函数，称 a 为二次项系数，b 为一次项系数，c 为常数项。

你能分别说出上述两个二次函数表达式中的二次项系数、一次项系数和常数项吗？

例 10.1　如图 10-1 所示，从半径为 15 cm 的圆形铁片上挖去一个半径为 x 的圆。写出剩余部分的面积 y 与 x 之间的函数表达式，并指出自变量 x 可以取值的范围。

解　原来圆形贴片的面积为

$$S=\pi\times 15^2=225\pi$$

挖去部分的面积为 πx^2。所以剩余部分的面积 y 与 x 之间的函数表达式为

$$y=225\pi-\pi x^2=-\pi x^2+225\pi$$

根据题意，小圆在大圆的内部，所以自变量 x 的取值范围是

$$0<x<15$$

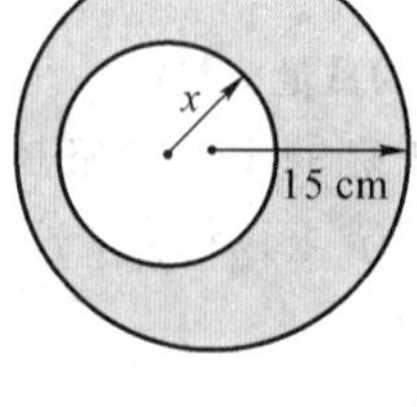

图 10-1　挖去小圆的圆形

★练习 10.1

1. 指出下列函数中哪些是二次函数。

(1) $y=2x+1$；　　(2) $y=2x^2+1$；

(3) $y=x(2-x)$；　　(4) $y=\frac{1}{2}(x-1)^2-\frac{5}{2}$；

(5) $y=\frac{8}{3x^2}$；　　(6) $y=x^2(x-1)-1$。

2. 写出表 10-1 中二次函数的二次项系数、一次项系数和常数项。

表 10-1　二次函数的二次项系数、一次项系数和常数项

函数解析式	二次项系数	一次项系数	常数项
$y=x^2+2x-1$			
$y=x^2$			
$y=2-3x^2$			
$y=\frac{1}{3}(x-5)^2-4$			

3. 已知直角三角形的一个锐角是 $30°$，写出它的面积 $y(\text{cm}^2)$与斜边长 $x(\text{cm})$之间的函数表达式，并指出自变量 x 的取值范围。

4. 已知函数 $y=(m+3)x^{m^2-7}$。

(1) m 取什么值时此函数是二次函数？

(2) m 取什么值时此函数是正比例函数？

(3) m 取什么值时此函数是反比例函数？

5. 已知函数 $y=(k^2-k)x^2+kx+\sqrt{2}$。

(1) k 为何值时 y 是 x 的一次函数？

(2) k 为何值时 y 是 x 的二次函数？

6. 某商品的进价为每件 20 元，如果按标价每件 30 元销售，商店每月可售出 400 件。为了提高利润，商店拟提高每件的售价，但根据销售经验，销售价格每提高 1 元，每月的销售量会相应减少 20 件。

(1) 写出每月的利润 y 与单价 x 之间的函数表达式；

(2) 求自变量 x 的取值范围。

10.2　二次函数的图像与性质

我们已经知道，一次函数的图像是直线，反比例函数的图像是双曲线，并且根据它们的图像得到了一次函数和反比例函数的性质。二次函数的图像形状是怎样的呢？它有哪些性质呢？

10.2.1　$y=ax^2$ 的图像与性质

在同一直角坐标系中，分别画出函数 $y=\frac{1}{2}x^2$，$y=x^2$，$y=2x^2$，$y=-\frac{1}{2}x^2$，$y=-x^2$，$y=-2x^2$ 的图像，如图 10-2 所示。观察这些图像，你发现二次函数 $y=ax^2$ 的图像有什么共同性质?

一般地，二次函数 $y=ax^2$ 的图像是抛物线。我们把二次函数 $y=ax^2$ 的图像也叫作抛物线 $y=ax^2$，它的对称轴是 y 轴。

抛物线与对称轴的交点叫作抛物线的顶点。抛物线 $y=ax^2$ 的顶点是坐标原点。当 $a>0$ 时，它的开口向上，顶点是它的最低点；当 $a<0$ 时，它的开口向下，顶点是它的最高点。

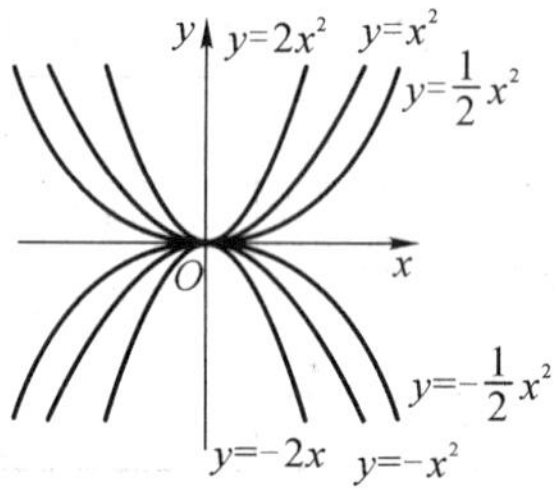

图 10-2　二次函数示例

10.2.2　$y=ax^2+c$ 的图像与性质

在同一直角坐标系中，观察 $y=x^2-1$，$y=x^2$ 与 $y=x^2+1$ 的图像，如图 10-3 所示。我们发现，它们的形状相同，只是在坐标系中的位置不同。如果将抛物线 $y=x^2$ 沿 y 轴向下平移一个单位长度，就得到抛物线 $y=x^2-1$，将抛物线 $y=x^2$ 沿 y 轴向上平移一个单位长度，就得到抛物线 $y=x^2+1$。

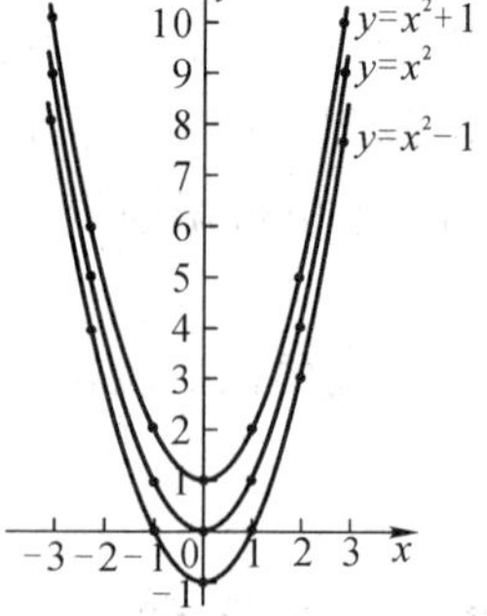

图 10-3　二次函数示例

一般地，二次函数 $y=ax^2+c$ 的图像是抛物线，它与抛物线 $y=ax^2$ 的形状相同。将抛物线 $y=ax^2$ 沿 y 轴向上或向下平移 $|c|$ 个单位长度便得到抛物线 $y=ax^2+c$。当 $c>0$ 时，向上平移；当 $c<0$ 时，向下平移。

10.2.3　$y=a(x-h)^2$ 的图像与性质

在同一直角坐标系中，观察 $y=-\frac{1}{2}(x-1)^2$，$y=-\frac{1}{2}x^2$ 与 $y=-\frac{1}{2}(x+1)^2$ 的图像，如图 10-4 所示。我们发现，这三个函数图像也都是抛物线，它们的形状相同，只是位置不同。将抛物线 $y=-\frac{1}{2}x^2$ 沿 x 轴向右平移 1 个单位长度就得到 $y=-\frac{1}{2}(x-1)^2$，向左平移 1 个单位长度就得到 $y=-\frac{1}{2}(x+1)^2$。

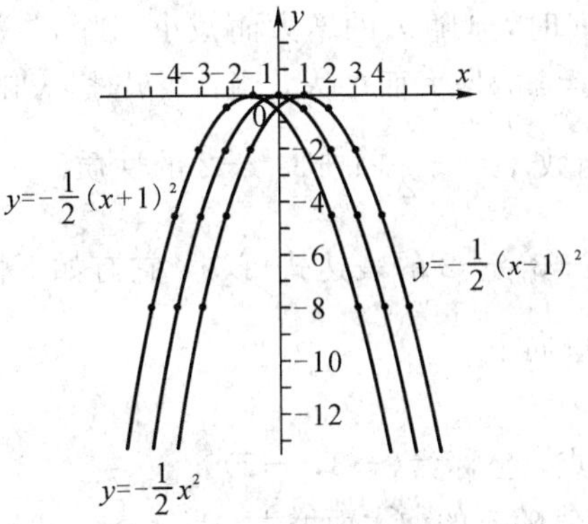

图 10-4　二次函数示例

一般地，二次函数 $y=a(x-h)^2$ 的图像是抛物线，它与抛物线 $y=ax^2$ 的形状相同。将抛物线 $y=ax^2$ 沿 x 轴向左或向右平移 $|h|$ 个单位长度便得到抛物线 $y=a(x-h)^2$。当 $h>0$ 时，向右平移；当 $h<0$ 时，向左平移。

10.2.4　$y=a(x-h)^2+k$ 的图像与性质

在同一坐标系中，观察二次函数 $y=\frac{1}{2}x^2$，$y=\frac{1}{2}(x-4)^2$ 与 $y=\frac{1}{2}(x-4)^2+3$ 的图像，如图 10-5 所示。

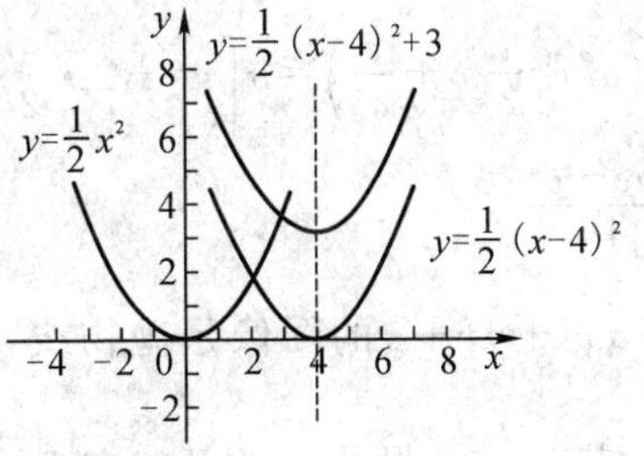

图 10-5　二次函数示例

我们发现，二次函数 $y=\frac{1}{2}(x-4)^2+3$ 的图像是抛物线，它的形状与抛物线 $y=\frac{1}{2}x^2$ 相同，其顶点是(4, 3)，对称轴是 $x=4$。二次函数 $y=\frac{1}{2}x^2$ 先向右平移 4 个单位长度，便得到

$y=\frac{1}{2}(x-4)^2$ 的图像，再往上移 3 个单位长度，就可以得到 $y=\frac{1}{2}(x-4)^2+3$ 的图像。

二次函数 $y=a(x-h)^2+k$ 的图像是抛物线，它与 $y=ax^2$ 的图像形状相同，只是位置不同。因此，它可由抛物线 $y=ax^2$ 经过平移得到。

二次函数 $y=a(x-h)^2+k$ 及其图像具有如下性质：

(1) 当 $a>0$ 时，开口向上，顶点是图像最低点；当 $a<0$ 时，开口向下，顶点是图像最高点。

(2) 对称轴是经过点 $(h, 0)$ 且平行于 y 轴的直线 $x=h$。

(3) 顶点坐标是 (h, k)。

(4) 如果 $a>0$，当 $x<h$ 时，y 随 x 的增大而减小，当 $x>h$ 时，y 随 x 的增大而增大；如果 $a<0$，当 $x<h$ 时，y 随 x 的增大而增大，当 $x>h$ 时，y 随 x 的增大而减小。

例 10.2 试讨论二次函数 $y=-\frac{5}{2}(x+3)^2-2$ 的性质。

解 由函数 $y=-\frac{5}{2}(x+3)^2-2$ 的表达式可知，它有如下性质：

(1) 图像是抛物线，开口向下。

(2) 对称轴为 $x=-3$。

(3) 顶点是图像的最高点，坐标为 $(-3, -2)$。

(4) 当 $x<-3$ 时，函数值随 x 的增大而增大；当 $x>-3$ 时，函数值随 x 的增大而减小。

10.2.5 $y=ax^2+bx+c$ 的图像与性质

我们已经知道了二次函数 $y=a(x-h)^2+k$ 的图像，一般地，怎样画出一个二次函数的图像呢？例如，二次函数 $y=\frac{1}{2}x^2-6x+21$ 能通过配方化成 $y=a(x-h)^2+k$ 的形式吗？

$$y=\frac{1}{2}x^2-6x+21=\frac{1}{2}(x^2-12x+42)=\frac{1}{2}(x^2-12x+36+6)=\frac{1}{2}(x-6)^2+3$$

通过以上配方可知，上述函数的图像是一条开口向上的抛物线，其顶点坐标是 $(6, 3)$，对称轴是 $x=6$。

一般地，二次函数 $y=ax^2+bx+c$ 可进行如下配方：

$$\begin{aligned} y&=ax^2+bx+c=a\left(x^2+\frac{b}{a}x+\frac{c}{a}\right)=a\left[x^2+2\cdot\frac{b}{2a}x+\left(\frac{b}{2a}\right)^2-\left(\frac{b}{2a}\right)^2+\frac{c}{a}\right]\\ &=a\left(x+\frac{b}{2a}\right)^2+\frac{4ac-b^2}{4a}\end{aligned}$$

定理 10.1 二次函数 $y=ax^2+bx+c$ 的图像是抛物线，它的对称轴是直线 $x=-\frac{b}{2a}$，顶点坐标是 $\left(-\frac{b}{2a}, \frac{4ac-b^2}{4a}\right)$。若 $a>0$，抛物线的开口向上，当 $x<-\frac{b}{2a}$ 时，y 随 x 的增大而减小，当 $x>-\frac{b}{2a}$ 时，y 随 x 的增大而增大，顶点是这条抛物线的最低点；若 $a<0$，抛物线的开口向下，当 $x<-\frac{b}{2a}$ 时，y 随 x 的增大而增大，当 $x>-\frac{b}{2a}$ 时，y 随 x 的增大而减小，顶点是这条抛物线的最高点。

★练习 10.2

1. 选择题。

(1) 将抛物线 $y=3x^2$ 向上平移 2 个单位，得到抛物线的解析式是(　　)。

A. $y=3x^2-2$　　B. $y=3x^2$　　C. $y=3(x+2)^2$　　D. $y=3x^2+2$

(2) 要得到二次函数 $y=-x^2+2x-2$ 的图像，需将 $y=-x^2$ 的图像(　　)。

A. 向左平移 2 个单位，再向下平移 2 个单位

B. 向右平移 2 个单位，再向上平移 2 个单位

C. 向左平移 1 个单位，再向上平移 1 个单位

D. 向右平移 1 个单位，再向下平移 1 个单位

(3) 已知抛物线 $y=ax^2+bx+c(a<0)$ 过 $A(-2, 0)$，$O(0, 0)$，$B(-3, y_1)$，$C(3, y_2)$ 四点，则 y_1 与 y_2 的大小关系是(　　)。

A. $y_1>y_2$　　B. $y_1=y_2$　　C. $y_1<y_2$　　D. 不能确定

(4) 将抛物线 $y=x^2+1$ 先向左平移 2 个单位，再向下平移 3 个单位，那么所得抛物线的函数关系式是(　　)。

A. $y=(x+2)^2+2$　　B. $y=(x+2)^2-2$

C. $y=(x-2)^2+2$　　D. $y=(x-2)^2-2$

(5) 若将抛物线 $y=x^2$ 向右平移 2 个单位，再向上平移 3 个单位，则所得抛物线的表达式为(　　)。

A. $y=(x+2)^2+3$　　B. $y=(x-2)^2+3$

C. $y=(x+2)^2-3$　　D. $y=(x-2)^2-3$

(6) 二次函数 $y=ax^2+bx+c$ 的图像如图 10-6 所示，则下列关系式错误的是(　　)。

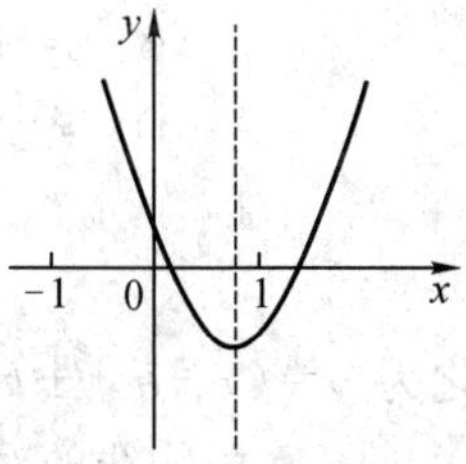

图 10-6　二次函数

A. $a>0$　　B. $c>0$　　C. $b^2-4ac>0$　　D. $a+b+c>0$

(7) 在平面直角坐标系中，如果抛物线 $y=2x^2$ 不动，而把 x 轴、y 轴分别向上、向右平移 2 个单位，那么在新坐标系下抛物线的解析式是(　　)。

A. $y=2(x-2)^2+2$　　B. $y=2(x+2)^2-2$

C. $y=2(x-2)^2-2$　　D. $y=2(x+2)^2+2$

(8) 已知二次函数 $y=ax^2+bx+c(a\neq0)$ 的图像如图 10-7 所示，现有下列结论：① $abc>0$；② $b^2-4ac<0$；③ $c<4b$；④ $a+b>0$。其中，正确结论的个数是(　　)。

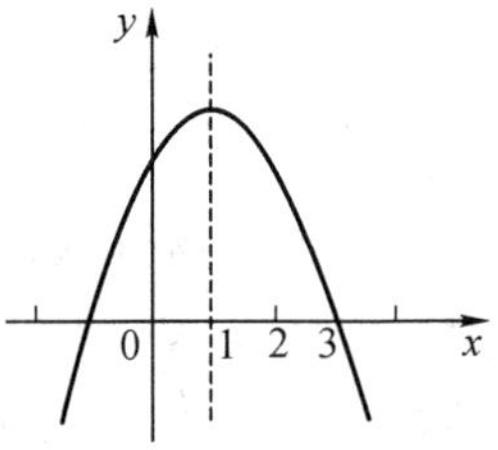

图 10-7　二次函数

A. 1 个　　B. 2 个　　C. 3 个　　D. 4 个

(9) 二次函数 $y=x^2+4x+3$ 的图像可以由二次函数 $y=x^2$ 的图像平移得到，下列平移正确的是(　　)。

A. 先向左平移 2 个单位，再向上平移 1 个单位

B. 先向左平移 2 个单位，再向下平移 1 个单位

C. 先向右平移 2 个单位，再向上平移 1 个单位

D. 先向右平移 2 个单位，再向下平移 1 个单位

(10) 二次函数 $y=-2x^2+4x+1$ 的图像经移动就可得到 $y=-2x^2$ 的图像，下列正确的是(　　)。

A. 向左移动 1 个单位，向上移动 3 个单位

B. 向右移动 1 个单位，向上移动 3 个单位

C. 向左移动 1 个单位，向下移动 3 个单位

D. 向右移动 1 个单位，向下移动 3 个单位

(11) 将抛物线 $y=x^2-6x+5$ 向上平移 2 个单位长度，再向右平移 1 单位长度后，得到的抛物线的解析式是(　　)。

A. $y=(x-4)^2-6$　　B. $y=(x-4)^2-2$

C. $y=(x-2)^2-2$　　D. $y=(x-1)^2-3$

2. 解答题。

(1) 已知抛物线 $y=x^2-2x-8$。

① 用配方法把 $y=x^2-2x-8$ 化为 $y=(x-h)^2+k$ 形式。

② 抛物线的顶点坐标是__________，抛物线的对称轴方程是__________。

③ 抛物线与 x 轴的交点坐标是________，当 x ________时，y 随 x 的增大而增大。

(2) 抛物线 $y=2x^2$ 平移后经过点 $A(0, 3)$、$B(2, 3)$，求平移后的抛物线的表达式。

(3) 设函数 $y=(x-1)[(k-1)x+(k-3)]$(k 是常数)。

① 当 k 取 1 和 2 时函数 y_1 和 y_2 的图像如图 10-8 所示，请你在同一直角坐标系中画出当 k 取 0 时函数的图像。

② 将函数 y_2 的图像向左平移 4 个单位，再向下平移 2 个单位，得到函数 y_3 的图像，求函数 y_3 的最小值。

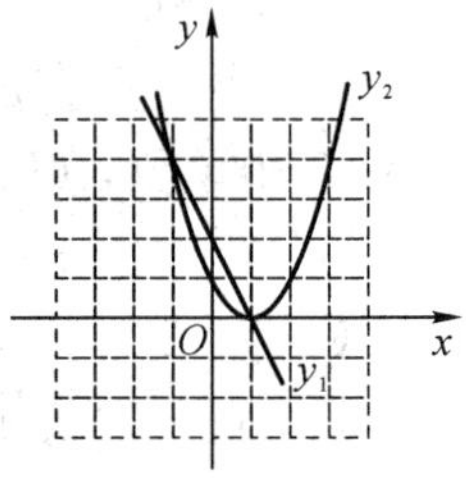

图 10-8　二次函数

10.3　二次函数的表达式

二次函数的表达式有以下三种基本形式：

(1) 一般式：$y=ax^2+bx+c(a\neq0)$。

(2) 顶点式：$y=a(x-h)^2+k(a\neq0)$。

(3) 交点式：$y=a(x-x_1)(x-x_2)+k(a\neq0)$，其中 x_1、x_2 是抛物线与 x 轴的交点的横坐标。

求二次函数的解析式一般用待定系数法，但要根据不同条件，设出恰当的解析式。

在二次函数 $y=ax^2+bx+c$ 的表达式中，a、b、c 是待定系数，如果已知不共线的三点的坐标，将它们分别代入这个表达式，便可得到一个关于 a、b、c 的三元一次方程组，解这个方程组，便可确定表达式中的未知系数。

定理 10.2　知道不共线的三点的坐标，便可确定经过这三点的抛物线。

例 10.3　已知一个二次函数的图像过(−1，10)、(1，4)、(2，7)三点，求这个函数的表达式。

解　设所求的二次函数为 $y=ax^2+bx+c$，由条件得

$$\begin{cases}a-b+c=10\\a+b+c=4\\4a+2b+c=7\end{cases}$$

解方程组得

$$\begin{cases}a=2\\b=-3\\c=5\end{cases}$$

因此，所求二次函数的表达式为 $y=2x^2-3x+5$。

如果已知图像的顶点坐标，把它的表达式写成 $y=a(x+h)^2+k$ 的形式，其中$(-h, k)$已知，那么只要再知道抛物线上其他一点的坐标便可以利用待定系数法确定系数 a 的值。

例 10.4　已知抛物线的顶点为(−1，−3)，与 y 轴的交点为(0，−5)，求抛物线的表达式。

解　设所求的二次函数为 $y=a(x+1)^2-3$，由点(0，−5)在抛物线上得

$$a-3=-5$$

得

$$a=-2$$

故所求的抛物线表达式为

$$y=-2(x+1)^2-3$$

确定二次函数的表达式时，应该根据条件的特点，恰当地选用一种函数表达式。

★练习 10.3

1. 选择题。

(1) 已知抛物线经过点(0，4)、(1，−1)、(2，4)，那么它的对称轴是直线(　　)。

A. $x=-1$　　B. $x=1$　　C. $x=3$　　D. $x=-3$

(2) 抛物线 $y=ax^2+bx+c$ 经过点(3，0)和(2，−3)，且以直线 $x=1$ 为对称轴，则它的解析式为(　　)。

A. $y=-x^2-2x-3$　B. $y=x^2-2x-3$　C. $y=x^2-2x+3$　D. $y=-x^2+2x-3$

(3) 下列二次函数中，图像以直线 $x=2$ 为对称轴且经过点(0, 1)的是(　　)。

A. $y=(x-2)^2+1$　B. $y=(x+2)^2+1$　C. $y=(x-2)^2-3$　D. $y=(x+2)^2-3$

(4) 根据表 10-2 中的二次函数 $y=ax^2+bx+c$ 的自变量 x 与函数 y 的对应值，可判断二次函数的解析式为(　　)。

表 10-2　二次函数中 x 与 y 的对应值

x	…	-1	0	1	2	…
y	…	-1	$-\frac{7}{4}$	-2	$-\frac{7}{4}$	…

A. $y=\frac{1}{4}x^2-\frac{1}{2}x-\frac{7}{4}$　　B. $y=\frac{1}{4}x^2+\frac{1}{2}x-\frac{7}{4}$

C. $y=-\frac{1}{4}x^2-\frac{1}{2}x+\frac{7}{4}$　　D. $y=-\frac{1}{4}x^2+\frac{1}{2}x+\frac{7}{4}$

(5) 抛物线的图像如图 10-9 所示。根据图像可知，抛物线的解析式可能是(　　)。

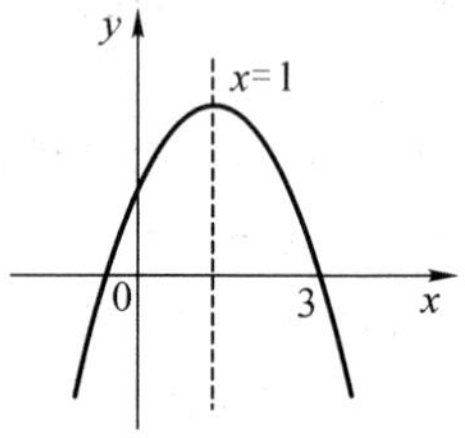

图 10-9　二次函数的图像

A. $y=x^2-x-2$　　B. $y=-\frac{1}{2}x^2-\frac{1}{2}x+2$

C. $y=-\frac{1}{2}x^2-\frac{1}{2}x+1$　　D. $y=-x^2+x+2$

2. 填空题。

(1) 若抛物线 $y=ax^2+bx+c$ 的顶点是 $A(2, 1)$，且经过点 $B(1, 0)$，则抛物线的函数表达式为________。

(2) 与抛物线 $y=\frac{1}{2}x^2$ 的形状和开口方向相同，顶点为(3, 1)的二次函数的表达式为________。

(3) 若抛物线 $y=x^2-4x+c$ 的顶点在 x 轴上，则 c 的值是________。

(4) 已知二次函数 $y=a(x+1)^2-b(a\neq 0)$ 有最小值 1，则 a ________ b。

(5) 抛物线 $y=-x^2+bx+c$ 的图像如图 10-10 所示，则此抛物线的表达式为________。

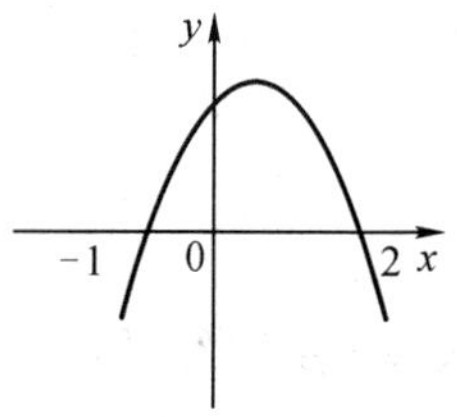

图 10-10　二次函数的图像

(6) 请写出一个开口向上，对称轴为直线 $x=2$，且与 y 轴的交点坐标为(0，3)的抛物线的表达式________。

(7) 抛物线 $y=ax^2+bx+c$ 上部分点的横坐标 x、纵坐标 y 的对应值如表 10－3 所示。

表 10－3　二次函数中 x 与 y 的对应值

x	…	−2	−1	0	1	2	…
y	…	0	4	6	6	4	…

从表 10－3 中可知，下列说法正确的是________。(填写序号)

① 抛物线与 x 轴的一个交点为(3，0)　② 函数 $y=ax^2+bx+c$ 的最大值为 6

③ 抛物线的对称轴是直线 $x=\frac{1}{2}$　④ 在对称轴左侧，y 随 x 增大而增大

3. 解答题。

(1) 求出符合条件的二次函数表达式。

① 二次函数图像经过点(−1，0)、(1，2)、(0，3)。

② 二次函数图像的顶点坐标为(−3，6)，且经过点(−2，10)。

③ 二次函数图像与 x 轴的交点坐标为(−1，0)、(3，0)，与 y 轴交点的纵坐标为 9。

(2) 已知二次函数的图像如图 10－11 所示，求此抛物线的表达式。

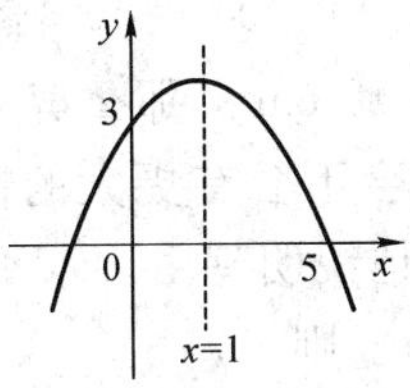

图 10－11　二次函数的图像

(3) 已知二次函数的对称轴为 $x=2$，且在 x 轴上截得的线段长为 6，与 y 轴的交点为(0，−2)，求此二次函数的表达式。

10.4　二次函数的应用

二次函数也是一个重要的数学模型，生活中的许多问题可以运用二次函数的知识加以解决。

例 10.5　如图 10－12 所示，要建一个长方形养鸡场，鸡场的一边靠墙，如果用 50 米长的篱笆围成中间有一道篱笆隔墙的养鸡场，设它的长度为 x 米。要使鸡场的面积最大，鸡场的长度应为多少米？

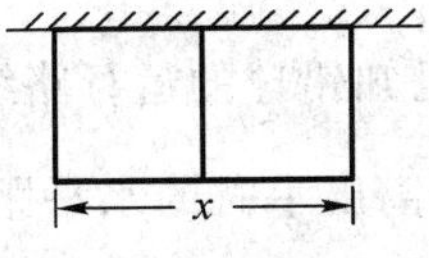

图 10－12　例 10.5 图

解　因长为 x 米，故宽为$\frac{50-x}{3}$米，设面积为 S 平方米，则

$$S=x\cdot\frac{50-x}{3}=-\frac{1}{3}(x^2-50x)=-\frac{1}{3}(x-25)^2+\frac{625}{3}$$

所以当 $x=25$ 时，有

$$S_{\max}=\frac{625}{3}(\text{平方米})$$

即鸡场的长度为 25 米时面积最大。

定理 10.3　一般地，因为抛物线 $y=ax^2+bx+c$ 的顶点是抛物线的最低(高)点，所以当 $x=-\frac{b}{2a}$时，二次函数 $y=ax^2+bx+c$ 有最小(大)值，最小(大)值为$\frac{4ac-b^2}{4a}$。

例 10.6　如图 10-13 所示，把一张长为 10 cm、宽为 8 cm 的矩形硬纸板的四周各剪去一个同样大小的正方形，再折成一个无盖的长方体盒子(纸板的厚度忽略不计)。

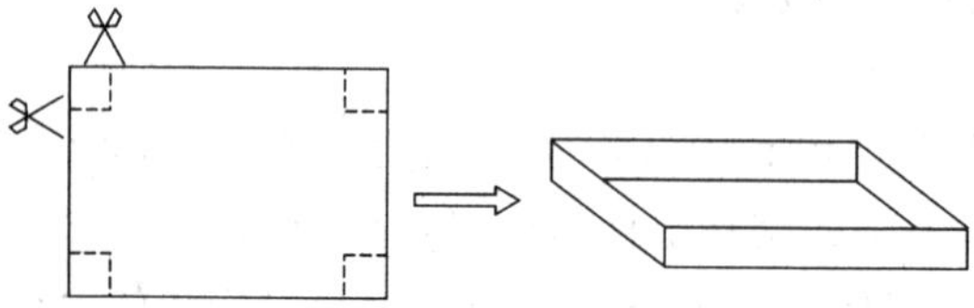

图 10-13　例 10.6 图

(1) 要使长方体盒子的底面积为 48 cm^2，那么剪去的正方形的边长为多少？

(2) 折成的长方体盒子的侧面积会不会有更大的情况？如果有，请你求出最大值和此时剪去的正方形的边长；如果没有，请说明理由。

解　(1) 设正方形的边长为 x cm，则

$$(10-2x)(8-2x)=48$$

即

$$x^2-9x+8=0$$

解得

$$x_1=8(\text{不合题意，舍去}),\ x_2=1$$

所以剪去的正方形的边长为 1 cm。

(2) 有侧面积最大的情况。

设正方形的边长为 x cm，盒子的侧面积为 y cm^2，则 y 与 x 的函数关系式为

$$y=2(10-2x)x+2(8-2x)x$$

即

$$y=-8x^2+36x$$

改写为

$$y=-8\left(x-\frac{9}{4}\right)^2+\frac{81}{2}$$

所以当 $x=2.25$ 时，$y_{最大}=40.5$，即当剪去的正方形的边长为 2.25 cm 时，长方体盒子的侧面积最大，为 40.5 cm^2。

例 10.7　小明参加铅球比赛，已知铅球的运行路线是一条抛物线。铅球出手时的高度是$\frac{5}{3}$米，铅球最高处离地面 3 米，距离出手时的水平距离是 4 米。试推测小明的铅球比赛成绩。

解　如图10－14所示，以铅球出手点A所在的铅垂线为y轴，铅垂线与地面的交点为A点，射线AB的方向为y轴的正方向，铅球的落地点为C点，直线AC为x轴，射线AC的方向为x轴的正方向，x轴、y轴均以1米为单位长度，建立直角坐标系。由题意知，抛物线的顶点D的坐标是(4，3)。

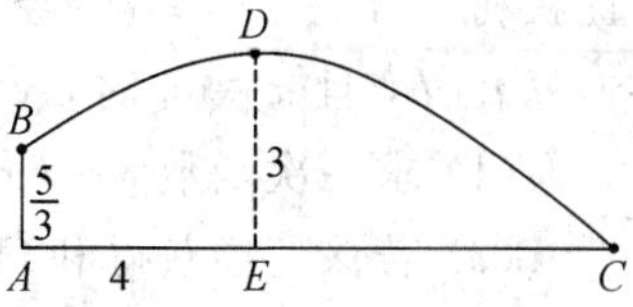

图10－14　例10.7图

设抛物线的表达式为

$$y=a(x-4)^2+3$$

这里y表示铅球运行时离开地面的高度，x表示铅球沿水平方向运动的距离。

当$x=0$时，$y=\frac{5}{3}$，代入$y=a(x-4)^2+3$，得

$$\frac{5}{3}=a(0-4)^2-3$$

解得

$$a=-\frac{1}{12}$$

所以抛物线的表达式为

$$y=-\frac{1}{12}(x-4)^2+3$$

令$y=0$，得

$$-\frac{1}{12}(x-4)^2+3=0$$

解这个一元二次方程，得

$$x_1=-2，x_2=10$$

代入实际问题中检验，$x_1=-2$(米)不合题意，故舍去，$x_2=10$(米)符合题意。

所以，小明这次的比赛成绩为10米。

★练习10.4

1. 张大爷要围成一个矩形花圃。花圃的一边利用足够长的墙，另三边用总长为32米的篱笆恰好围成。围成的花圃是如图10－15所示的矩形$ABCD$。设AB边的长为x米，矩形$ABCD$的面积为S平方米。

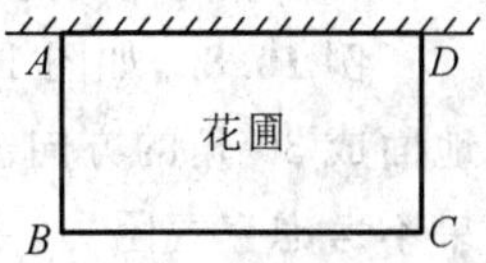

图10－15　矩形花圃

(1) 求S与x之间的函数关系式(不要求写出自变量x的取值范围)。

(2) 当x为何值时，S有最大值？求出最大值。

2. 某体育用品商店购进一批滑板，每件进价为100元，售价为130元，每星期可卖出80件。商家决定降价促销，根据市场调查，每降价5元，每星期可多卖出20件。

(1) 商家降价前每星期的销售利润为多少元？

(2) 降价后，商家要使每星期的销售利润最大，应将售价定为多少元？最大销售利润是多少？

3. 某商场试销一种成本为每件60元的服装，规定试销期间销售单价不低于成本单价，

且获利不得高于 45%。经试销发现，销售量 y(件)与销售单价 x(元)符合一次函数 $y=kx+b$，且 $x=65$ 时，$y=55$，$x=75$ 时，$y=45$。

(1) 求一次函数 $y=kx+b$ 的表达式。

(2) 若该商场获得利润为 W 元，试写出利润 W 与销售单价 x 之间的关系式。销售单价定为多少元时，商场可获得最大利润？最大利润是多少元？

(3) 若该商场获得利润不低于 500 元，试确定销售单价 x 的范围。

4. 某电视机生产厂家去年销往农村的某品牌电视机每台的售价 y(元)与月份 x 之间满足函数 $y=-50x+2600$，去年的月销售量 p(万台)与月份 x 之间成一次函数关系，其中 1 月和 2 月的销售情况如表 10－4 所示。

表 10－4　1 月和 2 月的销售情况

月份	1 月	2 月
销售量	3.9 万台	4.3 万台

(1) 该品牌电视机在去年哪个月销往农村的销售金额最大？最大是多少？

(2) 由于受国际金融危机的影响，今年 1、2 月份该品牌电视机销往农村的售价都比去年 12 月份下降了 $m\%$，且每月的销售量都比去年 12 月份下降了 $1.5m\%$。国家实施“家电下乡”政策，即对农村家庭购买纳入补贴范围的家电产品，国家按该产品售价的 13% 给予财政补贴。受此政策的影响，今年 3—5 月份，该厂家销往农村的这种电视机在保持今年 2 月份的售价不变的情况下，平均每月的销售量比今年 2 月份增加了 1.5 万台。若今年 3—5 月份国家对这种电视机的销售共给予了财政补贴 936 万元，求 m 的值(保留一位小数)。

(参考数据：$\sqrt{34}\approx5.831$，$\sqrt{35}\approx5.916$，$\sqrt{37}\approx6.083$，$\sqrt{38}\approx6.164$)

10.5　二次函数与一元二次方程

现在我们已经学习了一元二次方程 $ax^2+bx+c=0(a\neq0)$ 和二次函数 $y=ax^2+bx+c$ $(a\neq0)$，它们之间是否存在一定的关系呢？今天我们就来探索它们之间的关系。

例 10.8　如图 10－16 所示，以 40 m/s 的速度将小球沿与地面成 30°角的方向击出时，球的飞行路线将是一条抛物线。如果不考虑空气阻力，球的飞行高度 h(单位为 m)与飞行时间 t(单位为 s)之间满足 $h=20t-5t^2$ 的关系。

图 10－16　例 10.8 图

(1) 球的飞行高度能否达到 15 m？如能，需要多少飞行时间？

(2) 球的飞行高度能否达到 20 m？如能，需要多少飞行时间？

(3) 球的飞行高度能否达到 20.5 m？为什么？

(4) 球从飞出到落地要用多少时间？

分析　由于球的飞行高度 h 与飞行时间 t 的关系是二次函数 $h=20t-5t^2$，因此可以将问题中 h 的值代入函数表达式，得到关于 t 的一元二次方程。如果方程有合乎实际的解，则说明球的飞行高度可以达到问题中 h 的值；否则，说明球的飞行高度不能达到问题中 h 的值。

解　(1) 解方程 $15=20t-5t^2$，得

$$t_1=1，t_2=3$$

即当球飞行 1 s 和 3 s 时，它的高度为 15 m。

(2) 解方程 $20=20t-5t^2$，得

$$t_1=t_2=2$$

即当球飞行 2 s 时，它的高度为 20 m。

(3) 解方程 $20.5=20t-5t^2$，化简得

$$t^2-4t+4.1=0$$

因为 $\Delta=(-4)^2-4\times4.1<0$，所以方程无解，球的飞行高度达不到 20.5 m。

(4) 解方程 $0=20t-5t^2$，得

$$t_1=0，t_2=4$$

即当球飞行 0 s 和 4 s 时，它的高度为 0 m。也就是说，0 s 时球从地面飞出，4 s 时球落回地面。

例 10.9　已知二次函数：

(1) $y=x^2+x-2$；　　(2) $y=x^2-6x+9$；　　(3) $y=x^2-x+1$。

以上二次函数的图像与 x 轴有公共点吗？如果有，公共点的横坐标是多少？当 x 取公共点的横坐标时，函数的值是多少？由此你能得出相应的一元二次方程的根吗？

解　(1) 二次函数 $y=x^2+x-2$ 的图像与 x 轴有两个公共点，它们的横坐标是 -2、1，如图 10-17 所示。当 x 取公共点的横坐标时，函数的值是 0。由此得出方程 $x^2+x-2=0$ 的根是 -2、1。

(2) 二次函数 $y=x^2-6x+9$ 的图像与 x 轴有一个公共点，这一点的横坐标是 3，如图10-17 所示。当 $x=3$ 时，函数的值是 0。由此得出方程 $x^2-6x+9=0$ 有两个相等的实数根 3。

(3) 二次函数 $y=x^2-x+1$ 的图像与 x 轴没有公共点，如图 10-17 所示。由此可知，方程 $x^2-x+1=0$ 没有实数根。

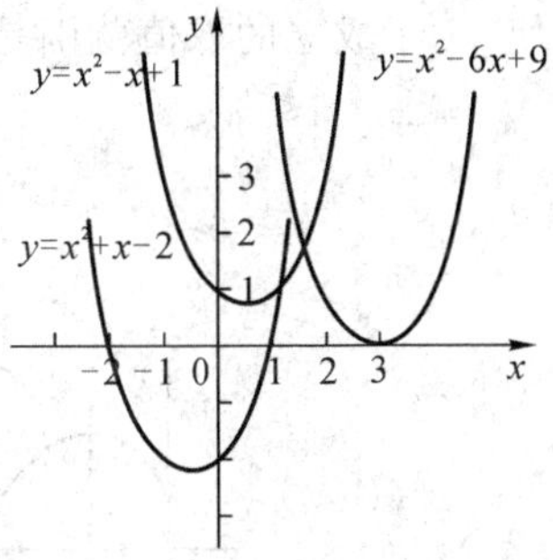

图 10-17　例 10.9 图

定理 10.4　一般地，如果一元二次方程 $ax^2+bx+c=0(a\neq0)$有实根，那么二次函数 $y=ax^2+bx+c(a\neq0)$的图像与 x 轴有公共点，且公共点的横坐标是这个一元二次方程的实根；反之，如果二次函数 $y=ax^2+bx+c$ 的图像与 x 轴有公共点，那么公共点的横坐标就是一元二次方程 $ax^2+bx+c=0(a\neq0)$的实根。

二次函数的图像与 x 轴的位置关系有三种：没有公共点，有一个公共点，有两个公共点。这对应着一元二次方程的根的三种情况：没有实数根，有两个相等的实数根，有两个不等的实数根。

根据上面的结论，我们可以利用二次函数的图像求一元二次方程的根。由于作图或观察可能存在误差，因此由图像求得的根一般是近似的。

例 10.10　利用函数图像求方程 $x^2-2x-2=0$ 的实数根(精确到 0.1)。

解　作 $y=x^2-2x-2$ 的图像，如图 10-18 所示，它与 x 轴的公共点的横坐标大约是 -0.7、2.7，所以方程 $x^2-2x-2=0$ 的实数根为 $x_1\approx-0.7$，$x_2\approx2.7$。

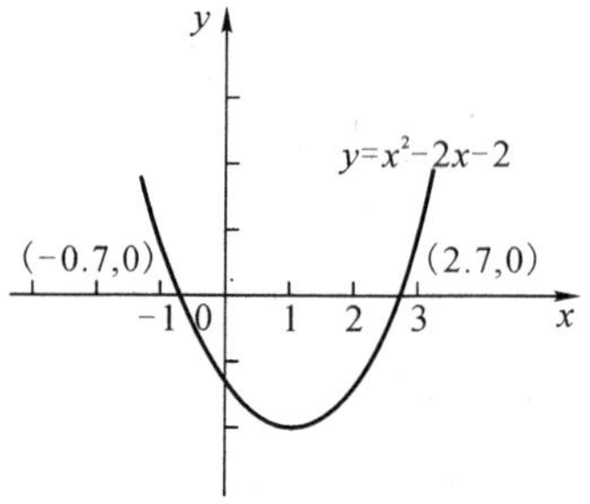

图 10－18　例 10.10 图

★练习 10.5

1. 选择题。

(1) 小兰画出函数 $y=x^2+ax+b$ 的图像如图 10－19 所示，则关于 x 的方程 $x^2+ax+b=0$ 的解是(　　)。

A. 无解　　B. $x=1$　　C. $x=-4$　　D. $x=-1$ 或 $x=4$

(2) 已知二次函数 $y=x^2-3x+m$(m 为常数)的图像与 x 轴的一个交点为(1，0)，则关于 x 的一元二次方程 $x^2-3x+m=0$ 的两实数根是(　　)。

A. $x_1=1$，$x_2=-1$　　B. $x_1=1$，$x_2=2$

C. $x_1=1$，$x_2=0$　　D. $x_1=1$，$x_2=3$

(3) 已知函数 $y=x^2-2x-2$ 的图像如图 10－20 所示，根据其中提供的信息，可求得使 $y\geqslant 1$ 成立的取值范围是(　　)。

A. $-1\leqslant x\leqslant 3$　　B. $-3\leqslant x\leqslant 1$　　C. $x\geqslant -3$　　D. $x\leqslant -1$ 或 $x\geqslant 3$

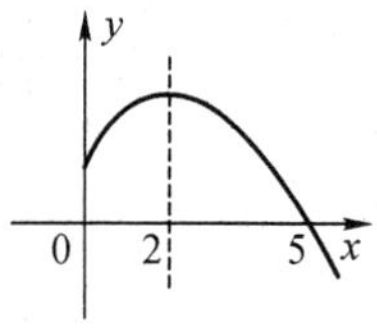

图 10－19　$y=x^2+ax+b$ 的图像

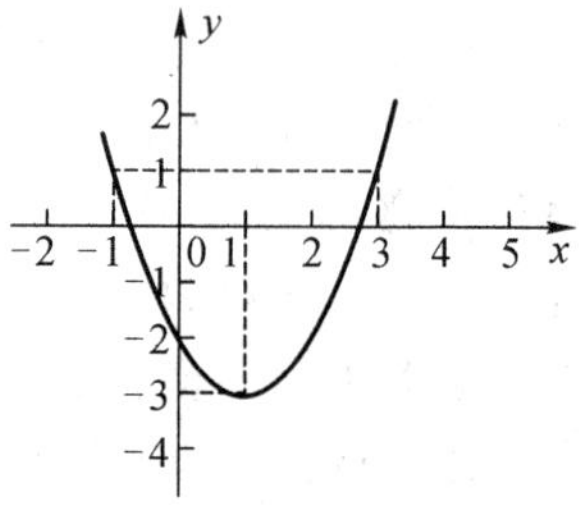

图 10－20　$y=x^2-2x-2$ 的图像

(4) 图 10－21 是二次函数 $y=ax^2+bx+c$ 的图像，由图像可知，不等式 $ax^2+bx+c>0$ 的解集是(　　)。

A. $-1<x<5$　　B. $x>5$

C. $x<-1$ 且 $x>5$　　D. $x<-1$ 或 $x>5$

(5) 根据表 10－5 中的值，可判断出方程 $ax^2+bx+c=0$($a\neq 0$，a，b，c 为常数)的一个根 x 的范围是(　　)。

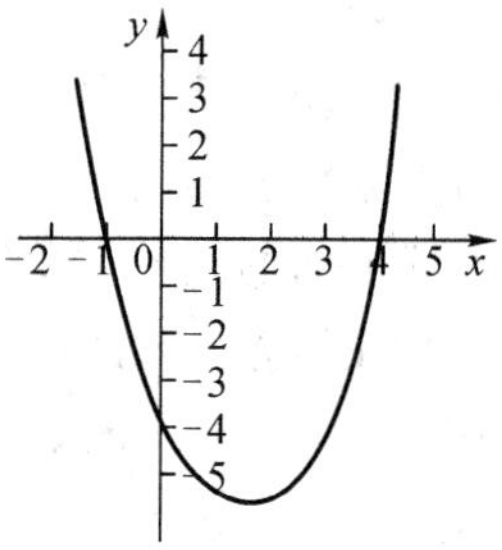

图 10－21　$y=ax^2+bx+c$ 的图像

表 10－5　已知数据

x	3.23	3.24	3.25	3.26
$y=ax^2+bx+c$	−0.06	−0.02	0.03	0.09

A. $3<x<3.23$　　　B. $3.23<x<3.24$

C. $3.24<x<3.25$　　　D. $3.25<x<3.26$

(6) 若二次函数 $y=ax^2+bx+c(a\neq 0)$ 的图像与 x 轴有两个交点，坐标分别为 $(x_1, 0)$、$(x_2, 0)$ 且 $x_1<x_2$，图像上有一点 $M(x_0, y_0)$ 在 x 轴下方，则下列判断正确的是(　　)。

A. $a>0$　　　B. $b^2-4ac\geqslant 0$

C. $x_1<x_0<x_2$　　　D. $a(x_0-x_1)(x_0-x_2)<0$

2. 填空题。

(1) 一元二次方程 $ax^2+bx+c=0$ 的实数根，就是二次函数 $y=ax^2+bx+c$ 当______时自变量 x 的值，它是二次函数的图像与 x 轴交点的________。

(2) 抛物线 $y=ax^2+bx+c$ 与 x 轴的交点个数与一元二次方程 $ax^2+bx+c=0$ 的根的判别式的关系是：当 $b^2-4ac<0$ 时，抛物线与 x 轴有________个交点；当 $b^2-4ac=0$ 时，抛物线与 x 轴有________个交点；当 $b^2-4ac>0$ 时，抛物线与 x 轴有________个交点。

(3) 抛物线 $y=2x^2+8x+m$ 与 x 轴只有一个公共点，则 m 的值为________。

(4) 若二次函数 $y=2x^2-4x-1$ 的图像与 x 轴交于 $A(x_1, 0)$、$B(x_2, 0)$ 两点，则 $\frac{1}{x_1}+\frac{1}{x_2}$ 的值为________。

(5) 若二次函数 $y=-x^2+3x+m$ 的图像全部在 x 轴下方，则 m 的取值范围为________。

(6) 若抛物线 $y=\frac{1}{2}x^2$ 与直线 $y=x+m$ 只有一个公共点，则 m 的值为________。

3. 解答题。

(1) 二次函数 $y=ax^2+bx+c(a\neq 0)$ 的图像如图 10－22 所示，根据图像解答下列问题：

① 写出方程 $ax^2+bx+c=0$ 的两个根；

② 写出不等式 $ax^2+bx+c>0$ 的解集；

③ 写出 y 随 x 的增大而减小时自变量 x 的取值范围。

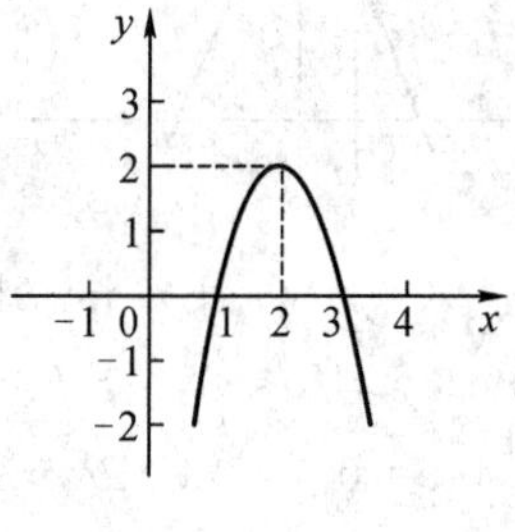

图 10－22　$y=ax^2+bx+c$ 的图像

(2) 已知关于 x 的二次函数 $y=ax^2+bx+c(a>0)$ 的图像经过点 $C(0, 1)$，且与 x 轴交于不同的两点 A、B，点 A 的坐标是 $(1, 0)$。

① 求 c 的值；

② 求 a 的取值范围。

(3) 已知抛物线 $y=-x^2+3(m+1)x+m+4$ 与 x 轴交于 A、B 两点，若 A 点在 x 轴负半轴上，B 点在 x 轴正半轴上，且 $BO=4AO$，求抛物线的表达式。

(4) 如图 10-23 所示，抛物线 $y=-\frac{1}{2}x^2+\frac{\sqrt{2}}{2}x+2$ 与 x 轴交于 A、B 两点，与 y 轴交于 C 点。

① 求 A、B、C 三点的坐标；

② 证明△ABC 为直角三角形；

③ 在抛物线上除 C 点外是否还存在另外一个点 P，使△ABP 是直角三角形？若存在，请求出点 P 的坐标；若不存在，请说明理由。

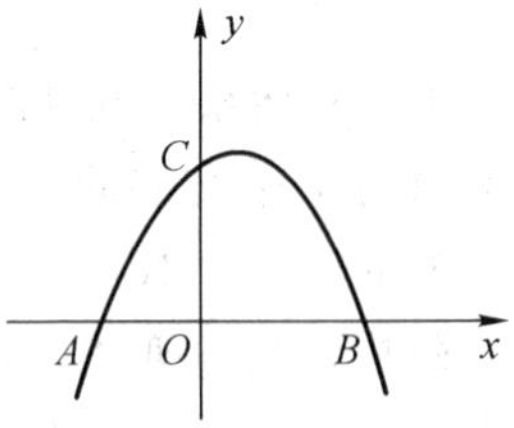

图 10-23　已知抛物线的图像

习　题　10

1. 选择题。

(1) 抛物线 $y=(x-2)^2+3$ 的对称轴是(　　)。

A. 直线 $x=-3$　　B. 直线 $x=3$　　C. 直线 $x=-2$　　D. 直线 $x=2$

(2) 二次函数 $y=ax^2+bx+c$ 的图像如图 10-24 所示，则点 $M\left(b, \frac{c}{a}\right)$ 在(　　)。

A. 第一象限　　B. 第二象限　　C. 第三象限　　D. 第四象限

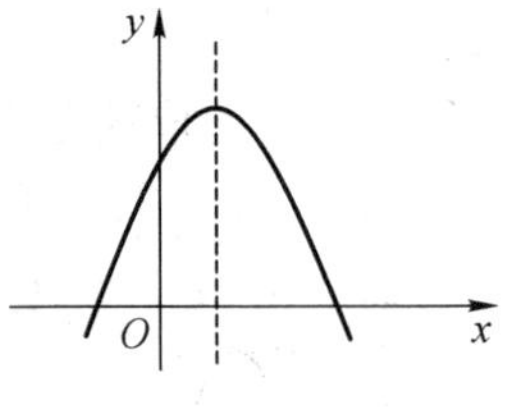

图 10-24　$y=ax^2+bx+c$ 的图像

(3) 已知二次函数 $y=ax^2+bx+c$，且 $a<0$，$a-b+c>0$，则一定有(　　)。

A. $b^2-4ac>0$　　B. $b^2-4ac=0$　　C. $b^2-4ac<0$　　D. $b^2-4ac\leqslant 0$

(4) 把抛物线 $y=x^2+bx+c$ 向右平移 3 个单位，再向下平移 2 个单位，所得图像的解析式是 $y=x^2-3x+5$，则有(　　)。

A. $b=3$，$c=7$　　B. $b=-9$，$c=-15$

C. $b=3$，$c=3$　　D. $b=-9$，$c=21$

(5) 已知反比例函数 $y=\dfrac{k}{x}$ 的图像如图 10-25 所示，则二次函数 $y=2kx^2-x+k^2$ 的图像大致为(　　)。

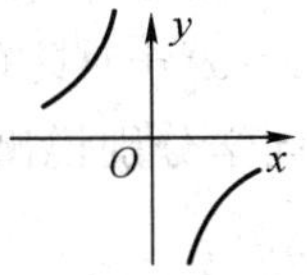

图 10-25　反比例函数 $y=\dfrac{k}{x}$ 的图像

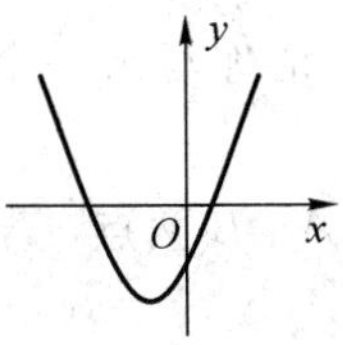

A.

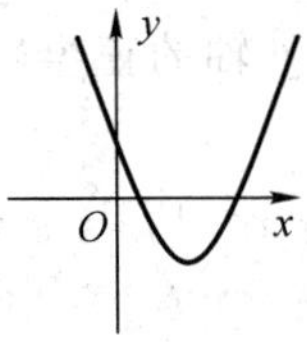

B.

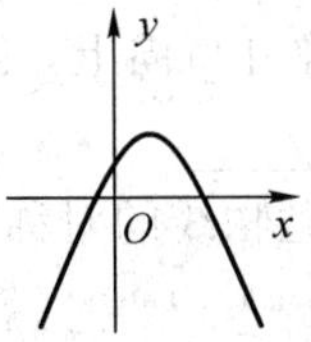

C.

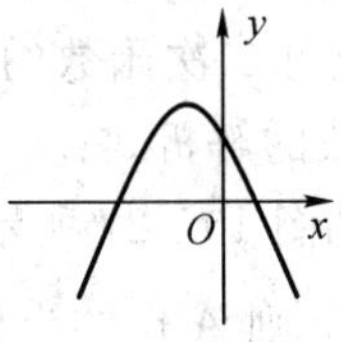

D.

(6) 下面在同一直角坐标系内，二次函数 $y=ax^2+(a+c)x+c$ 与一次函数 $y=ax+c$ 的大致图像中，有且只有一个是正确的，正确的是(　　)。

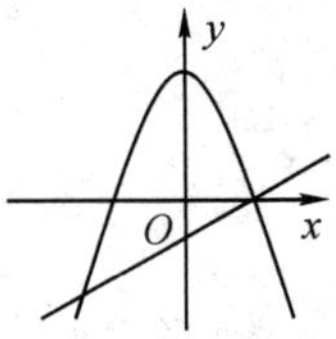

A.

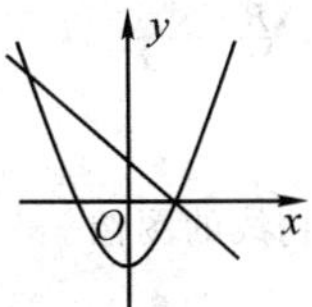

B.

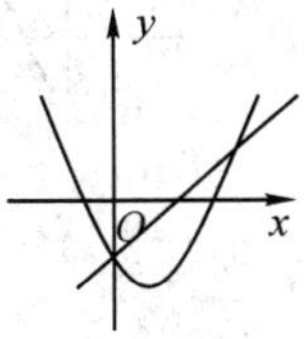

C.

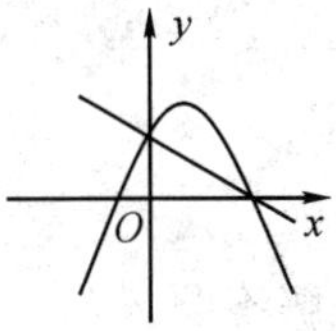

D.

(7) 抛物线 $y=x^2-2x+3$ 的对称轴是直线(　　)。

A. $x=-2$　　B. $x=2$　　C. $x=-1$　　D. $x=1$

(8) 二次函数 $y=(x-1)^2+2$ 的最小值是(　　)。

A. -2　　B. 2　　C. -1　　D. 1

(9) 二次函数 $y=ax^2+bx+c$ 的图像如图 10-26 所示，若 $M=4a+2b+c$，$N=a-b+c$，$P=4a-b$，则(　　)。

A. $N>0$，$N>0$，$P>0$　　B. $M<0$，$N>0$，$P>0$

C. $M>0$，$N<0$，$P>0$　　D. $M<0$，$N>0$，$P<0$

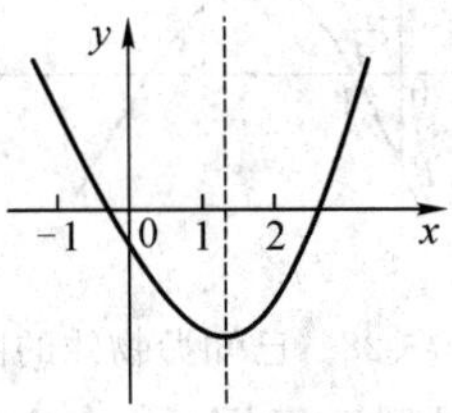

图 10-26　$y=ax^2+bx+c$ 的图像

2. 填空题。

(1) 将二次函数 $y=x^2-2x+3$ 配方成 $y=(x-h)^2+k$ 的形式，则 $y=$________。

(2) 已知抛物线 $y=ax^2+bx+c$ 与 x 轴有两个交点，那么一元二次方程 $ax^2+bx+c=0$ 的根的情况是____________________。

(3) 已知抛物线 $y=ax^2+bx+c$ 与 x 轴的交点的横坐标为 -1，则 $a+c=$________。

(4) 请你写出函数 $y=(x+1)^2$ 与 $y=x^2+1$ 具有的一个共同性质：________。

(5) 有一个二次函数的图像，三位同学分别说出它的一些特点。

甲：对称轴是直线 $x=4$；

乙：与 x 轴的两个交点的横坐标都是整数；

丙：与 y 轴的交点的纵坐标也是整数，且以这三个交点为顶点的三角形的面积为 3。

请你写出满足上述全部特点的一个二次函数表达式：________。

(6) 已知二次函数的图像开口向上，且与 y 轴的正半轴相交，请你写出一个满足条件的二次函数的解析式：____________。

(7) 如图 10－27 所示，抛物线的对称轴是 $x=1$，与 x 轴交于 A、B 两点，若 B 点坐标是$(\sqrt{3}, 0)$，则 A 点的坐标是________。

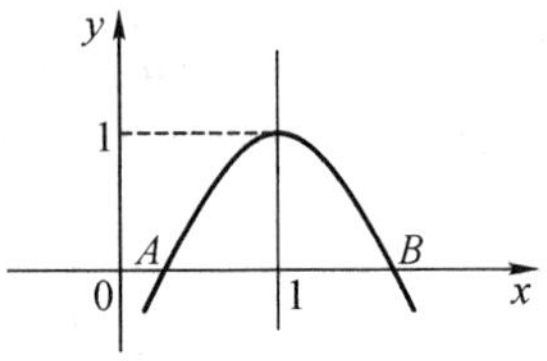

图 10－27　已知抛物线的图像

3. 解答题。

已知函数 $y=x^2+bx-1$ 的图像经过点(3, 2)。

(1) 求这个函数的解析式；

(2) 当 $x>0$ 时，求使 $y\geqslant 2$ 的 x 的取值范围。

4. 应用题。

(1) 如图 10－28 所示，抛物线 $y=-x^2+5x+n$ 经过点 $A(1, 0)$，与 y 轴交于点 B。

① 求抛物线的解析式；

② P 是 y 轴正半轴上一点，且$\triangle PAB$ 是以 AB 为腰的等腰三角形，试求点 P 的坐标。

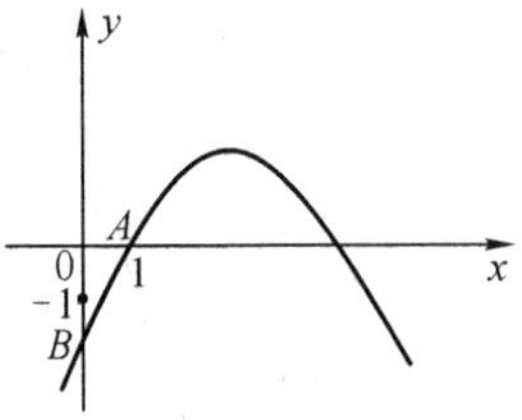

图 10－28　已知抛物线的图像

(2) 某公司推出了一种高效环保型洗涤用品，年初上市后，公司经历了从亏损到盈利的过程。图 10－29 所示的二次函数图像(部分)刻画了该公司年初以来累积利润 S(万元)与销售时间 t(月)之间的关系(即前 t 个月的利润总和 S 与 t 之间的关系)。

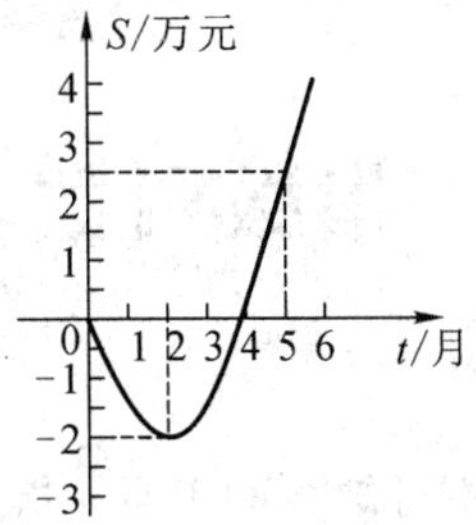

图 10-29　二次函数图像

① 由已知图像上的三点坐标，求累积利润 S(万元)与销售时间 t(月)之间的函数关系式；

② 求截止到几月累积利润可达到 30 万元；

③ 第 8 个月公司所获利润是多少万元？

(3) 如图 10-30 所示，有一座抛物线形拱桥，在正常水位时水面 AB 的宽为 20 m，如果水位上升 3 m，则水面 CD 的宽是 10 m。

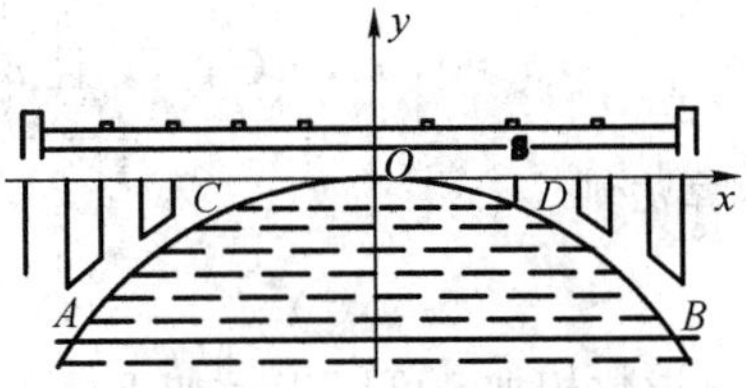

图 10-30　抛物线形拱桥

① 求此抛物线的解析式；

② 现有一辆载有救援物资的货车从甲地出发需经过此桥开往乙地，已知甲地距此桥 280 km(桥长忽略不计)，货车正以每小时 40 km 的速度开往乙地，当行驶 1 小时时，忽然接到紧急通知：前方连降暴雨，造成水位以每小时 0.25 m 的速度持续上涨(货车接到通知时水位在 CD 处，当水位达到桥拱最高点 O 时，禁止车辆通行)。试问：如果货车按原来的速度行驶，能否安全通过此桥？若能，请说明理由；若不能，要使货车安全通过此桥，速度应超过每小时多少千米？

(4) 某机械租赁公司有同一型号的机械设备 40 套。经过一段时间的经营发现：当每套机械设备的月租金为 270 元时，恰好全部租出。在此基础上，当每套设备的月租金提高 10 元时，这种设备就少租出一套，且未租出的一套设备每月需要支出费用(维护费、管理费等)20 元。设每套设备的月租金为 x(元)，租赁公司出租该型号设备的月收益(收益＝租金收入－支出费用)为 y(元)。

① 用含 x 的代数式表示未租出的设备数(套)以及所有未租出设备(套)的支出费用。

② 求 y 与 x 之间的二次函数关系式。

③ 当月租金分别为 430 元和 350 元时，租赁公司的月收益分别是多少元？此时应该租出多少套机械设备？请你简要说明理由。

④ 请把②中所求的二次函数配方成 $y=\left(x+\frac{b}{2a}\right)^2+\frac{4ac-b^2}{4a}$ 的形式，并据此说明当 x 为何值时，租赁公司出租该型号设备的月收益最大？最大月收益是多少？

第 11 章　指数函数与对数函数

指数和对数是进行科学计算不可缺少的工具，指数函数、对数函数和幂函数都是基本的初等函数，它们在社会和自然科学中有着重要的作用。本章我们将学习它们的概念、图像和基本性质。

11.1　实数指数

分数指数幂的意义是

$$a^{\frac{m}{n}}=\sqrt[n]{a^m}\ (a>0,\ m,\ n\in \mathbf{N}_+,\ 且\ n>1)$$

$$a^{-\frac{m}{n}}=\frac{1}{a^{\frac{m}{n}}}\quad (a>0,\ m,\ n\in \mathbf{N}_+,\ 且\ n>1)$$

下面介绍实数指数幂的运算法则。

1. 同底数幂的乘法

同底数幂相乘，底数不变，指数相加，可以表示如下：

$$a^m\cdot a^n=a^{m+n}(m、n\ 为正整数)$$

例 11.1　计算：

(1) $10^2\times 10^3$；　　(2) $a\cdot a^2\cdot a^3$。

解(1)

$$10^2\times 10^3=10^{2+3}=10^5$$

(2)

$$a\cdot a^2\cdot a^3=a^{1+2+3}=a^6$$

2. 幂的乘方

幂的乘方，底数不变，指数相乘，可以表示如下：

$$(a^m)^n=a^{mn}\quad (m、n\ 为正整数)$$

例 11.2　计算：

(1) $(10^3)^4$；　　(2) $(b^2)^8$。

解　(1)

$$(10^3)^4=10^{3\times 4}=10^{12}$$

(2)

$$(b^2)^8=b^{2\times 8}=b^{16}$$

3. 积的乘方

积的乘方等于把各因式分别乘方，再把所得的幂相乘，可以表示如下：

$$(ab)^n=a^n\cdot b^n(a>0,\ b>0,\ n\ 为正整数)$$

例 11.3　计算：

(1) $(2a)^3$；　　(2) $(2\times a^2)^3$；

(3) $(-ab)^5$；　　(4) $(-3x)^4$。

解　(1)

$$(2a)^3=2^3\times a^3=8a^3$$

(2) $$(2\times a^2)^3=2^3\times(a^2)^3=8a^6$$

(3) $$(-ab)^5=(-1)^5\cdot a^5\cdot b^5=-a^5b^5$$

(4) $$(-3x)^4=(-3)^4\cdot x^4=81x^4$$

4. 同底数幂的除法

同底数幂相除，底数不变，指数相减，用式子表示如下：

$$a^m\div a^n=a^{m-n}(m\text{、}n\text{ 为正整数})$$

例 11.4　计算：

(1) $a^7\div a^2$；　(2) $(2a)^8\div(2a)^3$。

解　(1) $$a^7\div a^2=a^{7-2}=a^5$$

(2) $$(2a)^8\div(2a)^3=(2a)^{8-3}=(2a)^5=32a^5$$

★练习 11.1

1. 计算。

(1) $\sqrt[3]{5^3}$；　(2) $\left(-\dfrac{1}{2}\right)^0$；　(3) $x^2\cdot x^6$；

(4) $(a^{-2})^4$；　(5) $a^6\div a^2$；　(6) $(a^2\cdot b^3)^5$。

2. 计算。

(1) $\left(-\dfrac{1}{2}\right)^{-6}$；　(2) $27^{\frac{2}{3}}$；　(3) $10000^{\frac{1}{4}}$；

(4) $\left(\dfrac{64}{49}\right)^{-\frac{1}{2}}$；　(5) $8^{\frac{1}{3}}\times16^{\frac{1}{4}}$；　(6) $4^{-\frac{1}{2}}$。

3. 用分数指数幂表示下列各式。

(1) $\sqrt[3]{x^2}$；　(2) $\dfrac{1}{\sqrt[3]{a}}$；　(3) $\sqrt[4]{(a+b)^3}$；

(4) $\sqrt[3]{m^2+n^2}$；　(5) $\dfrac{\sqrt{x}}{\sqrt[5]{y^2}}$。

4. 化简。

(1) $(2x)^{-3}$；　(2) $(-3x^2)^3$；

(3) $-21a^3b^4\div7ab$；　(4) $\left(-\dfrac{1}{2}a^4x^6\right)\div\left(-\dfrac{1}{6}a^3x^2\right)$。

11.2　指数函数

下面先看两个具体的例子，研究问题中两个变量之间的依赖关系。

问题 1　某种细胞分裂时，每次由 1 个分裂成 2 个，2 个分裂成 4 个，3 次分裂后得到 8 个细胞，以此类推，一个这样的细胞分裂 x 次后，得到的细胞个数 y 与 x 的函数关系是什么？

在这个问题中，分裂的次数是一个变量，每次分裂后，细胞的个数也是一个变量，由题意可知：

当 $x=1$ 时，$y=2^1=2$；

当 $x=2$ 时,$y=2^2=4$;

当 $x=3$ 时,$y=2^3=8$;

⋮

由此可以归纳出,一个细胞经过 x 次分裂后,得到的细胞个数 y 与 x 的函数关系为

$$y=2^x$$

由此可见,对任意一个 x 值,都有唯一确定的 y 与之对应,根据函数的定义可知,细胞个数 y 是分裂次数 x 的函数。

问题 2 一种放射性物质不断衰变为其他物质,每经过一年剩余的质量约是原来的85%,求出这种物质的剩余量 y 随时间 x(单位为年)变化的函数关系。

由题意可得如表 11-1 所示的关系。

表 11-1 一种放射性物质的剩余量随时间变化的函数关系

x	1	2	3	4	5	6
y	0.85	0.85^2	0.85^3	0.85^4	0.85^5	0.85^6

由表 11-1 所示的对应关系可知,此种物质的剩余量随时间变化的函数关系是:

$$y=0.85^x$$

通过上面两个问题可以看出,上述两个函数都是底数为常数、自变量在指数位置上的函数。

一般地,函数 $y=a^x(a>0$,且 $a\neq1)$ 叫作指数函数,其中 x 为自变量,函数的定义域是 **R**。

现在来研究指数函数的图像和性质。先画出一些指数函数的图像,例如,$y=2^x$,$y=\left(\frac{1}{2}\right)^x$ 的图像,列出 x、y 的对应值表,如表 11-2 所示。

表 11-2 $y=2^x$ 和 $y=\left(\frac{1}{2}\right)^x$ 中 x、y 的对应值表

x	…	-2	-1	0	1	2	3	…
$y=2^x$	…	1/4	1/2	1	2	4	8	…
$y=\left(\frac{1}{2}\right)^x$	…	4	2	1	1/2	1/4	1/8	…

在同一坐标系中,用描点法画出图像,如图 11-1 所示。

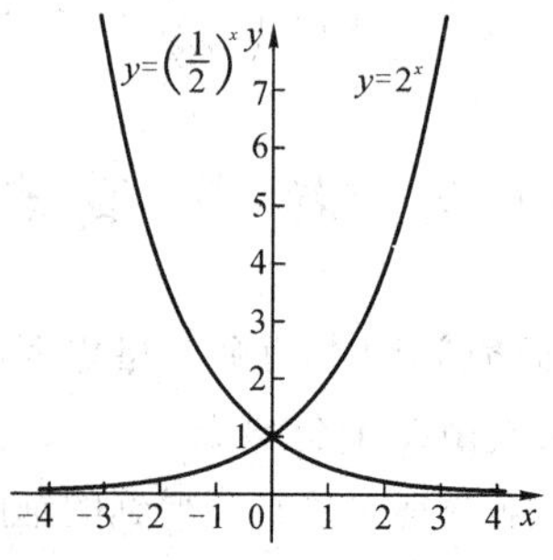

图 11-1 $y=2^x$ 和 $y=\left(\frac{1}{2}\right)^x$ 的图像

从函数的对应值表和图像中可以看出：

（1）$y=2^x$ 在$(-\infty,+\infty)$上是增函数，当 x 逐渐增大时，对应的函数值 y 逐渐增大，当 x 逐渐减小时，对应的函数值 y 逐渐减小，函数的图像从 x 轴上方逐渐趋近于 x 轴；$y=\left(\dfrac{1}{2}\right)^x$ 在$(-\infty,+\infty)$上是减函数，当 x 逐渐增大时，对应的函数值 y 逐渐减小，当 x 逐渐减小时，对应的函数值 y 逐渐增大，函数的图像从 x 轴上方逐渐趋近于 x 轴。

（2）这两个函数的图像都在 x 轴上方，函数值 y 都大于零，且它们的图像都通过点$(0,1)$。

由以上例子我们可以归纳出指数函数 $y=a^x(a>0$，且 $a\neq1)$在底数 $a>1$ 和 $0<a<1$ 这两种情况下的图像和性质，如表 11－3 所示。

表 11－3　指数函数的图像和性质

条件		$a>1$	$0<a<1$
图像		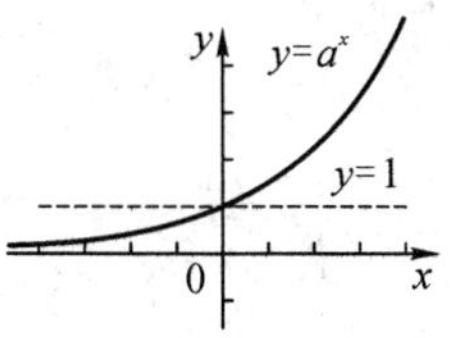	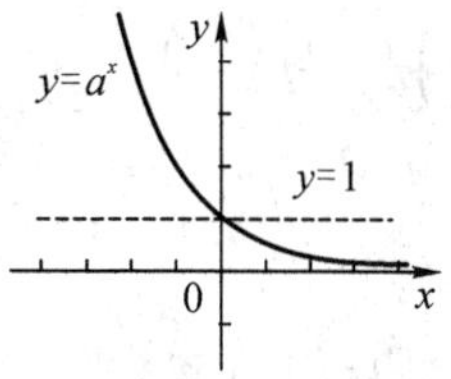
性质	定义域	**R**	
	值域	$(0,+\infty)$	
	过定点	过定点$(0,1)$，即 $x=0$ 时，$y=1$	
	函数值的变化	当 $x>0$ 时，$y>1$； 当 $x<0$ 时，$0<y<1$	当 $x>0$ 时，$0<y<1$； 当 $x<0$ 时，$y>1$
	单调性	是 **R** 上的增函数	是 **R** 上的减函数

例 11.5　利用指数函数的性质，比较下列各题中两个值的大小：

（1）$3^{1.7}$ 与 $3^{2.5}$；

（2）$0.6^{-0.1}$ 与 $0.6^{-0.3}$。

解　（1）考察函数 $y=3^x$，它在区间$(-\infty,+\infty)$上是增函数，因为 $1.7<2.5$，所以 $3^{1.7}<3^{2.5}$。

（2）考察函数 $y=0.6^x$，它在区间$(-\infty,+\infty)$上是减函数，因为 $-0.1>-0.3$，所以 $0.6^{-0.1}<0.6^{-0.3}$。

例 11.6　求下列函数的定义域：

（1）$y=7^{\frac{1}{x}}$；

（2）$y=\left(\dfrac{1}{2}\right)^{\sqrt{3-x}}$。

解　（1）要使已知函数有意义，必须使 $\dfrac{1}{x}$ 有意义，即 $x\neq0$，所以函数 $y=7^{\frac{1}{x}}$ 的定义域是 $\{x \mid x\neq0\}$。

(2) 要使已知函数有意义，必须使 $\sqrt{3-x}$ 有意义，即 $x\leqslant 3$，所以函数 $y=\left(\frac{1}{2}\right)^{\sqrt{3-x}}$ 的定义域是 $(-\infty, 3]$。

★练习 11.2

1. 指出 $y=a^x$ 与 $y=-a^x$ 的图像在同一坐标系中的关系。

2. 下列函数是指数函数的是(　　)。

A. $y=-2^x$　　B. $y=2^{x+1}$　　C. $y=2^{-x}$　　D. $y=(-2)^x$

3. 在同一坐标系中画出下列函数的图像并说出它们的关系。

(1) $y=2^x$ 和 $y=2^{-x}=\left(\frac{1}{2}\right)^x$；

(2) $y=3^x$ 和 $y=-3^x$。

4. 利用指数函数的性质，比较下列各题中两个值的大小。

(1) $\left(\frac{3}{4}\right)^{-1.8}$ 与 $\left(\frac{3}{4}\right)^{-2.6}$；

(2) $\left(\frac{5}{8}\right)^{-\frac{2}{3}}$ 与 $\left(\frac{3}{4}\right)^{-\frac{2}{3}}$；

(3) 0.6^{-2} 与 $\left(\frac{4}{3}\right)^{-\frac{2}{3}}$；

(4) $1.1^{3.2}$ 与 $1.9^{3.2}$。

5. 求下列函数的定义域。

(1) $y=2^{\sqrt{x}}$；　　(2) $y=\sqrt{3^x-3}$。

11.3　对数及其运算

11.3.1　对数的定义与性质

在指数函数 $y=a^x(a>0$ 且 $a\neq 1)$ 中，对于实数集 $\mathbf{R}$ 内的任一数值 x，在正实数集内部都有唯一确定的值 y 与它对应；反之，对于正实数集内的每一个确定的值 y，在 $\mathbf{R}$ 内部都有唯一确定的值 x 与它对应。幂指数 x 又叫作以 a 为底 y 的对数。

例如：

因为 $3^4=81$，所以 4 是以 3 为底 81 的对数；

因为 $4^2=16$，所以 2 是以 4 为底 16 的对数；

因为 $4^{\frac{1}{2}}=2$，所以 $\frac{1}{2}$ 是以 4 为底 2 的对数；

因为 $2^3=8$，所以 3 是以 2 为底 8 的对数。

一般地，如果 $a^b=N(a>0$ 且 $a\neq 1)$，那么数 b 叫作以 a 为底 N 的对数，记作

$$b=\log_a N$$

其中，a 叫作对数的底数，N 叫作真数。

我们把 $a^b=N$ 称为指数式，$\log_a N=b$ 称为对数式。根据对数的定义，可以得到对数式

与指数式之间的关系：

当 $a>0$ 且 $a\neq1$ 时，有

$$a^b=N \Leftrightarrow b=\log_a N$$

由此可以得到对数恒等式：

$$a^{\log_a N}=N$$

利用对数式与指数式之间的关系，我们可以进行对数式与指数式的互化。例如，指数式 $2^3=8$ 化为对数式 $\log_2 8=3$；对数式 $\log_{10}100=2$ 化为指数式 $10^2=100$。

根据对数的定义，对数具有下列性质：

(1) 零和负数没有对数，即 $N>0$；

(2) 1 的对数为 0，即 $\log_a 1=0$；

(3) 底数的对数为 1，即 $\log_a a=1$。

通常我们把底数为 10 的对数叫作常用对数。$\log_{10}N$ 通常记作 $\lg N$ 。若没有指出对数的底，都是指常用对数。另外，在科学技术计算中，常常用到以无理数 e=2.718 28…为底的对数，以 e 为底的对数叫自然对数。$\log_e N$ 通常记作 $\ln N$。$\log_2 N$ 通常记作 $\mathrm{lb}N$。

★练习 11.3.1

1. 填空。

(1) 对数的定义：一般地 $a^b=N(a>0，a\neq1)$，我们把________记作 $\log_a N$，a 叫作________，N 叫作________，读作________，实质上对数表达式是指数式的另一种表达形式。

(2) $a^0=1\Leftrightarrow\log_a 1=$________；$a^1=a\Leftrightarrow\log_a a=$________；________和________没有对数。

(3) $\mathrm{lb}2=$________；　　$\mathrm{lb}1=$________；

$\lg0.01=$________；　　$\mathrm{lb}\frac{1}{2}=$________；

$\log_3 81=$________；　　$2^{1+\mathrm{lb}3}=$________；

$2^{\mathrm{lb}27}=$________；　　$5^{\log_5 6}=$________；

$\lg1000=$________；　　$\lg1=$________。

2. 把下列指数式写成对数式。

(1) $6^2=36$；　　(2) $8.6^0=1$；

(3) $3^{-2}=\frac{1}{9}$；　　(4) $\left(\frac{1}{2}\right)^{-3}=8$；

(5) $10^{-2}=0.01$；　　(6) $81^{-\frac{1}{4}}=\frac{1}{3}$；

(7) $5^3=125$；　　(8) $a^0=1$；

(9) $2^x=7$；　　(10) $3^x=y$。

3. 把下列对数式写成指数式。

(1) $\log_a N=b$；　　(2) $\log_3 27=3$；

(3) $\log_{\frac{1}{3}}9=-2$；　　(4) $\mathrm{lb}64=6$；

(5) $\lg1000=3$；　　(6) $\log_3\frac{1}{81}=-4$；

(7) $\log_a \sqrt[3]{a^2}=\dfrac{2}{3}$；　　(8) $\mathrm{lb}\dfrac{1}{8}=-3$；

(9) $\lg 5=x$；　　(10) $\lg 9=x$。

11.3.2　对数的运算

本节我们根据指数式与对数式的关系及指数幂的运算法则来研究对数的运算法则。

已知$\log_a M$、$\log_a N$($M>0$, $N>0$)，求$\log_a MN$、$\log_a \dfrac{M}{N}$、$\log_a M^n$。

设$\log_a M=p$，$\log_a N=q$，由对数的定义可得

$$M=a^p,\ N=a^q$$

因为 $MN=a^p a^q=a^{p+q}\Rightarrow \log_a(MN)=p+q$，所以

$$\log_a(MN)=p+q=\log_a M\cdot\log_a N$$

同理，$\dfrac{M}{N}=\dfrac{a^p}{a^q}=a^{p-q}$，所以

$$\log_a\frac{M}{N}=p-q=\log_a M-\log_a N$$

因为 $M=a^p$，$M^n=a^{np}$，所以

$$\log_a M^n=np=n\log_a M$$

由此我们得到对数的积、商、幂的运算法则：

(1) $\log_a(MN)=\log_a M+\log_a N$；

(2) $\log_a\dfrac{M}{N}=\log_a M-\log_a N$；

(3) $\log_a M^n=n\log_a M$。

例 11.7　用$\log_a x$、$\log_a y$、$\log_a z$ 表示下列各式：

(1) $\log_a\dfrac{xy}{z}$；　　(2) $\log_a(x^4y^5)$。

解　(1)　$\log_a\dfrac{xy}{z}=\log_a(xy)-\log_a z=\log_a x+\log_a y-\log_a z$

(2)　$\log_a(x^4y^5)=\log_a x^4+\log_a y^5=4\log_a x+5\log_a y$

例 11.8　求下列各式的值：

(1) $\mathrm{lb}(2^5\times 4^7)$；

(2) $\lg\sqrt[5]{100}$；

(3) $\log_3\dfrac{1}{3}+\log_3 27$；

(4) $\lg 14-2\lg\dfrac{7}{3}+\lg 7-\lg 18$。

解　(1)　$\mathrm{lb}(2^5\times 4^7)=\mathrm{lb}2^5+\mathrm{lb}4^7=5\,\mathrm{lb}2+7\,\mathrm{lb}4=5+14=19$

(2)　$\lg\sqrt[5]{100}=\lg 100^{\frac{1}{5}}=\dfrac{1}{5}\lg 100=\dfrac{2}{5}$

(3)　$\log_3\dfrac{1}{3}+\log_3 27=\log_3\left(\dfrac{1}{3}\times 27\right)=\log_3 9=2$

(4) $\lg14-2\lg\frac{7}{3}+\lg7-\lg18=\lg14-\lg\left(\frac{7}{3}\right)^2+\lg7-\lg18$

$$=\lg\frac{14\times7}{\left(\frac{7}{3}\right)^2\times18}$$

$$=\lg1=0$$

一般地，有下面的换底公式：

$$\log_b N=\frac{\log_a N}{\log_a b}$$

其中，a，$b>0$，且 $a\neq1$，$b\neq1$。

证明　设$\log_a N=p$，由对数的定义可得

$$N=a^p$$

又

$$\log_c N=\log_c a^p$$

$$\log_c N=p\log_c a$$

所以

$$p=\frac{\log_c N}{\log_c a}$$

即$\log_b N=\frac{\log_a N}{\log_a b}$得证。

例 11.9　求$\log_8 9\times\log_{27}32$ 。

解　$\log_8 9\times\log_{27}32=\frac{\lg9}{\lg8}\times\frac{\lg32}{\lg27}=\frac{2\lg3}{3\lg2}\times\frac{5\lg2}{3\lg3}=\frac{2}{3}\times\frac{5}{3}=\frac{10}{9}$

★练习 11.3.2

1. 填空。

(1) $\lg5+\lg20=$________；

(2) $\mathrm{lb}12-\mathrm{lb}3=$________；

(3) 用换底公式将 $\log_5 4$ 换成以 10 为底的对数为________，换成以 2 为底的对数为________。

2. 用$\log_a x$、$\log_a y$、$\log_a z$ 表示下列各式。

(1) $\lg(xyz)$；　(2) $\lg\frac{x^2y}{\sqrt{z}}$；

(3) $\log_a\frac{\sqrt{x}}{yz}$；　(4) $\log_a x^2y^{\frac{1}{3}}z$。

3. 求下列各式的值。

(1) $\lg100^2$；　(2) $\log_4\frac{1}{16}$；

(3) $\mathrm{lb}(8\times4^2)$；　(4) $\lg4+\lg25$；

(5) $\log_4 8$ ；　(6) $\lg\frac{1}{4}-\lg25$；

(7) $\log_7 3+\log_7\frac{1}{3}$ ；　(8) $2\log_5 25-6\log_5 1$。

4．化简 $\log_a b \cdot \log_b c \cdot \log_c a$。

5．证明下列各式。

(1) $\mathrm{lb}64=3\log_8 64$；　　(2) $\log_8 81=\frac{4}{3}\mathrm{lb}3$。

11.4　对数函数

1．对数函数的定义

下面求指数函数 $y=2^x$ 的反函数。

把 $y=2^x$ 写成对数式，得

$$x=\mathrm{lb}y$$

由于函数 $y=2^x$ 在 $(-\infty,+\infty)$ 上是单调函数，因此对于任意给定的正数 y，都能由上式确定唯一的值 x，即函数 $y=2^x$ 的反函数存在。在对数式 $x=\mathrm{lb}y$ 中，把字母 x、y 互换，就得到函数 $y=2^x$ 的反函数：

$$y=\mathrm{lb}x$$

它的定义域是 $(0,+\infty)$。

一般地，指数函数 $y=a^x(a>0$ 且 $a\neq1)$ 的反函数为 $y=\log_a x(a>0$ 且 $a\neq1)$，即函数 $y=\log_a x$ 与 $y=a^x$ 互为反函数。

形如 $y=\mathrm{lb}_a x(a>0$ 且 $a\neq1)$ 的函数叫作对数函数，其中 x 是自变量，函数的定义域是 $(0,+\infty)$。

2．对数函数的性质

作下面两个对数函数的图像：

(1) $y=\mathrm{lb}x$；　　(2) $y=\log_{\frac{1}{2}}x$。

首先列出 x、y 的对应值表，如表 11－4 所示。

表 11－4　x、y 的对应值表

x	…	1/8	1/4	1/2	1	2	4	…
$y=\mathrm{lb}x$	…	-3	-2	-1	0	1	2	…
$y=\log_{\frac{1}{2}}x$	…	3	2	1	0	-1	-2	…

在同一坐标系里用描点法画图像，如图 11－2 所示。

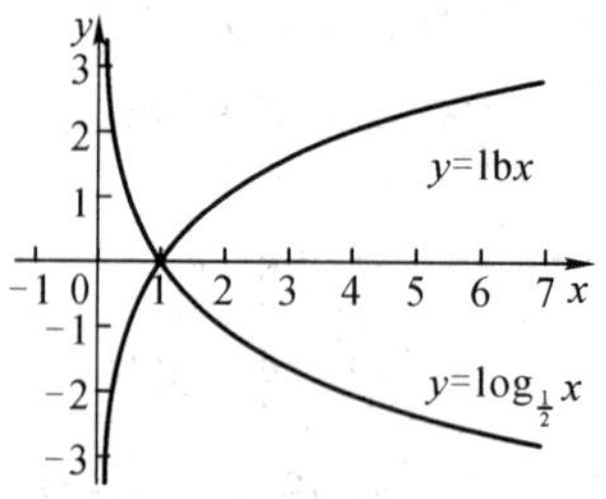

图 11－2　$y=\mathrm{lb}x$ 和 $y=\log_{\frac{1}{2}}x$ 的图像

从这两个函数的对应值表和图像可以看到，$y=\mathrm{lb}x$ 在区间$(0,+\infty)$上是增函数，而 $y=\log_{\frac{1}{2}}x$ 在区间$(0,+\infty)$上是减函数。这两个函数的定义域都是$(0,+\infty)$，值域都是 $\mathbf{R}$，并且它们的图像都过点$(1,0)$。

通过观察对数函数的图像，容易得到对数函数的性质，如表 11－5 所示。

表 11－5　对数函数的图像和性质

<table>
<tr><td></td><td colspan="2">$a>1$</td><td>$0<a<1$</td></tr>
<tr><td>图像</td><td colspan="2">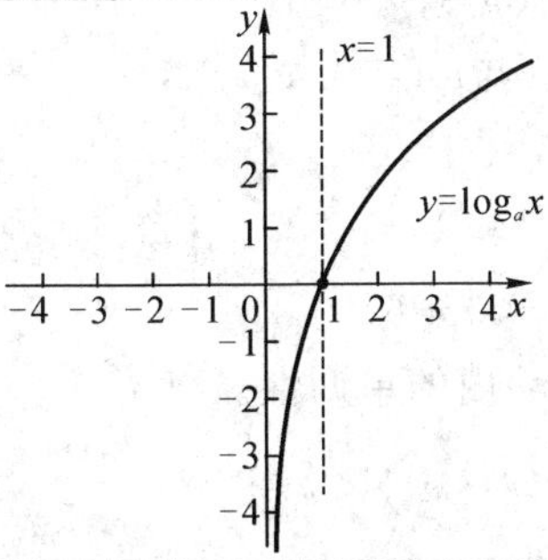
</td><td>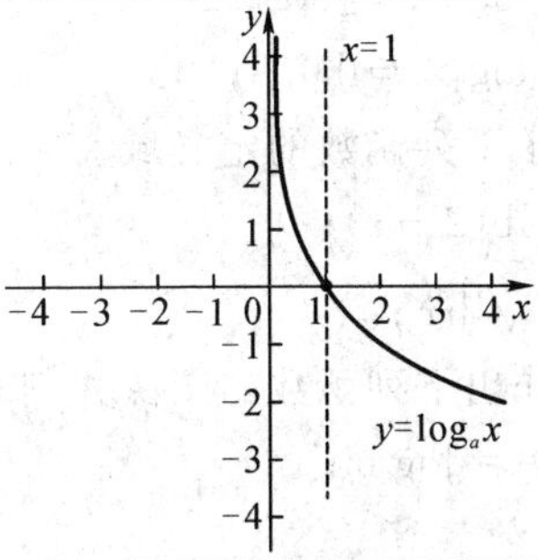
</td></tr>
<tr><td rowspan="4">性质</td><td>定义域</td><td colspan="2">$(0,+\infty)$</td></tr>
<tr><td>值域</td><td colspan="2">$\mathbf{R}$</td></tr>
<tr><td>过定点</td><td colspan="2">过定点$(1,0)$，即 $x=1$ 时，$y=0$</td></tr>
<tr><td>单调性</td><td>在$(0,+\infty)$上递增，</td><td>在$(0,+\infty)$上递减</td></tr>
</table>

例 11.10　求下列函数的定义域：

(1) $y=\log_3 x^2$；

(2) $y=\log_{0.3}(2-x)$。

分析　本例主要是利用对数函数的定义域求解。

解　(1) 要使已知函数有意义，必须使 $x^2>0$，即 $x\neq 0$，所以函数 $y=\log_3 x^2$ 的定义域是$\{x|x\neq 0\}$。

(2) 要使已知函数有意义，必须使 $2-x>0$，即 $x<2$，所以函数 $y=\log_{0.3}(2-x)$的定义域是$(-\infty,2)$。

例 11.11　不求值，比较下列各组数中两个数值的大小：

(1) lb1.7 与lb3.7；　　(2) $\log_{0.3}3.6$ 与$\log_{0.3}3.8$。

解　(1) 考察对数函数 $y=\mathrm{lb}x$，它在区间$(0,+\infty)$上是增函数，因为 $1.7<3.7$，所以 $\mathrm{lb}1.7<\mathrm{lb}3.7$。

(2) 考察对数函数 $y=\log_{0.3}x$，它在区间$(0,+\infty)$上是减函数，因为 $3.6<3.8$，所以 $\log_{0.3}3.6>\log_{0.3}3.8$。

★练习 11.4

1. 口答下列各题。

(1) 一个对数函数的底数是$\frac{1}{4}$，则它的解析式是什么？它的定义域、值域分别是什么？

(2) 对数函数 $y=\mathrm{lb}x$ 的底数是多少？这个函数的单调性是怎样的？

(3) 在同一坐标系中画出 $y=\mathrm{lb}x$ 与$\mathrm{lb}(-x)$的图像，并说出它们的关系。

2. 填空。

(1) 指数函数 $y=a^x$ 的定义域是对数函数 $y=\log_a x$ 的________；指数函数 $y=a^x$ 的值域是对数函数 $y=\log_a x$ 的________。

(2) 函数 $y=\log_{a-1}x$ 在区间 $(0,+\infty)$ 上是增函数，则 a 的取值范围是________。

3. 利用对数函数的性质，比较下列各题中两个数值的大小。

(1) $\lg 7$ 与 $\lg 8$；　(2) $\log_5 6$ 与 $\log_5 7$；

(3) $\log_{0.1}3$ 与 $\log_{0.1}2$；　(4) $\log_6 7$ 与 $\log_7 6$；

(5) $\log_3 2$ 与 $\text{lb}0.8$；　(6) $\log_{0.3}0.5$ 与 $\log_{0.3}0.4$。

4. 求下列函数的定义域。

(1) $\text{lb}(2+x)$；　(2) $\log_3(x^2-4x)$；

(3) $\sqrt[4]{\text{lb}x}$；　(4) $\log_7(x^2-5x+6)$。

5. 作出下列函数的图像并判断它们在 $(0,+\infty)$ 内的单调性。

(1) $y=\log_3 x$；　(2) $y=\log_{\frac{1}{3}}x$。

11.5 幂　函　数

我们以前学习过函数 $y=x$，$y=x^2$，$y=x^3$，$y=x^{-1}$，$y=x^{\frac{1}{2}}$，$y=x^{-2}$ 等，可以发现它们的函数表达式都有一些共同的特征：它们都是幂的形式，且幂的底数是自变量，指数是常数。

一般地，我们把形如

$$y=x^\alpha(\alpha\in\mathbf{R})$$

的函数称为幂函数，其中 x 是自变量，α 是常数。

下面我们通过一些函数的图像来研究幂函数的性质。

例 11.12　用描点法作出下列函数的图像：

(1) $y=x$；　(2) $y=x^2$；　(3) $y=x^{-1}$；　(4) $y=x^{-2}$。

解　列出各函数的对应值表，如表 11-6～11-9 所示。

(1) $y=x$ 的定义域是 $(-\infty,+\infty)$，$y=x$ 的图像如图 11-3 所示。

表 11-6　例 11.12 表 1

x	…	−3	−2	−1	0	1	2	3	…
$y=x$	…	−3	−2	−1	0	1	2	3	…

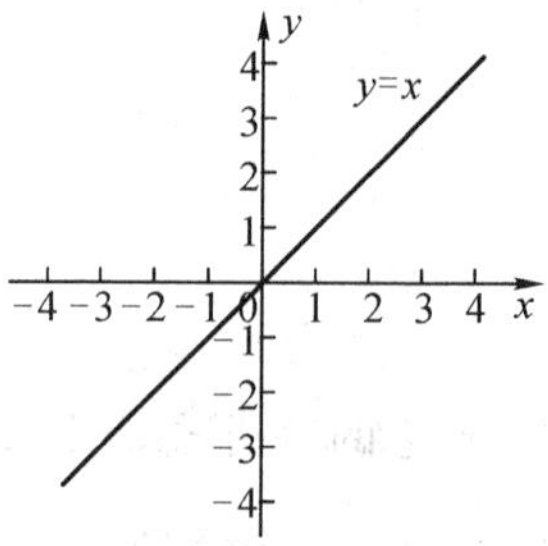

图 11-3　例 11.12 图 1

（2）$y=x^2$ 的定义域是$(-\infty,+\infty)$，$y=x^2$ 图像如图 11－4 所示。

表 11－7　例 11.12 表 2

x	…	-2	-1	$-1/2$	0	1/2	1	2	…
$y=x^2$	…	4	1	1/4	0	1/4	1	4	…

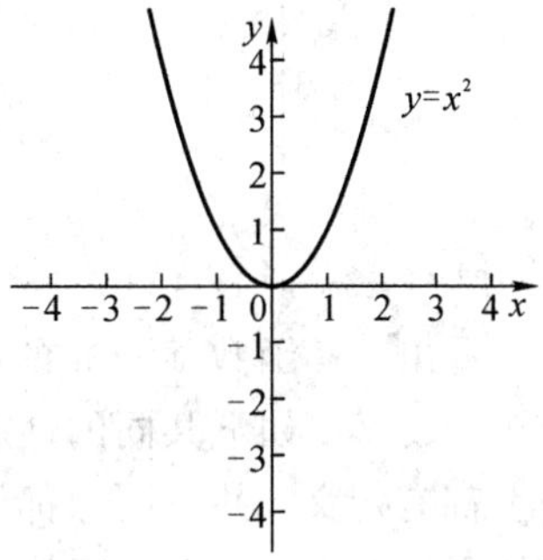

图 11－4　例 11.12 图 2

（3）$y=x^{-1}$的定义域是$(-\infty,0)\cup(0,+\infty)$，$y=x^{-1}$的图像如图 11－5 所示。

表 11－8　例 11.12 表 3

x	…	-3	-2	-1	0	1	2	3	…
$y=x^{-1}$	…	$-1/3$	$-1/2$	-1	/	1	1/2	1/3	…

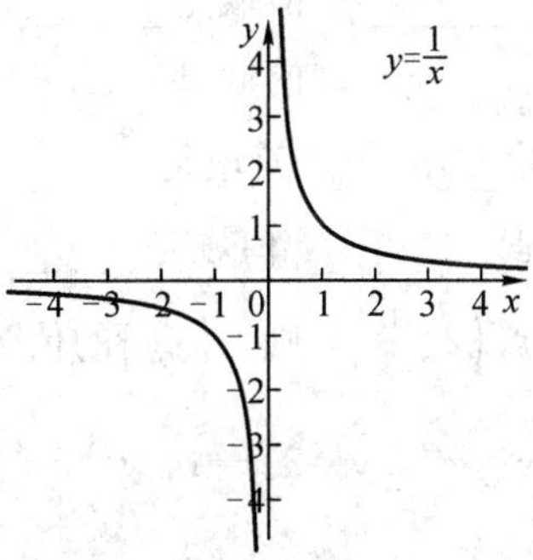

图 11－5　例 11.12 图 3

（4）$y=x^{-2}$的定义域是$(-\infty,0)\cup(0,+\infty)$，$y=x^{-2}$的图像如图 11－6 所示。

表 11－9　例 11.12 表 4

x	…	-3	-2	-1	0	1	2	3	…
$y=x^{-2}$	…	1/9	1/4	1	/	1	1/4	1/9	…

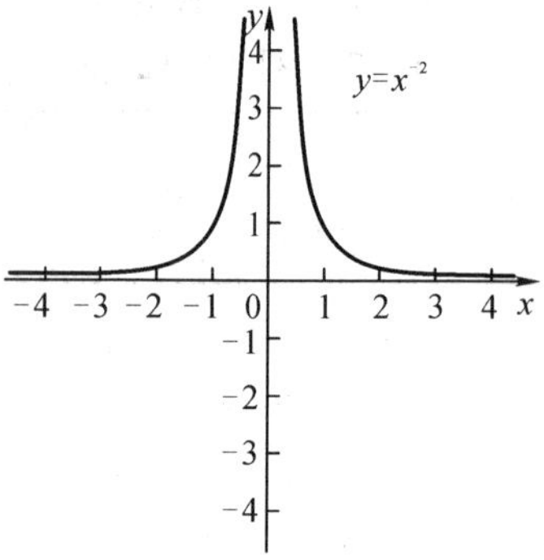

图 11－6 例 11.12 图 4

从这些函数的图像中我们可以看出，幂函数随着 α 的取值不同，其定义域、值域、图像和性质也都不相同。但是这些幂函数存在如下共同的性质：

(1) 所有幂函数在 $(0,+\infty)$ 上都有定义，并且图像都经过点 $(1,1)$。

(2) 当 $\alpha>0$ 时，幂函数的图像通过原点，并且在区间 $[0,+\infty)$ 上是增函数。

(3) 当 $\alpha<0$ 时，幂函数在区间 $(0,+\infty)$ 上是减函数。

★练习 11.5

1. 根据下面幂函数的解析式，写出相应的定义域和值域。

(1) 函数 $y=x^{\frac{1}{2}}$ 的定义域是________，值域是________，奇偶性是________；

(2) 函数 $y=x^{\frac{1}{3}}$ 的定义域是________，值域是________，奇偶性是________；

(3) 函数 $y=x^{\frac{2}{3}}$ 的定义域是________，值域是________，奇偶性是________；

(4) 函数 $y=x^{\frac{3}{2}}$ 的定义域是________，值域是________，奇偶性是________；

(5) 函数 $y=x^{\frac{-2}{3}}$ 的定义域是________，值域是________，奇偶性是________；

(6) 函数 $y=x^{-\frac{3}{2}}$ 的定义域是________，值域是________，奇偶性是________。

2. 幂函数 $f(x)$ 的图像经过点 $\left(2,\frac{1}{4}\right)$，则 $f\left(\frac{1}{2}\right)$ 的值为________。

3. 在函数 $y=x^{-4}$，$y=4^x$，$y=x^{\frac{2}{3}}$，$y=2x-1$，$y=2x^2+x$，$y=\frac{1}{x^3}$ 中，哪几个函数是幂函数？

4. 在同一坐标系中，画出幂函数 $y=x^{-3}$、$y=\sqrt[3]{x}$ 的图像，并结合图像说出这些函数有哪些相同的性质。

5. 判断下列函数的奇偶性，并作出函数的图像：

(1) $y=x^4$；　　　　(2) $y=x^{\frac{1}{4}}$。

习　题　11

1. 填空题。

(1) 求值 $27^{\frac{2}{3}}=$________，$\mathrm{lb}16=$________。

(2) 函数 $f(x)=\mathrm{lb}(x-2)$的定义域是________。

(3) 幂函数 $y=x^3$ 在定义域内是单调________。

(4) 把指数式 $4^3=64$ 改写成对数式________。

(5) $y=\dfrac{2}{2^x-1}$的定义域是________。

(6) $\sqrt{(3-\pi)^2}$化简后为________。

(7) $\log_3 2\cdot\mathrm{lb}9=$________。

(8) 已知$0.5^m>0.5^n$，则 m ________ n。

(9) 计算：$\log_3\dfrac{2}{9}+\log_3\dfrac{27}{2}=$________。

(10) 计算：$\left(\dfrac{4}{9}\right)^{\frac{1}{2}}+\left(3\dfrac{3}{8}\right)^{-\frac{2}{3}}-(0.001)^0=$________。

2. 选择题。

(1) 下列函数是幂函数的是(　　)。

A. $y=x+3$　　B. $y=x^3$　　C. $y=3^x$　　D. $y=\mathrm{lb}x$

(2) 对数lb1 的值正确的是(　　)。

A. 0　　B. 1　　C. 2　　D. 以上都不对

(3) 若指数函数图像经过点$\left(1,\dfrac{1}{2}\right)$，则其解析式为(　　)。

A. $y=2^x$　　B. $y=\left(\dfrac{1}{2}\right)^x$　　C. $y=4^x$　　D. $y=\left(\dfrac{1}{4}\right)^x$

(4) 若函数 $y=\log_a x$ 的图像经过点$(2,-1)$，则底 $a=$(　　)。

A. 2　　B. -2　　C. $\dfrac{1}{2}$　　D. $-\dfrac{1}{2}$

(5) 下列对数函数在区间$(0,+\infty)$内为减函数的是(　　)。

A. $y=\lg x$　　B. $y=\log_{\frac{1}{2}}x$　　C. $y=\ln x$　　D. $y=\mathrm{lb}x$

(6) 三个数0.7^3、$\log_3 0.7$、$3^{0.7}$的大小关系是(　　)。

A. $0.7^3<3^{0.7}<\log_3 0.7$　　B. $0.7^3<\log_3 0.7<3^{0.7}$

C. $\log_3 0.7<0.7^3<3^{0.7}$　　D. $\log_3 0.7<3^{0.7}<0.7^3$

(7) 若函数 $y=2^x$，则下列说法正确的是(　　)。

A. y 为奇函数　　B. y 为偶函数　　C. 非奇非偶　　D. 奇偶性无法确定

(8) 将根式$\sqrt{2\sqrt{2}}$写成指数式，正确的是(　　)。

A. $2^{\frac{3}{4}}$　　B. $2^{\frac{3}{2}}$　　C. $2^{\frac{2}{3}}$　　D. $2^{\frac{4}{3}}$

(9) 将 $2^8=256$ 写成对数式(　　)。

A. $\log_8 256=8$　　B. $\log_{256}8=2$　　C. $\mathrm{lb}256=8$　　D. $\log_8 2=256$

(10) 计算：$\log_3 18-\log_3 2=$(　　)。

A. 3　　B. 2　　C. 1　　D. $\log_3 16$

(11) 下列不等式中，不正确的是(　　)。

A. $\log_{0.2}2>\log_{0.2}3$　　B. $\log_{0.5}0.6>1$

C. $\log_2 \frac{2}{3} > \log_3 \frac{2}{5}$　　D. $\log_3 \frac{2}{3} < \log_3 \frac{3}{2}$

3. 求函数的定义域。

(1) $y=\sqrt{2^x-4}$；　　(2) $y=\text{lb}(2x-6)$；

(3) $y=2^{\sqrt{x}}$；　　(4) $y=\sqrt{x-2}+\text{lb}4x$。

4. 不求值，比较下列各数的大小。

(1) $\log_3 4$ 与 $\log_3 5$；　　(2) $\log_3 4$ 与 $\log_4 3$；

(3) $0.7^{0.1}$ 与 $0.7^{-0.2}$；　　(4) $4^{0.3}$ 与 $4^{0.1}$。

5. 指数式与对数式互化。

(1) $3^x=7$；　　(2) $10^x=45$；

(3) $x=\log_4 5$；　　(4) $\lg 0.4=x$。

6. 计算。

(1) $2\lg 5+\lg 4$；　　(2) $\lg 8+\lg 5\cdot\lg 200+(\lg 5)^2$；

(3) $(-\pi)^0+(1.5)^{-2}\times\sqrt[3]{\left(\frac{27}{8}\right)^2}-\frac{1}{\sqrt{0.01}}+\sqrt{9^2}$；

(4) $\log_3 18-\log_3 2$。

7. 已知 $\lg 2=a$，$\lg 3=b$，试用 a、b 表示下列各数。

(1) $\lg 6$；　　(2) $\lg 12$；

(3) $\lg\sqrt{3}$；　　(4) $\lg 36$。

8. 已知指数函数 $f(x)=a^x$ 的图像过点 $\left(2,\frac{1}{16}\right)$，求：

(1) a；　　(2) $f(-1)$。

9. 有一种储蓄按复利计算利息，本金为 a 元，每期利率为 r，设本利和为 y，存期为 x，写出本利和 y 随存期 x 变化的函数式。如果存入本金 1000 元，每期利率 2.25%，计算 5 期后的本利和是多少。

10. 截止到 1999 年年底，我国人口约为 13 亿，若今后能将人口年平均增长率控制在 1%，则经过 x 年后，我国人口为 y(亿)。

(1) 求 y 与 x 的函数关系式 $y=f(x)$；

(2) 求函数 $y=f(x)$ 的定义域；

(3) 判断函数 $f(x)$ 是增函数还是减函数，并指出函数增减的实际意义。

第 12 章　三 角 函 数

12.1　任意角的概念与弧度制

问题　游乐场的摩天轮，每一个轿厢挂在一个旋臂上，小明与小华两人同时登上摩天轮，旋臂转过一圈后，小明下了摩天轮，小华继续乘坐一圈。那么小华走下来时，旋臂转过的角度是多少呢?

通过上面的实例，发现仅用锐角或 $0°\sim360°$范围的角已经不能反映生产、生活中的一些实际问题，因此需要对角的概念进行推广。

12.1.1　任意角的概念

一条射线由原来的位置 OA，绕着它的端点 O，按逆时针(或顺时针)方向旋转到另一位置 OB，就形成了角 α。旋转开始位置的射线 OA 叫作角 α 的始边，终止位置的射线 OB 叫作角 α 的终边，端点 O 叫作角 α 的顶点。

规定　按逆时针方向旋转所形成的角叫作正角(见图 12-1)，按顺时针方向旋转所形成的角叫作负角(见图 12-2)。当射线没有作任何旋转时，也认为形成了一个角，这个角叫作零角。

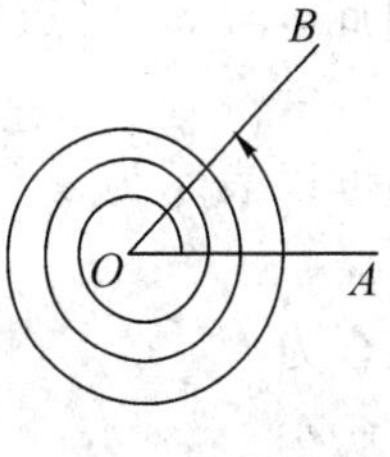

图 12-1　任意角

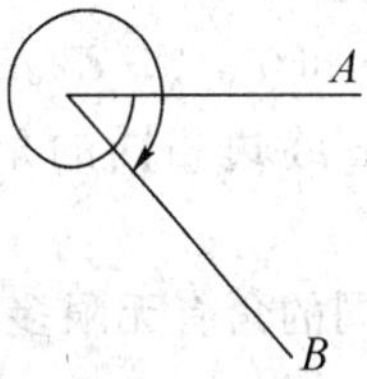

图 12-2　负角

经过这样的推广以后，角包含任意大小的正角、负角和零角。

除了使用角的顶点与边的字母表示角，将角记为$\angle AOB$ 或$\angle O$ 外，经常用小写希腊字母 α，β，γ，…来表示角。

数学中经常在平面直角坐标系中研究角。将角的顶点与坐标原点重合，角的始边在 x 轴的正半轴，此时角的终边在第几象限，就把这个角叫作第几象限的角(或者说这个角在第几象限)。

如图 12-3 所示，$30°$、$390°$、$-330°$都是第一象限的角，$120°$是第二象限的角，$-120°$是第三象限的角，$-60°$、$300°$都是第四象限的角。

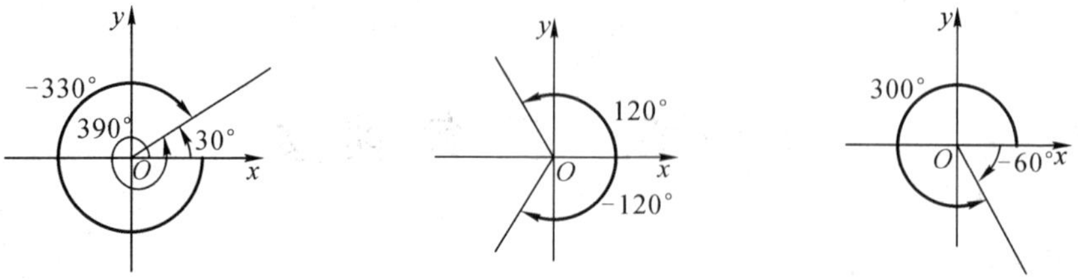

图 12-3　不同象限的角

终边在坐标轴上的角叫作界限角。例如，0°、90°、180°、270°、360°、-90°、-270°等都是界限角。

在直角坐标系中作出 390°、-330°和 30°角，这些角的终边有何关系呢？由于

$$390°=30°+1\times 360°$$

$$-330°=30°+(-1)\times 360°$$

即 390°、-330°与 30°之差都是 360°的整数倍，它们是射线绕坐标原点旋转到 30°的终边位置后，分别继续按顺时针或逆时针方向再旋转一周所形成的角。

与 30°终边相同的角还有：

$$750°=30°+2\times 360°$$

$$1110°=30°+3\times 360°$$

$$\vdots$$

$$-690°=30°+(-2)\times 360°$$

$$-1050°=30°+(-3)\times 360°$$

$$\vdots$$

所有与 30°终边相同的角的度数，与 30°的度数之差都恰好为 360°的整数倍。它们(包括 30°)都可以表示为 $30°+k\cdot 360°(k\in \mathbf{Z})$的形式。因此，与 30°终边相同的角的集合为 $S=\{\beta \mid \beta=30°+k\cdot 360°,\ k\in \mathbf{Z}\}$。

一般地，与角 α 终边相同的角(包括角 α 在内)都可以表示为 $\alpha+k\cdot 360°(k\in \mathbf{Z})$的形式。

与角 α 终边相同的角有无限多个，它们所组成的集合为

$$S=\{\beta|\beta=\alpha+k\cdot 360°,\ k\in \mathbf{Z}\}$$

例 12.1　写出与下列各角终边相同的角的集合：

(1) 60°；　　　　(2) -114°26′。

分析　首先要写出与已知角终边相同的角的集合 S，然后选取整数 k 的值，使得 $\alpha+k\cdot 360°$在指定的范围内。

解　(1) 与 60°角终边相同的角的集合是

$$\{\beta \mid \beta=60°+k\cdot 360°,\ k\in \mathbf{Z}\}$$

(2) 与-114°26′角终边相同的角的集合是

$$S=\{\beta \mid \beta=-114°26'+k\cdot 360°,\ k\in \mathbf{Z}\}$$

例 12.2　写出终边在 y 轴上的角的集合。

分析　在 0°～360°范围内，终边在 y 轴正半轴上的角为 90°，终边在 y 轴负半轴上的角为 270°，因此，终边在 y 轴正半轴、负半轴上所有的角分别是：

$$k \cdot 360° + 90° = 2k \cdot 180° + 90° \quad (12-1)$$

$$k \cdot 360° + 270° = (2k+1) \cdot 180° + 90° \quad (12-2)$$

其中，$k \in \mathbf{Z}$。式(12－1)等号右边表示 180°的偶数倍再加上 90°，式(12－2)等号右边表示 180°的奇数倍再加上 90°，可以将它们合并为 180°的整数倍再加上 90°。

解　终边在 y 轴上的角的集合是

$$S = \{\beta \mid \beta = n \cdot 180° + 90°,\ n \in \mathbf{Z}\}$$

当 n 取偶数时，角的终边在 y 轴正半轴上；当 n 取奇数时，角的终边在 y 轴负半轴上。

★练习 12.1.1

1. 在 0°～360°范围内，找出与下列各角终边相同的角，并指出它们是哪个象限的角。

(1) 405°；　(2) －165°；　(3) 1563°；　(4) 5421°。

2. 写出与下列各角终边相同的角的集合，并把其中在－360°～360°范围内的角写出来。

(1) 45°；　(2) －55°；　(3) －220°45′；　(4) 1330°。

3. 若 α 是第二象限角，则 $180° - \alpha$ 是第几象限角？

4. 已知角 $\alpha = 1690°$。

(1) 试将 α 写成 $2k\pi + \beta(k \in \mathbf{Z}, \beta \in [0, 2\pi))$ 的形式；

(2) 求 θ，使 θ 与 α 的终边相同，且 $\theta \in (-4\pi, -2\pi)$。

5. 已知角 α 为第二象限角，求 $\frac{\alpha}{2}$ 的范围。

12.1.2　弧度制

角是如何度量的？角的单位是什么？

将圆周的 $\frac{1}{360}$ 圆弧所对的圆心角叫作 1 度角，记作 1°。

1 度等于 60 分(1°＝60′)，1 分等于 60 秒(1′＝60″)。

以度为单位来度量角的单位制叫作角度制。

角度制下，计算两个角的加、减运算时，经常会带来单位换算上的麻烦。能否重新设计角的单位制，使两角的加、减运算像十进制数的加、减运算那样简单呢？

通常将等于半径长的圆弧所对的圆心角叫作 1 弧度的角，记作 1 弧度或 1 rad. 以弧度为单位来度量角的单位制叫作弧度制。

若圆的半径为 r，圆心角 $\angle AOB$ 所对的圆弧长为 $2r$，那么 $\angle AOB$ 的大小就是 $\frac{2r}{r}$ 弧度＝2 弧度，如图 12－4 所示。

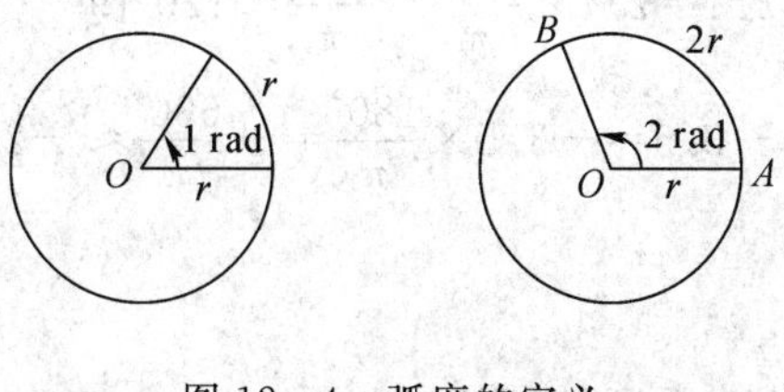

图 12－4　弧度的定义

规定 正角的弧度数为正数，负角的弧度数为负数，零角的弧度数为零。

由定义知道，角 α 的弧度数的绝对值等于圆弧长 l 与半径 r 的比。半径为 r 的圆的周长为 $2\pi r$，故周角的弧度数为

$$\frac{2\pi r}{r}\text{ rad}=2\pi\text{ rad}$$

由此得到两种单位制之间的换算关系：

$$360^\circ=2\pi\text{ rad}$$

即

$$180^\circ=\pi\text{ rad}$$

$$1^\circ=\frac{\pi}{180}\text{ rad}\approx 0.01745\text{ rad}$$

$$1\text{ rad}=\left(\frac{180}{\pi}\right)^\circ\approx 57.3^\circ=57^\circ18'$$

说明

(1) 用弧度制表示角的大小时，在不产生误解的情况下，通常可以省略单位“弧度”或“rad”。例如，1 rad，2 rad，$\frac{\pi}{2}$ rad 可以分别写作 1，2，$\frac{\pi}{2}$。

(2) 采用弧度制以后，每一个角都对应唯一的实数;反之，每一个实数都对应唯一的角。这样就在角的集合与实数集之间建立起了一一对应的关系。

例 12.3 把下列各角度换算为弧度(精确到 0.001)：

(1) 15°；　(2) $8^\circ30'$；　(3) -100°。

分析 角度制换算为弧度制应利用公式 $1^\circ=\frac{\pi}{180}\text{ rad}\approx 0.01745\text{ rad}$。

解 (1) $$15^\circ=15\times\frac{\pi}{180}=\frac{\pi}{12}\approx 0.262$$

(2) $$8^\circ30'=8.5^\circ=8.5\times\frac{\pi}{180}=\frac{17\pi}{360}\approx 0.148$$

(3) $$-100^\circ=-100\times\frac{\pi}{180}=-\frac{5\pi}{9}\approx -1.745$$

例 12.4 把下列各弧度换算为角度(精确到 $1'$)：

(1) $\frac{3\pi}{5}$；　(2) 2.1；　(3) -3.5。

分析 弧度制换算角度制应利用公式 $1\text{ rad}=\left(\frac{180}{\pi}\right)^\circ\approx 57.3^\circ=57^\circ18'$。

解 (1) $$\frac{3\pi}{5}=\frac{3\pi}{5}\times\frac{180^\circ}{\pi}=108^\circ$$

(2) $$2.1=2.1\times\frac{180^\circ}{\pi}=\frac{378^\circ}{\pi}\approx 120^\circ19'$$

(3) $$-3.5=-3.5\times\frac{180^\circ}{\pi}=-\frac{630^\circ}{\pi}\approx -200^\circ32'$$

★练习 12.1.2

1. 把下列各角从角度化为弧度(口答)。

180°=______；　90°=______；　45°=______；　15°=______；

60°=______；　30°=______；　120°=______　270°=______。

2. 把下列各角从弧度化为角度(口答)。

π=______；　$\frac{\pi}{2}$=______；　$\frac{\pi}{4}$=______；　$\frac{\pi}{8}$=______；

$\frac{2\pi}{3}$=______；　$\frac{\pi}{3}$=______；　$\frac{\pi}{6}$=______；　$\frac{\pi}{12}$=______。

3. 把下列各角从角度化为弧度。

(1) 75°；　(2) −240°；　(3) 105°；　(4) 67°30′。

4. 把下列各角从弧度化为角度。

(1) $\frac{\pi}{15}$；　(2) $\frac{2\pi}{5}$；　(3) $-\frac{4\pi}{3}$；　(4) -6π。

5. 将表 12－1 补充完整。

表 12－1　角度与弧度换算

角度	0°	30°	45°	60°	90°	120°	135°	150°	180°
弧度									
角度	210°	225°	240°	270°	300°	315°	330°	360°	
弧度									

12.2　任意角的三角函数

12.2.1　任意角的三角函数的定义

锐角三角函数是用直角三角形中边与边的比值来定义的，而任意角的三角函数是怎样来定义的呢？

在初中，我们学习过锐角三角函数的定义。

如图 12－5 所示，在 Rt△ABC 中，有

$$\sin\alpha=\frac{BC}{AB},\quad \cos\alpha=\frac{AC}{AB},\quad \tan\alpha=\frac{BC}{AC}$$

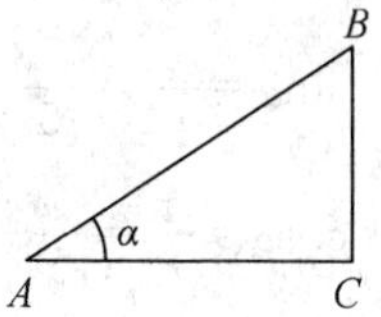

图 12－5　直角三角形

下面将锐角的三角函数推广到任意角的三角函数。

定义 12.1　设 α 是任意大小的角，点 $P(x,y)$ 为角 α 的终边上的任意一点(不与原点重合)，点 P 到原点的距离为 $r=\sqrt{x^2+y^2}$，如图 12－6 所示，那么角 α 的正弦、余弦、正切分别定义为

$$\sin\alpha=\frac{y}{r}$$

$$\cos\alpha=\frac{x}{r}$$

$$\tan\alpha=\frac{y}{x}$$

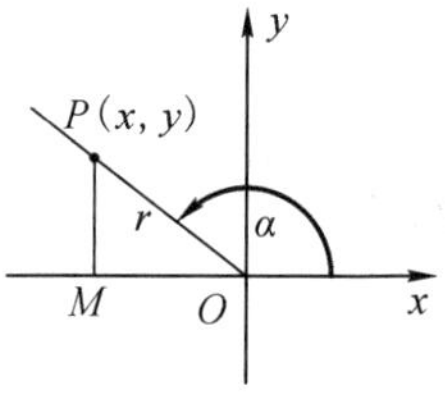

图 12-6　任意角 α

说明　在比值存在的情况下，对角 α 的每一个确定的值，按照相应的对应关系，角 α 的正弦、余弦、正切都分别有唯一的比值与之对应，它们都是以角 α 为自变量的函数，分别叫作正弦函数、余弦函数、正切函数，统称为三角函数。

由定义可以看出，当角 α 的终边在 y 轴上时，$\alpha=\frac{\pi}{2}+k\pi(k\in\mathbf{Z})$，终边上任意一点的横坐标 x 的值都等于 0，此时 $\tan\alpha=\frac{y}{x}$ 无意义。除此以外，对于每一个确定的角 α，三个函数都有意义。

例 12.5　已知角 α 的终边经过点 $P(2,-3)$，求角 α 的正弦、余弦、正切值。

分析　已知角 α 终边上一点 P 的坐标，求角 α 的某个三角函数值时，首先要根据关系式 $r=\sqrt{x^2+y^2}$，求出点 P 到坐标原点的距离 r，然后根据三角函数的定义进行计算。

解　因为 $x=2$，$y=-3$，所以 $r=\sqrt{2^2+(-3)^2}=\sqrt{13}$，因此

$$\sin\alpha=\frac{y}{r}=\frac{-3}{\sqrt{13}}=-\frac{3\sqrt{13}}{13}$$

$$\cos\alpha=\frac{x}{r}=\frac{2}{\sqrt{13}}=\frac{2\sqrt{13}}{13}$$

$$\tan\alpha=\frac{y}{x}=-\frac{3}{2}$$

例 12.6　已知角 α 的终边经过 $P(4,-3)$，求 $2\sin\alpha+\cos\alpha$。

解　因为 $x=4$，$y=-3$，所以 $r=\sqrt{4^2+(-3)^2}=5$，进而得

$$\sin\alpha=\frac{y}{r}=\frac{-3}{5}$$

$$\cos\alpha=\frac{x}{r}=\frac{4}{5}$$

$$2\sin\alpha+\cos\alpha=-\frac{2}{5}$$

★练习 12.2.1

1. 终边上的点 P 的坐标如下，分别求出角 α 的正弦、余弦、正切值。

(1) $P(3,-4)$；　　(2) $P(-1,2)$；　　(3) $P\left(\frac{1}{2},-\frac{\sqrt{3}}{2}\right)$。

2. 点 $P(3a,-4a)(a\neq0)$在角 α 的终边上，求 $\tan\alpha$。

3. 角 α 的终边在直线 $y=\frac{\sqrt{3}}{3}x$ 上，求出角 α 的正弦、余弦、正切值。

4. 角 α 的终边经过点 $P(4a,-3a)(a\neq0)$，求 $2\sin\alpha+\cos\alpha$。

5. 已知 $P(-\sqrt{3},y)$为角 α 的终边上的一点，且 $\sin\alpha=\frac{\sqrt{13}}{13}$，那么 y 的值等于多少？

12.2.2　三角函数值在各象限的符号

由于 $r>0$，因此任意角的三角函数的符号取决于点 P 所在的象限。

当角 α 的终边在第一象限时，点 P 在第一象限，$x>0,y>0$，所以

$$\sin\alpha>0,\quad \cos\alpha>0,\quad \tan\alpha>0$$

当角 α 的终边在第二象限时，点 P 在第二象限，$x<0,y>0$，所以

$$\sin\alpha>0,\quad \cos\alpha<0,\quad \tan\alpha<0$$

当角 α 的终边在第三象限时，点 P 在第三象限，$x<0,y<0$，所以

$$\sin\alpha<0,\quad \cos\alpha<0,\quad \tan\alpha>0$$

当角 α 的终边在第四象限时，点 P 在第四象限，$x>0$，$y<0$，所以

$$\sin\alpha<0,\quad \cos\alpha>0,\quad \tan\alpha<0$$

任意角的三角函数值的正负号如图 12－7 所示。

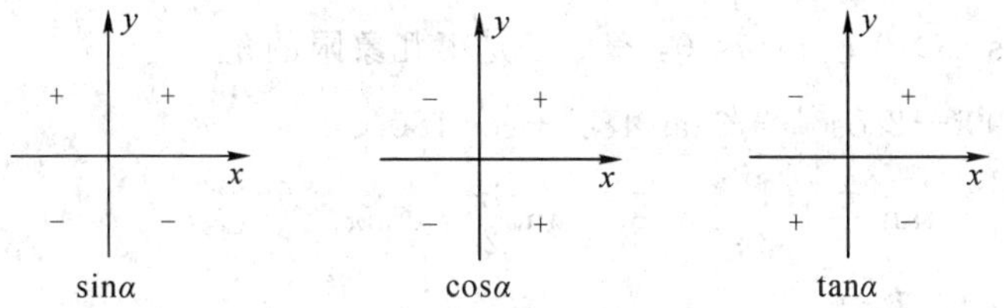

图 12－7　任意角的三角函数值的正负号

例 12.7　判定下列角的各三角函数的正负号：

(1) 4327°；　　(2) $\frac{27\pi}{5}$。

分析　判断任意角的三角函数值的正负号时，首先要判断出角所在的象限。

解　(1) 因为$4327°=12\times360°+7°$，所以，4327°为第一象限角，故 $\sin 4327°>0$，$\cos 4327°>0$，$\tan 4327°>0$。

(2) 因为$\frac{27\pi}{5}=2\times2\pi+\frac{7\pi}{5}$，所以$\frac{27\pi}{5}$为第三象限角。

由于零角的终边与 x 轴的正半轴重合，因此对于角终边上的任意点 $P(x,y)$，都有 $x=r$，$y=0$。利用三角函数的定义，有 $\sin0=\frac{0}{r}=0$，$\cos0=\frac{r}{r}=1$，$\tan0=\frac{0}{r}=0$。

同样还可以求得 0、$\frac{\pi}{2}$、π、$\frac{3\pi}{2}$、2π 的三角函数值，如表 12－2 所示。

表 12-2　0、$\frac{\pi}{2}$、π、$\frac{3\pi}{2}$、2π 的三角函数值

三角函数	角度				
	0	$\frac{\pi}{2}$	π	$\frac{3\pi}{2}$	2π
$\sin\alpha$	0	1	0	-1	0
$\cos\alpha$	1	0	-1	0	1
$\tan\alpha$	0	$+\infty$	0	$+\infty$	0

例 12.8　求值：

$$5\cos 180°-3\sin 90°+2\tan 0°-6\sin 270°$$

分析　这类问题需要首先计算出界限角的三角函数值，然后进行代数运算。

解

$$\begin{aligned}&5\cos 180°-3\sin 90°+2\tan 0°-6\sin 270°\\ =&5\times(-1)-3\times 1+2\times 0-6\times(-1)\\ =&-2\end{aligned}$$

★练习 12.2.2

1. 判断下列角的各三角函数值的正负号。

(1) $525°$；　(2) $-235°$；　(3) $\frac{19\pi}{6}$；　(4) $-\frac{3\pi}{4}$。

2. 根据条件 $\sin\theta>0$ 且 $\tan\theta<0$，确定 θ 是第几象限的角。

3. 计算 $5\sin 90°-2\cos 0°+\sqrt{3}\tan 180°+\cos 180°$。

4. 计算 $\cos\frac{\pi}{2}-\tan\frac{\pi}{4}+\frac{1}{3}\tan^2\frac{\pi}{3}-\sin\frac{3\pi}{2}+\cos\pi$。

5. 将表 12-3 填写完整。

表 12-3　0、$\frac{\pi}{6}$、$\frac{\pi}{4}$、$\frac{\pi}{3}$、$\frac{\pi}{2}$ 的三角函数值

三角函数	角度				
	0	$\frac{\pi}{6}$	$\frac{\pi}{4}$	$\frac{\pi}{3}$	$\frac{\pi}{2}$
$\sin\alpha$					
$\cos\alpha$					
$\tan\alpha$					

12.3　同角三角函数的基本关系式

在初中，我们学过以下公式：

平方关系：$\sin^2\alpha+\cos^2\alpha=1$。

商数关系：$\frac{\sin\alpha}{\cos\alpha}=\tan\alpha$。

我们知道，公式中的 α 为锐角时公式成立，那么对任意角 α，公式还成立吗？

(1) 由 $x^2+y^2=r^2$，且 $\sin\alpha=\frac{y}{r}$，$\cos\alpha=\frac{x}{r}$，得

$$\sin^2\alpha+\cos^2\alpha=1$$

(2) 当 $\alpha\neq k\pi+\frac{\pi}{2}(k\in\mathbf{Z})$时，有

$$\frac{\sin\alpha}{\cos\alpha}=\frac{y}{r}\div\frac{x}{r}=\frac{y}{r}\times\frac{r}{x}=\frac{y}{x}=\tan\alpha$$

上面两个关系式是同角三角函数的基本关系式，当我们知道一个角的某一个三角函数值时，利用这两个关系式和三角函数的定义，就可以得出这个角的其余的三角函数值。此外，还可以用它们化简三角函数式和证明三角恒等式。

例 12.9　已知 $\sin\alpha=\frac{3}{5}$，并且 α 是第二象限角，求 $\tan\alpha$、$\cos\alpha$ 的值。

分析　由平方关系可求 $\cos\alpha$ 的值，由已知条件和 $\cos\alpha$ 的值可以求 $\tan\alpha$ 的值。

解　因为 $\sin^2\alpha+\cos^2\alpha=1$，$\alpha$ 是第二象限角，所以

$$\cos\alpha=-\sqrt{1-\sin^2\alpha}=-\sqrt{1-\left(\frac{3}{5}\right)^2}=-\frac{4}{5}$$

所以

$$\tan\alpha=\frac{\sin\alpha}{\cos\alpha}=\frac{\frac{3}{5}}{-\frac{4}{5}}=-\frac{3}{4}$$

例 12.10　已知 $\tan\alpha=\frac{12}{5}$，且 α 是第三象限角，求 $\sin\alpha$、$\cos\alpha$ 的值。

解

$$\tan\alpha=\frac{\sin\alpha}{\cos\alpha}=\frac{12}{5}$$

所以

$$5\sin\alpha=12\cos\alpha$$

又 $\sin^2\alpha+\cos^2\alpha=1$，所以

$$\cos^2\alpha=\frac{25}{169}$$

由 α 是第三象限角得

$$\cos\alpha=-\frac{5}{13}$$

所以

$$\sin\alpha=-\sqrt{1-\cos^2\alpha}=-\frac{12}{13}$$

例 12.11　已知 $\tan\alpha=2$，求 $\frac{3\sin\alpha+4\cos\alpha}{2\sin\alpha-\cos\alpha}$。

解　因为 $\tan\alpha=2$，所以

$$\frac{\sin\alpha}{\cos\alpha}=2$$

$$\frac{3\sin\alpha+4\cos\alpha}{2\sin\alpha-\cos\alpha}=\frac{3\dfrac{\sin\alpha}{\cos\alpha}+4}{2\dfrac{\sin\alpha}{\cos\alpha}-1}=\frac{3\times2+4}{2\times2-1}=\frac{10}{3}$$

★练习 12.3

1. 已知 $\sin\alpha=\frac{4}{5}$，且 α 是第一象限角，求 $\cos\alpha$ 和 $\tan\alpha$。

2. 已知 $\sin\alpha=-\frac{4}{5}$，且 α 是第三象限角，求 $\cos\alpha$ 和 $\tan\alpha$。

3. 已知 $\tan\alpha=5$，求 $\frac{\sin\alpha-4\cos\alpha}{2\sin\alpha-3\cos\alpha}$。

4. 已知 $\tan\alpha=-1$，且 α 是第四象限角，求 $\sin\alpha$ 和 $\cos\alpha$。

5. 已知 $\tan\alpha=2$，且 α 是第三象限角，求 $\sin\alpha$ 和 $\cos\alpha$。

6. 已知 α 是第三象限角，$\sin\alpha=-\frac{12}{13}$，求 $\cos\alpha$。

12.4 三角函数的诱导公式

本节介绍三角函数的诱导公式。

1. 角 $2k\pi+\alpha(k\in\mathbf{Z})$ 与角 α 的三角函数间的关系

角 $2k\pi(k\in\mathbf{Z})$ 与角 α 的三角函数间的关系如下：

$$\begin{cases}\sin(2k\pi+\alpha)=\sin\alpha\\\cos(2k\pi+\alpha)=\cos\alpha\\\tan(2k\pi+\alpha)=\tan\alpha\end{cases}\tag{12-3}$$

这个公式可以把任意角的正弦、余弦、正切化为 $0\sim2\pi$ 之间的角的正弦、余弦、正切。例如：

$$\sin\frac{13\pi}{6}=\sin\left(2\pi+\frac{\pi}{6}\right)=\sin\frac{\pi}{6}=\frac{1}{2}$$

$$\cos765^\circ=\cos(2\times360^\circ+45^\circ)=\cos45^\circ=\frac{\sqrt{2}}{2}$$

2. 角 $-\alpha$ 与角 α 的三角函数间的关系

角 $-\alpha$ 与角 α 的三角函数间的关系如下：

$$\begin{cases}\sin(-\alpha)=-\sin\alpha\\\cos(-\alpha)=\cos\alpha\\\tan(-\alpha)=-\tan\alpha\end{cases}\tag{12-4}$$

这个公式可以把任意负角的正弦、余弦、正切化为正角的正弦、余弦、正切。

例如：

$$\sin\left(-\frac{\pi}{6}\right)=-\sin\frac{\pi}{6}=-\frac{1}{2}$$

$$\cos(-45°)=\cos45°=\frac{\sqrt{2}}{2}$$

3. 角 $\pi+\alpha$ 与角 α 的三角函数间的关系

角 $\pi+\alpha$ 与角 α 的三角函数间的关系如下：

$$\begin{cases}\sin(\pi+\alpha)=-\sin\alpha\\ \cos(\pi+\alpha)=-\cos\alpha\\ \tan(\pi+\alpha)=\tan\alpha\end{cases}\tag{12-5}$$

例如：

$$\sin\frac{7\pi}{6}=\sin\left(\pi+\frac{\pi}{6}\right)=-\sin\frac{\pi}{6}=-\frac{1}{2}$$

$$\cos225°=\cos(180°+45°)=-\cos45°=-\frac{\sqrt{2}}{2}$$

4. 角 $\frac{\pi}{2}+\alpha$ 与角 α 的三角函数间的关系

角 $\frac{\pi}{2}+\alpha$ 与角 α 的三角函数间的关系如下：

$$\begin{cases}\sin\left(\frac{\pi}{2}+\alpha\right)=\cos\alpha\\ \cos\left(\frac{\pi}{2}+\alpha\right)=-\sin\alpha\end{cases}\tag{12-6}$$

例如：

$$\sin\frac{2\pi}{3}=\sin\left(\frac{\pi}{2}+\frac{\pi}{6}\right)=\cos\frac{\pi}{6}=\frac{\sqrt{3}}{2}$$

$$\cos120°=\cos(90°+30°)=-\sin30°=-\frac{1}{2}$$

式(12-3)～式(12-6)都叫作三角函数的诱导公式。利用诱导公式可将任意角的三角函数求值问题转化为 $\left[0, \frac{\pi}{2}\right]$ 上的角的三角函数求值问题。

例 12.12　求值：

(1) $\sin\frac{4\pi}{3}$；　(2) $\cos\frac{11}{4}\pi$；　(3) $\tan(-1560°)$；　(4) $\sin1110°$。

解　(1)
$$\sin\frac{4\pi}{3}=\sin\left(\pi+\frac{\pi}{3}\right)=-\sin\frac{\pi}{3}=-\frac{\sqrt{3}}{2}$$

(2)
$$\cos\frac{11\pi}{4}=\cos\left(2\pi+\frac{3\pi}{4}\right)=\cos\frac{3\pi}{4}=\cos\left(\frac{\pi}{2}+\frac{\pi}{4}\right)=-\sin\frac{\pi}{4}=-\frac{\sqrt{2}}{2}$$

(3)
$$\begin{aligned}\tan(-1560°)&=-\tan1560°=-\tan(4\times360°+120°)=-\tan120°\\&=-\tan(180°-60°)=\tan60°=\sqrt{3}\end{aligned}$$

(4)
$$\sin1110°=\sin(3\times360°+30°)=\sin30°=\frac{1}{2}$$

例 12.13　已知 $\cos\left(\frac{\pi}{6}+\alpha\right)=\frac{\sqrt{3}}{3}$，求 $\cos\left(\frac{5\pi}{6}-\alpha\right)$的值。

解　$$\cos\left(\frac{5\pi}{6}-\alpha\right)=-\cos\left[\pi-\left(\frac{5\pi}{6}-\alpha\right)\right]=-\cos\left(\frac{\pi}{6}+\alpha\right)=-\frac{\sqrt{3}}{3}$$

例 12.14　化简$\frac{\sin(1440°+\alpha)\cos(\alpha-1080°)}{\cos(-180°-\alpha)\sin(-\alpha-180°)}$。

解　原式$=\frac{\sin(360°\times4+\alpha)\cos(\alpha-360°\times3)}{\cos[-(180°+\alpha)]\sin[-(\alpha+180°)]}=\frac{\sin\alpha\cos\alpha}{\cos(180°+\alpha)[-\sin(\alpha+180°)]}$

$=\frac{\sin\alpha\cos\alpha}{(-\cos\alpha)\sin\alpha}=-1$

★练习 12.4

1. 求值。

(1) $\sin1920°$；　(2) $\sin\left(-\frac{17\pi}{6}\right)$；　(3) $\cos\frac{15\pi}{4}$；

(4) $\cos1860°$；　(5) $\cos\left(-\frac{8}{3}\pi\right)$；　(6) $\tan(-780°)$。

2. 已知 $\cos(\pi+\alpha)=-\frac{1}{2}$，$\frac{3\pi}{2}<\alpha<2\pi$，则 $\sin(2\pi-\alpha)=$__________。

3. 化简 $\sin(-2)+\cos(-2-\pi)\cdot\tan(2-4\pi)=$__________。

4. $2\sin(-1110°)-\sin960°+\sqrt{2}\cos(-225°)+\cos(-210°)=$__________。

5. $\frac{\sin(1440°+\alpha)\cdot\cos(\alpha-1080°)}{\cos(-180°-\alpha)\cdot\sin(-\alpha-180°)}=$__________。

12.5　正弦函数的图像与性质

12.5.1　正弦函数的图像

在研究三角函数的图像和性质时，我们通常采用弧度制来度量角，用 x 表示自变量，用 y 表示函数值，于是正弦函数可表示为

$$y=\sin x$$

由正弦函数的定义可知，正弦函数 $y=\sin x$ 的定义域是实数集 **R**。

下面我们先用描点法作函数 $y=\sin x$ 在区间$[0,2\pi]$上的图像，自变量 x 取区间$[0,2\pi]$上的一些特殊值，求出对应的函数值，如表 12－4 所示。

表 12－4　x 与 y 对应的值

x	0	$\frac{\pi}{6}$	$\frac{\pi}{3}$	$\frac{\pi}{2}$	$\frac{2\pi}{3}$	$\frac{5\pi}{6}$	π	$\frac{7\pi}{6}$	$\frac{4\pi}{3}$	$\frac{3\pi}{2}$	$\frac{5\pi}{3}$	$\frac{11\pi}{6}$	2π
y	0	0.5	0.87	1	0.87	0.5	0	−0.5	−0.87	−1	−0.87	−0.5	0

把表 12－4 中各组对应值作为点的坐标，在直角坐标系中描出各相应的点，用光滑曲线一次连接这些点，就得到正弦函数 $y=\sin x$ 在区间$[0,2\pi]$上的图像。图 12－8 是用 Excel 中平滑曲线散点图来绘制的正弦函数图像。

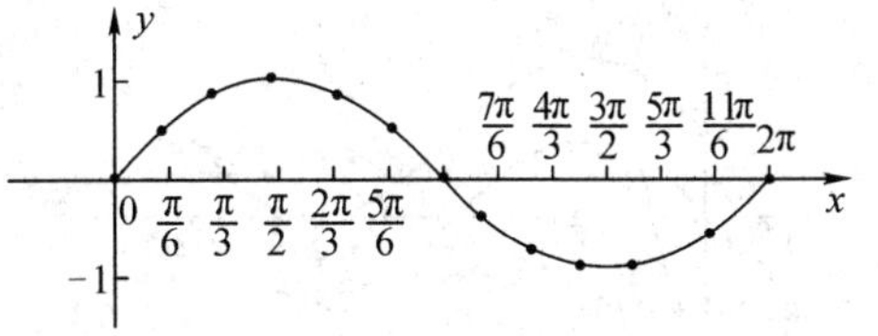

图 12-8　正弦函数图像

因为

$$\sin(x+2k\pi)=\sin x \quad (k\in \mathbf{Z})$$

所以函数 $y=\sin x$ 在…，$[-4\pi, -2\pi]$，$[-2\pi, 0]$，$[0, 2\pi]$，$[2\pi, 4\pi]$，…的每一个区间上的图像形状完全一样，因此我们把得到的 $y=\sin x$ 在区间$[0,2\pi]$上的图像分别向左、向右平行移动(每移动 2π 个单位长度)，就得到 $y=\sin x(x\in \mathbf{R})$的图像。

正弦函数 $y=\sin x(x\in \mathbf{R})$的图像叫作正弦曲线，如图 12-9 所示。

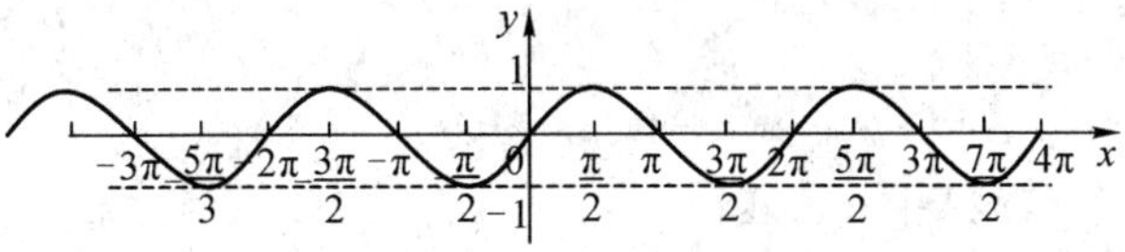

图 12-9　正弦曲线

由图 12-9 可以看出，函数 $y=\sin x$，$x\in[0,2\pi]$图像上的点$(0,0)$、$\left(\frac{\pi}{2},1\right)$、$(\pi,0)$、$\left(\frac{3\pi}{2},-1\right)$、$(2\pi,0)$是确定图像形状的关键点，因此在作函数 $y=\sin x$，$x\in[0,2\pi]$的图像时，如果精确度要求不高，那么可以先找出这五个关键点，然后用光滑的曲线依次连接，就可以得到函数 $y=\sin x$，$x\in[0,2\pi]$的简图，我们把这种作图方法称为五点法。

例 12.15　作出下列函数的简图：

(1) $y=\sin x$，$x\in[0, 2\pi]$；　　　(2) $y=1+\sin x$，$x\in[0, 2\pi]$。

解　(1) $y=\sin x$ 中 x 取特殊值时对应的函数值如表 12-5 所示。

表 12-5　例 12.15 表 1

x	0	$\frac{\pi}{2}$	π	$\frac{3\pi}{2}$	2π
$y=\sin x$	0	1	0	-1	0

(2) $y=1+\sin x$ 中 x 取特殊值时对应的函数值如表 12-6 所示。

表 12-6　例 12.15 表 2

x	0	$\frac{\pi}{2}$	π	$\frac{3\pi}{2}$	2π
$y=1+\sin x$	1	2	1	0	1

作出的函数简图如图 12-10 所示。

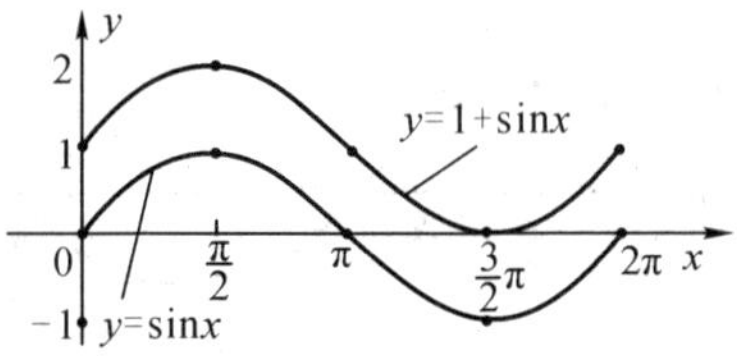

图 12-10 例 12.15 图

12.5.2 正弦函数的性质

1. 定义域

正弦函数的定义域是实数集 **R**。

2. 值域

由正弦曲线可以看出，该曲线分布在两条平行直线 $y=1$ 和 $y=-1$ 之间，所以 $|\sin x|\leqslant 1$，即

$$-1\leqslant \sin x\leqslant 1$$

也就是说，正弦函数的值域是$[-1, 1]$。

正弦函数 $y=\sin x(x\in \mathbf{R})$。当 $x=\frac{\pi}{2}+2k\pi(k\in \mathbf{Z})$时，正弦函数取得最大值 1；当 $x=-\frac{\pi}{2}+2k\pi(k\in \mathbf{Z})$，时，正弦函数取得最小值$-1$。

3. 周期性

由 $\sin(x+2k\pi)=\sin x(k\in \mathbf{Z})$可知，正弦函数值是按照一定规律不断重复取得的。

一般地，对于函数 $f(x)$，如果存在一个非零常数 T，使得当 x 取定义域内的每一个值时，都有 $f(x+T)=f(x)$，那么函数 $f(x)$就叫作周期函数，非零常数 T 叫作这个函数的周期。

由此可知，对于正弦函数 $y=\sin x(k\in \mathbf{R})$来说，$2\pi$，$4\pi$，…，$-2\pi$，$-4\pi$，…，$2k\pi(k\in \mathbf{Z}$ 且 $k\neq 0)$都是它的周期。

对于一个周期函数 $f(x)$，如果在它所有的周期中存在一个最小的正数，那么这个最小的正数就叫作 $f(x)$的最小正周期。

正弦函数 $y=\sin x(k\in \mathbf{R})$是周期函数，$2k\pi(k\in \mathbf{Z}$ 且 $k\neq 0)$都是它的周期，最小正周期是 2π。以后我们说到三角函数的周期，一般指的都是最小正周期。

4. 奇偶性

由 $\sin(-x)=-\sin x$ 可知，$y=\sin x$ 为奇函数，反映在图像上就是正弦曲线关于坐标原点中心对称。

5. 单调性

从 $y=\sin x$，$x\in\left[-\frac{\pi}{2},\frac{3\pi}{2}\right]$的图像上可看出：

当 $x\in\left[-\frac{\pi}{2}, \frac{\pi}{2}\right]$时，曲线逐渐上升，$\sin x$ 的值由-1 增大到 1；当 $x\in\left[\frac{\pi}{2}, \frac{3\pi}{2}\right]$时，曲线逐渐下降，$\sin x$ 的值由 1 减小到-1。

由正弦函数的周期性可知，正弦函数 $y=\sin x$ 在每一个闭区间 $\left[-\frac{\pi}{2}+2k\pi, \frac{\pi}{2}+2k\pi\right]$($k\in\mathbf{Z}$)上都是增函数，其值从 -1 增大到 1；在每一个闭区间 $\left[\frac{\pi}{2}+2k\pi, \frac{3\pi}{2}+2k\pi\right]$($k\in\mathbf{Z}$)上都是减函数，其值从 1 减小到 -1。

例 12.16　求函数 $y=-\sin x$ 的最值并求取得最值时 x 的取值集合。

解　当 $\left\{x \mid x=\frac{\pi}{2}+2k\pi, k\in\mathbf{Z}\right\}$ 时，$y=\sin x$ 取到最大值 1，此时 $y=-\sin x$ 取到最小值 -1；当 $\left\{x \mid x=-\frac{\pi}{2}+2k\pi, k\in\mathbf{Z}\right\}$ 时，$y=\sin x$ 取到最小值 -1，此时 $y=-\sin x$ 取到最大值 1。

例 12.17　求函数 $y=\frac{1}{1+\sin x}$ 的定义域。

解　由 $1+\sin x\neq 0$，得 $\sin x\neq -1$，即

$$x\neq \frac{3\pi}{2}+2k\pi \quad (k\in\mathbf{Z})$$

所以原函数的定义域为 $\left\{x \mid x\neq \frac{3\pi}{2}+2k\pi, k\in\mathbf{Z}\right\}$。

★练习 12.5

1. 用五点法作函数 $y=1-\sin x$，$x\in[0,2\pi]$ 的图像。
2. 用五点法作函数 $y=2+\sin x$，$x\in[0,2\pi]$ 的图像。
3. 作函数 $y=|\sin x|$ 的图像，求并出它的周期和最值。
4. 求函数的值域，并求取得最值时 x 的取值集合：

(1) $y=-2\sin x$；

(2) $y=1+\sin x$；

(3) $y=8-5\sin x$。

12.6　余弦函数的图像与性质

函数 $y=\cos x$($x\in\mathbf{R}$)叫作余弦函数。

根据余弦函数的周期性，把得到的 $y=\cos x$ 在区间 $[0,2\pi]$ 上的图像分别向左、向右平行移动(每移动 2π 个单位长度)，就得到 $y=\cos x$($x\in\mathbf{R}$)的图像。根据诱导公式 $\cos x=\sin\left(x+\frac{\pi}{2}\right)$ 可知，$y=\cos x$ 图像也可由 $y=\sin x$ 图像向左平移 $\frac{\pi}{2}$ 个单位长度得到。

余弦函数 $y=\cos x$($x\in\mathbf{R}$)的图像叫作余弦曲线，如图 12－11 所示。

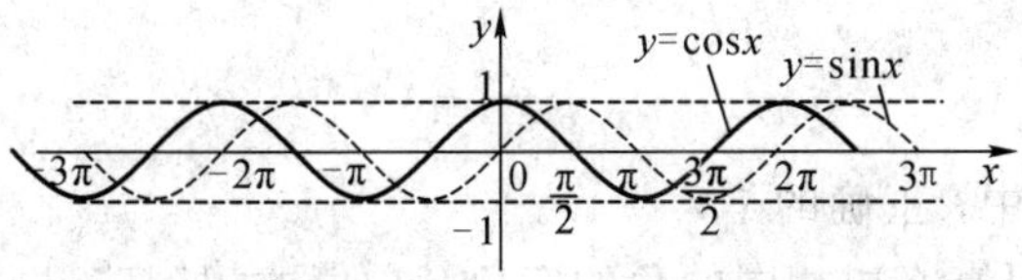

图 12－11　余弦曲线

由图 12－11 可以看出，函数 $y=\cos x$，$x\in[0,2\pi]$图像上的点$(0,1)$、$\left(\frac{\pi}{2},0\right)$、$(\pi,-1)$、$\left(\frac{3\pi}{2},0\right)$、$(2\pi,1)$是确定图像形状的关键点。因此，在作函数 $y=\cos x$，$x\in[0,2\pi]$的图像时，如果精确度要求不高，那么可以先找出这五个关键点，然后用光滑的曲线依次连接，就可以得到函数 $y=\cos x$，$x\in[0,2\pi]$的简图，如图 12－12 所示。

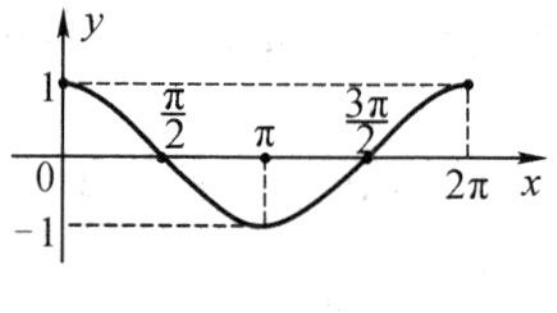

图 12－12　余弦函数的简图

我们常常利用五点法作出余弦函数的图像。

由余弦函数的定义和图像，可以得到余弦函数的如下性质：

(1) 定义域：实数集 **R**。

(2) 值域：$[-1,1]$。当 $x=(2k+1)\pi(k\in\mathbf{Z})$时，取得最小值$-1$；当 $x=2k\pi(k\in\mathbf{Z})$时，取得最大值 1。

(3) 周期性：$T=2\pi$。

(4) 奇偶性：由诱导公式 $\cos x=\cos(-x)$可知，余弦函数 $y=\cos x(x\in\mathbf{R})$是偶函数，图像关于 y 轴对称。

(5) 单调性：单调递增区间为$[(2k-1)\pi,\ 2k\pi](k\in\mathbf{Z})$，单调递减区间为$[2k\pi,(2k+1)\pi]$ $(k\in\mathbf{Z})$

例 12.18　求下列函数的最大值、最小值和周期。

(1) $y=5+\cos x$；　　(2) $y=6-\cos x$。

解　(1) $y_{\max}=6$，$y_{\min}=4$，$T=2\pi$；

(2) $y_{\max}=7$，$y_{\min}=5$，$T=2\pi$。

★练习 12.6

1. 用五点法作函数 $y=1-\cos x$，$x\in[0,2\pi]$的图像。
2. 用五点法作函数 $y=2+\cos x$，$x\in[0,2\pi]$的图像。
3. 作函数 $y=|\sin x|$的图像，并求出它的周期和最值。
4. 求下列函数的最大值、最小值和周期：

(1) $y=3+2\cos x$；　　(2) $y=5-\cos x$。

习　题　12

1. 选择题。

(1) 以下四个命题中，正确的是(　　)。

A. 在定义域内，只有终边相同的角的三角函数值才相等

B. $\left\{\alpha\,|\,\alpha=k\pi+\frac{\pi}{6},\ k\in\mathbf{Z}\right\}\neq\left\{\beta\,|\,\beta=-k\pi+\frac{\pi}{6},\ k\in\mathbf{Z}\right\}$

C. 若 a 是第二象限的角，则 $\sin 2\pi<0$

D. 第四象限的角可表示为 $\{\alpha \mid 2k\pi+\frac{3}{2}\pi<\alpha<2k\pi,\ k\in \mathbf{Z}\}$

(2) 若角 α 的终边过点 $(-3,\ -2)$，则(　　)。

A. $\sin\alpha\ \tan\alpha>0$　　B. $\cos\alpha\ \tan\alpha>0$　　C. $\sin\alpha\ \cos\alpha>0$　　D. $\sin\alpha\ \cot\alpha>0$

(3) 角 α 的终边上有一点 $P(a,\ a)$，$a\in\mathbf{R}$，且 $a\neq 0$，则 $\sin\alpha$ 的值是(　　)。

A. $\frac{\sqrt{2}}{2}$　　B. $-\frac{\sqrt{2}}{2}$　　C. $\pm\frac{\sqrt{2}}{2}$　　D. 1

(4) 已知 $\sin\alpha\cos\alpha=\frac{1}{8}$，且 $\frac{\pi}{4}<\alpha<\frac{\pi}{2}$，则 $\cos\alpha-\sin\alpha$ 的值为(　　)。

A. $\frac{\sqrt{3}}{2}$　　B. $-\frac{\sqrt{3}}{2}$　　C. $\frac{3}{4}$　　D. $-\frac{3}{4}$

(5) 代数式 $\sin 120^\circ\cos 210^\circ$ 的值为(　　)。

A. $-\frac{3}{4}$　　B. $\frac{\sqrt{3}}{4}$　　C. $-\frac{3}{2}$　　D. $\frac{1}{4}$

(6) $\sin(-1920^\circ)$ 的值是(　　)。

A. $\frac{1}{2}$　　B. $-\frac{1}{2}$　　C. $-\frac{\sqrt{3}}{2}$　　D. $\frac{\sqrt{3}}{2}$

(7) $\sin\left(-\frac{17\pi}{6}\right)$ 的值为(　　)。

A. $\frac{1}{2}$　　B. $-\frac{1}{2}$　　C. $\frac{\sqrt{3}}{2}$　　D. $-\frac{\sqrt{3}}{2}$

(8) $\cos(\pi-\alpha)=-\frac{1}{2}$，则 $\cos(-2\pi-\alpha)$ 等于(　　)。

A. $\frac{1}{2}$　　B. $\pm\frac{\sqrt{3}}{2}$　　C. $-\frac{1}{2}$　　D. $\pm\frac{1}{2}$

(9) 若 $\sin x=1-m$，则实数 m 的取值范围是(　　)。

A. $[-2,0]$　　B. $[-1,1]$　　C. $[-2,2]$　　D. $[0,2]$

(10) 在 $\triangle ABC$ 中，若最大角的正弦值是 $\frac{\sqrt{2}}{2}$，则 $\triangle ABC$ 必是(　　)。

A. 等边三角形　　B. 直角三角形　　C. 钝角三角形　　D. 锐角三角形

2. 填空题。

(1) 若角 θ 同时满足 $\sin\theta<0$ 且 $\tan\theta<0$，则角 θ 的终边一定落在第________象限。

(2) 已知 $\cos\alpha=-\frac{1}{2}$，且 $\alpha\in[0,\ 2\pi]$，则角 $\alpha=$________。

(3) 已知角 α 的终边落在直线 $y=3x$ 上，则 $\sin\alpha=$________。

(4) 已知 α 是第三象限角，$\sin\alpha=-\frac{12}{13}$，则 $\cos\alpha=$________。

(5) 函数 $y=5\sin x$，当 $x=$____________时，$y_{\min}=$________；当 $x=$____________时，$y_{\max}=$________。

3. 计算题。

(1) 已知 $\cos\alpha=\frac{2}{3}$，求 $\sin\alpha$ 和 $\tan\alpha$。

(2) 已知 α 是第四象限角，$\tan\alpha=-\frac{5}{12}$，求 $\sin\alpha$ 和 $\cos\alpha$。

(3) ① 已知角 α 的终边经过点 $P(4,-3)$，求 $2\sin\alpha+\cos\alpha$ 的值；

② 已知角 α 的终边经过点 $P(4a,-3a)(a\neq0)$，求 $2\sin\alpha+\cos\alpha$ 的值。

(4) 求函数 $y=\frac{1}{1+\sin x}$ 的定义域。

4. 作图题。

(1) 用五点法作函数 $y=1-\sin x, x\in[0,2\pi]$ 的图像。

(2) 请画出 $y=\cos x-1$ 的简图，并根据图像讨论函数的性质。

下篇

第13章 平面向量

自然界中有很多量是既有大小又有方向的量，这些量就是本章我们要研究的平面向量。向量在物理学中有广泛的应用，比如力、速度、位移、电场强度、磁感应强度等都是向量。向量还可以解决一些平面和立体几何问题，是研究数学的基本工具。

13.1 向量的概念

本节我们从物理中的“位移”逐步引入向量的概念及各种运算，从而对向量进行细致的研究。

1. 向量的概念

如图13-1所示，老鼠由A向西北逃窜，猫在B处向东追去，猫能否追到老鼠?

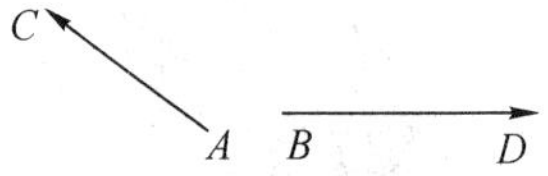

图13-1 猫与老鼠的行动轨迹示意图

很显然，猫的速度再快也没用，因为方向错了。

老鼠逃窜的路线AC、猫追逐的路线BD实际上都是有方向、有长短的量。

我们把既有大小又有方向的量称为向量，常用一条有向线段来表示；把只有大小没有方向的量叫作数量，如长度、面积、体积等。有些量只有大小和方向，而无特定的位置，我们把它们叫作自由向量，如位移、速度等。

2. 向量的几何表示

如图13-2所示，我们规定，线段的端点A为始点，端点B为终点，这时线段AB具有从A到B的方向。具有方向的线段叫作有向线段。

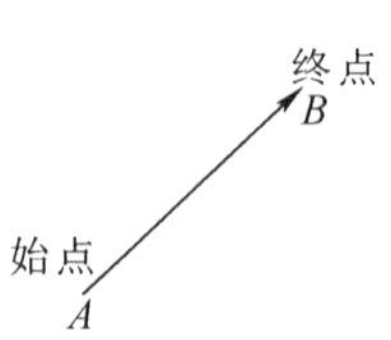

图13-2 有向线段

一般在有向线段的终点处画上箭头表示它的方向，以A为始点、以B为终点的有向线段记作$\overrightarrow{AB}$，始点一定要写在终点的前面。

有向线段$\overrightarrow{AB}$的长度叫作向量$\overrightarrow{AB}$的长度或者模，记作$|\overrightarrow{AB}|$。

有向线段具有三个要素：始点、方向、长度。若有向线段的始点不同，则尽管大小和方向相同，也是不同的有向线段。

一个向量可以用有向线段来表示，有向线段的长度表示向量的大小，有向线段的方向表示向量的方向。用有向线段$\overrightarrow{AB}$表示向量时，我们通常称为向量$\overrightarrow{AB}$。

注意　在印刷时通常用小写字母$\boldsymbol{a}$，$\boldsymbol{b}$，$\boldsymbol{c}$，…来表示，书写时常用带箭头的小写字母$\overrightarrow{a}$，$\overrightarrow{b}$，$\overrightarrow{c}$，…来表示。

长度为 0 的向量叫零向量，记作$\boldsymbol{0}$，零向量的方向是任意的。

3. 相等向量与共线向量

长度为 1 个单位长度的向量叫单位向量。长度相等且方向相同的向量叫相等向量，记为$\boldsymbol{a}=\boldsymbol{b}$。

说明

(1) 向量$\boldsymbol{a}$与$\boldsymbol{b}$相等，记作$\boldsymbol{a}=\boldsymbol{b}$。

(2) 零向量与零向量相等。

(3) 任意两个相等的非零向量，都可用同一条有向线段表示，并且与有向线段的起点无关。

如图 13－3 所示，方向相同或相反的非零向量叫平行向量，记作$\boldsymbol{a}/\!/\boldsymbol{b}$。我们规定$\boldsymbol{0}$与任一向量平行。

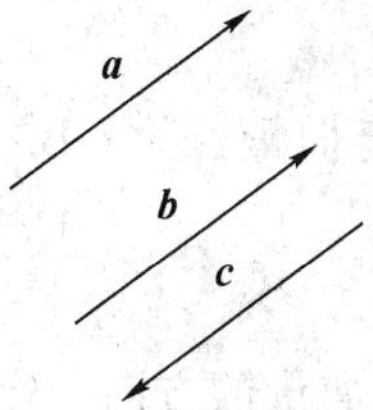

图 13－3　平行向量

平行向量也称作共线向量，因为任一组平行向量都可移到同一直线上。

例 13.1　已知O为正六边形$ABCDEF$的中心，在图 13－4 中标出的向量中：

(1) 找出与$\overrightarrow{FE}$共线的向量；

(2) 确定与$\overrightarrow{FE}$相等的向量；

(3) $\overrightarrow{OA}$与$\overrightarrow{BC}$相等吗？

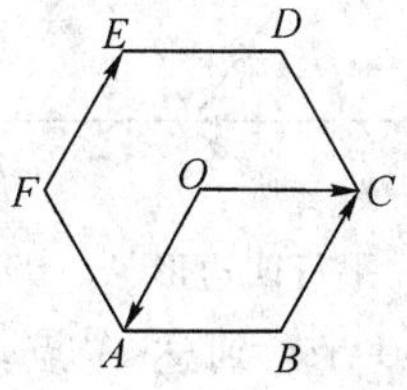

图 13－4　例 13.1 图

解　由图 13－4 可知：

(1) 与$\overrightarrow{FE}$共线的向量有$\overrightarrow{OA}$、$\overrightarrow{BC}$；

(2) $\overrightarrow{FE}=\overrightarrow{BC}$；

(3) $\overrightarrow{OA}$与$\overrightarrow{BC}$虽然长度相同，但方向不同，所以不相等。

★练习 13.1

1. 判断下列命题的真假。

(1) 向量$\overrightarrow{AB}$的长度和向量$\overrightarrow{BA}$的长度相等。

(2) 向量 $\boldsymbol{a}$ 与 $\boldsymbol{b}$ 平行，则 $\boldsymbol{b}$ 与 $\boldsymbol{a}$ 方向相同。

(3) 向量 $\boldsymbol{a}$ 与 $\boldsymbol{b}$ 平行，则 $\boldsymbol{b}$ 与 $\boldsymbol{a}$ 方向相反。

(4) 两个有共同起点而长度相等的向量，它们的终点必相同。

(5) 若 $\boldsymbol{a}$ 与 $\boldsymbol{b}$ 平行同向，且 $|\boldsymbol{a}|>|\boldsymbol{b}|$，则 $\boldsymbol{a}>\boldsymbol{b}$ 。

(6) 由于 $\boldsymbol{0}$ 方向不确定，因此 $\boldsymbol{0}$ 不能与任意向量平行。

(7) 如果 $|\boldsymbol{a}|=|\boldsymbol{b}|$，则 $\boldsymbol{a}$ 与 $\boldsymbol{b}$ 的长度相等。

(8) 如果 $|\boldsymbol{a}|=|\boldsymbol{b}|$，则 $\boldsymbol{a}$ 与 $\boldsymbol{b}$ 的方向相同。

(9) 若 $|\boldsymbol{a}|=|\boldsymbol{b}|$，则 $\boldsymbol{a}$ 与 $\boldsymbol{b}$ 的方向相反。

(10) 若 $|\boldsymbol{a}|=|\boldsymbol{b}|$，则 $\boldsymbol{a}$ 与 $\boldsymbol{b}$ 的方向没有关系。

2. 选择题。

(1) 关于零向量，下列说法中错误的是（　　）。

A. 零向量是没有方向的　　B. 零向量的长度是 0

C. 零向量与任一向量平行　　D. 零向量的方向是任意的

(2) 下列说法正确的是（　　）。

A. 方向相同或相反的向量是平行向量　　B. 零向量是 $|\boldsymbol{0}|$

C. 长度相等的向量叫作相等向量　　D. 共线向量是在一条直线上的向量

(3) 给出下列命题：

① 向量的大小是实数；② 平行向量的方向一定相同；

③ 向量可以用有向线段表示；④ 向量就是有向线段。

正确的有____________。

3. 如图 13－5 所示，四边形 $ABCD$ 与 $ABEC$ 都是平行四边形。

(1) 用有向线段表示与向量$\overrightarrow{AB}$相等的向量；

(2) 用有向线段表示与向量$\overrightarrow{AB}$共线的向量。

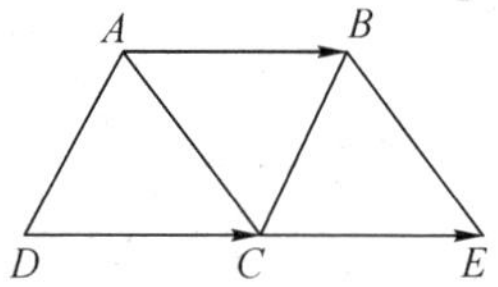

图 13－5　平行四边形 $ABCD$ 与 $ABEC$

4. 一人从 O 点出发向西走了 100 米，到达 A 点，然后改变方向向西北方向走了 200 米，到达 B 点，然后又改变方向向东走了 100 米，到达 C 点。

(1) 作出向量$\overrightarrow{AB}$、$\overrightarrow{BC}$、$\overrightarrow{CO}$；

(2) 求 $|\overrightarrow{CO}|$ 。

趣味阅读

向量及向量符号的由来

向量最初被应用于物理学，被称为矢量。很多物理量，如力、速度、位移、电场强度、磁场强度等都是向量。

大约公元前350年，古希腊著名学者亚里士多德就知道了力可以表示为向量。“向量”一词来自力学、解析几何中的有向线段。

最先使用有向线段表示向量的是英国大科学家牛顿。

13.2 向量的线性运算

13.2.1 向量的加法

问题 如图13-6所示，某人从A点经B点到达C点，两次位移$\overrightarrow{AB}$、$\overrightarrow{BC}$的结果，与A点直接到C点的位移$\overrightarrow{AC}$是否相同？

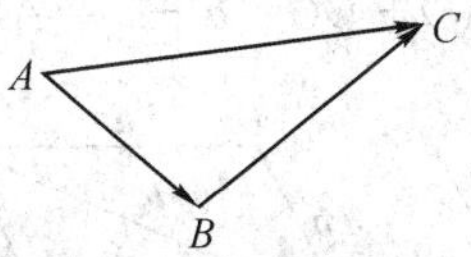

图13-6 两次位移$\overrightarrow{AB}$、$\overrightarrow{BC}$的结果与位移$\overrightarrow{AC}$比较

1. 向量加法的三角形法则

已知向量$\boldsymbol{a}$、$\boldsymbol{b}$，在平面上任取一点A，作$\overrightarrow{AB}=\boldsymbol{a}$，$\overrightarrow{BC}=\boldsymbol{b}$，再作向量$\overrightarrow{AC}$，则向量$\overrightarrow{AC}$叫作$\boldsymbol{a}$与$\boldsymbol{b}$的和（也称和向量，见图13-7），记作$\overrightarrow{AC}=\boldsymbol{a}+\boldsymbol{b}$，即

$$\boldsymbol{a}+\boldsymbol{b}=\overrightarrow{AB}+\overrightarrow{BC}$$

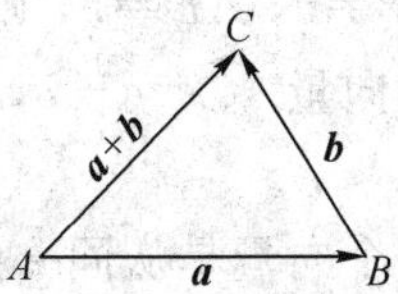

图13-7 向量的加法

求两个向量的和的运算，叫作向量的加法。上述求两个向量的和的作图法则，叫作向量加法的三角形法则。零向量与任一向量 $\boldsymbol{a}$ 的和 $\boldsymbol{a}+\boldsymbol{0}=\boldsymbol{0}+\boldsymbol{a}=\boldsymbol{0}$。

当两个向量共线时，它们的加法与数的加法关系是怎样的?

如图 13-8 所示，向量$\overrightarrow{AC}$表示两个向量的和，当两个向量同向时，方向与原向量的方向相同(见图 13-8(a))，当两个向量反向时，方向与模大的那个向量的方向相同(见图 13-8(b))。

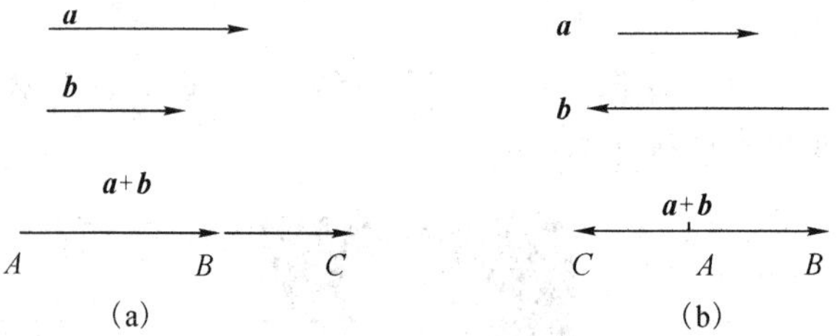

图 13-8　两个向量的和

在使用三角形法则时，要注意“首尾相接”，即第一个向量的终点与第二个向量的起点重合，则以第一个向量的起点为起点并以第二个向量的终点为终点的向量即为两个向量的和。

向量加法的运算律如下：

(1) 交换律：$\boldsymbol{a}+\boldsymbol{b}=\boldsymbol{b}+\boldsymbol{a}$；

(2) 结合律：$(\boldsymbol{a}+\boldsymbol{b})+\boldsymbol{c}=\boldsymbol{a}+(\boldsymbol{b}+\boldsymbol{c})$。

2. 向量加法的平行四边形法则

下面我们来证明向量加法的交换律。

证明　当 $\boldsymbol{a}$、$\boldsymbol{b}$ 不平行时，作$\overrightarrow{AB}=\boldsymbol{a}$，$\overrightarrow{BC}=\boldsymbol{b}$，则$\overrightarrow{AC}=\boldsymbol{a}+\boldsymbol{b}$。再作$\overrightarrow{AD}=\boldsymbol{b}$，连接 DC，则四边形 $ABCD$ 是平行四边形(思考：为什么?)，如图 13-9 所示，于是$\overrightarrow{DC}=\boldsymbol{a}$。因此

$$\overrightarrow{AD}+\overrightarrow{DC}=\boldsymbol{b}+\boldsymbol{a}=\overrightarrow{AC}$$

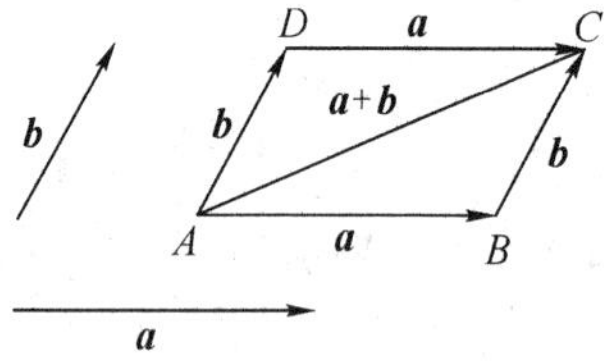

图 13-9　向量加法的交换律证明

即 $\boldsymbol{a}+\boldsymbol{b}=\boldsymbol{b}+\boldsymbol{a}$。

对于 $\boldsymbol{a}$、$\boldsymbol{b}$ 平行的情况，请读者自己验证。

已知两个不共线向量 $\boldsymbol{a}$、$\boldsymbol{b}$，作$\overrightarrow{AB}=\boldsymbol{a}$，$\overrightarrow{AD}=\boldsymbol{b}$，则 A、B、D 三点不共线，以 AB、AD 为邻边作平行四边形，则对角线上的向量$\overrightarrow{AC}=\boldsymbol{a}+\boldsymbol{b}$，如图 13-10 所示，这个法则叫作两个向量加法的平行四边形法则。

平行四边形法则的应用前提是两个向量是从同一点出发的不共线的向量。

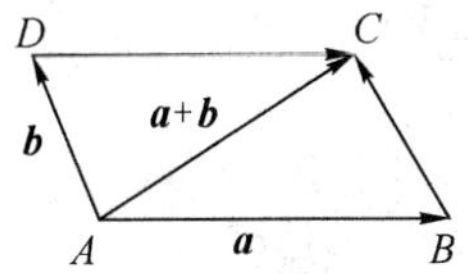

图 13-10　两个向量加法的平行四边形法则

例 13.2　如图 13-11(a)所示，已知向量 $\boldsymbol{a}$、$\boldsymbol{b}$ 求作向量 $\boldsymbol{a}+\boldsymbol{b}$。

作法　在平面内任取一点 A，作 $\overrightarrow{AB}=\boldsymbol{a}$，$\overrightarrow{BC}=\boldsymbol{b}$，则

$$\boldsymbol{a}+\boldsymbol{b}=\overrightarrow{AB}+\overrightarrow{BC}=\overrightarrow{AC}$$

结果如图 13-11(b)所示。

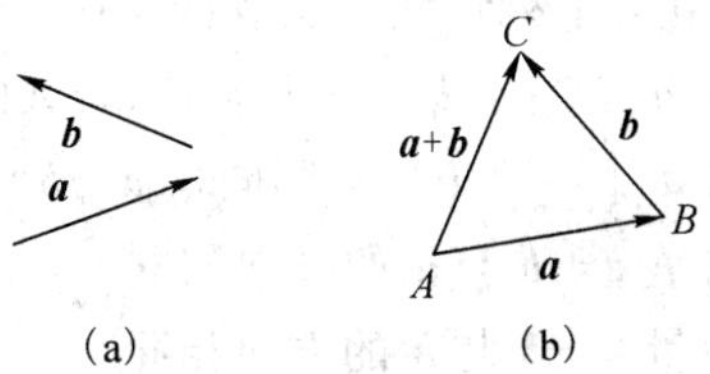

图 13-11　例 13.2 图

例 13.3　化简：

(1) $\overrightarrow{CD}+\overrightarrow{BC}+\overrightarrow{AB}$；

(2) $\overrightarrow{AB}+\overrightarrow{DF}+\overrightarrow{CD}+\overrightarrow{BC}+\overrightarrow{FG}$。

解　(1)
$$\overrightarrow{CD}+\overrightarrow{BC}+\overrightarrow{AB}=(\overrightarrow{AB}+\overrightarrow{BC})+\overrightarrow{CD}=\overrightarrow{AC}+\overrightarrow{CD}=\overrightarrow{AD}$$

(2)
$$\begin{aligned}\overrightarrow{AB}+\overrightarrow{DF}+\overrightarrow{CD}+\overrightarrow{BC}+\overrightarrow{FG}&=(\overrightarrow{AB}+\overrightarrow{BC})+(\overrightarrow{CD}+\overrightarrow{DF})+\overrightarrow{FG}\\&=\overrightarrow{AC}+\overrightarrow{CF}+\overrightarrow{FG}=\overrightarrow{AF}+\overrightarrow{FG}=\overrightarrow{AG}\end{aligned}$$

例 13.4　某人先位移向量 $\boldsymbol{a}$，即向东走 3 km，接着再位移向量 $\boldsymbol{b}$，即向北走 3 km，求 $\boldsymbol{a}+\boldsymbol{b}$。

解　如图 13-12 所示，选择适当的比例尺，作 $\overrightarrow{OA}=\boldsymbol{a}$，$\overrightarrow{AB}=\boldsymbol{b}$，则

$$\overrightarrow{OB}=\overrightarrow{OA}+\overrightarrow{AB}=\boldsymbol{a}+\boldsymbol{b}$$

$$|\overrightarrow{OB}|=\sqrt{3^2+3^2}=3\sqrt{2}\ (\text{km})$$

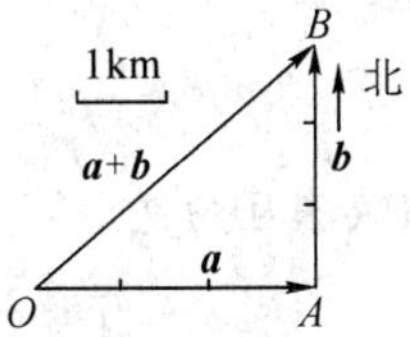

图 13-12　例 13.4 图

由于 $\overrightarrow{OA}$ 与 $\overrightarrow{OB}$ 的夹角是 45°，因此，$\boldsymbol{a}+\boldsymbol{b}$ 表示向东北走 $3\sqrt{2}$ km。

★练习 13.2.1

1. 化简。

(1) $\overrightarrow{MB}+\overrightarrow{BA}+\overrightarrow{AC}=$ ________；

(2) $\overrightarrow{MN}+\overrightarrow{NP}+\overrightarrow{PM}=$________；

(3) $\overrightarrow{OA}+\overrightarrow{OC}+\overrightarrow{BO}+\overrightarrow{CO}=$________；

(4) $\overrightarrow{AB}+\overrightarrow{AC}+\overrightarrow{BA}=$________。

2. 选择题。

(1) 已知正方形 $ABCD$ 的边长为 1，$\overrightarrow{AB}=\boldsymbol{a}$，$\overrightarrow{AC}=\boldsymbol{c}$，$\overrightarrow{BC}=\boldsymbol{b}$，则 $|\boldsymbol{a}+\boldsymbol{b}+\boldsymbol{c}|$ 为(　　)。

A. 0　　B. 3　　C. $\sqrt{2}$　　D. $2\sqrt{2}$

(2) 已知向量 $\boldsymbol{a}/\!/\boldsymbol{b}$ 且 $|\boldsymbol{a}|>|\boldsymbol{b}|>0$，则 $\boldsymbol{a}+\boldsymbol{b}$ 的方向(　　)。

A. 与向量 $\boldsymbol{a}$ 的方向相同　　B. 与向量 $\boldsymbol{a}$ 的方向相反

C. 与向量 $\boldsymbol{b}$ 的方向相反　　D. 与向量 $\boldsymbol{b}$ 的方向相反

(3) 向量 $\boldsymbol{a}$、$\boldsymbol{b}$ 皆为非零向量，下列说法不正确的是(　　)。

A. 向量 $\boldsymbol{a}$ 与 $\boldsymbol{b}$ 反向，且 $|\boldsymbol{a}|>|\boldsymbol{b}|$，则向量 $\boldsymbol{a}+\boldsymbol{b}$ 的方向与 $\boldsymbol{a}$ 的方向相同

B. 向量 $\boldsymbol{a}$ 与 $\boldsymbol{b}$ 反向，且 $|\boldsymbol{a}|>|\boldsymbol{b}|$，则向量 $\boldsymbol{a}+\boldsymbol{b}$ 的方向与 $\boldsymbol{b}$ 的方向相同

C. 向量 $\boldsymbol{a}$ 与 $\boldsymbol{b}$ 同向，则向量 $\boldsymbol{a}+\boldsymbol{b}$ 与 $\boldsymbol{a}$ 的方向相同

D. 向量 $\boldsymbol{a}$ 与 $\boldsymbol{b}$ 同向，则向量 $\boldsymbol{a}+\boldsymbol{b}$ 与 $\boldsymbol{b}$ 的方向相同

(4) 在平行四边形 $ABCD$ 中，下列各式中成立的是(　　)。

A. $\overrightarrow{AB}+\overrightarrow{BC}=\overrightarrow{CA}$　　B. $\overrightarrow{AB}+\overrightarrow{AC}=\overrightarrow{BC}$

C. $\overrightarrow{AC}+\overrightarrow{BA}=\overrightarrow{AD}$　　D. $\overrightarrow{AC}+\overrightarrow{AD}=\overrightarrow{DC}$

(5) 若 C 是线段 AB 的中点，则$\overrightarrow{AC}+\overrightarrow{BC}=$(　　)。

A. $\overrightarrow{AB}$　　B. $\overrightarrow{BA}$　　C. 0　　D. O

(6) 向量$(\overrightarrow{AB}+\overrightarrow{MB})+(\overrightarrow{BO}+\overrightarrow{BC})+\overrightarrow{OM}$化简后等于(　　)。

A. $\overrightarrow{BC}$　　B. $\overrightarrow{AB}$　　C. $\overrightarrow{AC}$　　D. $\overrightarrow{AM}$

(7) 在矩形 $ABCD$ 中，$\overrightarrow{AC}$等于(　　)

A. $\overrightarrow{BC}+\overrightarrow{BA}$　　B. $\overrightarrow{AB}+\overrightarrow{BC}$　　C. $\overrightarrow{AD}+\overrightarrow{CD}$　　D. $\overrightarrow{AB}+\overrightarrow{CB}$

3. 填空题。

当向量 $\boldsymbol{a}$ 与 $\boldsymbol{b}$ ________时，$|\boldsymbol{a}+\boldsymbol{b}|=|\boldsymbol{a}|+|\boldsymbol{b}|$；

当向量 $\boldsymbol{a}$、$\boldsymbol{b}$ 不共线时，$|\boldsymbol{a}+\boldsymbol{b}|$ ________ $|\boldsymbol{a}|+|\boldsymbol{b}|$。

因此，我们有 $|\boldsymbol{a}+\boldsymbol{b}|$ ________ $|\boldsymbol{a}|+|\boldsymbol{b}|$。

13.2.2　向量的减法

在以前的学习中我们知道加法和减法互为逆运算，前面我们已经学习了向量的加法运算，本节我们来定义向量的减法运算。

若已知向量 $\boldsymbol{a}$、$\boldsymbol{b}$，作$\overrightarrow{OA}=\boldsymbol{a}$，$\overrightarrow{OB}=\boldsymbol{b}$，则由向量加法的三角形法则可知：

$$\boldsymbol{b}+\overrightarrow{BA}=\boldsymbol{a}$$

如图 13－13 所示，向量$\overrightarrow{BA}$叫作向量 $\boldsymbol{a}$ 与 $\boldsymbol{b}$ 的差，记作 $\boldsymbol{a}-\boldsymbol{b}$，即

$$\overrightarrow{BA}=\boldsymbol{a}-\boldsymbol{b}=\overrightarrow{OA}-\overrightarrow{OB}$$

这种求两个向量的差的运算叫作向量的减法。

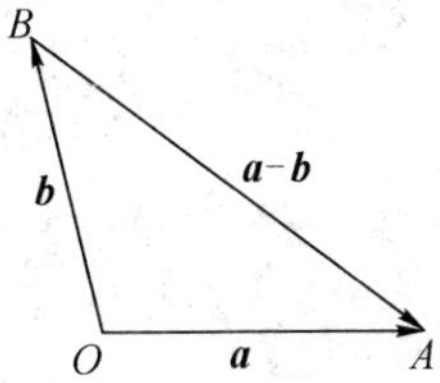

图 13-13　向量的减法

因此，若把表示两个向量的有向线段的始点放在同一个始点，则这两个向量的差是以减向量的终点为始点，以被减向量的终点为终点的向量。

与向量 $\boldsymbol{a}$ 长度相等且方向相反的向量叫作 $\boldsymbol{a}$ 的相反向量，记作 $-\boldsymbol{a}$，$\boldsymbol{a}$ 与 $-\boldsymbol{a}$ 互为相反向量。$\boldsymbol{0}$ 向量的相反向量是其本身。$\boldsymbol{a}+(-\boldsymbol{a})=\boldsymbol{0}$，即任意向量与其相反向量的和向量是零向量。

在向量的加法中，$\boldsymbol{b}+\overrightarrow{BA}=\boldsymbol{a}$，两边同时加上 $-\boldsymbol{b}$，得到

$$\overrightarrow{BA}=\boldsymbol{a}+(-\boldsymbol{b})$$

即

$$\overrightarrow{BA}=\boldsymbol{a}-\boldsymbol{b}$$

因此减去一个向量等于加上这个向量的相反向量。

由此，我们可得到 $\boldsymbol{a}-\boldsymbol{b}$ 的作图方法，如图 13-14 所示。

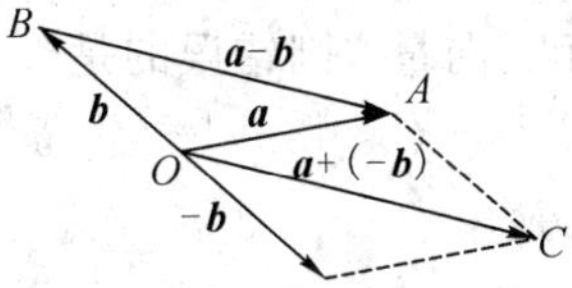

图 13-14　$\boldsymbol{a}-\boldsymbol{b}$ 的作图方法

例 13.5　如图 13-15 所示，已知▱$ABCD$，$\overrightarrow{AB}=\boldsymbol{a}$，$\overrightarrow{AD}=\boldsymbol{b}$，试用向量 $\boldsymbol{a}$ 和 $\boldsymbol{b}$ 分别表示向量 $\overrightarrow{AC}$和$\overrightarrow{DB}$。

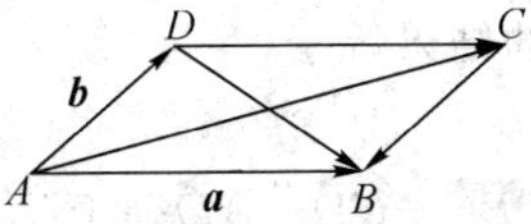

图 13-15　例 13.5 图

解　连接 AC、DB，由向量求和的平行四边形法则，有

$$\overrightarrow{AC}=\overrightarrow{AB}+\overrightarrow{AD}=\boldsymbol{a}+\boldsymbol{b}$$

由减法定义，得

$$\overrightarrow{DB}=\overrightarrow{AB}-\overrightarrow{AD}=\boldsymbol{a}-\boldsymbol{b}$$

例 13.6　如图 13-16 所示，已知四边形是平行四边形，化简：

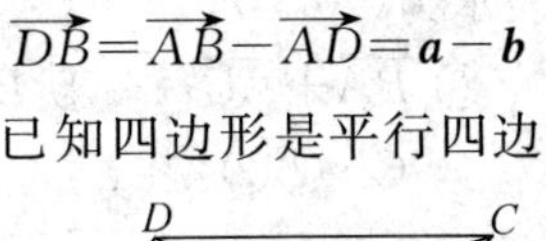

图 13-16　例 13.6 图

(1) $\overrightarrow{AB}-\overrightarrow{AD}$;

(2) $\overrightarrow{BA}-\overrightarrow{BC}$;

(3) $\overrightarrow{OD}-\overrightarrow{OA}$。

解 由向量的减法可得

(1) $\overrightarrow{AB}-\overrightarrow{AD}=\overrightarrow{DB}$;

(2) $\overrightarrow{BA}-\overrightarrow{BC}=\overrightarrow{CA}$;

(3) $\overrightarrow{OD}-\overrightarrow{OA}=\overrightarrow{AD}$。

★练习 13.2.2

1. 填空。

(1) $\overrightarrow{AB}-\overrightarrow{AD}=$________;$\overrightarrow{BC}-\overrightarrow{BA}=$________;$\overrightarrow{EB}-\overrightarrow{EC}=$________。

(2) 化简:$\overrightarrow{AB}+\overrightarrow{DA}+\overrightarrow{BD}-\overrightarrow{BC}-\overrightarrow{CA}=$________。

(3) 在正六边形 $ABCDEF$ 中,$\overrightarrow{AE}=\boldsymbol{m}$,$\overrightarrow{AD}=\boldsymbol{n}$,则$\overrightarrow{BA}=$________。

(4) 当向量 $\boldsymbol{a}$ 与 $\boldsymbol{b}$ ________时,$|\boldsymbol{a}-\boldsymbol{b}|=|\boldsymbol{a}|+|\boldsymbol{b}|$;

当向量 $\boldsymbol{a}$ 与 $\boldsymbol{b}$ ________时,$|\boldsymbol{a}-\boldsymbol{b}|=|\boldsymbol{a}|-|\boldsymbol{b}|$;

当向量 $\boldsymbol{a}$ 与 $\boldsymbol{b}$ ________时,$|\boldsymbol{a}-\boldsymbol{b}|=|\boldsymbol{b}|-|\boldsymbol{a}|$;

当向量 $\boldsymbol{a}$、$\boldsymbol{b}$ 不共线时,$|\boldsymbol{a}-\boldsymbol{b}|$ ________ $|\boldsymbol{a}|-|\boldsymbol{b}|$。

2. 选择。

(1) 若非零向量 $\boldsymbol{a}$ 和 $\boldsymbol{b}$ 互为相反向量,则错误的是(   )。

A. $\boldsymbol{a}/\!/\boldsymbol{b}$ B. $\boldsymbol{a}\neq\boldsymbol{b}$ C. $|\boldsymbol{a}|\neq|\boldsymbol{b}|$ D. $\boldsymbol{b}=-\boldsymbol{a}$

(2) 下列等式中,正确的个数是(   )。

① $\boldsymbol{a}-\boldsymbol{0}=\boldsymbol{a}$; ② $\boldsymbol{b}+\boldsymbol{a}=\boldsymbol{a}+\boldsymbol{b}$; ③ $-(-\boldsymbol{a})=\boldsymbol{a}$; ④ $\boldsymbol{a}+(-\boldsymbol{a})=\boldsymbol{0}$; ⑤ $\boldsymbol{a}+(-\boldsymbol{b})=\boldsymbol{a}-\boldsymbol{b}$。

A. 2   B. 3   C. 4   D. 5

(3) 在$\triangle ABC$ 中,$\overrightarrow{BC}=\boldsymbol{a}$,$\overrightarrow{CA}=\boldsymbol{b}$,则$\overrightarrow{AB}$等于(   )。

A. $\boldsymbol{a}+\boldsymbol{b}$ B. $-(\boldsymbol{a}+\boldsymbol{b})$ C. $\boldsymbol{a}-\boldsymbol{b}$ D. $-\boldsymbol{a}+\boldsymbol{b}$

(4) 化简$\overrightarrow{OP}-\overrightarrow{QP}+\overrightarrow{PS}+\overrightarrow{SP}$的结果等于(   )。

A. $\overrightarrow{QP}$ B. $\overrightarrow{OQ}$ C. $\overrightarrow{SP}$ D. $\overrightarrow{SQ}$

(5) 在平行四边形 $ABCD$ 中,$\overrightarrow{BC}+\overrightarrow{CD}-\overrightarrow{AD}$等于(   )。

A. $\overrightarrow{BA}$ B. $\overrightarrow{BD}$ C. $\overrightarrow{AC}$ D. $\overrightarrow{AB}$

(6) 下列各式中,结果为 $\boldsymbol{0}$ 的有(   )。

A. $\overrightarrow{AB}+\overrightarrow{BC}+\overrightarrow{CA}$ B. $\overrightarrow{OA}+\overrightarrow{OC}+\overrightarrow{BO}+\overrightarrow{CO}$

C. $\overrightarrow{AB}-\overrightarrow{AC}+\overrightarrow{BD}-\overrightarrow{CD}$ D. $\overrightarrow{MN}+\overrightarrow{NQ}-\overrightarrow{MP}+\overrightarrow{QP}$

(7) 在$\triangle ABC$ 中,向量$\overrightarrow{BC}$可表示为(   )。

① $\overrightarrow{AB}-\overrightarrow{AC}$; ② $\overrightarrow{AC}-\overrightarrow{AB}$; ③ $\overrightarrow{BA}+\overrightarrow{AC}$; ④ $\overrightarrow{BA}-\overrightarrow{CA}$。

A. ①②③   B. ①③④   C. ②③④   D. ①②④

3. 化简下列各式。

(1) $\overrightarrow{AB}-\overrightarrow{AC}-\overrightarrow{DB}$;

(2) $\overrightarrow{AB}+\overrightarrow{BC}-\overrightarrow{AD}-\overrightarrow{DB}$;

(3) $(\overrightarrow{AB}-\overrightarrow{CD})-(\overrightarrow{AC}-\overrightarrow{BD})$。

13.2.3　数乘向量

一只兔子每次位移 $\boldsymbol{a}$，3 次位移多少？

已知非零向量 $\boldsymbol{a}$，试作出：

(1) $\boldsymbol{a}+\boldsymbol{a}+\boldsymbol{a}$；

(2) $(-\boldsymbol{a})+(-\boldsymbol{a})+(-\boldsymbol{a})$。

所求结果如图 13－17 所示。

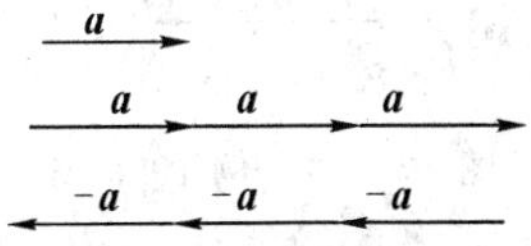

图 13－17　向量的加法

类似于数的乘法，我们把 $\boldsymbol{a}+\boldsymbol{a}+\boldsymbol{a}$ 记作 $3\boldsymbol{a}$。显然，$3\boldsymbol{a}$ 的长度是 $\boldsymbol{a}$ 的 3 倍，方向与 $\boldsymbol{a}$ 的方向相同，即 $|3\boldsymbol{a}|=3|\boldsymbol{a}|$。同理，$(-\boldsymbol{a})+(-\boldsymbol{a})+(-\boldsymbol{a})=3(-\boldsymbol{a})$，即 $3(-\boldsymbol{a})$的方向与 $\boldsymbol{a}$ 的方向相反，长度是 $\boldsymbol{a}$ 的长度的 3 倍，这样 $3(-\boldsymbol{a})=-3\boldsymbol{a}$。

一般地，我们规定实数 λ 与向量 $\boldsymbol{a}$ 的积是一个向量，这种运算叫作数乘向量，记作 $\lambda\boldsymbol{a}$，它的长度与方向规定如下：

(1) $|\lambda\boldsymbol{a}|=|\lambda||\boldsymbol{a}|$；

(2) 当 $\lambda>0$ 时，$\lambda\boldsymbol{a}$ 的方向与 $\boldsymbol{a}$ 的方向相同；当 $\lambda<0$ 时，$\lambda\boldsymbol{a}$ 的方向与 $\boldsymbol{a}$ 的方向相反。

由(1)可知，当 $\boldsymbol{a}=\boldsymbol{0}$ 时，$\lambda\boldsymbol{a}=\boldsymbol{0}$。

$\lambda\boldsymbol{a}$ 中的实数 λ，叫作向量 $\boldsymbol{a}$ 的系数。数乘向量的几何意义就是把向量 $\boldsymbol{a}$ 沿着 $\boldsymbol{a}$ 的方向或者相反的方向，长度放大或者缩小。

根据实数与向量的积的定义，可以验证下面的运算律。

设 λ、μ 为实数，则

(1) $\lambda(\boldsymbol{a}+\boldsymbol{b})=\lambda\boldsymbol{a}+\lambda\boldsymbol{b}$；

(2) $(\lambda+\mu)\boldsymbol{a}=\lambda\boldsymbol{a}+\mu\boldsymbol{a}$；

(3) $\lambda(\mu\boldsymbol{a})=(\lambda\mu)\boldsymbol{a}$。

例 13.7　计算 $3(\boldsymbol{a}+\boldsymbol{b})-2(\boldsymbol{a}-\boldsymbol{b})$。

解　$3(\boldsymbol{a}+\boldsymbol{b})-2(\boldsymbol{a}-\boldsymbol{b})=3\boldsymbol{a}+3\boldsymbol{b}-2\boldsymbol{a}+2\boldsymbol{b}=(3-2)\boldsymbol{a}+(3+2)\boldsymbol{b}=\boldsymbol{a}+5\boldsymbol{b}$

例 13.8　如图 13－18(a)所示，已知向量 $\boldsymbol{a}$、$\boldsymbol{b}$，求作向量 $3\boldsymbol{a}-\boldsymbol{b}$。

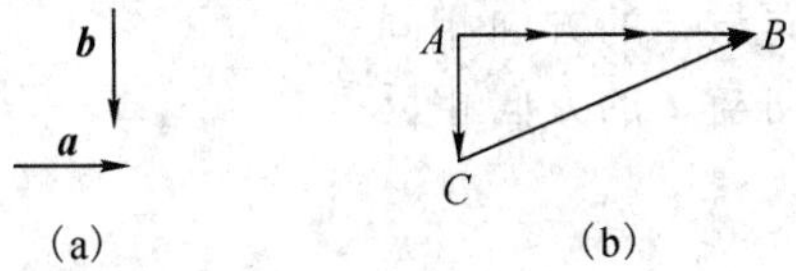

图 13－18　例 13.8 图

作法　在平面内任取一点 A，作$\overrightarrow{AB}=3\boldsymbol{a}$，$\overrightarrow{AC}=\boldsymbol{b}$，如图 13－18(b)所示，则

$$\overrightarrow{CB}=\overrightarrow{AB}-\overrightarrow{AC}=3\boldsymbol{a}-\boldsymbol{b}$$

例 13.1(平行向量基本定理)　如果向量 $\boldsymbol{b}\neq 0$，则 $\boldsymbol{a}/\!/\boldsymbol{b}$ 的充分必要条件是：存在唯一的实数 λ，使得 $\boldsymbol{a}=\lambda\boldsymbol{b}$。

非零向量 $\boldsymbol{a}$ 的单位向量与 $\boldsymbol{a}$ 的方向相同，长度为 1，由数乘向量的定义可知，$\boldsymbol{a}$ 的单位向量为 $\dfrac{\boldsymbol{a}}{|\boldsymbol{a}|}$。

例 13.9　已知向量 $\overrightarrow{AD}=3\overrightarrow{AB}$，$\overrightarrow{DE}=3\overrightarrow{BC}$，如图 13－19 所示，试说明 $\overrightarrow{AC}$ 与 $\overrightarrow{AE}$ 的关系。

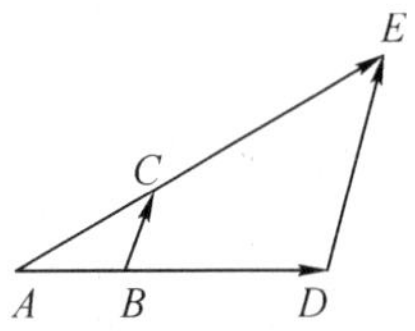

图 13－19　例 13.9 图

解　连接 A、C、E，可得

$$\overrightarrow{AE}=\overrightarrow{AD}+\overrightarrow{DE}=3\overrightarrow{AB}+3\overrightarrow{BC}=3(\overrightarrow{AB}+\overrightarrow{BC})=3\overrightarrow{AC}$$

所以 $\overrightarrow{AC}$ 与 $\overrightarrow{AE}$ 共线且同向。

例 13.10　在三角形 ABC 中，设 D 为 BC 的中点，如图 13－20 所示，求证：

$$\overrightarrow{AD}=\frac{1}{2}(\overrightarrow{AB}+\overrightarrow{AC})$$

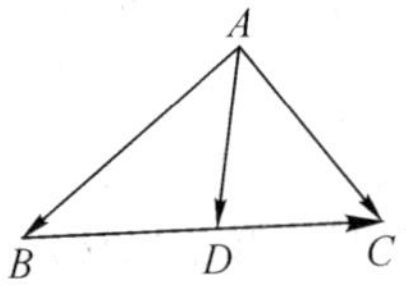

图 13－20　例 13.10 图

证明　$\overrightarrow{AD}=\overrightarrow{AB}+\overrightarrow{BD}=\overrightarrow{AB}+\dfrac{1}{2}\overrightarrow{BC}=\overrightarrow{AB}+\dfrac{1}{2}(\overrightarrow{AC}-\overrightarrow{AB})=\dfrac{1}{2}(\overrightarrow{AB}+\overrightarrow{AC})$

由此可得

$$\overrightarrow{AD}=\frac{1}{2}(\overrightarrow{AB}+\overrightarrow{AC})$$

★练习 13.2.3

1. 填空。

(1) 一般地，我们规定________________是一个向量，这种运算称作向量的数乘，记作 $\lambda\boldsymbol{a}$，它的长度与方向规定如下：

$|\lambda\boldsymbol{a}|=$________；

当________时，$\lambda\boldsymbol{a}$ 的方向与 $\boldsymbol{a}$ 的方向相同；

当________时，$\lambda\boldsymbol{a}$ 的方向与 $\boldsymbol{a}$ 的方向相反；

当________时，$\lambda\boldsymbol{a}=\boldsymbol{0}$。

(2) $(-2.5)\times 6\boldsymbol{a}=$________。

(3) 已知非零向量 $\boldsymbol{a}$，向量 $\dfrac{\boldsymbol{a}}{|\boldsymbol{a}|}$ 的模为________。

(4) 点 C 在线段 AB 上，且 $\overrightarrow{AC}=\dfrac{3}{5}\overrightarrow{AB}$，则 $\overrightarrow{AC}=$________$\overrightarrow{CB}$。

2. 计算。

(1) $(-7)\times 6\boldsymbol{a}$；

(2) $4(\boldsymbol{a}+\boldsymbol{b})-3(\boldsymbol{a}-\boldsymbol{b})-8\boldsymbol{a}$；

(3) $(5\boldsymbol{a}-4\boldsymbol{b}+\boldsymbol{c})-2(3\boldsymbol{a}-2\boldsymbol{b}+\boldsymbol{c})$

(4) $3(\boldsymbol{a}+\boldsymbol{b})-2(\boldsymbol{a}-2\boldsymbol{b})$；

(5) $2(2\boldsymbol{a}+6\boldsymbol{b}-3\boldsymbol{c})-3(-3\boldsymbol{a}+4\boldsymbol{b}-2\boldsymbol{c})$。

3. 如图 13-21 所示，平行四边形 $ABCD$ 的两条对角线相交于点 M，且 $\overrightarrow{AB}=\boldsymbol{a}$，$\overrightarrow{AD}=\boldsymbol{b}$，你能用 $\boldsymbol{a}$、$\boldsymbol{b}$ 表示 $\overrightarrow{AM}$、$\overrightarrow{BM}$、$\overrightarrow{CM}$、$\overrightarrow{DM}$ 吗？

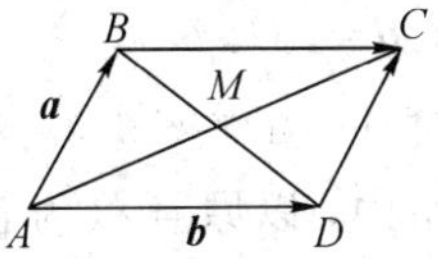

图 13-21　已知的平行四边形

4. 如图 13-22 所示，在平行四边形 $ABCD$ 中，$\overrightarrow{AC}=\boldsymbol{a}$，$\overrightarrow{BD}=\boldsymbol{b}$，试用 $\boldsymbol{a}$、$\boldsymbol{b}$ 表示向量 $\overrightarrow{AB}$ 和 $\overrightarrow{AD}$。

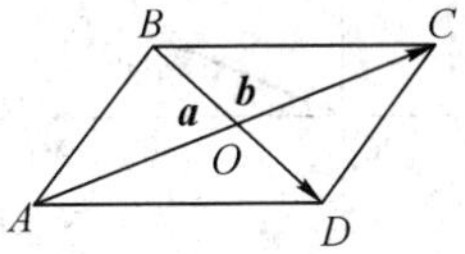

图 13-22　已知的平行四边形

13.3　平面向量的直角坐标运算

在平面直角坐标系中，每一个点都由一对有序实数(坐标)来表示。任意一个向量，它的始点和终点也可用坐标表示，那么向量能否用坐标表示呢？如果能，应怎样表示？

13.3.1　平面向量的直角坐标及其运算

1. 平面向量的直角坐标

如图 13-23 所示，在直角坐标系内，分别取与 x 轴、y 轴正方向相同的两个单位向量 $\boldsymbol{i}$、$\boldsymbol{j}$，则向量 $\overrightarrow{AC}$ 可以写成分别与 $\boldsymbol{i}$、$\boldsymbol{j}$ 平行的两个向量之和，即

$$\overrightarrow{AC}=\overrightarrow{AB}+\overrightarrow{BC}=2\boldsymbol{i}+3\boldsymbol{j}$$

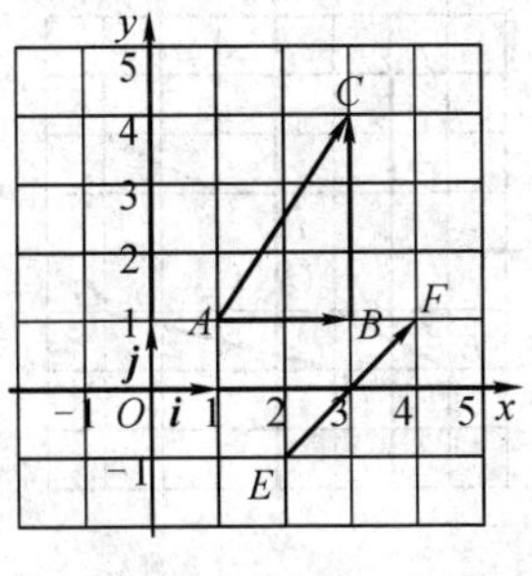

图 13-23　直角坐标系中的平面向量

对于平面内的任一向量 $\boldsymbol{a}$，有且只有一对实数 a_1、a_2 使得

$$\boldsymbol{a}=a_1\boldsymbol{i}+a_2\boldsymbol{j}$$

这样平面内的任一向量 $\boldsymbol{a}$ 都可由 a_1、a_2 唯一确定。我们把有序数对 (a_1, a_2) 叫作向量 $\boldsymbol{a}$ 的坐标，记作

$$\boldsymbol{a}=(a_1, a_2)$$

其中，a_1 叫作向量 $\boldsymbol{a}$ 在 x 轴上的坐标，a_2 叫作向量 $\boldsymbol{a}$ 在 y 轴上的坐标。

显然，$\boldsymbol{i}=(1, 0)$，$\boldsymbol{j}=(0, 1)$，$\boldsymbol{0}=(0, 0)$。

由定义可知，如果 $\boldsymbol{a}=(a_1, a_2)$，$\boldsymbol{b}=(b_1, b_2)$，则

$$\boldsymbol{a}=\boldsymbol{b} \Leftrightarrow a_1=b_1 \text{且} a_2=b_2$$

如图 13－24 所示，在直角坐标系中，以原点 O 为起点作 $\overrightarrow{OA}=\boldsymbol{a}$，则点 A 的位置由向量 $\boldsymbol{a}$ 唯一确定。

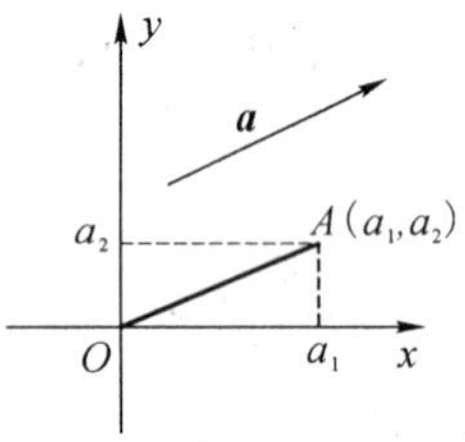

图 13－24　直角坐标系中的平面向量

设 $\overrightarrow{OA}=\boldsymbol{a}=(a_1, a_2)$，则向量 $\overrightarrow{OA}$ 的坐标 (a_1, a_2) 就是终点 A 的坐标；反之，终点 A 的坐标 (a_1, a_2) 也就是向量 $\overrightarrow{OA}$ 的坐标。因此，在平面直角坐标系中，任一平面向量都可以用一对有序实数对唯一表示。

例 13.11　已知 $A(2,3)$、$B(4,5)$，求 $\overrightarrow{BA}$ 的坐标。

解
$$\overrightarrow{BA}=(2,3)-(4,5)=(-2,-2)$$

例 13.12　如图 13－25 所示，在直角坐标系中，用向量 $\boldsymbol{i}$、$\boldsymbol{j}$ 分别表示向量 $\overrightarrow{AB}$、$\overrightarrow{CD}$、$\overrightarrow{EF}$、$\overrightarrow{GH}$，并求出它们的坐标。

解
$$\overrightarrow{AB}=2\boldsymbol{i}+\boldsymbol{j}=(2, 1)$$
$$\overrightarrow{CD}=-2\boldsymbol{j}=(0, -2)$$
$$\overrightarrow{EF}=2\boldsymbol{i}+\boldsymbol{j}=(2, 1)$$
$$\overrightarrow{GH}=-4\boldsymbol{i}-\boldsymbol{j}=(-4, -1)$$

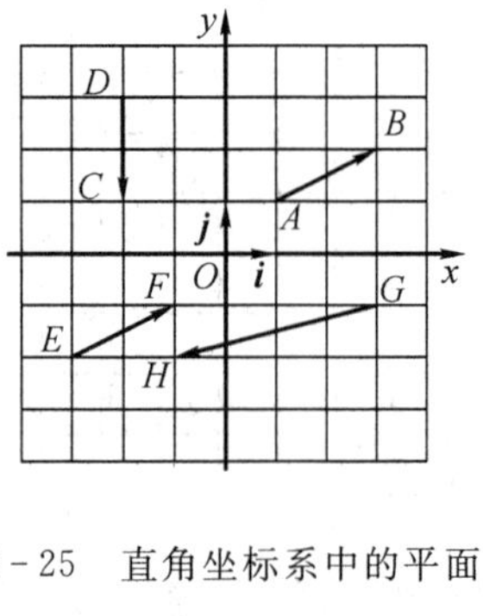

图 13－25　直角坐标系中的平面向量

2. 平面向量的直角坐标运算

如果 $\boldsymbol{a}=(a_1, a_2)$，$\boldsymbol{b}=(b_1, b_2)$，则 $\boldsymbol{a}=a_1\boldsymbol{i}+a_2\boldsymbol{j}$，$\boldsymbol{b}=b_1\boldsymbol{i}+b_2\boldsymbol{j}$，由向量的线性运算的结合律和分配律，可得

$$\begin{aligned}\boldsymbol{a}+\boldsymbol{b}&=(a_1\boldsymbol{i}+a_2\boldsymbol{j})+(b_1\boldsymbol{i}+b_2\boldsymbol{j})\\&=a_1\boldsymbol{i}+b_1\boldsymbol{i}+a_2\boldsymbol{j}+b_2\boldsymbol{j}\\&=(a_1+b_1)\boldsymbol{i}+(a_2+b_2)\boldsymbol{j}\end{aligned}$$

即

$$\boldsymbol{a}+\boldsymbol{b}=(a_1+b_1, a_2+b_2)$$

同理可得

$$\boldsymbol{a}-\boldsymbol{b}=(a_1-b_1, a_2-b_2)$$

也就是说，两个向量和与差的坐标分别等于这两个向量对应坐标的和与差。

数乘向量的坐标等于用这个实数分别乘以原来向量的对应坐标：

$$\lambda\boldsymbol{a}=\lambda(a_1,a_2)=(\lambda a_1, \lambda a_2)$$

在平面直角坐标系中，如果已知点 $A(x_1,y_1)$、点 $B(x_2,y_2)$，则

$$\begin{aligned}\overrightarrow{AB}&=\overrightarrow{OB}-\overrightarrow{OA}\\&=(x_2,y_2)-(x_1,y_1)\\&=(x_2-x_1,y_2-y_1)\end{aligned}$$

因此，在平面直角坐标系中，一个向量的坐标等于表示此向量的有向线段的终点的坐标减去始点的坐标。

例 13.13 已知 $\boldsymbol{a}=(3, -4)$，$\boldsymbol{b}=(-6, 7)$，求 $\boldsymbol{a}+\boldsymbol{b}$、$\boldsymbol{a}-\boldsymbol{b}$、$3\boldsymbol{a}-2\boldsymbol{b}$。

解

$$\begin{aligned}\boldsymbol{a}+\boldsymbol{b}&=(3,-4)+(-6,7)=(-3,3)\\\boldsymbol{a}-\boldsymbol{b}&=(3,-4)-(-6,7)=(9,-11)\\3\boldsymbol{a}-2\boldsymbol{b}&=3(3,-4)-2(-6,7)\\&=(9,-12)-(-12,14)\\&=(21,-26)\end{aligned}$$

例 13.14 已知$\overrightarrow{AB}=(1,-2)$，$A(2,1)$，求 B 点的坐标。

解 设 $B(x,y)$，则

$$\overrightarrow{AB}=(1,-2)=(x,y)-(2,1)$$

即

$$\begin{cases}1=x-2\\-2=y-1\end{cases}$$

所以

$$\begin{cases}x=3\\y=-1\end{cases}$$

得 $B(3, -1)$。

★练习 13.3.1

1. 在图 13－26 所示的平面直角坐标系中，作出向量$\overrightarrow{OA}=(1,4)$，$\overrightarrow{OB}=(-2,3)$，$\overrightarrow{OC}=(2,-2)$，$\overrightarrow{OD}=(2,0)$。

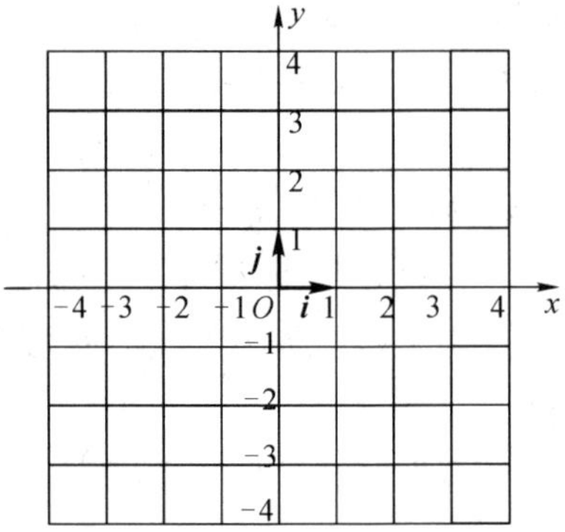

图 13-26　平面直角坐标系

2. 填空。

(1) 在平面直角坐标系中，已知点 A 的坐标为(2，3)，点 B 的坐标为(6，5)，则 $\overrightarrow{OA}=$________，$\overrightarrow{OB}=$________。

(2) 设向量 $\boldsymbol{a}$、$\boldsymbol{b}$ 的坐标分别是(−1，2)、(3，−5)，则 $\boldsymbol{a}+\boldsymbol{b}=$______，$\boldsymbol{a}-\boldsymbol{b}=$______，$3\boldsymbol{a}=$______，$2\boldsymbol{a}+5\boldsymbol{b}=$______。

(3) 已知点 $P(2,-4)$、$N(-1,5)$、$M(-3,2)$，则 $2\overrightarrow{PM}+3\overrightarrow{MN}$________。

3. 已知向量 $\boldsymbol{a}$、$\boldsymbol{b}$ 的坐标，求 $\boldsymbol{a}+\boldsymbol{b}$、$\boldsymbol{a}-\boldsymbol{b}$、$2\boldsymbol{a}-3\boldsymbol{b}$。

(1) $\boldsymbol{a}=(3,4)$，$\boldsymbol{b}=(-6,7)$；

(2) $\boldsymbol{a}=(4,3)$，$\boldsymbol{b}=(-2,8)$；

(3) $\boldsymbol{a}=(2,0)$，$\boldsymbol{b}=(0,9)$；

(4) $\boldsymbol{a}=(-3,-2)$，$\boldsymbol{b}=(-5,2)$。

4. 已知点 A、B 的坐标，求$\overrightarrow{AB}$、$\overrightarrow{BA}$的坐标。

(1) $A(3,5)$，　$B(4,6)$；

(2) $A(-5,0)$，$B(-2,-3)$；

(3) $A(-5,2)$，　$B(3,-2)$；

(4) $A(10,-8)$，　$B(0,11)$。

5. 已知$\overrightarrow{AB}=(3,8)$，$A(1,-2)$，求 B 点的坐标。

6. 已知 $A(2,3)$、$B(-2,5)$，$\overrightarrow{AB}=2\overrightarrow{AC}$，求点 C 的坐标。

7. 已知 $\boldsymbol{a}=(1-x,\ 4)$，$\boldsymbol{b}=(-6,\ y+4)$，且 $\boldsymbol{a}=\boldsymbol{b}$，求 x、y 的值。

13.3.2　平面向量平行的坐标表示

由平行向量基本定理可知，如果向量 $\boldsymbol{b}\neq\boldsymbol{0}$，则 $\boldsymbol{a}\ /\!/\ \boldsymbol{b}$ 的充分必要条件是：存在唯一的实数 λ，使得 $\boldsymbol{a}=\lambda\boldsymbol{b}$。

设 $\boldsymbol{a}=(a_1,a_2)$，$\boldsymbol{b}=(b_1,b_2)$，如果 $\boldsymbol{b}\neq 0$，则 $\boldsymbol{a}=\lambda\boldsymbol{b}$ 可用坐标表示，可写为

$$(a_1,a_2)=\lambda(b_1,b_2)$$

即

$$\begin{cases} a_1=\lambda b_1 \\ a_2=\lambda b_2 \end{cases}$$

消去λ后可得

$$a_1 b_2 - a_2 b_1 = 0$$

所以 $\boldsymbol{a} \parallel \boldsymbol{b}(\boldsymbol{b} \neq \boldsymbol{0})$ 的充分必要条件是 $a_1 b_2 - a_2 b_1 = 0$。

当 $\boldsymbol{b} = \boldsymbol{0}$ 时，$\boldsymbol{a} \parallel \boldsymbol{b}$ 的充分必要条件是 $a_1 b_2 - a_2 b_1 = 0$。

因此对于任意向量 $\boldsymbol{a} = (a_1, a_2)$，$\boldsymbol{b} = (b_1, b_2)$，都有

$$\boldsymbol{a} \parallel \boldsymbol{b} \Leftrightarrow a_1 b_2 - a_2 b_1 = 0$$

若向量 $\boldsymbol{b}$ 不平行于坐标轴，即 $b_1 \neq 0$，$b_2 \neq 0$，则

$$\boldsymbol{a} \parallel \boldsymbol{b} \Leftrightarrow \frac{a_1}{b_1} = \frac{a_2}{b_2}$$

例 13.15　判断下列两个向量是否平行：

(1) $\boldsymbol{a} = (-1, 3)$，$\boldsymbol{b} = (4, -12)$；

(2) $\boldsymbol{e} = (4, 0)$，$\boldsymbol{f} = (0, 5)$。

解　(1) 因为 $(-1) \times (-12) - 3 \times 4 = 0$，所以向量 $\boldsymbol{a}$ 和向量 $\boldsymbol{b}$ 平行；

(2) 因为 $4 \times 5 - 0 \times 0 = 20 \neq 0$，所以向量 $\boldsymbol{e}$ 和 $\boldsymbol{f}$ 不平行。

例 13.16　已知点 $A(-2, -1)$、$B(0, 4)$，向量 $\boldsymbol{a} = (1, y)$，并且 $\overrightarrow{AB} \parallel \boldsymbol{a}$，求 $\boldsymbol{a}$ 的纵坐标 y。

解　由已知条件得

$$\overrightarrow{AB} = (0, 4) - (-2, -1) = (2, 5)$$

因为 $\overrightarrow{AB} \parallel \boldsymbol{a}$，所以

$$1 \times 5 - 2 \times y = 0$$

解得

$$y = \frac{5}{2}$$

例 13.17　如图 13-27 所示，在梯形 $ABDC$ 中，底 CD 的长度是底 AB 的 3 倍，且顶点 $A(-2, 1)$，$B(0, 3)$，$C(0, -2)$，求 D 点的坐标。

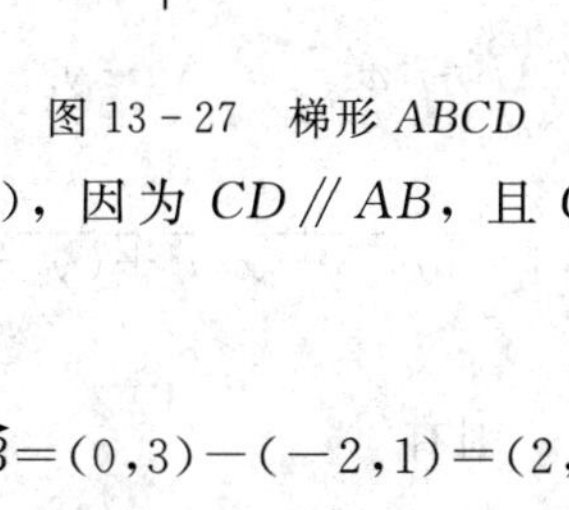

图 13-27　梯形 $ABCD$

解　设点 D 的坐标是 (x, y)，因为 $CD \parallel AB$，且 CD 的长度是底 AB 的 3 倍，所以 $\overrightarrow{CD} = 3\overrightarrow{AB}$。

因为

$$\overrightarrow{AB} = (0, 3) - (-2, 1) = (2, 2)$$
$$\overrightarrow{CD} = (x, y) - (0, -2) = (x, y + 2)$$

所以

$$(x,y+2)=3(2,2)=(6,6)$$

解得 $x=6$，$y=4$。

因此 D 点的坐标是(6,4)。

★练习 13.3.2

1. 判断下列各对向量是否平行：

(1) $\boldsymbol{a}=(0, 0)$，$\boldsymbol{b}=(1, -2)$；

(2) $\boldsymbol{a}=(-1, 0)$，$\boldsymbol{b}=(4, 0)$；

(3) $\boldsymbol{a}=(2, 3)$，$\boldsymbol{b}=(4, 9)$；

(4) $\boldsymbol{a}=(10, 5)$，$\boldsymbol{b}=(4, 2)$。

2. 已知 $\boldsymbol{a}=(2, 3)$与 $\boldsymbol{b}=(x, -5)$平行，求 x 的值。

3. 已知 $\boldsymbol{a}=(-1, x)$与 $\boldsymbol{b}=(x, 4)$共线，且方向相同，求 x 的值。

4. 已知点 $A(0,1)$，$B(1,0)$，$C(1,2)$，$D(2,1)$，判断 AB 与 CD 的位置关系。

5. 在梯形 $ABCD$ 中，底 CD 的长度是底 AB 的 2 倍，且顶点 $A(-1,-1)$，$B(1,1)$，$D(-2,-3)$，求 C 点的坐标。

13.3.3　向量的长度公式与中点公式

1. 向量的长度公式

一般地，若向量 $\boldsymbol{a}=(a_1,a_2)$，则由勾股定理知，向量 $\boldsymbol{a}$ 的长度公式为

$$|\boldsymbol{a}|=\sqrt{a_1^2+a_2^2}$$

如图 13-28 所示。

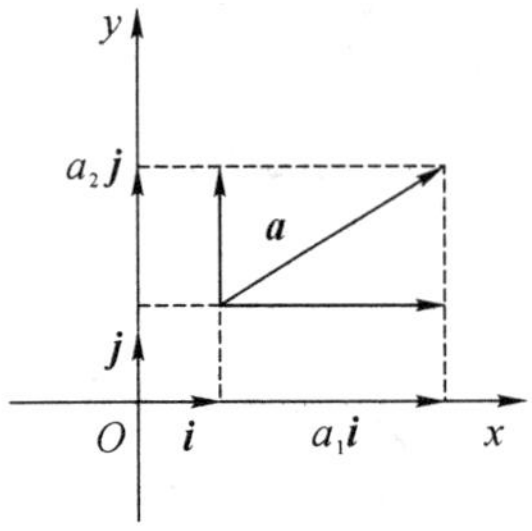

图 13-28　向量的长度

已知平面上两点 $A(x_1, y_1)$、$B(x_2, y_2)$，则

$$\overrightarrow{AB}=(x_2-x_1, y_2-y_1)$$

由向量的长度公式可得

$$|\overrightarrow{AB}|=\sqrt{(x_2-x_1)^2+(y_2-y_1)^2}$$

这就是平面上两点间的距离公式。

记 $\Delta x=x_2-x_1$，$\Delta y=y_2-y_1$，则有

$$|\overrightarrow{AB}|=\sqrt{(\Delta x)^2+(\Delta y)^2}$$

例 13.18　已知 $\boldsymbol{a}=(2, -4)$，$\boldsymbol{b}=(-3, 6)$，求 $|\boldsymbol{a}|+|\boldsymbol{b}|$，$|\boldsymbol{a}+\boldsymbol{b}|$。

解 因为 $\boldsymbol{a}+\boldsymbol{b}=(2,-4)+(-3,6)=(-1,2)$，所以

$$|\boldsymbol{a}|+|\boldsymbol{b}|=\sqrt{2^2+(-4)^2}+\sqrt{(-3)^2+6^2}=\sqrt{20}+\sqrt{45}=5\sqrt{5}$$

$$|\boldsymbol{a}+\boldsymbol{b}|=\sqrt{(-1)^2+2^2}=\sqrt{5}$$

例 13.19 已知两点 $A(-1,2)$、$B(3,5)$，求 A、B 之间的距离。

解 因为

$$\overrightarrow{AB}=(3,5)-(-1,2)=(4,3)$$

所以

$$|\overrightarrow{AB}|=\sqrt{4^2+3^2}=5$$

即 A、B 两点之间的距离是 5。

2. 中点公式

设 $M(x,y)$ 是 $A(x_1,y_1)$、$B(x_2,y_2)$的中点，由中点的向量表达式

$$\overrightarrow{OM}=\frac{1}{2}(\overrightarrow{OA}+\overrightarrow{OB})$$

容易得到线段 AB 的中点 M 的坐标为

$$\left(\frac{x_1+x_2}{2},\ \frac{y_1+y_2}{2}\right)$$

即

$$x=\frac{x_1+x_2}{2},\ y=\frac{y_1+y_2}{2}$$

例 13.20 已知点 $A(-2,4)$、$B(6,-8)$，求线段 AB 的中点坐标。

解 设 AB 的中点坐标为(x,y)，则由中点公式可得

$$x=\frac{x_1+x_2}{2}=\frac{-2+6}{2}=2$$

$$y=\frac{y_1+y_2}{2}=\frac{4+(-8)}{2}=-2$$

所以线段 AB 的中点坐标是$(2,-2)$。

例 13.21 求点 $A(3,8)$关于点 $M(6,-3)$的对称点 A'的坐标。

解 设所求 A'点的坐标为(x,y)，则由中点公式可知

$$\frac{3+x}{2}=6,\quad \frac{8+y}{2}=-3$$

解得 $x=9$，$y=-14$。

所以点 A'的坐标是$(9,-14)$。

★练习 13.3.3

1. 已知 $A(1,2)$、$B(2,3)$、$C(-2,5)$，则$\triangle ABC$ 为(　　)。

A. 直角三角形　　B. 锐角三角形　　C. 钝角三角形　　D. 不等边三角形

2. 计算。

(1) 已知 $\boldsymbol{a}=(-1,0)$，$\boldsymbol{b}=(2,0)$，求$|\boldsymbol{a}|$，$|\boldsymbol{b}|$，$|\boldsymbol{a}+\boldsymbol{b}|$。

(2) 已知 $\boldsymbol{a}=(2,3)$，$\boldsymbol{b}=(6,4)$，求$|\boldsymbol{a}|-|\boldsymbol{b}|$，$|\boldsymbol{a}-\boldsymbol{b}|$。

(3) 已知 $A(7,-1)$、$B(7,3)$，求线段 AB 的长度和中点坐标。

3. 已知 A、B 两点的坐标，求$\overrightarrow{AB}$的坐标及长度。

(1) $A(-6,1)$，$B(-6,4)$；　　(2) $A(-3,2)$，$B(3,10)$；

(3) $A(-7,8)$，$B(1,-7)$；　　(4) $A(1,5)$，$B(2,4)$。

4. 已知 A、B 两点的坐标，求线段 AB 的中点坐标。

(1) $A(2,3)$，$B(8,-3)$；　　(2) $A(4,0)$，$B(0,-6)$；

(3) $A(-1,6)$，$B(-13,8)$；　　(4) $A(0,2)$，$B(-7,0)$。

5. 已知 x 轴上一点 P 到点 $A(2,3)$的距离是 5，求点 P 的坐标。

6. 已知 $Q(4,n)$是点 $P(m,2)$和 $R(3,8)$的中点，求 m 与 n 的值。

7. 求点 $A(4,-2)$关于点 $B(5,8)$的对称点的坐标。

13.4 向量的内积

如图 13－29 所示，水平地面上有一辆车，某人用 100 N 的力，朝着与水平线成 30°角的方向拉小车，使小车前进了 10 m，请问这个人做了多少功？

我们知道，这个人做功等于力与在力的方向上移动的距离的乘积。如图 13－30 所示，设水平方向的单位向量为 $\boldsymbol{i}$，垂直方向的单位向量为 $\boldsymbol{j}$，则力 $\boldsymbol{F}$ 是水平方向的力与垂直方向的力的和，垂直方向上没有产生位移，没有做功，水平方向上产生的位移为 $\boldsymbol{s}$，即

$$W=|\boldsymbol{F}|\cos30°\cdot|\boldsymbol{s}|=100\times\frac{\sqrt{3}}{2}\times10=500\sqrt{3}$$

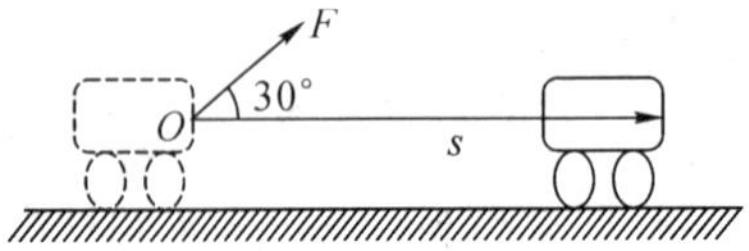

图 13－29　人拉小车

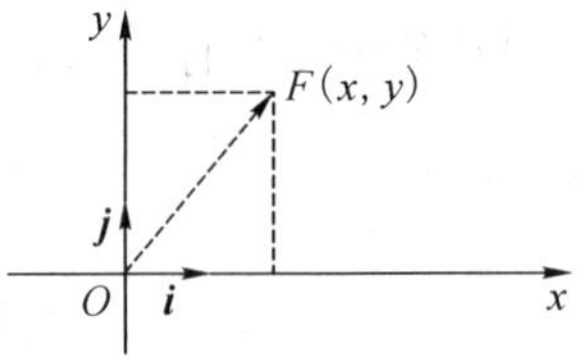

13－30　人拉小车坐标图

这里力 $\boldsymbol{F}$ 与位移 $\boldsymbol{s}$ 都是向量，而功 W 是一个数量，它等于向量 $\boldsymbol{F}$、$\boldsymbol{s}$ 的模与它们的夹角的余弦的乘积。W 叫作向量 $\boldsymbol{F}$ 与向量 $\boldsymbol{s}$ 的内积，它是一个数量，又叫作数量积。

13.4.1 向量的内积

如图 13－31 所示，设有两个非零向量 $\boldsymbol{a}$、$\boldsymbol{b}$，作$\overrightarrow{OA}=\boldsymbol{a}$，$\overrightarrow{OB}=\boldsymbol{b}$，由射线 OA 与 OB 所形成的角叫作向量 $\boldsymbol{a}$ 与向量 $\boldsymbol{b}$ 的夹角，记作$\langle\boldsymbol{a},\boldsymbol{b}\rangle$。

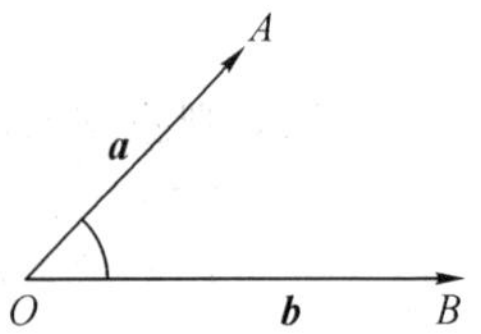

图 13－31　向量 $\boldsymbol{a}$ 与向量 $\boldsymbol{b}$ 的夹角

两个向量 $\boldsymbol{a}$、$\boldsymbol{b}$ 的模与它们的夹角的余弦之积叫作向量 $\boldsymbol{a}$ 与向量 $\boldsymbol{b}$ 的内积，记作 $\boldsymbol{a}\cdot\boldsymbol{b}$，即

$$\boldsymbol{a}\cdot\boldsymbol{b}=|\boldsymbol{a}||\boldsymbol{b}|\cos\langle\boldsymbol{a},\boldsymbol{b}\rangle$$

由内积的定义可知

$$\boldsymbol{a}\cdot\boldsymbol{0}=0,\quad \boldsymbol{0}\cdot\boldsymbol{a}=0$$

由内积的定义可以得到下面几个重要性质：

(1) 对非零向量 $\boldsymbol{a}$、$\boldsymbol{b}$，有 $\boldsymbol{a}\cdot\boldsymbol{b}=0\Leftrightarrow\boldsymbol{a}\perp\boldsymbol{b}$；

(2) $\boldsymbol{a}\cdot\boldsymbol{a}=|\boldsymbol{a}||\boldsymbol{a}|=|\boldsymbol{a}|^2$，或 $|\boldsymbol{a}|=\sqrt{\boldsymbol{a}\cdot\boldsymbol{a}}$；

(3) $\cos\langle\boldsymbol{a},\boldsymbol{b}\rangle=\dfrac{\boldsymbol{a}\cdot\boldsymbol{b}}{|\boldsymbol{a}||\boldsymbol{b}|}$。

向量的内积满足下面的运算律：

(1) $\boldsymbol{a}\cdot\boldsymbol{b}=\boldsymbol{b}\cdot\boldsymbol{a}$；

(2) $(\lambda\boldsymbol{a})\cdot\boldsymbol{b}=\lambda(\boldsymbol{a}\cdot\boldsymbol{b})=\boldsymbol{a}\cdot(\lambda\boldsymbol{b})$；

(3) $(\boldsymbol{a}+\boldsymbol{b})\cdot\boldsymbol{c}=\boldsymbol{a}\cdot\boldsymbol{c}+\boldsymbol{b}\cdot\boldsymbol{c}$。

例 13.22　已知 $|\boldsymbol{a}|=3$，$|\boldsymbol{b}|=4$，$\langle\boldsymbol{a},\boldsymbol{b}\rangle=60°$，求：

(1) $\boldsymbol{a}\cdot\boldsymbol{b}$；

(2) $(\boldsymbol{a}+\boldsymbol{b})\cdot(\boldsymbol{a}-\boldsymbol{b})$；

(3) $|\boldsymbol{a}+\boldsymbol{b}|$。

解　(1)

$$\boldsymbol{a}\cdot\boldsymbol{b}=|\boldsymbol{a}||\boldsymbol{b}|\cos\langle\boldsymbol{a},\boldsymbol{b}\rangle=3\times4\times\cos 60°=6$$

(2)

$$\begin{aligned}(\boldsymbol{a}+\boldsymbol{b})\cdot(\boldsymbol{a}-\boldsymbol{b})&=\boldsymbol{a}\cdot\boldsymbol{a}-\boldsymbol{a}\cdot\boldsymbol{b}+\boldsymbol{b}\cdot\boldsymbol{a}-\boldsymbol{b}\cdot\boldsymbol{b}\\&=|\boldsymbol{a}|^2-|\boldsymbol{b}|^2=9-16=-7\end{aligned}$$

(3) 因为

$$\begin{aligned}|\boldsymbol{a}+\boldsymbol{b}|^2=(\boldsymbol{a}+\boldsymbol{b})\cdot(\boldsymbol{a}+\boldsymbol{b})&=\boldsymbol{a}\cdot\boldsymbol{a}+\boldsymbol{a}\cdot\boldsymbol{b}+\boldsymbol{b}\cdot\boldsymbol{a}+\boldsymbol{b}\cdot\boldsymbol{b}\\&=|\boldsymbol{a}|^2+2\boldsymbol{a}\cdot\boldsymbol{b}+|\boldsymbol{b}|^2\\&=9+2\times6+16\\&=37\end{aligned}$$

所以 $|\boldsymbol{a}+\boldsymbol{b}|=\sqrt{37}$。

例 13.23　已知 $|\boldsymbol{a}|=5$，$|\boldsymbol{b}|=6$，$\boldsymbol{a}\cdot\boldsymbol{b}=15$，求 $\langle\boldsymbol{a},\boldsymbol{b}\rangle$。

解

$$\cos\langle\boldsymbol{a},\boldsymbol{b}\rangle=\frac{\boldsymbol{a}\cdot\boldsymbol{b}}{|\boldsymbol{a}||\boldsymbol{b}|}=\frac{1}{2}$$

由于

$$0\leqslant\langle\boldsymbol{a},\boldsymbol{b}\rangle\leqslant180°$$

所以

$$\langle\boldsymbol{a},\boldsymbol{b}\rangle=60°$$

★练习 13.4.1

1. 选择题。

(1) 下列叙述不正确的是(　　)。

A. 向量的数量积满足交换律　　B. 向量的数量积满足分配律

C. 向量的数量积满足结合律　　D. $\boldsymbol{a}\cdot\boldsymbol{b}$ 是一个实数

(2) 已知 $|\boldsymbol{a}|=6$，$|\boldsymbol{b}|=4$，$\boldsymbol{a}$ 与 $\boldsymbol{b}$ 的夹角为 $60°$，则 $(\boldsymbol{a}+2\boldsymbol{b})\cdot(\boldsymbol{a}-3\boldsymbol{b})$ 等于（　　）。

A. 72　　B. -72　　C. 36　　D. -36

2. 已知 $|\boldsymbol{a}|$、$|\boldsymbol{b}|$、$\langle\boldsymbol{a},\boldsymbol{b}\rangle$，求 $\boldsymbol{a}\cdot\boldsymbol{b}$。

(1) $|\boldsymbol{a}|=4$，$|\boldsymbol{b}|=6$，$\langle\boldsymbol{a},\boldsymbol{b}\rangle=60°$；

(2) $|\boldsymbol{a}|=8$，$|\boldsymbol{b}|=4$，$\langle\boldsymbol{a},\boldsymbol{b}\rangle=90°$；

(3) $|\boldsymbol{a}|=5$，$|\boldsymbol{b}|=9$，$\langle\boldsymbol{a},\boldsymbol{b}\rangle=180°$；

(4) $|\boldsymbol{a}|=7$，$|\boldsymbol{b}|=12$，$\langle\boldsymbol{a},\boldsymbol{b}\rangle=150°$。

3. 已知 $|\boldsymbol{a}|$、$|\boldsymbol{b}|$、$\boldsymbol{a}\cdot\boldsymbol{b}$，求 $\cos\langle\boldsymbol{a},\boldsymbol{b}\rangle$。

(1) $|\boldsymbol{a}|=2$，$|\boldsymbol{b}|=4$，$\boldsymbol{a}\cdot\boldsymbol{b}=1$；

(2) $|\boldsymbol{a}|=3$，$|\boldsymbol{b}|=7$，$\boldsymbol{a}\cdot\boldsymbol{b}=0$；

(3) $|\boldsymbol{a}|=6$，$|\boldsymbol{b}|=8$，$\boldsymbol{a}\cdot\boldsymbol{b}=-24$；

(4) $|\boldsymbol{a}|=2$，$|\boldsymbol{b}|=7$，$\boldsymbol{a}\cdot\boldsymbol{b}=-14$。

4. 已知 $|\boldsymbol{a}|=2$，$|\boldsymbol{b}|=3$，$\langle\boldsymbol{a},\boldsymbol{b}\rangle=30°$，求 $(2\boldsymbol{a}+\boldsymbol{b})\cdot\boldsymbol{b}$。

5. 已知 $|\boldsymbol{a}|=6$，$|\boldsymbol{b}|=8$，$\langle\boldsymbol{a},\boldsymbol{b}\rangle=60°$，求 $|\boldsymbol{a}-\boldsymbol{b}|^2$、$|\boldsymbol{a}-\boldsymbol{b}|$。

13.4.2　向量内积的直角坐标运算

在平面直角坐标系中，已知两个非零向量 $\boldsymbol{a}=(a_1,b_1)$，$\boldsymbol{b}=(a_2,b_2)$，我们怎样用 $\boldsymbol{a}$ 和 $\boldsymbol{b}$ 的坐标表示 $\boldsymbol{a}\cdot\boldsymbol{b}$ 呢？

设 $\boldsymbol{i}$、$\boldsymbol{j}$ 分别为 x 轴、y 轴上的单位向量，则

$$\boldsymbol{a}=a_1\boldsymbol{i}+b_1\boldsymbol{j},\quad \boldsymbol{b}=a_2\boldsymbol{i}+b_2\boldsymbol{j}$$

又由于 $\boldsymbol{i}\perp\boldsymbol{j}$，因此 $\boldsymbol{i}\cdot\boldsymbol{j}=0$，$|\boldsymbol{i}|=|\boldsymbol{j}|=1$，所以

$$\begin{aligned}\boldsymbol{a}\cdot\boldsymbol{b}&=(a_1\boldsymbol{i}+b_1\boldsymbol{j})\cdot(a_2\boldsymbol{i}+b_2\boldsymbol{j})\\&=a_1a_2\boldsymbol{i}\cdot\boldsymbol{i}+a_1b_2\boldsymbol{i}\cdot\boldsymbol{j}+a_2b_1\boldsymbol{i}\cdot\boldsymbol{j}+b_1b_2\boldsymbol{j}\cdot\boldsymbol{j}\\&=a_1a_2|\boldsymbol{i}|^2+b_1b_2|\boldsymbol{j}|^2\\&=a_1a_2+b_1b_2\end{aligned}$$

这就是说，两个向量的内积等于它们对应坐标乘积的和，即

$$\boldsymbol{a}\cdot\boldsymbol{b}=a_1a_2+b_1b_2$$

由此我们还可以得到以下结论：

(1) 两向量垂直的充要条件为

$$\boldsymbol{a}\perp\boldsymbol{b}\Leftrightarrow a_1a_2+b_1b_2=0$$

(2)两向量的夹角的余弦的计算公式为

$$\cos\langle\boldsymbol{a},\boldsymbol{b}\rangle=\frac{\boldsymbol{a}\cdot\boldsymbol{b}}{|\boldsymbol{a}||\boldsymbol{b}|}=\frac{a_1b_1+a_2b_2}{\sqrt{a_1^2+a_2^2}\sqrt{b_1^2+b_2^2}}$$

例 13.24　设 $\boldsymbol{a}=(-1,2)$，$\boldsymbol{b}=(-3,1)$，求：

(1) $\boldsymbol{a}\cdot\boldsymbol{b}$；　　(2) $|\boldsymbol{a}|$；

(3) $|\boldsymbol{b}|$；　　(4) $\cos\langle\boldsymbol{a},\boldsymbol{b}\rangle$。

解　(1) $\boldsymbol{a}\cdot\boldsymbol{b}=(-1)(-3)+2\times1=5$

(2) $|\boldsymbol{a}|=\sqrt{(-1)^2+2^2}=\sqrt{5}$

(3) $|\boldsymbol{b}|=\sqrt{(-3)^2+1^2}=\sqrt{10}$

(4) $\cos\langle\boldsymbol{a}, \boldsymbol{b}\rangle=\dfrac{\boldsymbol{a}\cdot\boldsymbol{b}}{|\boldsymbol{a}||\boldsymbol{b}|}=\dfrac{\sqrt{2}}{2}$

例 13.25 已知 $\boldsymbol{a}=(x, 8)$， $\boldsymbol{b}=(4, 6)$，若 $\boldsymbol{a}\perp\boldsymbol{b}$，求 x 的值。

解 因为 $\boldsymbol{a}\perp\boldsymbol{b}$，所以 $\boldsymbol{a}\cdot\boldsymbol{b}=0$，即

$$4x+8\times6=0$$

解得 $x=-12$。

例 13.26 已知 $A(-1, 2)$、$B(0, 4)$、$C(-3, 3)$，求证 $\triangle ABC$ 是直角三角形。

解 因为

$$\overrightarrow{AB}=(0+1, 4-2)=(1, 2)$$
$$\overrightarrow{AC}=(-3+1, 3-2)=(-2, 1)$$

所以

$$\overrightarrow{AB}\cdot\overrightarrow{AC}=1\times(-2)+2\times1=0$$

因此 $\overrightarrow{AB}\perp\overrightarrow{AC}$，$\triangle ABC$ 是直角三角形。

★练习 13.4.2

1. 已知向量 $\boldsymbol{a}$、$\boldsymbol{b}$ 的坐标，求 $\boldsymbol{a}\cdot\boldsymbol{b}$，$|\boldsymbol{a}|$，$|\boldsymbol{b}|$，$\cos\langle\boldsymbol{a}, \boldsymbol{b}\rangle$。

(1) $\boldsymbol{a}=(7, 3)$，$\boldsymbol{b}=(1, 3)$；

(2) $\boldsymbol{a}=(2, -1)$，$\boldsymbol{b}=(1, 2)$；

(3) $\boldsymbol{a}=(4, 2)$，$\boldsymbol{b}=(-2, -3)$；

(4) $\boldsymbol{a}=(4, 5)$，$\boldsymbol{b}=(-4, 3)$。

2. 求下列两点间的距离。

(1) $A(5,-3)$，$B(-2,4)$；

(2) $A(2,1)$，$B(-3,2)$。

3. 判断下面各对向量是否垂直。

(1) $\boldsymbol{a}=(-2, 3)$，$\boldsymbol{b}=(3, 2)$；

(2) $\boldsymbol{a}=(0, -1)$，$\boldsymbol{b}=(1, -2)$；

(3) $\boldsymbol{a}=(4, 0)$，$\boldsymbol{b}=(0, -3)$；

(4) $\boldsymbol{a}=(7, 5)$，$\boldsymbol{b}=(-4, 6)$。

4. 已知 $\boldsymbol{a}=(-2, x)$， $\boldsymbol{b}=(7, 2)$，若 $\boldsymbol{a}\perp\boldsymbol{b}$，求 x 的值。

5. 判断以 $A(1, 2)$、$B(4, 3)$、$C(-1, 4)$ 为顶点的三角形的形状。

习 题 13

1. 选择题。

(1) 以下四个量中为向量的是( )。

A. 速度　　B. 温度　　C. 位移　　D. 力

(2) 下列说法中正确的是( )。

A. 路程是向量　　B. 向量没有方向

C. 共线向量一定是在同一直线上　　　　D. 向量是既有大小又有方向的量

(3) 已知向量 $\boldsymbol{a}=(2,-3)$，$\boldsymbol{b}=(-1,1)$，则 $2\boldsymbol{a}-\boldsymbol{b}$ 的坐标是(　　)。

A. $(3,-5)$　　B. $(5,-7)$　　C. $(3,-7)$　　D. $(5,-5)$

(4) 已知 $A(2,-3)$、$B(0,5)$，则 $\overrightarrow{AB}$ 等于(　　)。

A. $(2,-8)$　　B. $(-2,8)$　　C. $(2,2)$　　D. $(0,0)$

(5) 若 $A(1,2)$、$B(-6,x)$、$C(-1,4)$ 三点共线，则 $x=$(　　)。

A. 0　　B. -0.5　　C. -1　　D. -2

(6) 设向量 $\boldsymbol{a}$ 与 $\boldsymbol{b}$ 的长度分别为 4 和 3，夹角是 $120°$，则 $\boldsymbol{a}\cdot\boldsymbol{b}$ 等于(　　)。

A. 6　　B. -6　　C. $12\sqrt{3}$　　D. $-12\sqrt{3}$

(7) 已知向量 $\boldsymbol{a}=(2,1)$，$\boldsymbol{b}=(-1,x)$，$\boldsymbol{a}\cdot(2\boldsymbol{a}-\boldsymbol{b})=\boldsymbol{0}$，则 x 等于(　　)。

A. -12　　B. -6　　C. 6　　D. 12

(8) 已知向量 $\boldsymbol{a}=(2,4)$，$\boldsymbol{b}=(1,x)$ 互相垂直，则 x 等于(　　)。

A. -0.5　　B. 0.5　　C. 2　　D. -2

(9) 若向量 $\boldsymbol{a}=(1,1)$，$\boldsymbol{b}=(2,5)$，$\boldsymbol{c}=(3,x)$，满足条件 $(8\boldsymbol{a}-\boldsymbol{b})\cdot\boldsymbol{c}=30$，则 $x=$(　　)。

A. 6　　B. 5　　C. 4　　D. 3

(10) 已知向量 $\boldsymbol{a}=(4,2)$，$\boldsymbol{b}=(x,3)$，且 $\boldsymbol{a}/\!/\boldsymbol{b}$，则 x 的值是(　　)。

A. -6　　B. 6　　C. 9　　D. 12

2. 填空题。

(1) 若向量 $\boldsymbol{a}=(1,1)$，$\boldsymbol{b}=(-1,2)$，则 $\boldsymbol{a}-\boldsymbol{b}$ 等于________。

(2) 已知在三角形 ABC 中，顶点 $A(7,5)$、$B(2,3)$、$C(6,-7)$，则三角形的边长 $|\overrightarrow{AB}|=$________，$|\overrightarrow{AC}|=$________，$|\overrightarrow{BC}|=$________。

(3) 已知向量 $\boldsymbol{a}$ 和向量 $\boldsymbol{b}$ 的夹角为 $30°$，$|\boldsymbol{a}|=2$，$|\boldsymbol{b}|=\sqrt{3}$，则向量 $\boldsymbol{a}$ 和向量 $\boldsymbol{b}$ 的数量积 $\boldsymbol{a}\cdot\boldsymbol{b}=$________。

(4) $\boldsymbol{a}$ 与 $\boldsymbol{b}$ 的夹角为 $120°$，$|\boldsymbol{a}|=1$，$|\boldsymbol{b}|=3$，则 $|5\boldsymbol{a}-\boldsymbol{b}|=$________。

(5) 已知 $\boldsymbol{a}=(3,\sqrt{3})$，$\boldsymbol{b}=(1,0)$，则 $(\boldsymbol{a}-2\boldsymbol{b})\cdot\boldsymbol{b}=$________。

(6) 已知向量 $\boldsymbol{a}=(\sqrt{3},1)$，$\boldsymbol{b}=(0,-1)$，$\boldsymbol{c}=(k,\sqrt{3})$，若 $2\boldsymbol{a}-\boldsymbol{b}$ 与 $\boldsymbol{c}$ 共线，则 $k=$________。

(7) 设向量 $\boldsymbol{a}$、$\boldsymbol{b}$ 满足 $|\boldsymbol{a}|=2\sqrt{5}$，$\boldsymbol{b}=(2,1)$，若 $\boldsymbol{a}$ 与 $\boldsymbol{b}$ 的方向相反，则 $\boldsymbol{a}$ 的坐标是________。

(8) 已知 $\boldsymbol{a}$ 与 $\boldsymbol{b}$ 是两个不共线的单位向量，k 为实数，若向量 $\boldsymbol{a}+\boldsymbol{b}$ 与向量 $k\boldsymbol{a}-\boldsymbol{b}$ 垂直，则 $k=$________。

3. 判断题。

(1) 两个向量的数量积是一个实数，向量的加、减、数乘运算的运算结果是向量。

(2) 由 $\boldsymbol{a}\cdot\boldsymbol{b}=0$ 可得 $\boldsymbol{a}=\boldsymbol{0}$ 或 $\boldsymbol{b}=\boldsymbol{0}$。

(3) $(\boldsymbol{a}\cdot\boldsymbol{b})\boldsymbol{c}=\boldsymbol{a}(\boldsymbol{b}\cdot\boldsymbol{c})$。

(4) 两个向量的夹角的范围是 $[0,90°]$。

4. 化简。

(1) $\overrightarrow{AE}+\overrightarrow{EF}+\overrightarrow{FA}$；

(2) $\overrightarrow{AB}+\overrightarrow{BC}+\overrightarrow{CD}+\overrightarrow{DE}$；

(3) $\overrightarrow{AB}+\overrightarrow{BC}-\overrightarrow{AD}-\overrightarrow{DE}$；

(4) $\overrightarrow{MN}-\overrightarrow{MP}-\overrightarrow{PQ}$。

5. 化简。

(1) $-(2\boldsymbol{a}+\boldsymbol{b})+7(\boldsymbol{a}-\boldsymbol{b})$；

(2) $(\boldsymbol{a}-2\boldsymbol{b}+\boldsymbol{c})-(4\boldsymbol{a}-2\boldsymbol{b}+2\boldsymbol{c})$；

(3) $7(\boldsymbol{a}+3\boldsymbol{b})-3(\boldsymbol{a}-2\boldsymbol{b})$；

(4) $3(\boldsymbol{a}+6\boldsymbol{b}-3\boldsymbol{c})+2(-\boldsymbol{a}+2\boldsymbol{b}-2\boldsymbol{c})$。

6. 已知 A、B 两点的坐标，求向量 $\overrightarrow{AB}$ 的坐标、线段 AB 的中点坐标及长度。

(1) $A(2,6)$，$B(4,6)$；

(2) $A(2,-5)$，$B(-1,4)$；

(3) $A(-7,1)$，$B(3,5)$；

(4) $A(2,-6)$，$B(0,8)$。

7. 已知 $\boldsymbol{a}=(-1,3)$，$\boldsymbol{b}=(2,4)$，求：

(1) $\boldsymbol{a}+2\boldsymbol{b}$；

(2) $3\boldsymbol{a}-\boldsymbol{b}$；

(3) $(\boldsymbol{a}+\boldsymbol{b})\cdot(\boldsymbol{a}-\boldsymbol{b})$

(4) $|\boldsymbol{a}-\boldsymbol{b}|$。

8. 判断下面各对向量是否平行或者垂直。

(1) $\boldsymbol{a}=(0,0)$，$\boldsymbol{b}=(6,2)$；

(2) $\boldsymbol{a}=(1,-1)$，$\boldsymbol{b}=(2,-2)$；

(3) $\boldsymbol{a}=(1,0)$，$\boldsymbol{b}=(0,2)$；

(4) $\boldsymbol{a}=(1,-4)$，$\boldsymbol{b}=(4,1)$。

9. 已知向量 $\boldsymbol{a}$、$\boldsymbol{b}$ 的坐标，求 $\boldsymbol{a}\cdot\boldsymbol{b}$，$|\boldsymbol{a}|$，$|\boldsymbol{b}|$，$\cos\langle\boldsymbol{a},\boldsymbol{b}\rangle$。

(1) $\boldsymbol{a}=(0,3)$，$\boldsymbol{b}=(1,-1)$；

(2) $\boldsymbol{a}=(3,-2)$，$\boldsymbol{b}=(1,1)$；

(3) $\boldsymbol{a}=(3,4)$，$\boldsymbol{b}=(-1,2)$；

(4) $\boldsymbol{a}=(2,1)$，$\boldsymbol{b}=(-3,6)$。

10. 已知 $|\boldsymbol{a}|=4$，$|\boldsymbol{b}|=3$，当 $\boldsymbol{a}$ 与 $\boldsymbol{b}$ 满足下列条件时分别求 $\boldsymbol{a}$ 与 $\boldsymbol{b}$ 的数量积。

(1) $\boldsymbol{a}$ 与 $\boldsymbol{b}$ 平行；

(2) $\boldsymbol{a}$ 与 $\boldsymbol{b}$ 垂直；

(3) $\boldsymbol{a}$ 与 $\boldsymbol{b}$ 的夹角为 $60°$。

第 14 章　数　　列

国际象棋起源于古印度，关于国际象棋还有一个传说。国王奖赏发明者，问他有什么要求，他答道："在棋盘第一个格放 1 颗麦粒，在第二个格放 2 颗麦粒，在第三个格放 4 颗麦粒，在第四个格放 8 颗麦粒，以此类推，每个格子放的麦粒数是前一个格子的 2 倍，直到 64 个格子。"国王觉得这太容易了，就欣然答应了他的要求，你认为国王能满足他的要求吗?

前面我们学习了函数，数列是一种特殊的函数，它也是数学研究的一个对象。数列的生成体现着递归思想，递归是研究数列的主要思想。数列在日常经济生活中有着非常广泛的应用，如存款贷款模型、教育储蓄模型、分期付款模型等。本章我们将学习数列的基本概念和运算，主要研究等差数列和等比数列。

数列在整个数学教学内容中处于知识汇合点的地位，很多知识都与数列有着密切联系，过去学过的数、式、方程、函数等知识在本章将得到较为充分的应用，而学习数列又为学习数列的极限与函数的极限等内容作了铺垫，是学习高等数学必要的基础知识。

14.1　数列的概念

图 14－1 中各三角形表示的数排列得有规律吗?

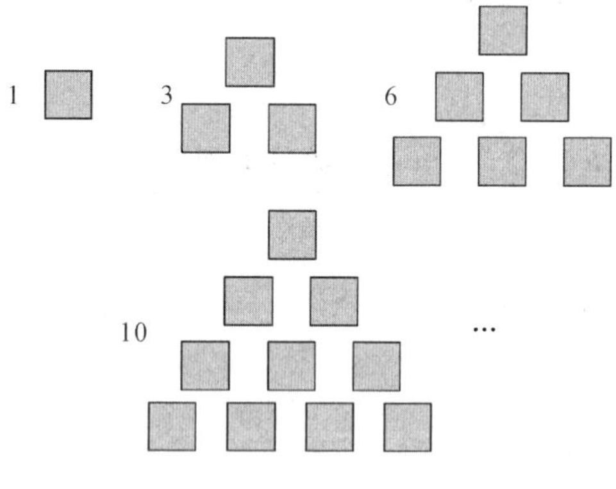

图 14－1　数的排列

1. 数列的概念

我们不难发现，可以按规律写出后面的方格数：

$$1,\quad 3,\quad 6,\quad 10,\quad 15,\cdots$$

像这样按一定次序排列的一列数叫作数列，数列中的每一个数都叫作这个数列的项，各项依次叫作这个数列的第一项(首项)，第二项，…，第 n 项，…。

数列的一般形式可以写成 a_1，a_2，…，a_n，…。其中，a_n 是数列的第 n 项，简记为 $\{a_n\}$。

有穷数列：项数有限的数列。例如，数列 1，2，3，4，5，6 是有穷数列。

无穷数列：项数无限的数列。例如，数列 1，2，3，4，5，6，…是无穷数列。

例 14.1　观察下面的数列，找规律。

(1) 1，2，2^2，2^3，2^4，…

项数 n	1	2	3	4	…	64	（自变量）
	↓	↓	↓	↓		↓	
项 a_n	1	2	2^2	2^3	…	2^6	（函数值）

这个数列的每一项都可以用公式 $a_n=2^n$ 来表示。

(2) 1，$\frac{1}{2}$，$\frac{1}{3}$，$\frac{1}{4}$，$\frac{1}{5}$，…

项数 n	1	2	3	4	5
	↓	↓	↓	↓	↓
项 a_n	1	$\frac{1}{2}$	$\frac{1}{3}$	$\frac{1}{4}$	$\frac{1}{5}$

这个数列的第一项与这一项的序号可用一个公式 $a_n=\frac{1}{n}$ 来表示其对应关系。对于数列中的每个序号 n，都有唯一的一个数（项）a_n 与之对应。

如果数列 a_n 的第 n 项 a_n 与 n 之间的关系可以用一个公式来表示，那么这个公式就叫作这个数列的通项公式 。

注意

(1) 并不是所有数列都能写出其通项公式，如数列 1，1.4，1.41，1.414，…就写不出通项公式。

(2) 一个数列的通项公式有时是不唯一的，如数列 1，0，1，0，1，0，…，它的通项公式可以是 $a_n=\frac{1+(-1)^{n+1}}{2}$，也可以是 $a_n=\left|\cos\frac{n+1}{2}\pi\right|$。

(3) 数列通项公式的作用是：① 求数列中的任意一项；② 检验某数是否是该数列中的一项。

数列可以看成以正整数集 $\mathbf{N}^*$（或它的有限子集$\{1, 2, 3, \cdots, n\}$）为定义域的函数 $a_n=f(n)$，当自变量从小到大依次取值时对应的一列函数值。

反过来，对于函数 $y=f(x)$，如果 $f(i)(i=1, 2, 3, 4, \cdots)$有意义，那么我们可以得到一个数列 $f(1)$，$f(2)$，$f(3)$，$f(4)$，…，$f(n)$，…。

例 14.2　根据公式，写出数列的前 5 项。

(1) $a_n=\frac{n-1}{n+2}$　　　(2) $a_1=1$，$a_{n+1}=2a_n+3$。

解　(1) 在公式中依次取 $n=1, 2, 3, 4, 5$，由此得到数列的前 5 项分别为

$$0, \frac{1}{4}, \frac{2}{5}, \frac{1}{2}, \frac{4}{7}$$

(2)

$$a_1=1$$

$$a_2=2a_1+3=5$$

$$a_3=2a_2+3=13$$

$$a_4=2a_3+3=29$$

$$a_5=2a_4+3=61$$

例 14.3　根据数列的前几项，写出下列数列的通项公式：

(1) 3，5，7，9；

(2) 3，$\frac{5}{2}$，$\frac{7}{3}$，$\frac{9}{4}$；

(3) $-\frac{1}{1\times 2}$，$\frac{1}{2\times 3}$，$-\frac{1}{3\times 4}$，$\frac{1}{4\times 5}$。

解　(1) 数列的前四项都是相应序号的 2 倍加上 1，所以它的一个通项公式为

$$a_n=2n+1$$

(2) 将 3 表示为$\frac{3}{1}$，可以看出数列各项是分数，分母依次为序号，分子为序号的 2 倍加上 1，所以通项公式为

$$a_n=\frac{2n+1}{n}$$

(3) 这个数列的前 4 项的绝对值都等于序号与序号加 1 的积的倒数，且奇数项为负，偶数项为正，所以它的一个通项公式为

$$a_n=(-1)^n\frac{1}{n(n+1)}$$

2. 数列的表示

数列有如下三种表示形式：

(1) 列举法。例如，$a_1,a_2,a_3,\cdots,a_n,\cdots$采用的就是列举法。

(2) 通项公式法。例如，某数列可表示为 $a_n=n+3(1\leqslant n\leqslant 7)$。

(3) 图像法。有的数列可用图像表示。

★练习 14.1

1. 选择。

(1) 数列 1，$\frac{1}{2}$，$\frac{1}{4}$，…，$\frac{1}{2n}$，…是(　　)。

A. 递增数列　　B. 递减数列　　C. 常数列　　D. 摆动数列

(2) 已知数列$\{a_n\}$的通项公式 $a_n=\frac{1}{2}[1+(-1)^{n+1}]$，则该数列的前 4 项依次是(　　)。

A. 1,0,1,0　　B. 0,1,0,1　　C. $\frac{1}{2}$，0，$\frac{1}{2}$，0　　D. 2,0,2,0

(3) 下列说法正确的是(　　)。

A. 数列 1,2,3,5,7 可表示为{1,2,3,5,7}

B. 数列 1,0，−1，−2 与数列−2，−1,0,1 是相同的数列

C. 数列$\frac{n+1}{n}$的第 k 项是 $1+\frac{1}{k}$

D. 数列 0,2,4,6,8，…可记为$\{2n\}$

2. 填空。

(1) 1，3，(　)，7，9，(　)，13；

(2) 数列 7^1-1，7^2-1，7^3-1，7^4-1，…的一个通项公式是________；

(3) 若数列$\{a_n\}$的通项满足$\frac{a_n}{n}=n-2$，那么15是这个数列的第________项；

(4) 已知数列 $a_n=n^2+3n+1$，则 $a_7=$________。

3. 根据下面数列的公式，写出它的前5项。

(1) $a_n=n^2$；　　(2) $a_n=3\times(-1)^{n+1}$；

(3) $a_n=n(n+3)$；　　(4) $a_1=1$，$a_{n+1}=a_n+3$。

4. 根据下面数列的前几项，写出它的一个通项公式。

(1) $-3,0,3,6,9,\cdots$；

(2) $3,5,9,17,33,\cdots$；

(3) $2,0,2,0,2,0,\cdots$。

14.2 等差数列

14.2.1 等差数列的概念

引例 观察下面的数列，找规律。

(1) 1, 3, 5, 7, 9, …；

(2) 2, 5, 8, 11, 14, …；

(3) 2, 0, −2, −4, −6, …；

(4) 5, 5, 5, 5, 5, …。

我们可以发现，上面的数列都有一个共同点，即从第2项起，每一项与前一项的差都是一个确定的常数，则把这样的数列叫作等差数列，这个确定的常数叫作公差，公差一般用字母 d 来表示。

例如，上面四个数列的公差分别为

$$2,\ 3,\ -2,\ 0$$

公差为0的数列叫作常数列，如引例1中的(4)。

如果一个等差数列 a_n 的首项是 a_1，公差是 d，由等差数列的定义可以推导出

$$\begin{aligned}
&a_2=a_1+d\\
&a_3=a_2+d=(a_1+d)+d=a_1+2d\\
&a_4=a_3+d=(a_1+2d)+d=a_1+3d\\
&\vdots
\end{aligned}$$

由此可见，等差数列的通项公式可以表示为

$$a_n=a_1+(n-1)d$$

例 14.4 求等差数列 3，7，11，…的通项公式和第6项。

解 因为 $a_1=3$，$d=7-3=4$，所以通项公式为

$$a_n=a_1+(n-1)d=3+4(n-1)$$

所以

$$a_6=3+5\times4=23$$

例 14.5 已知一个等差数列的第 2 项是 3，第 4 项是 7，求它的首项和公差。

解 因为 $a_2=3$，$a_4=7$，由通项公式可得

$$\begin{cases}a_1+d=3\\a_1+3d=7\end{cases}$$

解方程组得

$$a_1=1\ ,\ d=2$$

例 14.6 -401 是不是等差数列 -5，-9，-13，…的项？如果是，是第几项？

解 由 $a_1=-5$，$d=-9-(-5)=-4$，得这个数列的通项公式为

$$a_n=-5-4(n-1)=-4n-1$$

由题意知

$$-401=-4n-1$$

得

$$n=100$$

即 -401 是这个数列的第 100 项。

例 14.7 第一届奥运会于 1896 年在希腊雅典举行，此后每 4 年举行一次，奥运会如因故不能举行，届数照算，你能算出 2016 年 8 月在巴西里约热内卢举行的奥运会是第几届吗？若已知届数，你能确定相应的年份吗？

解 设第一届的年份为 a_1，第二届的年份为 a_2，…，第 n 届的年份为 a_n，则 a_1，a_2，…，a_n…构成一个以 $a_1=1896$ 为首项，以 $d=4$ 为公差的等差数列，其通项公式为

$$a_n=a_1+(n-1)d=1896+4(n-1)=4n+1892$$

即

$$a_n=4n+1892$$

由 $a_n=2016$ 知

$$4n+1892=2016$$

所以

$$n=31$$

故 2016 年举行的奥运会为第 31 届。

已知举办的届数也能求出相应的年份，因为在等差数列的通项公式 $a_n=a_1+(n-1)d$ 中，知道其中任何三个量，均可求得第四个量。

一般地，如果 a，A ，b 成等差数列，那么 A 叫作 a 和 b 的等差中项。A、a、b 满足

$$A-a=b-A$$

即

$$A=\frac{a+b}{2}$$

例如，等差数列 6，8，10 的等差中项是 8。

★练习 14.2.1

1. 口答下列各题。

(1) 数列 1，1，1，1，…是等差数列吗？

(2) 等差数列 9，8，7，6，…的公差是多少？

(3) 数列 4 与 -4 的等差中项是多少？

2. 填空。

(1) 下列命题：

① 数列 6,4,2,0 是公差为 2 的等差数列；

② 数列 a，$a-1$，$a-2$，$a-3$ 是公差为 -1 的等差数列；

③ 等差数列的通项公式一定能写成 $a_n=kn+b$ 的形式(k，b 为常数)；

④ 数列$\{2n+1\}$是等差数列。

其中正确命题的序号是(　　)。

(2) 在等差数列$\{a_n\}$中，$a_{15}=33$，$a_{25}=66$，则 $a_{35}=$________。

(3) 等差数列$\{a_n\}$的前三项依次为 $a-6$，$-3a-5$，$-10a-1$，则 $a=$________。

3. 选择。

(1) 已知数列$\{a_n\}$满足 $a_n=a_{n+1}-2$，$a_1=1$，则通项公式为(　　)。

A. $a_n=2n+1$　　B. $a_n=2n-1$　　C. $a_n=-2n+3$　　D. $a_n=2n+3$

(2) 在等差数列$\{a_n\}$中，若 $a_2=4$，$a_4=2$，则 $a_6=$(　　)。

A. -1　　B. 0　　C. 1　　D. 6

4. 在等差数列$\{a_n\}$中：

(1) $d=-2$，$a_6=8$，求 a_1；

(2) $a_1=10$，$a_5=4$，求 d；

(3) $d=-2$，$a_5=4$，求 a_n。

5. 求下列各组数的等差中项。

(1) 654 与 -132；　　(2) 20.6 与 64。

6. (1) 一个等差数列的第 1 项是 5，第 5 项是 20，求它的第 4 项；

(2) 一个等差数列的第 3 项是 9，第 9 项是 3，求它的第 13 项。

7. (1) 求等差数列 8，5，2，…，的第 20 项；

(2) 求等差数列 3，8，13，…的第 4，7，9 项。

8. 等差数列 -5，-9，-13，…，的第几项是 -401?

14.2.2　等差数列的前 n 项和

高斯是伟大的数学家、天文学家。高斯十岁时，有一次老师出了一道题目，老师说：“现在给大家出道题目：$1+2+3+\cdots+100=?$”过了两分钟，正当大家在计算 $1+2=3$，$3+3=6$，$4+6=10$，…时，高斯站起来回答说：“$1+2+3+\cdots+100=5050$。”老师问：“你是如何算出答案的?”高斯回答说：“因为 $1+100=101$，$2+99=101$，…，$50+51=101$，所以，$101\times50=5050$。”

这个故事告诉我们：

· 作为数学王子的高斯从小就善于观察，敢于思考，所以他能从一些简单的事物中发现和寻找出某些规律性的东西。

· 求等差数列前 n 项和有一种很重要的思想方法，即下面我们要介绍的“倒序相加”法。

(1) 等差数列的前 n 项和的公式 1：

$$S_n=\frac{n(a_1+a_n)}{2}$$

证明 一般地，数列前 n 项和记作 S_n，即

$$S_n=a_1+a_2+a_3+\cdots+a_{n-2}+a_{n-1}+a_n$$

等差数列的前 n 项和同上，那么我们怎么来求它的前 n 项和呢?

因为

$$S_n=a_1+a_2+a_3+\cdots+a_{n-2}+a_{n-1}+a_n \tag{14-1}$$

把式(14－1)等号右边部分顺序倒过来，改记作

$$S_n=a_n+a_{n-1}+a_{n-2}+\cdots+a_3+a_2+a_1 \tag{14-2}$$

将式(14－1)和式(14－2)等号左右两边分别相加可得

$$2S_n=(a_1+a_n)+(a_2+a_{n-1})+(a_3+a_{n-2})+\cdots+(a_n+a_1)$$

不难验证，等差数列$\{a_n\}$中，若 $m+n=p+q$，则 $a_m+a_n=a_p+a_q$，所以

$$2S_n=n(a_1+a_n)$$

由此得出等差数列的前 n 项和的公式为

$$S_n=\frac{n(a_1+a_n)}{2}$$

(2) 等差数列的前 n 项和的公式 2：

$$S_n=na_1+\frac{n(n-1)d}{2}$$

证明 将 $a_n=a_1+(n-1)d$ 代入公式 1 即得

$$S_n=na_1+\frac{n(n-1)d}{2}$$

要利用此公式求 S_n，必须已知三个条件：n，a_1，a_n。

总之：两个公式都表明要求 S_n 必须已知 n，a_1，a_n，d 中的三个。

公式 2 可化成：

$$S_n=\frac{d}{2}n^2+\left(a_1-\frac{d}{2}\right)n$$

当 $d\neq0$ 时，上式是一个常数项为零的二次式。

例 14.8 已知等差数列中，$a_1=5$ ，$a_n=95$，$n=10$，求前 10 项和。

解 由 $a_n=a_1+(n-1)d$ 可得

$$d=10$$

又由

$$S_n=\frac{n(a_1+a_n)}{2}$$

得

$$S_{10}=\frac{10\times(5+95)}{2}=500$$

例 14.9 已知一个等差数列的前 10 项的和是 310，前 20 项的和是 1220，由此可以确定求其前 n 项和的公式吗?

解 因为

$$S_n=na_1+\frac{n(n-1)}{2}d$$

又 $S_{10}=310$，$S_{20}=1220$，所以

$$\begin{cases}10a_1+45d=310\\20a_1+190d=1220\end{cases}$$

得出

$$\begin{cases}a_1=4\\d=6\end{cases}$$

即前 n 项和为

$$S_n=4n+\frac{n(n-1)}{2}\times 6=3n^2+n$$

★练习 14.2.2

1. 口答下列各题。

(1) 等差数列$\{a_n\}$中，若已知 a_1 和 a_{10}，S_{10}的表达式是什么？

(2) 等差数列$\{a_n\}$中，若已知 a_1 和公差 d，S_{10}的表达式是什么？

(3) 等差数列 6，6，6，6，…的前 100 项和是多少？

2. 已知等差数列$\{a_n\}$中，$a_1=3$，$d=2$，求 S_n 和 S_{10}。

3. 已知等差数列$\{a_n\}$中，$d=2$，$a_{15}=10$，求 a_1 及 S_n。

4. 已知等差数列$\{a_n\}$中，$a_1=20$，$a_n=54$，$S_n=999$，求 d 和 n。

5. 已知等差数列$\{a_n\}$中，$a_1=\frac{3}{2}$，$d=-\frac{1}{2}$，$S_n=-15$，求 n 和 a_n。

6. 已知等差数列$\{a_n\}$。

(1) $a_1=\frac{5}{6}$，$a_{15}=-\frac{3}{2}$，$S_n=-5$，求 n 和 d；

(2) $a_1=4$，$S_8=172$，求 a_8 和 d。

7. 求正整数中前 100 个奇数的和。

14.3　等比数列

14.3.1　等比数列的概念

引例　《庄子》一书中曰：“一尺之棰，日取其半，万世不竭”。如果把“一尺之棰”看成单位“1”,你能用一个数列来表达这句话的含义吗？由“一尺长的木棒，每日取其一半，永远也取不完”，我们可以得到一个数列：

$$1,\quad \frac{1}{2},\quad \frac{1}{4},\quad \frac{1}{8},\cdots$$

这个数列有这样的特点：从第 2 项起，每一项与前面一项的比都是常数$\frac{1}{2}$。一般地，如果一个数列从第 2 项起，每一项与它前一项的比等于同一个常数，这个数列就叫作等比数列。这个常数叫作等比数列的公比，通常用字母 $q(q\neq 0)$表示。

例 14.10　观察下列数列是否为等比数列，若是，公比分别是多少？

(1) 2，4，8，16，32，64，…；

(2) 1，3，9，27，81，…；

(3) 3，3，3，3，3，3，3，…；

(4) 2，4，6，12，16，…。

解　通过分析可以发现(1)、(2)、(3)是等比数列，公比分别为 2、3、1，(4)不是等比数列。

设 a_1，a_2，a_3…是公比为 q 的等比数列，则由定义得

$$a_2=a_1\cdot q$$

$$a_3=a_2\cdot q=a_1\cdot q\cdot q=a_1\cdot q^2$$

$$a_4=a_3\cdot q=a_1\cdot q^2\cdot q=a_1\cdot q^3$$

$$\vdots$$

$$a_n=a_1\cdot q^{n-1}$$

即等比数列的通项公式为

$$a_n=a_1\cdot q^{n-1}$$

例 14.11　求引例中的通项公式和第 8 项。

解　因为 $a_1=1$，$q=\frac{1}{2}$，所以这个等比数列的通项公式为

$$a_n=a_1q^{n-1}=1\times\left(\frac{1}{2}\right)^{n-1}$$

所以

$$a_8=1\times\left(\frac{1}{2}\right)^7=\frac{1}{128}$$

例 14.12　一个等比数列的第 3 项与第 4 项分别是 12 与 18，求它的第 1 项与第 2 项。

解　设这个数列的第 1 项是 a_1，公比是 q，则

$$a_1q^2=12,\quad a_1q^3=18$$

解得

$$q=\frac{3}{2},\quad a_1=\frac{16}{3}$$

从而求出

$$a_2=a_1q=\frac{16}{3}\times\frac{3}{2}=8$$

即这个数列的第 1 项是$\frac{16}{3}$，第 2 项是 8。

例 14.13　在 3 与 7 之间插入一个数 A，使 3，A，7 成等比数列，求 A。

解　因为 3，A，7 成等比数列，所以

$$\frac{A}{3}=\frac{7}{A}$$

解得

$$A=\pm\sqrt{21}$$

一般地，如果 a，G，b 成等比数列，则 G 叫作 a 与 b 的等比中项，那么

$$\frac{G}{a}=\frac{b}{G}$$

即

$$G^2=ab \text{ 或 } G=\pm\sqrt{ab}$$

例如，-4 与 -16 的等比中项是 ± 8。

★练习 14.3.1

1. 口答下列各题。

(1) 等比数列 $1, \frac{1}{3}, \frac{1}{9}, \cdots$ 的公比是多少？

(2) 等比数列 $1, \frac{1}{4}, \frac{1}{16}, \cdots$的通项公式是什么？

(3) 若 2，x，18 三个数成等比数列，则 x 的值是多少？

2. 选择。

(1) 在等比数列中，$a_1=1$，$a_3=4$，$a_5=$(　　)。

A. 8　　B. 16　　C. 32　　D. 64

(2) 在等比数列中，$a_2=2$，$a_5=54$，则公比 q 等于(　　)。

A. 2　　B. 3　　C. 9　　D. 27

(3) 两个数 3 和 12 的等比中项是(　　)。

A. 6　　B. -6　　C. ± 6　　D. 9

3. (1) 一个等比数列的第 4 项是 $-\frac{2}{27}$，公比是 $-\frac{1}{3}$，求它的第 1 项；

(2) 一个等比数列的第 3 项是 20，第 4 项是 10，求它的第 1 项和第 5 项。

4. 已知在等比数列$\{a_n\}$中，$a_2=2$，$a_4=32$，求 q。

5. 已知在等比数列$\{a_n\}$中，$a_1=1$，$a_n=243$，$q=3$，求 n。

6. 求下列各组数的等比中项：

(1) 2，32；　　(2) 4，6。

7. 在 5 和 135 之间插入两个数，使这四个数成等比数列，求这两个数各是多少。

14.3.2　等比数列的前 n 项和

前面我们学习了等差数列的求和公式，那么等比数列的前 n 项和怎么来求呢？

若数列$\{a_n\}$是等比数列，公比为 q，根据等比数列的通项公式，它的前 n 项和 S_n 可以写成

$$S_n=a_1+a_1q+a_1q^2+\cdots+a_1q^{n-1} \tag{14-3}$$

由于等比数列的任一项乘以公比，就可得到它后面相邻的一项，现将式(14－3)两边分别乘以公比 q，得到

$$qS_n=a_1q+a_1q^2+\cdots+a_1q^{n-1}+a_1q^n \tag{14-4}$$

比较式(14－3)和式(14－4)可以发现，式(14－3)右边从第 2 项到最后一项，与式(14－4)右边第一项到倒数第 2 项完全相同，我们将式(14－3)和式(14－4)等号两边分别相减，得到

$$(1-q)S_n=a_1-a_1q^n$$

于是可以得到等比数列$\{a_n\}$的前n项和的公式如下：

当$q=1$时，有

$$S_n=na_1 \tag{14-5}$$

当$q\neq1$时，有

$$S_n=\frac{a_1(1-q^n)}{1-q} \tag{14-6}$$

又$a_1q^n=(a_1q^{n-1})q=a_nq$，所以式(14-6)还可以写为

$$S_n=\frac{a_1-a_nq}{1-q} \tag{14-7}$$

例 14.14 求等比数列 1，2，4，… 的前 10 项和。

解 因为$a_1=1$，$q=\frac{2}{1}=2$，所以

$$S_{10}=\frac{1(1-2^{10})}{1-2}=1023$$

★练习 14.3.2

1. 选择。

(1) 已知等比数列$\{a_n\}$中，$a_1=2$，$q=3$，则$S_5=$(　　)。

A. 249　　B. 242　　C. 80　　D. 224

(2) 等比数列 1，2，4，8，…的前n项和为(　　)。

A. 2^n　　B. $1-2^n$　　C. 2^n-1　　D. 2^{n-1}

(3) 某细菌培养过程中，每 15 分钟分裂一次，经过 2 小时，这种细菌由 1 个繁殖成(　　)个。

A. 64　　B. 128　　C. 256　　D. 255

2. 填空。

(1) 等比数列 1，4，16，…的前 5 项和是________。

(2) 等比数列$\{a_n\}$中，$a_2=10$，$a_5=80$，则公比是________，前 5 项和是________。

(3) 等比数列$\{a_n\}$中，$a_2=9$，$a_5=243$，则此数列的前 4 项和为________。

3. 根据下列各题的条件，求相应等比数列$\{a_n\}$的前n项和S_n。

(1) $a_1=4$，$q=2$，$n=5$；

(2) $a_1=9$，$q=\frac{1}{3}$，$n=6$。

4. 已知在等比数列$\{a_n\}$中，$a_1=64$，$a_4=-8$，求q和S_4。

14.4 等差数列与等比数列的应用

数列在日常经济生活、工农业生产和科学研究中都有广泛的应用，下面举例说明它们的应用。

例 14.15 某农场计划栽种植被，第一年计划栽种 20 万公顷，以后每年比上一年多栽

种 5 公顷，那么第 10 年该农场造林多少公顷？10 年后该农场共造林多少公顷？

解　依题意，设农场每年栽种的植被面积构成数列$\{a_n\}$，则$\{a_n\}$为等差数列，其中$a_1=20$，公差$d=5$，于是数列的通项公式为

$$a_n=20+(n-1)\times 5=5n+15$$

所以

$$a_{10}=5\times 10+15=65\ (\text{公顷})$$

$$S_{10}=10\times 20+\frac{10\times 9}{2}\times 5=425(\text{公顷})$$

即第 10 年该农场栽种植被 65 公顷，10 年后该农场共栽种植被 425 公顷。

例 14.16　某种电子产品自投放市场以来，经过三次降价，单价由原来的 174 元降到 58 元，这种产品平均每次降价的百分率大约是多少？

解　设平均每次降价的百分率是x，则每次降价后的单价应是降价前的$1-x$倍。将原单价与三次降价后的单价依次排列，就组成一个以$1-x$为公比的等比数列$\{a_n\}$，其中：

$$a_1=174,\ a_4=58,\ n=4,\ q=1-x$$

由等比数列的通项公式，得

$$58=174\times(1-x)^{4-1}$$

整理得

$$(1-x)^3=\frac{1}{3}$$

$$1-x=\sqrt[3]{\frac{1}{3}}\approx 0.693$$

因此

$$x\approx 1-0.693\approx 31\%$$

即上述电子产品每次降价的百分率大约是 31%。

例 14.17　一辆汽车的原售价为 20 万元，年折旧率固定不变，5 年后这辆汽车的价值为 13.122 万元，问这辆车的年折旧率是多少？汽车在 1、2、3 年后的价值分别是多少？

解　设这辆车的年折旧率为x，用$\{a_n\}$表示题中的等比数列，$q=1-x$为公比。

已知$a_1=200\ 000$，$a_n=131\ 220$，$n=5$，则

$$a_5=200000\cdot q^{5-1}$$

解得

$$q=0.9$$

所以

$$x=0.1$$

于是

$$a_2=200000\times 0.9=180000$$

$$a_3=200000\times 0.9^2=162000$$

$$a_4=200000\times 0.9^3=145800$$

即这辆汽车的年折旧率为 10%，1、2、3 年后的价值分别为 180 000 元、162 000 元、145 800元。

★练习 14.4

1. 选择。

(1) 某同学三个学期的期末语文考试成绩构成一个等差数列，已知该同学三学期的期末语文平均成绩是 80 分，则他第二学期期末语文考试成绩的分数是(　　)。

A. 90　　B. 70　　C. 80　　D. 60

(2) 某人通过手机微信邀请了 3 个同学加为好友，他要求 3 位好友再分别加 3 个好友，如此下去，到第四级邀请好友，最多可以加入的好友数是(　　)。

A. 120　　B. 121　　C. 122　　D. 123

(3) 某单位的会议室设有 20 排座位，从第二排起每排比前一排多 2 个座位，若第 11 排有 30 个座位，则这个会议室的座位数是(　　)。

A. 380　　B. 480　　C. 580　　D. 680

(4) 某环保部门进行绿化植树，计划占地 1000 亩，第一年栽种树木 100 亩，以后每年比上一年多栽种树木 50 亩，则全部栽种完需要(　　)年。

A. 3　　B. 5　　C. 6　　D. 7

2. 某会议厅设置了 24 排座位，第一排有 36 个座位，往后每一排都比前一排多 2 个座位，则这个会议厅一共设置了多少个座位？

3. 某种产品，2015 年每件成本是 200 元，计划到 2018 年使每件成本降低为 150 元，如果每年降低的百分率相同，求这种产品每次降价的百分率。

习　题　14

1. 选择题。

(1) 数列 $-1, 1, -1, 1, \cdots$ 的通项公式为(　　)。

A. $a_n=(-1)^n$　　B. $a_n=(-1)^{n+1}$　　C. $a_n=-(-1)^n$　　D. $a_n=\sin\frac{n\pi}{2}$

(2) 已知在等差数列 $\{a_n\}$ 中，$a_1=3$，$a_{17}=35$，则公差 $d=$(　　)。

A. -2　　B. 0　　C. 2　　D. 4

(3) 已知等差数列 $1, -1, -3, -5, \cdots$，则 -89 是它的第(　　)项。

A. 92　　B. 46　　C. 47　　D. 45

(4) 已知在等比数列 $\{a_n\}$ 中，$a_1=5$，$q=1$，则 $S_6=$(　　)。

A. 5　　B. 30　　C. 0　　D. 不存在

(5) 一个等比数列的第 3 项是 5，第 4 项是 -35，则公比是(　　)。

A. -5　　B. 5　　C. 7　　D. -7

(6) 已知三个数 -80，G，-45 成等比数列，则 $G=$(　　)。

A. -60　　B. 60　　C. 3600　　D. ± 60

(7) 等比数列的首项是 -5，公比是 -2，则它的第 6 项是(　　)。

A. -160　　B. 160　　C. 90　　D. 10

(8) 已知数列 $3, -3, 3, -3, \cdots$，则该数列是(　　)。

A. 等差数列　　B. 等比数列
C. 既是等差数列又是等比数列　　D. 既不是等差数列又不是等比数列

(9) 某种细胞每30分钟分裂一次，经过5个小时，1个细胞分裂成(　　)个。

A. 10　　B. 32　　C. 512　　D. 1024

(10) 已知在数列$\{a_n\}$中，首项为$a_1=1$，$a_n=2a_{n-1}+1(n\geqslant 2)$，则$a_5$为(　　)。

A. 7　　B. 15　　C. 30　　D. 31

2. 填空题。

(1) 等差数列3，8，13，…的公差$d=$________，通项公式$a_n=$________，$a_8=$________。

(2) 已知在等比数列$\{a_n\}$中，$a_1=1$，$q=3$，则$a_5=$________。

(3) 一个数列的通项公式是$a_n=n(n+1)$，则$a_{10}=$_______，72是这个数列的第_______项。

(4) 已知在等差数列$\{a_n\}$中，$a_1=100$，$d=-2$，则$S_{50}=$________。

(5) 已知在等差数列$\{a_n\}$中，第5项为6，第6项为5，则第11项为________。

(6) 若$\frac{1}{3}$与x的等差中项是3，则实数x的值为________。

(7) 已知在等比数列$\{a_n\}$中，$a_1=2$，$q=3$，则$S_5=$________。

(8) 三个数成等差数列，和为9，依次加上1、1、3成等比数列，这三个数分别是________、________、________。

3. 已知数列$\{a_n\}$的第1项是1，第2项是2，且以后各项都可由公式$a_{n+1}=a_n+a_{n-1}$给出，试写出这个数列的前5项。

4. 求下列各组数的等差中项。

(1) 530与246；　　(2) 380与-160。

5. 根据下列条件，求各等差数列$\{a_n\}$的有关未知数。

(1) $a_1=2$，$a_n=18$，$S_n=100$，求d与n；

(2) $d=2$，$n=10$，$a_n=20$，求a_1与S_n；

(3) $a_1=1$，$d=4$，$S_n=45$，求n与a_n。

6. 某书架有9层书，其中第1层放有24本书，第9层放有48本书，其余各层分别有多少本书？

7. 已知在等比数列$\{a_n\}$中：

(1) $a_3=9$，$q=-2$，求a_6；

(2) $a_2=4$，$a_3=8$，求q与a_1。

8. 求下列各组数的等比中项。

(1) 40与90；　　(2) $7+3\sqrt{5}$与$7-3\sqrt{5}$。

9. 在6与48之间插入2个数，使这4个数成等比数列，这两个数分别是多少？

10. 三个数成等比数列，它们的和等于7，乘积等于8，这三个数分别是多少？

11. 成等差数列的三个正数的和等于18，并且这三个数分别加上1、3、17就成为等比数列，这三个数分别是多少？

第 15 章　函数、极限与连续

函数是对现实世界中各种变量之间相互依存关系的一种抽象，它是微积分研究的基本对象，是高等数学的重要概念之一。研究函数的基本方法是极限方法。本章在复习和加深函数有关知识的基础上，学习函数的极限和函数的连续性。

15.1　函　　数

15.1.1　函数的概念

在同一个事物的变化过程中，往往同时有几个变量在变化着。这几个变量并不是在孤立地变化，而是按照一定的规律相互联系着，其中一个量变化时，另外的量也随之变化。我们观察下面的几个例子。

引例 1　自由落体运动的位移与时间的关系为

$$h=\frac{1}{2}gt^2$$

其中，g 是重力加速度。当时间 t 在允许的范围内给定一个数值时，位移 h 就有唯一确定的数值与其对应。

引例 2　某地 3 月份气温变化的走势图如图 15－1 所示。

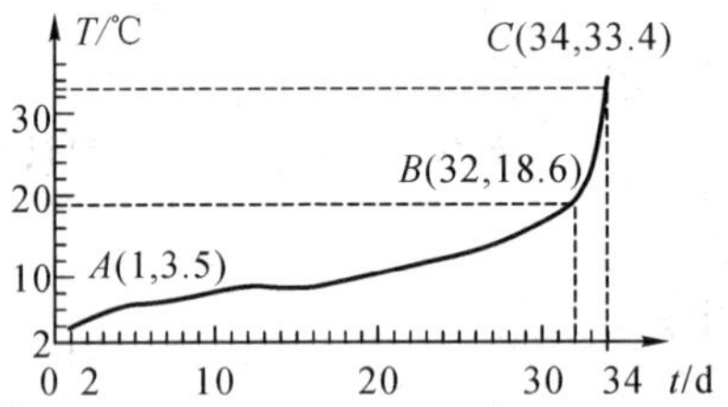

图 15－1　某地 3 月份气温变化走势图

引例 3　某单位去年每个月的产量如表 15－1 所示。

表 15－1　某单位去年每个月的产量

月份	1	2	3	4	5	6	7	8	9	10	11	12
产量/吨	1050	1030	1100	1070	1130	1100	1150	1190	1260	1190	1300	1380

从表 15－1 中可以很直观地看到该单位产量随月份的变化情况。

1. 函数的定义

以上三个引例的实际意义和表达形式虽然都不相同，但有共同之处：每个例子所描述的变化过程都有两个变量，当其中的一个变量在一定的变化范围内取定一数值时，按照某个确定的法则，另一个变量有唯一确定的数值与之对应。变量之间的这种对应关系就是函数概念的本质。

定义 15.1　设在某个变化过程中有两个变量 x 和 y，D 是一个数集。若对于每一个 $x\in D$，按照某一对应法则 f，变量 y 总有唯一确定的值与之对应，则称 y 是定义在数集 D 上 x 的函数。x 称为自变量，y 称为因变量，也常常称 y 为 x 的函数，记作 $y=f(x)$。数集 D 称为函数的定义域。

若对于确定的 $x_0\in D$，通过对应法则 f，函数 y 有唯一确定的值 y_0 与 x_0 相对应，则称 y_0 为 $y=f(x)$ 在 x_0 处的函数值，记作

$$y_0=y|_{x=x_0}=f(x_0)$$

函数值的集合称为函数的值域，记作 M，即

$$M=\{y|y=f(x),x\in D\}$$

2. 函数的两个要素

函数定义域 D 和对应法则 f 唯一确定函数 $y=f(x)$，故定义域和对应法则称为函数的两个要素。如果函数的两个要素相同，那么它们就是相同的函数，否则就是不同的函数。

函数 $y=f(x)$ 的对应法则 f 也可用 φ、h、g、F 等表示，相应的函数就记作 $\varphi(x)$、$h(x)$、$g(x)$、$F(x)$。

在实际问题中，函数的定义域是根据问题的实际意义确定的。对于解析式表达的函数，其定义域为使解析式有意义的一切实数值。

例 15.1　已知 $f(x)=-2x+1$，求 $f(-1)$，$f(a)$，$f\left(\frac{1}{a}\right)$和 $f(-x)$。

解

$$f(-1)=-2\times(-1)+1=3$$

$$f(a)=-2a+1$$

$$f\left(\frac{1}{a}\right)=-2\times\frac{1}{a}+1=-\frac{2}{a}+1$$

$$f(-x)=-2\times(-x)+1=2x+1$$

例 15.2　设 $f(x-1)=x^2-3x+5$，求 $f(x)$。

解一（代入法）令 $x-1=t$，则 $x=t+1$，则

$$f(t)=(t+1)^2-3(t+1)+5=t^2-t+3$$

所以

$$f(x)=x^2-x+3$$

解二（还原法）题目所给函数：

$$f(x-1)=x^2-3x+5=(x-1)^2-(x-1)+3$$

所以

$$f(x)=x^2-x+3$$

例 15.3　求函数 $y=\frac{1}{\sqrt{1-x^2}}$的定义域。

解　由所给函数知，要使函数有定义，必须

$$1-x^2>0$$

即

$$-1<x<1$$

因此，所给函数的定义域为(−1, 1)。

例 15.4　试讨论下列各组函数是否为相同函数。

(1) $y=1$ 与 $y=\frac{1}{x}$；

(2) $y=|x|$ 与 $y=\sqrt{x^2}$；

(3) $y=\ln 3x$ 与 $y=\ln 3\cdot \ln x$。

解　(1) 函数 $y=1$ 的定义域为 $(-\infty,+\infty)$，而函数 $y=\frac{1}{x}$ 的定义域为 $(-\infty,0)\cup(0,+\infty)$，故不是同一函数。

(2) 两个函数的定义域和对应法则都相同，故是相同函数。

(3) 两个函数的定义域都是 $(0,+\infty)$，但对应法则不一致，所以不是相同的函数。

3. 函数的表示法

函数的表示方法有解析法、图像法和表格法等，如引例 1、引例 2 和引例 3。

4. 反函数

函数 $y=f(x)$ 反映了两个变量之间的关系，当自变量 x 在定义域 D 内取定一个值后，因变量 y 的值也随之唯一确定。但是，这种因果关系并不是绝对的。例如，在自由落体运动中，如果已知物体下落时间 t，则要求出下落高度 h，有公式 $h=\frac{1}{2}gt^2(t\geqslant 0)$。我们也常常考虑反过来的问题：已知下落高度 h，要求出下落时间 t。这时我们可由上式解得 $t=\sqrt{\frac{2h}{g}}(h\geqslant 0)$。在数学上，如果把一个函数中的自变量和因变量进行对换后能得到新的函数，就把这个新函数称为原来函数的反函数。

定义 15.2　设函数 $y=f(x)$ 是定义在数集 D 上的一个函数，其值域为 M。如果对每一个数值 $y\in M$，有唯一确定的且满足 $y=f(x)$ 的数值 $x(x\in D)$ 与之对应，其对应法则为 f^{-1}，那么定义在 M 上的函数 $x=f^{-1}(y)$ 叫作函数 $y=f(x)$ 的反函数。

由于习惯用 x 表示自变量而用 y 表示函数，因此常常将 $y=f(x)$ 的反函数记作 $y=f^{-1}(x)$。例如，$y=\sin x$ 与 $y=\arcsin x$ 互为反函数。

如果把函数 $y=f(x)$ 与其反函数 $y=f^{-1}(x)$ 的图形画在同一平面直角坐标系内，那么它们的图形关于直线 $y=x$ 对称(见图 15－2)。

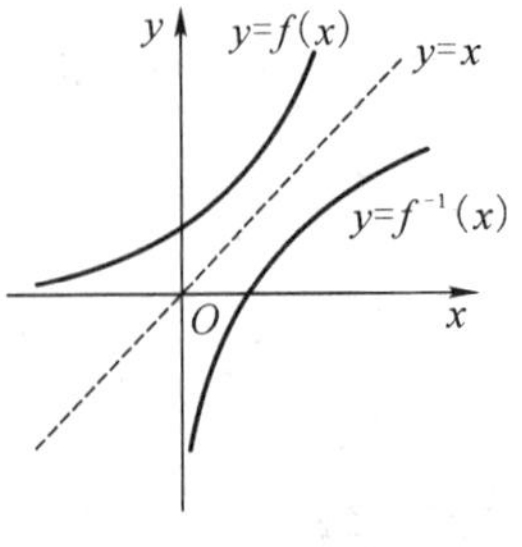

图 15－2　$y=f(x)$ 与 $y=f^{-1}(x)$ 关于 $y=x$ 对称

★练习 15.1.1

1. 函数 $f(x)=\begin{cases}-2x(x\leqslant 0)\\ x^2+1(x>0)\end{cases}$，则 $f[f(-2)]=$______；若 $f(x)=10$，则 $x=$______。

2. 求下列函数的定义域。

(1) $f(x)=\dfrac{1}{\sqrt{x+1}}$的定义域为____________。

(2) $y=\dfrac{1}{\sqrt{x^2-4}}$的定义域为____________。

(3) $y=\sqrt{x+2}+\dfrac{1}{x+1}$的定义域为____________。

(4) $y=\sqrt{2-x}+(x+1)^0$ 的定义域为__________。

3. 设函数 $f(x)=\begin{cases}-x-1 & (x\leqslant -1)\\ -x^2+1 & (-1<x<1)\\ x-1 & (x\geqslant 1)\end{cases}$，求 $f(0)$，$f\left[f\left(\dfrac{3}{2}\right)\right]$的值。

4. 设 $f(x-1)=2x^2+2x+7$。

(1) 求 $f(x)$；

(2) 求 $f(x+1)$。

5. 求下列函数的定义域。

(1) $f(x)=\dfrac{1}{\sqrt{x+1}}$；　　(2) $y=\dfrac{1}{\sqrt{x^2-4}}$；

(3) $y=\sqrt{x+2}+\dfrac{1}{x+1}$。

15.1.2　函数的特性

设函数 $y=f(x)$在某区间 I 内有定义，下面我们研究函数的性质。

1. 奇偶性

设 I 为关于原点对称的区间，若对于每一个 $x\in I$，都有 $f(-x)=-f(x)$，则称函数 $f(x)$为奇函数；若 $f(-x)=f(x)$，则称函数 $f(x)$为偶函数。

奇函数图像关于原点对称(见图 15-3)，偶函数的图像关于 y 轴对称(见图 15-4)。

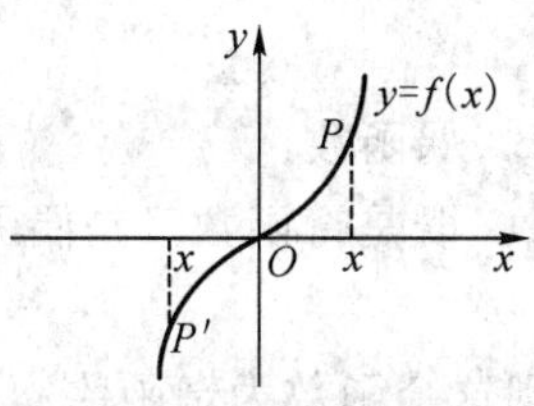

图 15-3　奇函数

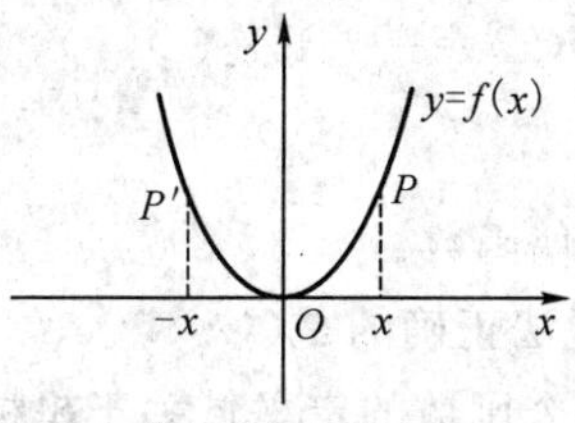

图 15-4　偶函数

例如，函数 $y=x^2$，$y=\cos x$ 等为偶函数；函数 $y=\sin x$ 、$y=x^3$ 等为奇函数；函数 $y=e^x+x$ 既不是奇函数，也不是偶函数，我们称它为非奇非偶函数。

2. 单调性

对于区间 I 内任意两点 x_1、x_2，当 $x_1<x_2$ 时，若恒有 $f(x_1)<f(x_2)$，则称函数 $f(x)$ 在 I 上是单调增加的；当 $x_1<x_2$ 时，若恒有 $f(x_1)>f(x_2)$，则称函数 $f(x)$ 在区间 I 上是单调减少的。单调增加和单调减少的函数统称为单调函数。

单调增加的函数其图像是自左向右上升的(见图 15 - 5)；单调减少的函数其图像是自左向右下降的(见图 15 - 6)。

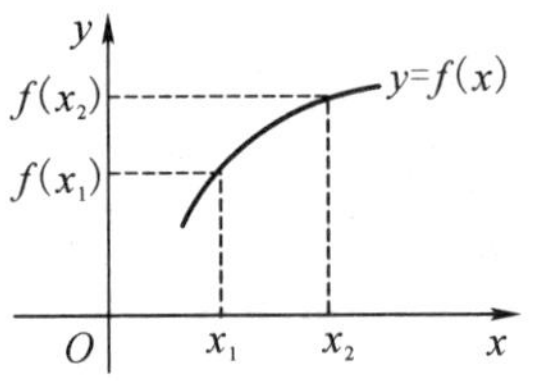

图 15 - 5　单调增加的函数

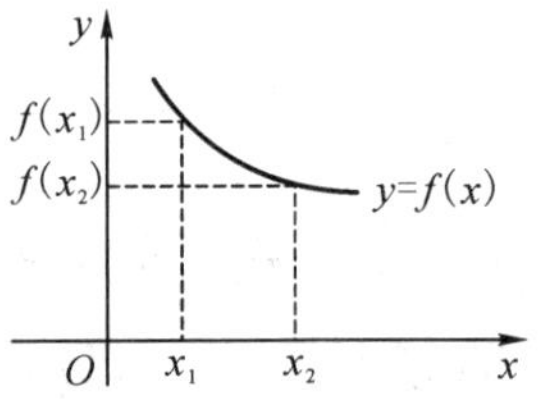

图 15 - 6　单调减少的函数

例如，函数 $y=\mathrm{e}^x$ 在$(-\infty,+\infty)$内是单调增加的；函数 $y=\log_{\frac{1}{2}}x$ 在$(0,+\infty)$内是单调减少的；函数 $y=x^2$ 在$(-\infty,+\infty)$内不是单调的。

3. 周期性

设存在常数 $l\neq 0$，使得对于任意的 $x\in I$，有 $x+l\in I$，且 $f(x+l)=f(x)$恒成立，则称函数 $f(x)$为周期函数。通常称使得公式 $f(x+l)=f(x)$成立的最小正数 l 为函数 $f(x)$的周期。

例如，$y=\sin x$，$y=\cos x$ 是周期为 2π 的周期函数；$y=\tan x$，$y=\cot x$ 是周期为 π 的周期函数。

4. 有界性

若存在正数 M，使得在区间 I 上恒有 $|f(x)|\leqslant M$，则称函数 $f(x)$在 I 上有界，否则称 $f(x)$在 I 上无界。

例如，函数 $y=\arctan x$ 在$(-\infty,+\infty)$上有界；函数 $y=\dfrac{1}{x}$在$(0,1)$上无界，但在$(2,4)$上就有界。

★练习 15.1.2

1. 选择。

(1) 函数 $f(x)=\dfrac{1}{x}-x$ 是(　　)。

A. 奇函数　　B. 偶函数

C. 非奇非偶函数　　D. 既是奇函数又是偶函数

(2) 下列说法正确的是(　　)。

A. 如果一个函数的定义域关于坐标原点对称，则这个函数为奇函数

B. 如果一个函数为偶函数，则它的定义域关于坐标原点对称

C. 如果一个函数的定义域关于坐标原点对称，则这个函数为偶函数

D. 如果一个函数的图像关于 y 轴对称，则这个函数为奇函数

(3) 函数 $y=\dfrac{\sqrt{1-x}}{2x^2-3x-2}$的定义域为(　　)。

A. $(-\infty, 1]$　　B. $(-\infty, 2]$

C. $\left(-\infty, -\dfrac{1}{2}\right)\cap\left(-\dfrac{1}{2}, 1\right]$　　D. $\left(-\infty, -\dfrac{1}{2}\right]\cup\left(-\dfrac{1}{2}, 1\right]$

(4) 设 $f(x)=\begin{cases} x+1 & (x>0) \\ \pi & (x=0) \\ 0 & (x<0) \end{cases}$，则 $f\{f[f(-1)]\}=$(　　)。

A. $\pi+1$　　B. 0　　C. π　　D. -1

(5) 下述函数中，在$(-\infty, 0]$内为增函数的是(　　)。

A. $y=x^2-2$　　B. $y=\dfrac{3}{x}$

C. $y=1+2x$　　D. $y=-(x+2)^2$

(6) 若函数 $f(x)$在 **R** 上是单调递减的奇函数，则下列关系式不成立的是(　　)。

A. $f(3)<f(4)$　　B. $f(3)<-f(-4)$

C. $-f(-3)<f(-4)$　　D. $f(-3)>f(-4)$

(7) 函数 $f(x)$是定义在 **R** 上的奇函数，当 $x>0$ 时，$f(x)=-x+1$，则当 $x<0$ 时，$f(x)$等于(　　)。

A. $-x+1$　　B. $-x-1$　　C. $x+1$　　D. $x-1$

(8) 已知 $f(x)(x\in\mathbf{R})$为奇函数，$f(2)=1$，$f(x+2)=f(x)+f(2)$，则 $f(3)$(　　)。

A. $\dfrac{1}{2}$　　B. 1　　C. 2　　D. $\dfrac{3}{2}$

2. 判断下列函数的奇偶性。

(1) $f(x)=\sqrt{3-x^2}+\sqrt{x^2-3}$；　　(2) $f(x)=\dfrac{\sqrt{1-x^2}}{|x-2|-2}$

(3) $f(x)=\dfrac{\sqrt{4-x^2}}{|x+2|-2}$　　(4) $f(x)=2$，$x\in[-3, 3]$

(5) $y=\dfrac{e^x-1}{e^x+1}$　　(6) $y=\ln(x+\sqrt{x^2+1})$

(7) $y=x\sin(x+1)$。

15.1.3　函数的分类

1. 分段函数

在公式法表示的函数中，常常会碰到一种特殊且重要的函数——分段函数。分段函数就是在同一函数的定义域内不同区间上用不同的解析式表示的函数。

例 15.5　绝对值函数：

$$f(x)=|x|=\begin{cases} x & (x\geqslant 0) \\ -x & (x<0) \end{cases}$$

它的定义域是$(-\infty,+\infty)$，值域是$[0,+\infty)$，如图 15-7 所示。

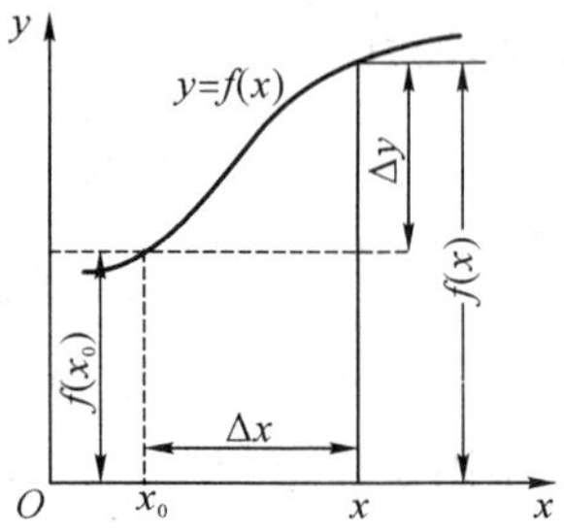

图 15－7　例 15.5 图

例 15.6　符号函数：

$$y=\operatorname{sgn}x=\begin{cases}1 & (x>0)\\ 0 & (x=0)\\ -1 & (x<0)\end{cases}$$

是分段函数，定义域是$(-\infty,+\infty)$，值域是$\{-1, 0, 1\}$，如图 15－8 所示。

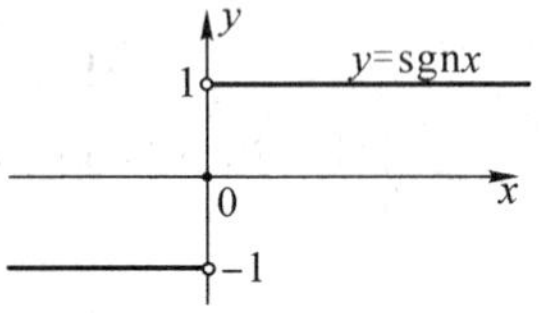

图 15－8　例 15.6 图

例 15.7　设 x 为任一实数，则函数

$$f(x)=[x]$$

称为取整函数，它的定义域是$(-\infty,+\infty)$，值域是整数集 **Z**，如图 15－9 所示。

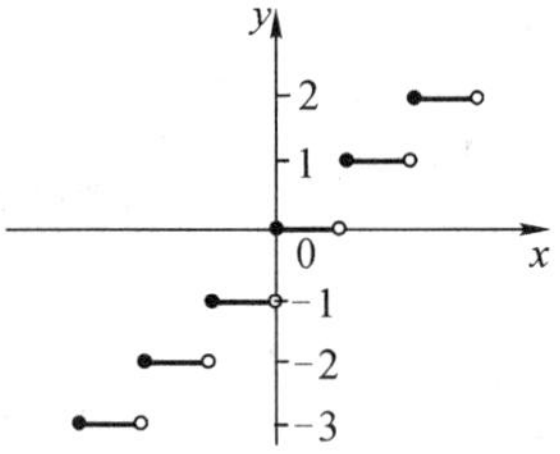

图 15－9　例 15.7 图

2. 复合函数

设 $y=\sqrt{u}$，而 $u=1+x^2$，以 $1+x^2$ 代替 $y=\sqrt{u}$ 中的 u 得

$$y=\sqrt{1+x^2}$$

我们说函数 $y=\sqrt{1+x^2}$ 是由 $y=\sqrt{u}$ 及 $u=1+x^2$ 复合而成的复合函数。对于这种函数，我们给出下面的定义：

定义 15.3　如果 y 是 u 的函数 $y=f(u)$，而 u 又是 x 的函数 $u=\varphi(x)$，通过 u 将 y 表示成 x 的函数，即 $y=f[\varphi(x)]$，那么 y 就叫作 x 的复合函数，其中 u 叫作中间变量。

注意　函数 $u=\varphi(x)$ 的值域应该取在函数 $y=f(u)$ 的定义域内，否则复合函数失去意义了。例如，复合函数 $y=\ln u$，$u=x+1$。由于 $y=\ln u$ 的定义域为 $(0,+\infty)$，因此中间变量 $u=x+1$ 的值域必须在 $(0,+\infty)$ 内，即 x 应在 $(-1,+\infty)$ 内。

一个函数也可以由两个以上函数复合构成。

例 15.8　写出下列复合函数的复合过程：

(1) $y=\sqrt{\tan(2x+1)}$；　　(2) $y=\cos^2 x$。

解　(1) $y=\sqrt{u}$，$u=\tan v$，$v=2x+1$；

(2) $y=u^2$，$u=\cos x$。

3. 初等函数

由基本初等函数和常数经过有限次的四则运算和有限次的函数复合步骤所构成的并可用一个式子表示的函数，称为初等函数。

例如，$y=e^{\sqrt{x}}$，$y=\log_a \sin 2x$，$y=\sqrt{\cot \dfrac{x}{2}}$ 等都是初等函数。

注意　由初等函数的概念可知，分段函数不是初等函数，因为分段函数一般都由几个解析式来表示。在复合函数的分解中，每个函数应是基本初等函数形式或是基本初等函数及常数的四则运算式形式。

4. 函数模型

从广义上理解，一切数学概念、数学理论体系、数学公式、方程式和算法系统都可称为数学模型。从狭义上理解，只有那些反映特定问题的数学结构才能称为数学模型。因此，数学模型可以描述为：对于现实世界的一个特定对象，为了一个特定的目的，根据特有的内在规律，做出一些必要的简化假设，运用适当的数学工具，得到的一个数学结构。

数学是从现实世界中发现问题、研究问题和解决问题的过程中发展起来的。函数模型是数学模型的一种，是一种涉及变量较少、关系较为简单的数学模型。我们说的函数模型一般只涉及两个变量。

在解决实际问题时，通常要先建立问题的函数模型，也就是我们说的建立函数关系式，然后进行分析和计算。

例 15.9　要建造一个容积为 V 的长方体水池，它的底为正方形。如果池底的单位面积造价为侧面积造价的 3 倍，试建立总造价与底面边长之间的函数关系。

解　底面边长为 x，总造价为 y，侧面单位造价为 a。由已知条件可得池深为$\dfrac{V}{x^2}$，侧面积为 $4x\cdot\dfrac{V}{x^2}=\dfrac{4V}{x}$，从而得出

$$y=3ax^2+4a\,\frac{V}{x}\ (0<x<+\infty)$$

例 15.10　某运输公司规定货物的吨公里运价为：在 $a$km 以内，每吨公里运价为 k 元；超过 $a$km 时，超过部分为每吨公里运价$\dfrac{4}{5}k$ 元。求总运价 m 和里程 s 之间的函数关系(假设载重量相同，此题不考虑载重量)。

解　根据题意可列出函数关系如下：

$$m=\begin{cases} ks & (0<s\leqslant a) \\ ka+\dfrac{4}{5}k(s-a) & (s>a) \end{cases}$$

★练习 15.1.3

1. 函数 $y=x+\dfrac{|x|}{x}$ 的图像是(　　)。

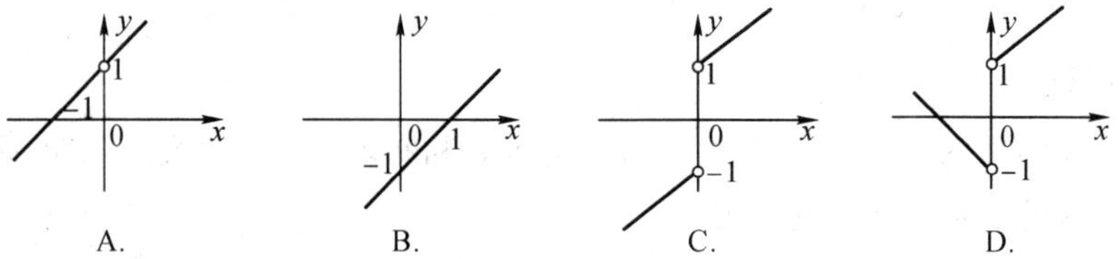

2. 已知函数 $f(x)=\begin{cases} x-1 & (x>0) \\ 0 & (x=0) \\ x+1 & (x<1) \end{cases}$，则 $f\left[f\left(\dfrac{1}{2}\right)\right]$ 的值是(　　)。

A. $\dfrac{1}{2}$　　B. $-\dfrac{1}{2}$　　C. $\dfrac{3}{2}$　　D. $-\dfrac{3}{2}$

3. 已知函数 $f(x)=\begin{cases} x-1 & (x>0) \\ 0 & (x=0) \\ x+1 & (x<0) \end{cases}$，若 $f(x)=0$，则 x 的值是(　　)。

A. 0　　B. −1　　C. 1　　D. ±1 或 0

4. 已知 $y=\begin{cases} f(0)=2 \\ f(n+2)=3f(n)+5 \end{cases}$ $(n\in\mathbf{N})$，则 $f(2)=$________。

5. 作出函数 $y=\begin{cases} -x & (-1\leqslant x<0) \\ x^2 & (0\leqslant x<1) \\ x & (1\leqslant x\leqslant 2) \end{cases}$ 的图像并指出其定义域与最值。

6. 做出分段函数 $y=\begin{cases} -x-1 & (x\leqslant -1) \\ -x^2+1 & (-1<x<1) \\ x-1 & (x\geqslant 1) \end{cases}$ 的图像。

7. 写出下列复合函数的复合过程。

(1) $y=\sin(1-3x)$；　　(2) $y=5^{\ln\sin x}$；

(3) $y=2^{\tan^3 x}$；　　(4) $y=\cot(\sqrt{4x^5+3x-1})$；

(5) $y=(\arcsin\sqrt{x})^2$；　　(6) $y=e^{\sqrt{x^2+1}}$。

8. 旅客乘坐火车时，可免费随身携带不超过 20 kg 的物品，超过 20 kg 的部分，收费 0.20 元/kg，超过 50 kg 的部分再加收 50%。试建立收费与物品重量的函数关系。

15.2 极　　限

极限是高等数学的重要概念之一，用来研究自变量在某一变化过程中函数的变化趋势。高等数学中的导数、积分、级数等概念都是基于极限而定义的或与极限密切相关的。因此，学习和掌握极限的概念与计算方法是十分重要的。本节主要研究数列的极限、函数的极限及函数的左、右极限等概念，介绍极限的运算法则。

15.2.1 数列的极限

在日常生活中，将一盆 80℃的热水放在一间室温为 20℃的房间里，水的温度将逐渐降低，随着时间的推移，水温会越来越接近室温 20℃。

中国古代数学家庄周(约公元前 369 至公元前 286 年)在《庄子 · 天下篇》中引述惠施的话："一尺之棰，日取其半，万世不竭。"这句话的意思是一尺的木棒，第一天取它的一半，即$\frac{1}{2}$尺，第二天再取剩下的一半，即$\frac{1}{4}$尺，第三天再取第二天剩下的一半，即$\frac{1}{8}$尺，以此类推，我们可以一天天地取下去，而木棒是永远也取不完的。

我们将每天取出的木棒长度写出来就是$\frac{1}{2}$，$\frac{1}{4}$，$\frac{1}{8}$，…，$\frac{1}{2^n}$，…，n 可以无穷无尽地取值。当 n 很大时，$\frac{1}{2^n}$很小；当 n 无限增大时，$\frac{1}{2^n}$无限接近于 0。

以上例子共同的特点是把一个固定不变的问题看作一系列变化着的趋向于一个确定量的问题，从而确定出这个确定不变的量，这正是本节要讨论的思路和方法。

在初等数学中，我们都学习过数列。从函数的角度，我们可以认为数列是一种特殊的函数，数列$\{x_n\}$可以理解为正整数 n 为自变量的函数，从而可以写成

$$x_n=f(n)\ (n=1,2,3,\cdots)$$

因此又可以称数列为整标函数，其定义域为正整数集。

关于数列的极限，就是要讨论当 n 无限增大(即 $n\to\infty$)时，考察数列$\{x_n\}$的变化趋势，即它是否能够无限接近于一个定值，这个定值等于多少。

引例 考察下面几个数列：

(1) $1,\ \frac{1}{2},\ \frac{1}{3},\ \cdots,\ \frac{1}{n},\ \cdots$；

(2) $\frac{1}{2},\ \frac{2}{3},\ \frac{3}{4},\ \cdots,\ \frac{n}{n+1},\cdots$；

(3) $-1,\ 1,\ -1,\ 1,\ -1,\ \cdots,\ (-1)^n,\ \cdots$。

观察上述两个数列可以发现，当 n 无限增大(即 $n\to\infty$)时，数列(1)的各项呈现出确定的变化趋势，即无限趋近于常数 0，数列(2)无限趋近于常数 1，数列(3)在 1 和 -1 两个数中变动，不趋近于某个常数。

定义 15.4 设$\{x_n\}$是一个数列，如果当 n 无限增大(即 $n\to\infty$)时，x_n 无限接近于某个确定的常数 A，则称 A 为数列$\{x_n\}$的极限，记作

$$\lim_{n\to\infty}x_n=A \quad 或 \quad x_n\to A(n\to\infty)$$

定义 15.4 的含义是：当 n 充分大时，x_n 与 A 的差的绝对值$|x_n-A|$可以任意小。数列的这种变化趋势可用下面的定义进行精确的数量描述：

定义 15.5 设$\{x_n\}$是一个数列，对于任意给定的正数 ε，总有自然数 N 存在，使得当 $n>N$ 时，不等式

$$|x_n - A| < \varepsilon$$

成立，则称数列$\{x_n\}$以 A 为极限，记作：

$$\lim_{n\to\infty} x_n = A \text{ 或 } x_n \to A (n\to\infty)$$

定义“当 $n>N$ 时，不等式$|x_n-A|<\varepsilon$ 成立”这句话，从几何的观点看就是：第 N 项以后的一切项将全部落入点 A 的 ε 邻域内。

例 15.11　观察下列数列的极限：

(1) $x_n=\left(\frac{1}{2}\right)^{n-1}$；　　(2) $x_n=2n$；

(3) $x_n=C$。

解　观察数列在 $n\to\infty$时的变化趋势可知：

(1) $\lim\limits_{n\to\infty}\left(\frac{1}{2}\right)^{n-1}=0$；

(2) $\lim\limits_{n\to\infty} 2n$ 不存在；

(3) $\lim\limits_{n\to\infty} C=C$。

通过例 15.11 可以知道，不是所有的数列都有极限。常数数列的极限等于其本身。

★练习 15.2.1

1. 观察下列数列，写出通项公式，并观察是否存在极限。

(1) $-2，4，-6，8，\cdots，(-1)^n 2n，\cdots$；

(2) $1^2，2^2，\cdots，n^2，\cdots$；

(3) $0，\frac{3}{2}，\frac{2}{3}，\frac{5}{4}，\cdots，1+\frac{(-1)^n}{n}，\cdots$；

(4) $1，\frac{1}{2}，\frac{1}{3}，;\frac{1}{4}，\cdots，\frac{1}{n}，\cdots$；

(5) $1^2，2^2，\cdots，n^2，\cdots$。

2. 观察下列数列当 $n\to\infty$时的变化情况，指出哪些数列有极限，极限是多少。

(1) $x_n=\frac{1}{3^n}$；　　(2) $x_n=\{\sin n\}$；

(3) $x_n=\frac{n+1}{n-1}$；　　(4) $x_n=1+\frac{1}{2^n}$。

15.2.2　函数的极限

前面讲了数列的极限，知道数列是一种特殊的函数，本节我们研究函数的极限。

1. 函数 $f(x)$当 $x\to\infty$时的极限

对于函数 $y=f(x)$，函数 y 随着自变量 x 的变化而变化。$x\to\infty$表示$|x|$无限增大。当 $x>0$ 且无限增大时，记作 $x\to+\infty$；当 $x<0$ 且$|x|$无限增大时，记作 $x\to-\infty$。

引例　考察当 $x\to\infty$时，函数 $y=\frac{1}{x}$的变化趋势。

如图 15-10 所示，当 $x\to\infty$(包括 $x\to+\infty$，$x\to-\infty$)时，函数趋向于确定的常数 0，即函数图形无限接近于直线 $y=0$(x 轴)。

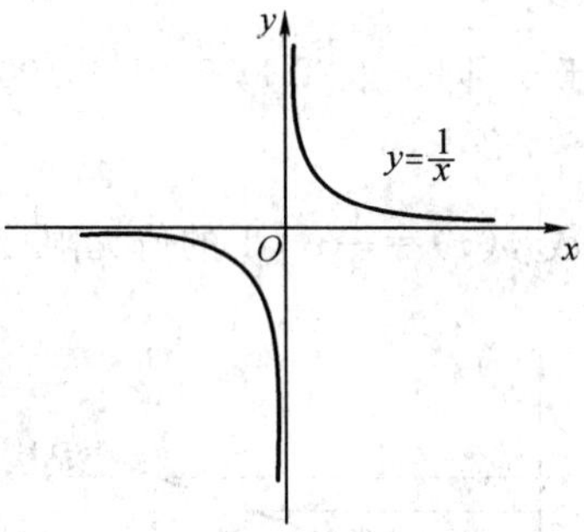

图 15-10　函数 $y=\frac{1}{x}$ 的曲线

定义 15.6　设函数 $y=f(x)$ 当 $|x|$ 大于某一正数时有定义，如果 $|x|$ 无限增大时，函数 $f(x)$ 无限趋近于确定的常数 A，则称 A 为 $x\to\infty$ 时函数 $f(x)$ 的极限，记为

$$\lim_{x\to\infty}f(x)=A \quad 或 \quad f(x)\to A \quad (x\to\infty)$$

若当 $x\to+\infty$（或 $x\to-\infty$）时，函数趋近于确定的常数 A，则记为

$$\lim_{x\to+\infty}f(x)=A（或 \lim_{x\to-\infty}f(x)=A）$$

定理 15.1　$\lim\limits_{x\to\infty}f(x)=A$ 的充要条件是 $\lim\limits_{x\to+\infty}f(x)=\lim\limits_{x\to-\infty}f(x)=A$。

例 15.12　观察下列函数的图像（见图 15-11、图 15-12），求极限值。

（1）$\lim\limits_{x\to\infty}\left(1+\frac{1}{x}\right)$；

（2）$\lim\limits_{x\to+\infty}\arctan x$ 和 $\lim\limits_{x\to-\infty}\arctan x$。

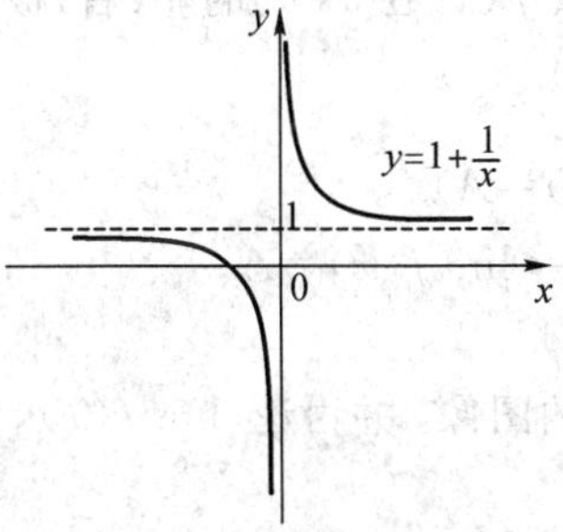

图 15-11　例 15.12 图 1

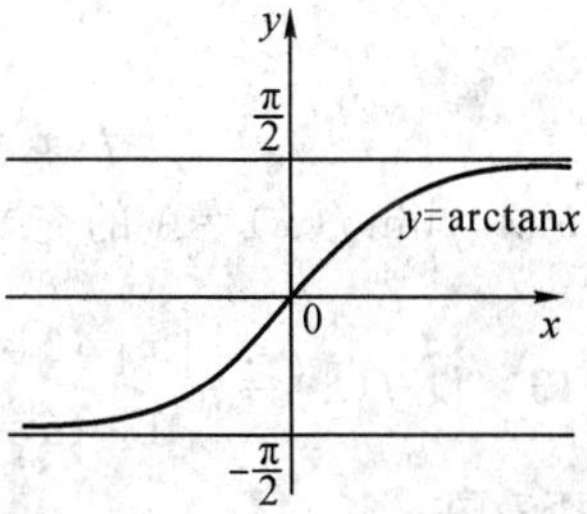

图 15-12　例 15.12 图 2

解　（1）由图 15-11 可以看出：

$$\lim_{x\to\infty}\left(1+\frac{1}{x}\right)=1$$

（2）由图 15-12 可以看出：

$$\lim_{x\to+\infty}\arctan x=\frac{\pi}{2}，\lim_{x\to-\infty}\arctan x=-\frac{\pi}{2}$$

2. 函数 $f(x)$ 当 $x\to x_0$ 时的极限

引例　考察当 $x\to3$ 时，函数 $f(x)=\frac{1}{3}x+1$ 的变化趋势。

设 x 从 3 的左侧无限接近于 3，即 x 取 2.9，2.99，2.999，…，3 时，对应的函数 $f(x)$

的值为 1.97，1.997，1.9997，…，2。

设 x 从 3 的右侧无限接近于 3，即 x 取 3.1，3.01，3.001，…，3 时，对应的函数 $f(x)$ 的值为 2.03，2.003，2.0003，…，2。

由此可知，当 $x\to 3$ 时，函数 $f(x)=\frac{1}{3}x+1$ 的值无限接近于 2，如图 15－13 所示。

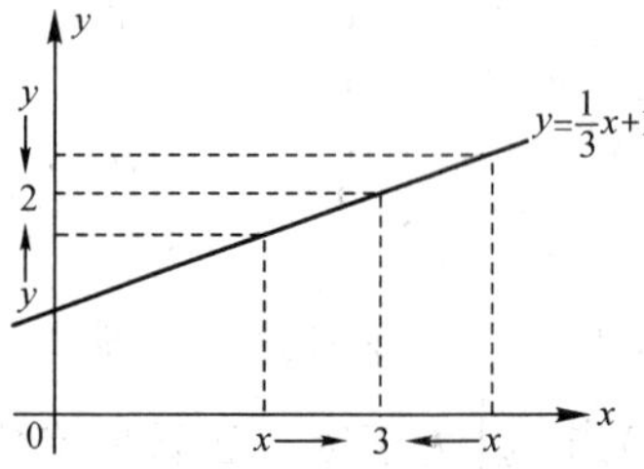

图 15－13　$y=\frac{1}{3}x+1$ 的变化趋势

定义 15.7　设函数 $y=f(x)$ 在点 x_0 的左右近旁有定义(x_0 点除外)，当自变量 x 无限趋近于 x_0 时，相应的函数值 $f(x)$ 无限接近于常数 A，则称 A 为函数 $f(x)$ 当 $x\to x_0$ 时的极限，记作

$$\lim_{x\to x_0} f(x)=A \text{ 或 } f(x)\to A(x\to x_0)$$

上面讨论了 $x\to x_0$ 时函数 $f(x)$ 的极限。对于 $x\to x_0^-$(x 从 x_0 的左侧趋近于 x_0)或 $x\to x_0^+$(x 从 x_0 的右侧趋近于 x_0)时的情形，有如下定义：

定义 15.8　设函数 $f(x)$ 在 x_0 的左侧(或右侧)近旁有定义，当 $x\to x_0^-$(或 $x\to x_0^+$)时，相应的函数值 $f(x)$ 无限接近于常数 A，则称 A 为函数 $f(x)$ 在 x_0 处的左(右)极限，记作：

$$\lim_{x\to x_0^-} f(x)=A(\lim_{x\to x_0^+} f(x)=A)$$

或

$$f(x_0-0)=A(f(x_0+0)=A)$$

定理 15.2　$\lim\limits_{x\to x_0} f(x)=A$ 的充要条件是 $\lim\limits_{x\to x_0^-} f(x)=\lim\limits_{x\to x_0^+} f(x)=A$。

例 15.13　设 $f(x)=\begin{cases}|x| & (x\neq 0)\\ 1 & (x=0)\end{cases}$，画出该函数的图像，并讨论 $\lim\limits_{x\to 0^+} f(x)$，$\lim\limits_{x\to 0^-} f(x)$，$\lim\limits_{x\to 0} f(x)$ 是否存在。

解　$f(x)$ 的图像如图 15－14 所示。由图可以看出：

$$\lim_{x\to 0^+} f(x)=0，\lim_{x\to 0^-} f(x)=0$$

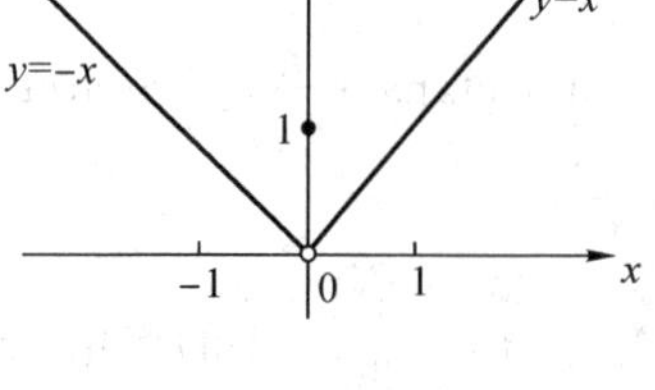

图 15－14　例 15.13 图

根据定理 15.2 可得

$$\lim_{x\to 0} f(x)=0$$

例 15.14　设 $f(x)=\begin{cases} x-1 & (x<0) \\ 0 & (x=0) \\ x+1 & (x>0) \end{cases}$，画出该函数的图像，并讨论 $\lim\limits_{x\to 0^+} f(x)$，$\lim\limits_{x\to 0^-} f(x)$，$\lim\limits_{x\to 0} f(x)$是否存在。

解　$f(x)$的图像如图 15－15 所示。由图 15－15 可以看出：

$$\lim_{x\to 0^+} f(x)=1,\ \lim_{x\to 0^-} f(x)=-1$$

因为 $\lim\limits_{x\to 0^+} f(x)\neq \lim\limits_{x\to 0^-} f(x)$，根据定理 15.2 可得$\lim\limits_{x\to 0} f(x)$不存在。

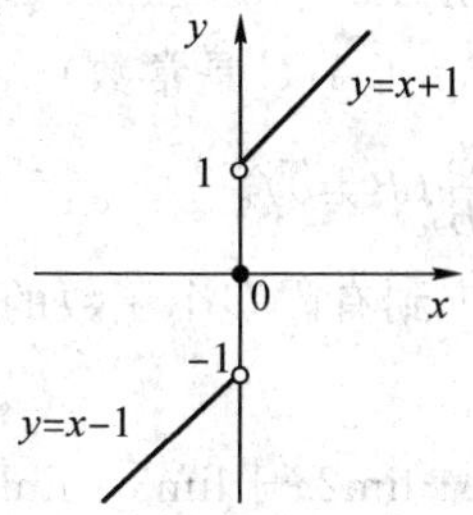

图 15－15　例 15.14 图

★练习 15.2.2

1. 观察并写出下列函数的极限：

(1) $\lim\limits_{x\to\infty}\dfrac{1}{2x}$；　(2) $\lim\limits_{x\to 1} x+2$；　(3) $\lim\limits_{x\to\frac{\pi}{4}}\tan x$；

(4) $\lim\limits_{x\to -\infty} 4^x$；　(5) $\lim\limits_{x\to 1}\ln x$；　(6) $\lim\limits_{x\to\infty} x^2$。

2. 设 $f(x)=\begin{cases} x-1 & (x<1) \\ x+1 & (x\geqslant 1) \end{cases}$，求 $\lim\limits_{x\to 1^-} f(x)$及 $\lim\limits_{x\to 1^+} f(x)$，并判断 $\lim\limits_{x\to 1} f(x)$是否存在。

3. 设 $f(x)=\begin{cases} 2x+1 & (x<0) \\ e^x & (x\geqslant 0) \end{cases}$，画出 $f(x)$的图形，求 $\lim\limits_{x\to 0^-} f(x)$和 $\lim\limits_{x\to 0^+} f(x)$，并判断 $\lim\limits_{x\to 0} f(x)$是否存在。

4. 讨论符号函数在 $x=0$ 点的极限情况。

5. 设 $f(x)=\begin{cases} x+1 & (x>1) \\ 1 & (x=1) \\ x-1 & (x<1) \end{cases}$，作出 $f(x)$的图形，讨论$\lim\limits_{x\to 1} f(x)$是否存在。

趣味阅读

芝诺悖论

阿基里斯是《荷马史诗》中的善跑英雄。奔跑中的阿基里斯永远也无法超过在他前面慢慢爬行的乌龟，因为当阿基里斯到达乌龟的起跑点时，乌龟已经走在前面一小段路了，阿基里斯必须再次赶过这一小段路，而乌龟又向前走了，这样阿基里斯可无限接近它，但不能追到它。假定阿基里斯跑步的速度是乌龟速度的10倍，阿基里斯与乌龟赛跑的路程是1公里。如果让乌龟先跑0.1公里，当阿基里斯追到0.1公里的地方，乌龟又向前跑了0.01公里，当阿基里斯追到0.01公里的地方，乌龟又向前跑了0.001公里，这样一直追下去，阿基里斯能追上乌龟吗?

15.2.3 极限的运算法则

设$\lim f(x)=A$，$\lim g(x)=B$(假定x在同一变化过程中)，则有如下法则：

法则1　$\lim[f(x)\pm g(x)]=\lim f(x)\pm\lim g(x)=A\pm B$。

法则2　$\lim[f(x)\cdot g(x)]=\lim f(x)\cdot\lim g(x)=A\cdot B$。

推论　$\lim[Cf(x)]=C\lim f(x)=CA$($C$是常数)。

法则3　$\lim\dfrac{f(x)}{g(x)}=\dfrac{\lim f(x)}{\lim g(x)}=\dfrac{A}{B}(B\neq 0)$。

说明　法则1和法则2可以推广到有限多个函数的代数和或乘积的情形。

例15.15　求$\lim\limits_{x\to 2}(x^2+2x+3)$。

解　$\lim\limits_{x\to 2}(x^2+2x+3)=\lim\limits_{x\to 2}x^2+\lim\limits_{x\to 2}2x+\lim\limits_{x\to 2}3=\lim\limits_{x\to 2}x^2+2\lim\limits_{x\to 2}x+3=2^2+2\times 2+3=11$

例15.16　求$\lim\limits_{x\to 1}\dfrac{x^2-x+1}{x^2-3}$。

解　$\lim\limits_{x\to 1}\dfrac{x^2-x+1}{x^2-3}=\dfrac{\lim\limits_{x\to 1}(x^2-x+1)}{\lim\limits_{x\to 1}(x^2-3)}=\dfrac{(\lim\limits_{x\to 1}x)^2-\lim\limits_{x\to 1}x+1}{(\lim\limits_{x\to 1}x)^2-3}=\dfrac{1-1+1}{1-3}=-\dfrac{1}{2}$

例15.17　求$\lim\limits_{x\to 3}\dfrac{x-3}{x^2-9}$。

解　注意到分子、分母的极限全为零，因此

$$\lim_{x\to 3}\frac{x-3}{x^2-9}=\lim_{x\to 3}\frac{x-3}{(x+3)(x-3)}=\lim_{x\to 3}\frac{1}{x+3}=\frac{1}{6}$$

综合上面的例题，当$x\to a$时，多项式和分式的极限主要是看分母的极限是否为零。若不为零，则只要将$x=a$代入求函数值就行了；若分母极限为零，则根据不同的情况分别处理。

例15.18　求$\lim\limits_{x\to -2}\left(\dfrac{1}{x+2}-\dfrac{12}{x^3+8}\right)$。

解　注意到$x\to -2$时$\dfrac{1}{x+2}$和$\dfrac{12}{x^3+8}$都是无穷大，所以不能直接用法则。

$$\frac{1}{x+2}-\frac{12}{x^3+8}=\frac{x^2-2x+4-12}{(x+2)(x^2-2x+4)}=\frac{(x+2)(x-4)}{(x+2)(x^2-2x+4)}=\frac{x-4}{x^2-2x+4}$$

于是

$$\lim_{x\to -2}\left(\frac{1}{x+2}-\frac{12}{x^3+8}\right)=\lim_{x\to -2}\frac{x-4}{x^2-2x+4}=\frac{-2-4}{4+4+4}=-\frac{1}{2}$$

例15.19　求$\lim\limits_{x\to\infty}\dfrac{2x^3-x^2+1}{3x^3+x^2-4}$。

解　注意到$\lim\limits_{x\to\infty}x$不存在，而$\lim\limits_{x\to\infty}\dfrac{1}{x}=0$，所以

$$\lim_{x\to\infty}\frac{2x^3-x^2+1}{3x^3+x^2-4}=\lim_{x\to\infty}\frac{2-\dfrac{1}{x}+\dfrac{1}{x^3}}{3+\dfrac{1}{x}-\dfrac{4}{x^3}}=\frac{\lim\limits_{x\to\infty}\left(2-\dfrac{1}{x}+\dfrac{1}{x^3}\right)}{\lim\limits_{x\to\infty}\left(3+\dfrac{1}{x}-\dfrac{4}{x^3}\right)}=\frac{2}{3}$$

用同样的方法，可得如下结果：

$$\lim_{x\to\infty}\frac{a_0x^m+a_1x^{m-1}+\cdots+a_{m-1}x+a_m}{b_0x^n+b_1x^{n-1}+\cdots+b_{n-1}x+b_n}=\begin{cases}\dfrac{a_0}{b_0} & (\text{当 } m=n \text{ 时})\\ \infty & (\text{当 } m>n \text{ 时})\\ 0 & (\text{当 } m<n \text{ 时})\end{cases}$$

其中，$a_0\neq0$，$b_0\neq0$。

★练习 15.2.3

1. 求下列函数的极限。

(1) $\lim\limits_{x\to1}(3x^2-x+2)$；

(2) $\lim\limits_{x\to0}\dfrac{3x^2+2x-5}{2x^2-5x+6}$；

(3) $\lim\limits_{x\to0}\dfrac{\sqrt{x^2+9}-3}{x^2}$；

(4) $\lim\limits_{x\to1}\left(\dfrac{1}{x-1}-\dfrac{3}{x^3-1}\right)$；

(5) $\lim\limits_{x\to\infty}\dfrac{6x^3-3x+5}{3x^3+5x^2-2x+6}$；

(6) $\lim\limits_{x\to\infty}\dfrac{x^2-1}{3x^3-x+3}$；

(7) $\lim\limits_{x\to\infty}\dfrac{4x^4-3x^2+1}{x^2+x-1}$；

(8) $\lim\limits_{n\to\infty}\dfrac{1+2+3+\cdots+n}{n^2}$；

(9) $\lim\limits_{x\to3}\dfrac{x-3}{\sqrt{x-2}-1}$；

(10) $\lim\limits_{x\to-1}\dfrac{x^2-2x+4}{x^2+1}$；

(11) $\lim\limits_{x\to0}\dfrac{3x^3-2x^2+3x}{x^2+2x}$；

(12) $\lim\limits_{t\to0}\dfrac{(x+t)^2-x^2}{t}$；

(13) $\lim\limits_{x\to5}\dfrac{x^2-6x+5}{x-5}$；

(14) $\lim\limits_{x\to2}\dfrac{x^2-4}{x-2}$。

15.3　两个重要极限

本书介绍两个重要极限。

1. 极限 $\lim\limits_{x\to0}\dfrac{\sin x}{x}=1$

当 $|x|\to0$ 时，函数 $\dfrac{\sin x}{x}$ 的变化趋势如表 15 - 2 所示。

表 15 - 2　函数 $\dfrac{\sin x}{x}$ 的变化趋势

x/rad	±0.3	±0.2	±0.1	±0.01	…	$\to0$
$\dfrac{\sin x}{x}$	0.985 07	0.993 35	0.998 33	0.999 98	…	$\to1$

从表 15 - 2 中可以看出，当 $x\to0^+$ 或 $x\to0^-$ 时，函数 $\dfrac{\sin x}{x}$ 的值都无限趋近于 1，根据函数极限的定义有

$$\lim_{x \to 0}\frac{\sin x}{x}=1$$

该重要极限的证明不作介绍。

例 15.20 求$\lim\limits_{x \to 0}\frac{\sin 7x}{x}$。

解 $$\lim_{x \to 0}\frac{\sin 7x}{x}=\lim_{x \to 0}\frac{7\sin 7x}{7x}=7\lim_{x \to 0}\frac{\sin 7x}{7x}=7$$

例 15.21 求$\lim\limits_{x \to 0}\frac{\tan x}{x}$。

解 $$\lim_{x \to 0}\frac{\tan x}{x}=\lim_{x \to 0}\frac{\frac{\sin x}{\cos x}}{x}=\lim_{x \to 0}\left(\frac{\sin x}{x}\cdot\frac{1}{\cos x}\right)=\lim_{x \to 0}\frac{\sin x}{x}\cdot\lim_{x \to 0}\frac{1}{\cos x}=1\times 1=1$$

例 15.22 求$\lim\limits_{x \to 0}\frac{\sin 5x}{\sin 3x}$。

解 $$\lim_{x \to 0}\frac{\sin 5x}{\sin 3x}=\lim_{x \to 0}\left(\frac{\sin 5x}{5x}\cdot\frac{3x}{\sin 3x}\cdot\frac{5}{3}\right)=\frac{5}{3}\lim_{x \to 0}\frac{\sin 5x}{5x}\cdot\lim_{x \to 0}\frac{3x}{\sin 3x}=\frac{5}{3}$$

例 15.23 求$\lim\limits_{x \to 0}\frac{1-\cos 4x}{x^2}$。

解 $$\lim_{x \to 0}\frac{1-\cos 4x}{x^2}=\lim_{x \to 0}\frac{2\sin^2 2x}{x^2}=8\lim_{x \to 0}\left(\frac{\sin 2x}{2x}\right)^2=8$$

例 15.24 求$\lim\limits_{x \to \frac{\pi}{2}}\frac{\cos x}{\frac{\pi}{2}-x}$。

解 因为$\cos x=\sin\left(\frac{\pi}{2}-x\right)$，所以令$t=\frac{\pi}{2}-x$，则有

$$\lim_{x \to \frac{\pi}{2}}\frac{\cos x}{\frac{\pi}{2}-x}=\lim_{t \to 0}\frac{\sin t}{t}=1$$

2. 极限 $\lim\limits_{x \to \infty}\left(1+\frac{1}{x}\right)^x=\mathrm{e}$

当$x\to\infty$时，函数$f(x)=\left(1+\frac{1}{x}\right)^x$的变化趋势如表 15-3 所示。

表 15-3 $f(x)=\left(1+\frac{1}{x}\right)^x$ **的变化趋势**

x	5000	10 000	30 000	100 000	1 000 000	2 000 000	…
$\left(1+\frac{1}{x}\right)^x$	2.718 01	2.718 15	2.718 24	2.718 27	2.718 28	2.718 28	…
x	−5000	−10 000	−30 000	−100 000	−1 000 000	−2 000 000	…
$\left(1+\frac{1}{x}\right)^x$	2.718 55	2.718 42	2.718 33	2.718 30	2.718 28	2.718 28	…

从表 15-3 中可以看出，当$x\to+\infty$和$x\to-\infty$时，函数$\left(1+\frac{1}{x}\right)^x$的值无限趋近于2.718 28…(e=2.718 28…)。可以证明，当$x\to\infty$时，函数$\left(1+\frac{1}{x}\right)^x$的极限存在且等于 e，即

$$\lim_{x \to \infty}\left(1+\frac{1}{x}\right)^x=\mathrm{e}$$

在上式中，设 $t=\frac{1}{x}$，则当 $x\to\infty$时，$t\to 0$，于是得到

$$\lim_{t\to 0}(1+t)^{\frac{1}{t}}=\mathrm{e}$$

例 15.25　求$\lim_{x\to\infty}\left(1+\frac{1}{x}\right)^{3x}$。

解
$$\lim_{x\to\infty}\left(1+\frac{1}{x}\right)^{3x}=\lim_{x\to\infty}\left[\left(1+\frac{1}{x}\right)^{x}\right]^{3}=\left[\lim_{x\to\infty}\left(1+\frac{1}{x}\right)^{x}\right]^{3}=\mathrm{e}^{3}$$

例 15.26　求$\lim_{x\to\infty}\left(1-\frac{1}{x}\right)^{x}$。

解
$$\lim_{x\to\infty}\left(1-\frac{1}{x}\right)^{x}=\lim_{x\to\infty}\left[\left(1+\frac{1}{-x}\right)^{-x}\right]^{-1}=\left[\lim_{x\to\infty}\left(1+\frac{1}{-x}\right)^{-x}\right]^{-1}=\mathrm{e}^{-1}$$

例 15.27　求$\lim_{x\to\infty}\left(\frac{x-4}{x-3}\right)^{x}$。

解
$$\begin{aligned}\lim_{x\to\infty}\left(\frac{x-4}{x-3}\right)^{x}&=\lim_{x\to\infty}\left(\frac{x-3-1}{x-3}\right)^{x}=\lim_{x\to\infty}\left(1+\frac{1}{-x+3}\right)^{x}\\&=\lim_{x\to\infty}\left[\left(1+\frac{1}{-x+3}\right)^{-x+3}\left(1+\frac{1}{-x+3}\right)^{-3}\right]^{-1}\\&=\left[\lim_{x\to\infty}\left(1+\frac{1}{-x+3}\right)^{-x+3}\lim_{x\to\infty}\left(1+\frac{1}{-x+3}\right)^{-3}\right]^{-1}=\frac{1}{\mathrm{e}}\end{aligned}$$

例 15.28　求$\lim_{x\to 0}(1+\tan x)^{\cot x}$。

解　令 $t=\tan x$，则当 $x\to 0$ 时 $t\to 0$，所以

$$\lim_{x\to 0}(1+\tan x)^{\cot x}=\lim_{t\to 0}(1+t)^{\frac{1}{t}}=\mathrm{e}$$

例 15.29　求$\lim_{x\to\infty}\left(\frac{1+x}{x}\right)^{4x}$。

解
$$\lim_{x\to\infty}\left(\frac{1+x}{x}\right)^{4x}=\lim_{x\to\infty}\left[\left(1+\frac{1}{x}\right)^{x}\right]^{4}=\mathrm{e}^{4}$$

例 15.30　求$\lim_{x\to\infty}\left(1+\frac{1}{2x}\right)^{4x-3}$。

解
$$\begin{aligned}\lim_{x\to\infty}\left(1+\frac{1}{2x}\right)^{4x-3}&=\lim_{x\to\infty}\left[\left(1+\frac{1}{2x}\right)^{4x}\cdot\left(1+\frac{1}{2x}\right)^{-3}\right]\\&=\lim_{x\to\infty}\left\{\left[\left(1+\frac{1}{2x}\right)^{2x}\right]^{2}\left(1+\frac{1}{2x}\right)^{-3}\right\}\\&=\mathrm{e}^{2}\times 1=\mathrm{e}^{2}\end{aligned}$$

★练习 15.3

1. 计算下列极限。

(1) $\lim_{x\to 0}\frac{\sin bx}{ax}$；　　(2) $\lim_{x\to 0}\frac{\tan 3x}{x}$；

(3) $\lim_{x\to 0}\frac{\sin ax}{\sin bx}$；　　(4) $\lim_{x\to 0}\frac{\sin 2x}{x(x+3)}$；

(5) $\lim\limits_{x\to\pi}\dfrac{\sin x}{\pi-x}$；　　(6) $\lim\limits_{x\to 0}\dfrac{2\arcsin x}{3x}$。

2. 计算下列极限。

(1) $\lim\limits_{x\to\infty}\left(1+\dfrac{1}{x}\right)^{3x+2}$；　　(2) $\lim\limits_{x\to 0}(1-2x)^{\frac{1}{x}}$；

(3) $\lim\limits_{x\to\infty}\left(\dfrac{x+1}{x+3}\right)^{2x}$；　　(4) $\lim\limits_{x\to\infty}\left(\dfrac{2x+3}{2x-1}\right)^{x+1}$。

3. 利用重要极限$\lim\limits_{x\to 0}\dfrac{\sin x}{x}=1$计算下列极限。

(1) $\lim\limits_{x\to 0}\dfrac{\tan 5x}{x}$；　　(2) $\lim\limits_{x\to\infty}x^3\sin\dfrac{2}{x^3}$；

(3) $\lim\limits_{x\to 0}\dfrac{3x^2}{1-\cos^2 x}$；　　(4) $\lim\limits_{x\to 2}\dfrac{2-x}{\sin 2(x-2)}$。

4. 利用重要极限$\lim\limits_{x\to\infty}\left(1+\dfrac{1}{x}\right)^x=\mathrm{e}$计算下列极限。

(1) $\lim\limits_{x\to\infty}\left(1+\dfrac{2}{x}\right)^{x}$；　　(2) $\lim\limits_{x\to 0}\left(\dfrac{2-x}{2}\right)^{\frac{3}{x}}$。

15.4 无穷小量与无穷大量

本节介绍无穷小量与无穷大量。

1. 无穷小量

1) 无穷小量的定义

我们先来看下面几个例子。函数 $f(x)=x+1$，当 $x\to -1$ 时，有 $x+1\to 0$，这时我们称 $x\to -1$ 时函数 $f(x)=x+1$ 是无穷小量。又如，函数 $f(x)=\dfrac{1}{x-1}$，当 $x\to\infty$时，有 $\dfrac{1}{x-1}\to 0$，这时我们称 $x\to\infty$时函数 $f(x)=\dfrac{1}{x-1}$是无穷小量。由此可见，无穷小量是指以 0 为极限的函数。

定义 15.9　如果 $x\to x_0$(或 $x\to\infty$)时，函数 $f(x)$的极限为零，则称 $f(x)$为 $x\to x_0$(或 $x\to\infty$)时的无穷小量，简称为无穷小。

例如，因为$\lim\limits_{x\to 0}x^2=0$，$\lim\limits_{x\to 0}\sin x=0$，$\lim\limits_{x\to 0}\sqrt[3]{x^2}=0$，所以 x^2、$\sin x$、$\sqrt[3]{x^2}$ 均是当 $x\to 0$ 时的无穷小。

注意

(1) 说一个函数 $f(x)$是无穷小，必须指明自变量的变化趋向。

(2) 不要把一个绝对值很小的常数说成无穷小，因为这个常数在 $x\to x_0$(或 $x\to\infty$)时极限仍为常数本身，而不是零。

(3) 常数 0 是无穷小，因为$\lim\limits_{x\to x_0}0=0$，它也是唯一可作为无穷小量的常数。

例 15.31　自变量 x 在怎样的变化过程中下列函数为无穷小量?

(1) $y=x^2-1$；　　(2) $y=\dfrac{1}{5x-1}$；　　(3) $y=\ln x$。

解　(1) 因为 $\lim\limits_{x\to\pm1}(x^2-1)=0$，所以当 $x\to\pm1$ 时函数 $y=x^2-1$ 为无穷小；

(2) 因为 $\lim\limits_{x\to\infty}\dfrac{1}{5x-1}=0$，所以当 $x\to\infty$ 时函数 $y=\dfrac{1}{5x-1}$ 为无穷小；

(3) 因为 $\lim\limits_{x\to1}\ln x=0$，所以当 $x\to1$ 时函数 $y=\ln x$ 为无穷小。

2) 函数极限与无穷小之间的关系

设 $\lim\limits_{x\to x_0}f(x)=A$，即 $x\to x_0$ 时，函数值 $f(x)$ 无限接近于常数 A，也就是说，$|f(x)-A|\to0$，所以 $f(x)-A$ 是当 $x\to x_0$ 时的无穷小量。若记 $\alpha=f(x)-A$，则有 $f(x)=A+\alpha$，于是有下面的定理。

定理 15.3(函数极限与无穷小量的关系)　在自变量的同一变化过程 $x\to x_0$(或 $x\to\infty$)中，具有极限的函数等于它的极限与一个无穷小之和；反之，如果函数可表示为常数与无穷小之和，那么该常数就是这个函数的极限。

定理 15.3 在 $x\to x_0^+$，$x\to x_0^-$，$x\to+\infty$，$x\to-\infty$ 时仍然成立。

3) 无穷小量的性质

性质 1　有限个无穷小量的代数和是无穷小量。

性质 2　有限个无穷小量的积是无穷小量。

性质 3　无穷小量与有界函数的乘积是无穷小量。

推论　常数与无穷小量的积是无穷小量。

例 15.32　已知 $f(x)=\sin x$，$g(x)=\dfrac{1}{2x}$，求 $\lim\limits_{x\to\infty}f(x)g(x)$。

解　因为 $|f(x)|=|\sin x|\leqslant1$，即当 $x\to\infty$，$f(x)=\sin x$ 为有界变量，$\lim\limits_{x\to\infty}g(x)=\lim\limits_{x\to\infty}\dfrac{1}{2x}=0$ (无穷小量)，所以，$\lim\limits_{x\to\infty}f(x)g(x)=0$。

4) 无穷小的比较

在重要极限 $\lim\limits_{x\to0}\dfrac{\sin x}{x}=1$ 中，$x\to0$ 时，x 和 $\sin x$ 都是无穷小。是不是所有的无穷小之比的极限都是 1 呢？答案显然是否定的。我们看下面几个例子，当 $x\to0$ 时，x、$2x$ 和 x^2 都是无穷小，但它们的比的极限分别如下：

$$\lim_{x\to0}\frac{2x}{x}=2,\quad \lim_{x\to0}\frac{x^2}{2x}=0,\quad \lim_{x\to0}\frac{2x}{x^2}=\infty$$

这是因为当 $x\to0$ 时，x、$2x$ 和 x^2 虽然都是无穷小，但趋于零的速度是不一样的，x^2 趋近于零的速度要快得多。反映无穷小量趋近于零的快慢程度可用无穷小之比的极限来衡量。

定义 15.10　设在自变量的同一变化过程中，α、β 都是无穷小。

(1) 如果 $\lim\dfrac{\alpha}{\beta}=0$，则称 α 是比 β 较高阶的无穷小；

(2) 如果 $\lim\dfrac{\alpha}{\beta}=\infty$，则称 α 是比 β 较低阶的无穷小；

(3) 如果 $\lim\dfrac{\alpha}{\beta}=c$($c$ 为非零常数)，则称 α 与 β 是同阶无穷小。

特别地，在同阶无穷小中，当 $c=1$ 时，称 α 与 β 是等价无穷小，记作 $\alpha\sim\beta$。

根据以上定义可知，当 $x\to 0$ 时，x 与 $2x$ 是同阶无穷小，$2x$ 是比 x^2 较低阶的无穷小，x 与 $\sin x$ 是等价无穷小，即 $x\sim\sin x$。

定理 15.4 设 $\alpha\sim\alpha'$，$\beta\sim\beta'$，且 $\lim\frac{\beta'}{\alpha'}$存在，则 $\lim\frac{\beta}{\alpha}=\lim\frac{\beta'}{\alpha'}$。

证明 $\lim\frac{\beta}{\alpha}=\lim\left(\frac{\beta}{\beta'}\cdot\frac{\beta'}{\alpha'}\cdot\frac{\alpha'}{\alpha}\right)=\lim\frac{\beta}{\beta'}\cdot\lim\frac{\beta'}{\alpha'}\cdot\lim\frac{\alpha'}{\alpha}=\lim\frac{\beta'}{\alpha'}$。

下面是几个常用的等价无穷小代换：

当 $x\to 0$ 时，有：

$\sin x\sim x$； $\tan x\sim x$； $\arcsin x\sim x$； $\arctan x\sim x$；

$1-\cos x\sim\frac{x^2}{2}$； $\ln(1+x)\sim x$； $e^x-1\sim x$； $\sqrt{1+x}-1\sim\frac{1}{2}x$。

例 15.33 当 $x\to 0$ 时，试比较无穷小 $1-\cos x$ 与 x^2 的阶。

解
$$\lim_{x\to 0}\frac{1-\cos x}{x^2}=\lim_{x\to 0}\frac{2\sin^2\frac{x}{2}}{x^2}=\lim_{x\to 0}2\left(\frac{\sin\frac{x}{2}}{2\cdot\frac{x}{2}}\right)^2=\lim_{x\to 0}\frac{1}{2}\left(\frac{\sin\frac{x}{2}}{\frac{x}{2}}\right)^2=\frac{1}{2}$$

所以，当 $x\to 0$ 时，无穷小 $1-\cos x$ 与 x^2 是同阶无穷小。

例 15.34 求$\lim\limits_{x\to 0}\frac{1-\cos x}{x\sin x}$。

解 因为当 $x\to 0$ 时，$1-\cos x\sim\frac{x^2}{2}$，$\sin x\sim x(x\sin x\sim x^2)$，所以有

$$\lim_{x\to 0}\frac{1-\cos x}{x\sin x}=\lim_{x\to 0}\frac{\frac{1}{2}x^2}{x^2}=\frac{1}{2}$$

例 15.35 求$\lim\limits_{x\to 0}\frac{\sin x-\tan x}{x\tan^2 x}$。

解 $$\lim_{x\to 0}\frac{\sin x-\tan x}{x\tan^2 x}=\lim_{x\to 0}\frac{\sin x\left(\frac{\cos x-1}{\cos x}\right)}{x\cdot x^2}=\lim_{x\to 0}\frac{x\cdot\left(-\frac{1}{2}x^2\right)\cdot\frac{1}{\cos x}}{x^3}=-\frac{1}{2}$$

2. 无穷大量

定义 15.11 如果 $x\to x_0$(或 $x\to\infty$)时，函数 $f(x)$的绝对值无限增大，则称 $f(x)$为 $x\to x_0$(或 $x\to\infty$)时的无穷大量，简称为无穷大。

说明 按照极限定义，如果 $f(x)$当 $x\to x_0$(或 $x\to\infty$)时为无穷大，那么它的极限不存在，但是为了便于描述函数的这种变化趋向，我们也说函数的极限为无穷大，记作：

$$\lim_{\substack{x\to x_0\\(x\to\infty)}} f(x)=\infty$$

注意

(1) 说一个函数 $f(x)$是无穷大，必须指明自变量的变化趋向；

(2) 不要把一个绝对值很大的常数说成无穷小，因为这个常数在 $x\to x_0$(或 $x\to\infty$)时极限仍为常数本身，而不是无穷大。

例 15.36 自变量怎样变化下列函数为无穷大？

(1) $y=\frac{1}{x-1}$； (2) $y=e^x$。

解　(1) 因为$\lim\limits_{x\to 1}(x-1)=0$，所以$\dfrac{1}{x-1}$为 $x\to 1$ 时的无穷大量；

(2) 因为当 $x\to+\infty$时，函数 e^x 无限增大，所以 e^x 为 $x\to+\infty$时的无穷大。

3. 无穷小量与无穷大量间的关系

定理 15.5　在自变量的同一变化过程中，若 $f(x)$为无穷大，则$\dfrac{1}{f(x)}$为无穷小；反之，若 $f(x)$为无穷小，且 $f(x)\neq 0$，则$\dfrac{1}{f(x)}$为无穷大。

例 15.37　求$\lim\limits_{x\to 2}\dfrac{2x+1}{x-2}$。

解　因为$\lim\limits_{x\to 2}\dfrac{x-2}{2x+1}=0$，所以根据定理 15.5 可得

$$\lim_{x\to 2}\frac{2x+1}{x-2}=\infty$$

例 15.38　求$\lim\limits_{x\to\infty}(x^2-5x+3)$。

解　因为$\lim\limits_{x\to\infty}\dfrac{1}{x^2-5x+3}=\lim\limits_{x\to\infty}\dfrac{\frac{1}{x^2}}{1-\frac{5}{x}+\frac{3}{x^2}}=0$，所以根据定理 15.5 可得

$$\lim_{x\to\infty}(x^2-5x+3)=\infty$$

以上两个例题都是不满足极限运算法则的条件，不能直接使用极限运算法则求解，而它们的倒数都是无穷小量的情况，符合无穷小量与无穷大量之间的关系。

★练习 15.4

1. 下列函数在自变量怎样变化时是无穷小或无穷大？

(1) $f(x)=\dfrac{x-1}{x}$；　　(2) $f(x)=\ln x$；

(3) $f(x)=e^x-1$；　　(4) $f(x)=x^2-1$。

2. 当 $x\to\infty$时，下列函数均有极限，用极限与无穷小之和将它们表示出来。

(1) $f(x)=\dfrac{x^2}{x^2-1}$；　　(2) $f(x)=\dfrac{x^2}{2x^2+1}$。

3. 填空。

(1) 当 $x\to 0$ 时，$x+\sin 2x$ 是 x 的________无穷小；

(2) 当 $x\to 0$ 时，$1-\cos x$ 是 x 的________无穷小；

(3) 当 $x\to 0$ 时，$e^{2x}-1$ 是 x 的________无穷小；

(4) 当 $x\to 0$ 时，$1-\cos 2x$ 与 $2\sin^2\dfrac{x}{2}$是________无穷小；

(5) 当 $x\to 1$ 时，$1-x$ 与$\dfrac{1}{2}(1-x^2)$是________无穷小；

(6) 当 $x\to 1$ 时，$1-x$ 与 $1-\sqrt[3]{x}$是________无穷小。

4. 比较当 $x\to 0$ 时无穷小$\dfrac{1}{1-x}-1-x$ 与 x^2 阶数的高低。

5. 求下列极限。

(1) $\lim\limits_{x\to\infty}\dfrac{\cos x}{x}$;　　(2) $\lim\limits_{x\to 0}x^2\cos\dfrac{1}{x}$;

(3) $\lim\limits_{x\to 3}\dfrac{3x^2+2x-1}{x-3}$;　　(4) $\lim\limits_{x\to\infty}(x^2-7x+100)$。

6. 利用等价无穷小的代换性质计算下列极限。

(1) $\lim\limits_{x\to 0}\dfrac{\tan 3x}{\sin 5x}$;　　(2) $\lim\limits_{x\to 0}\dfrac{\sin x^5}{(\sin x)^5}$

(3) $\lim\limits_{x\to 0}\dfrac{\sin x}{x^3+3x}$;　　(4) $\lim\limits_{x\to 0}\dfrac{\ln(1+x)}{\sin 3x}$。

15.5 函数的连续性

许多自然现象都是连续变化的，如时间的变化、温度的变化、河水的流动、人体的身高等都是连续变化的。这些现象反映在数学上，就是函数的连续性。

15.5.1 函数的连续

1. 函数的增量

定义 15.12 设变量 u 从它的初值 u_1 变到终值 u_2，终值与初值的差 u_2-u_1 称作变量 u 的增量或改变量，记作 Δu，即 $\Delta u=u_2-u_1$。

注意

(1) Δu 可正可负；

(2) Δu 是一个符号，而非两个符号相乘的关系。

设函数 $y=f(x)$，当自变量 x 从 x_0 变到 $x_0+\Delta x$，即 x 在 x_0 点取得增量 Δx 时，函数 y 的值相应地从 $f(x_0)$变到 $f(x_0+\Delta x)$，y 的增量 Δy 为

$$\Delta y=f(x_0+\Delta x)-f(x_0)$$

一般来说，Δy 既与点 x_0 有关，也与 x 的增量 Δx 有关，其几何意义如图 15-16 所示。

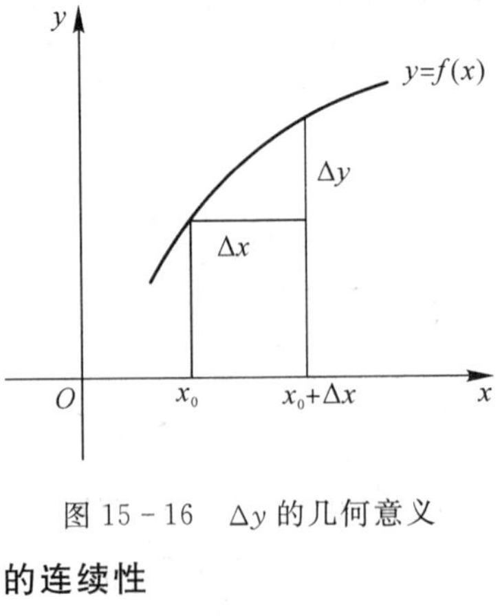

图 15-16　Δy 的几何意义

2. 函数 $y=f(x)$在点 x_0 的连续性

我们先从函数图像上观察给定点 x_0 处函数 $f(x)$的变化情况。

从图 15-17 中可以看出，函数 $y=f(x)$的图像是连续的曲线。而图 15-18 中，函数

$y=\varphi(x)$的图像在点 $x=x_0$ 处断开了。我们就说函数 $y=f(x)$在点 $x=x_0$ 处是连续的，而函数 $y=\varphi(x)$在点 $x=x_0$ 处有间断。

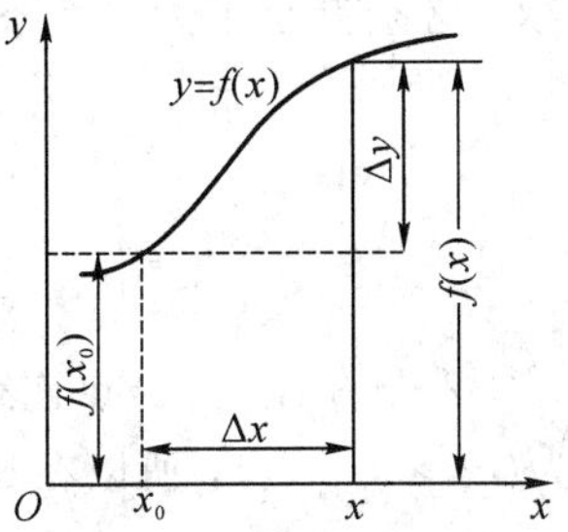

图 15-17　函数连续

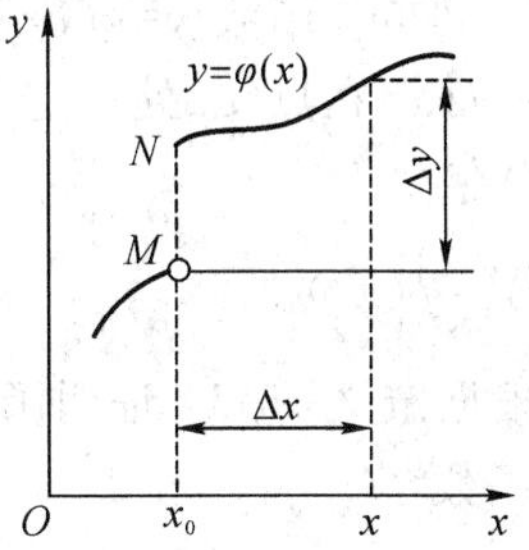

图 15-18　函数不连续

由图 15-18 我们可以看到，函数 $y=\varphi(x)$在点 $x=x_0$ 处有间断，这是因为当 x 经过 x_0 时函数值发生了跳跃式的变化。也就是说，自变量 x 在点 x_0 取得增量 Δx 时，函数 y 得到相应的增量 Δy。由图 15-18 可以看出，当 $\Delta x\to 0$ 时，Δy 不趋向于零。但在图 15-17 中没有这种情况，而是当 $\Delta x\to 0$ 时，相应地 $\Delta y\to 0$。通过以上分析可以知道，函数 $y=f(x)$在点 x_0 处连续的特征是：当 $\Delta x\to 0$ 时，$\Delta y\to 0$。函数 $y=\varphi(x)$在点 $x=x_0$ 处断开的特征是：当 $\Delta x\to 0$ 时，Δy 不趋向于零。由此我们给出函数在某点处连续的定义：

定义 15.13　设函数 $y=f(x)$在点 x_0 及其近旁有定义，如果当自变量 x 在点 x_0 处的增量 Δx 趋近于零时，函数 $y=f(x)$相应的增量 $\Delta y=f(x_0+\Delta x)-f(x_0)$也趋近于零，那么就叫作函数 $y=f(x)$在点 x_0 处连续，用极限表示即为

$$\lim_{\Delta x\to 0}\Delta y=0$$

或

$$\lim_{\Delta x\to 0}[f(x_0+\Delta x)-f(x_0)]=0$$

例 15.39　根据定义 15.13 证明函数 $y=x^2+2x-3$ 在 $x=1$ 点连续。

证明　因为函数 $y=x^2+2x-3$ 的定义域为$(-\infty,+\infty)$，所以函数在 $x=1$ 点及其近旁有定义。

给自变量 x 在 $x=1$ 点一增量 Δx，函数相应的增量：

$$\Delta y=[(1+\Delta x)^2+2(1+\Delta x)-3]-(1^2+2\times 1-3)=(\Delta x)^2+4\Delta x$$

因为

$$\lim_{\Delta x\to 0}\Delta y=\lim_{\Delta x\to 0}[(\Delta x)^2+4\Delta x]=0$$

根据定义 15.13 可知，函数 $y=x^2+2x-3$ 在 $x=1$ 点连续。

在定义 15.13 中，设 $x=x_0+\Delta x$，即 $\Delta x=x-x_0$，则 $\Delta x\to 0$ 就相当于 $x\to x_0$，而 $\Delta y=f(x_0+\Delta x)-f(x_0)\to 0$ 就相应于 $f(x)\to f(x_0)(x\to x_0)$，即

$$\lim_{\Delta x\to 0}\Delta y=0$$

就等价于

$$\lim_{x\to x_0}f(x)=f(x_0)$$

因此定义 15.13 可以等价表述如下：

定义 15.14　设函数 $y=f(x)$在点 x_0 及其左右近旁有定义，如果函数 $f(x)$当 $x\to x_0$ 时的极限存在，且等于它在 x_0 处的函数值 $f(x_0)$，即

$$\lim_{x \to x_0} f(x) = f(x_0)$$

那么就称函数 $f(x)$在点 x_0 处连续。

由定义 15.14 可知，函数 $y=f(x)$在 x_0 处连续，必须满足下列三个条件：

(1) 函数 $y=f(x)$在点 x_0 处有定义；

(2) $\lim\limits_{x \to x_0} f(x)$存在；

(3) $\lim\limits_{x \to x_0} f(x)=f(x_0)$。

例 15.40 根据定义 15.14 证明函数 $f(x)=x^2+2x-3$ 在 $x=1$ 点连续。

证明 (1) 函数 $f(x)=x^2+2x-3$ 的定义域为$(-\infty,+\infty)$，所以在 $x=1$ 点及其近旁有定义；

(2) $\lim\limits_{x \to 1} f(x)=\lim\limits_{x \to 1}(x^2+2x-3)=0$；

(3) $f(1)=0$，即$\lim\limits_{x \to 1} f(x)=f(1)=0$。

所以，根据定义 15.14 可知，函数 $f(x)=x^2+2x-3$ 在 $x=1$ 点连续。

3. 函数 $y=f(x)$在区间(a,b)内的连续性

设函数 $f(x)$在区间$(a,b]$内有定义，如果左极限$\lim\limits_{x \to b^-} f(x)$存在且等于 $f(b)$，即

$$\lim_{x \to b^-} f(x)=f(b)$$

就说函数 $f(x)$在点 b 左连续。

设函数 $f(x)$在区间$[a,b)$内有定义，如果右极限$\lim\limits_{x \to a^+} f(x)$存在且等于 $f(a)$，即

$$\lim_{x \to a^+} f(x)=f(a)$$

就说函数 $f(x)$在点 a 右连续。

在区间(a,b)内任一点都连续的函数叫作在该区间内的连续函数，区间(a,b)叫作函数的连续区间。如果函数 $f(x)$在$[a,b]$上有定义，在(a,b)内连续且 $f(x)$在右端点 b 左连续，在左端点 a 右连续，那么就称函数在$[a,b]$上连续。

连续函数的图像是一条连续的曲线。

4. 复合函数的连续性

定理 15.6 设函数 $y=f(u)$在点 u_0 处连续，函数 $u=\varphi(x)$在点 x_0 处连续，且 $u_0=\varphi(x_0)$，则复合函数 $y=f[\varphi(x)]$在点 x_0 处连续，即

$$\lim_{x \to x_0} f[\varphi(x)]=f[\varphi(x_0)]=f[\lim_{x \to x_0}\varphi(x)]$$

此定理表明，由连续函数复合而成的复合函数仍是连续函数；复合函数求极限时，极限运算与函数运算可以交换运算次序。

一切初等函数在其定义区间内都是连续的。

例 15.41 求下列极限：

(1) $\lim\limits_{x \to 0}(1+x)^{\frac{3}{x}}$；

(2) $\lim\limits_{x \to 1}\ln(3x^2-1)$；

(3) $\lim\limits_{x \to 4}\dfrac{\sqrt{x+5}-3}{x-4}$。

解　(1) $$\lim_{x\to 0}(1+x)^{\frac{3}{x}}=\lim_{x\to 0}[(1+x)^{\frac{1}{x}}]^3=[\lim_{x\to 0}(1+x)^{\frac{1}{x}}]^3=e^3$$

(2) $$\lim_{x\to 1}\ln(3x^2-1)=\ln(3\times 1^2-1)=\ln 2$$

(3) $$\lim_{x\to 4}\frac{\sqrt{x+5}-3}{x-4}=\lim_{x\to 4}\frac{(\sqrt{x+5}-3)(\sqrt{x+5}+3)}{(x-4)(\sqrt{x+5}+3)}$$

$$=\lim_{x\to 4}\frac{1}{\sqrt{x+5}+3}=\frac{1}{\sqrt{4+5}+3}=\frac{1}{6}$$

★练习 15.5.1

1. 求下列函数的增量。

(1) $y=x^2-x$，当 $x=1$，$\Delta x=0.5$ 时；

(2) $y=2\ln x$，当 $x=e^2$，$\Delta x=0.01$ 时。

2. 求下列极限。

(1) $\lim\limits_{x\to 0}\dfrac{e^x+1}{3x+5}$；　(2) $\lim\limits_{x\to \frac{\pi}{6}}\ln(2\cos 2x)$；

(3) $\lim\limits_{x\to 1}[\sin(\ln x)]$；　(4) $\lim\limits_{x\to e}(x\ln x+2x)$。

3. 求下列极限。

(1) $\lim\limits_{x\to \infty}e^{\frac{1}{x}}$；　(2) $\lim\limits_{x\to 0}e^{\frac{\sin x}{x}}$；

(3) $\lim\limits_{x\to 0}\ln\dfrac{\tan x}{x}$；　(4) $\lim\limits_{x\to 0}\dfrac{\ln(a+x)-\ln a}{x}$。

4. 研究下列函数的连续性，并画出函数的图像。

(1) $y=2x-3$ 在 $x=0$ 处；

(2) $y=\begin{cases}x-1 & (x\leqslant 1)\\ 2-x & (x>1)\end{cases}$在定义域内。

5. 求下列函数的连续区间，并求极限。

(1) $f(x)=\ln(3-x)$，求$\lim\limits_{x\to 2}\ln(3-x)$；

(2) $f(x)=\sin 2x+3$，求$\lim\limits_{x\to \frac{\pi}{2}}(\sin 2x+3)$。

6. 已知函数 $f(x)=\begin{cases}x+a & (x\leqslant 1)\\ \ln x & (x>1)\end{cases}$在 $x=1$ 处连续，试求 a 的值。

7. 已知函数 $f(x)=\begin{cases}\dfrac{\sin x}{x}+a & (x<0)\\ e^x+2 & (x\geqslant 0)\end{cases}$在 $x=0$ 处连续，试求 a 的值。

15.5.2　函数的间断

1. 间断点的分类

根据函数在一点连续的定义知道，函数 $f(x)$在点 x_0 处连续必须满足三个条件，只要其中一个不满足，那么就称函数 $f(x)$在点 x_0 处不连续或间断，点 x_0 叫作函数 $f(x)$的不连续点或间断点。

根据产生间断的原因不同，将间断点分成两大类，设 x_0 为 $f(x)$的一个间断点，如果当 $x\to x_0$ 时，$f(x)$的左、右极限都存在，则称 x_0 为 $f(x)$的第一类间断点，否则称 x_0 为 $f(x)$的第二类间断点。

在第一类间断点中，如果 $\lim\limits_{x\to x_0^-}f(x)$、$\lim\limits_{x\to x_0^+}f(x)$存在但不相等，则称 x_0 为 $f(x)$的跳跃间断点；如果$\lim\limits_{x\to x_0}f(x)$存在但不等于 $f(x_0)$或 $f(x)$在 x_0 处没有定义，则称 x_0 为 $f(x)$的可去间断点。

在第二类间断点中，如果$\lim\limits_{x\to x_0}f(x)=\infty$，则称 x_0 为 $f(x)$无穷间断点。

例 15.42 讨论函数 $f(x)=\dfrac{x^2-1}{x-1}$在 $x=1$ 处的连续性。

解 $f(x)=\dfrac{x^2-1}{x-1}$的定义域为 $x\neq 1$ 的一切实数，所以 $f(x)$在 $x=1$ 处没有定义，故间断，如图 15-19 所示。

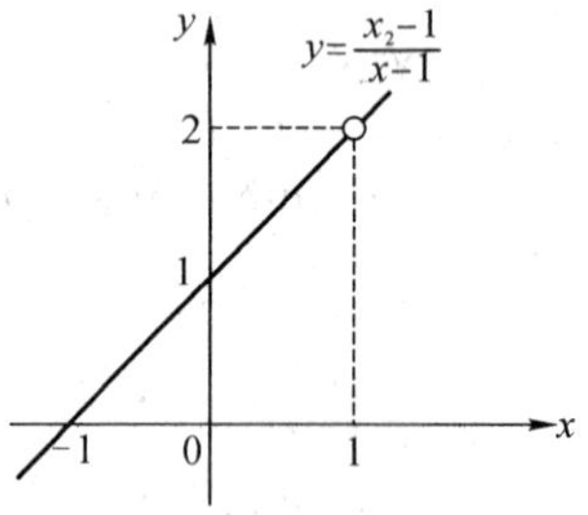

图 15-19 例 15.42 图

例 15.43 讨论函数 $f(x)=\begin{cases}x+1 & (x>1)\\ x-1 & (x\leqslant 1)\end{cases}$在 $x=1$ 处的连续性。

解 函数 $f(x)=\begin{cases}x+1 & (x>1)\\ x-1 & (x\leqslant 1)\end{cases}$的定义域为$(-\infty,+\infty)$，所以在 $x=1$ 点及其近旁有定义。又因为

$$\lim_{x\to 1^-}f(x)=\lim_{x\to 1^-}(x-1)=0,\quad \lim_{x\to 1^+}f(x)=\lim_{x\to 1^+}(x+1)=2$$

所以 $\lim\limits_{x\to 1}f(x)$ 不存在。故函数在 $x=1$ 处间断，且为跳跃间断点，如图 15-20 所示。

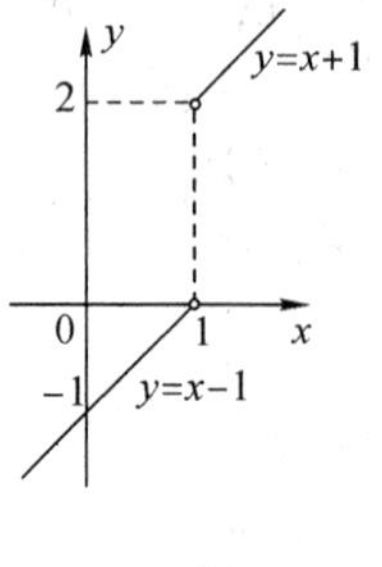

图 15-20 例 15.43 图

例 15.44 讨论函数 $f(x)=\begin{cases}x & (x\neq 1)\\ \dfrac{1}{2} & (x=1)\end{cases}$ 在 $x=1$ 处的连续性。

解　函数 $f(x)=\begin{cases} x & (x\neq 1) \\ \dfrac{1}{2} & (x=1) \end{cases}$ 的定义域为$(-\infty,+\infty)$，所以在 $x=1$ 点及其近旁有定义。又 $\lim\limits_{x\to 1}f(x)=\lim\limits_{x\to 1}x=1$，但 $f(1)=\dfrac{1}{2}$，即 $\lim\limits_{x\to 1}f(x)\neq f(1)$，所以函数在 $x=1$ 点间断，如图 15-21 所示。

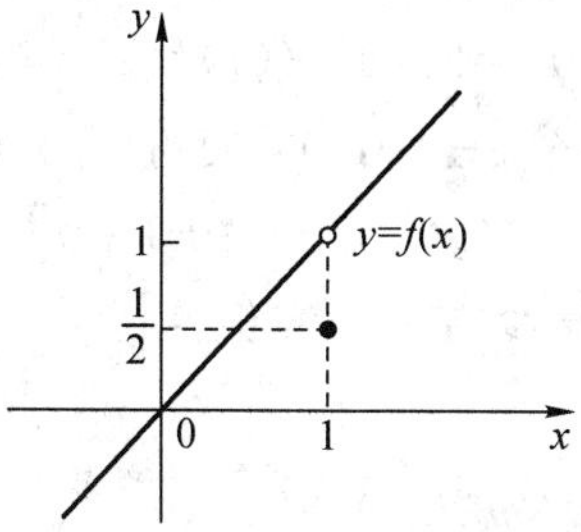

图 15-21　例 15.44 图

例 15.45　设函数

$$f(x)=\begin{cases} 2x^2+b & (x\leqslant 0) \\ \dfrac{\sin x}{x} & (x>0) \end{cases}$$

在 $x=0$ 处连续，试求 b 的值。

解　$f(x)$的定义域为一切实数，且

$$f(0)=b$$

$$\lim_{x\to 0^-}f(x)=\lim_{x\to 0^-}(2x^2+b)=b$$

$$\lim_{x\to 0^+}f(x)=\lim_{x\to 0^+}\frac{\sin x}{x}=1$$

因为 $f(x)$在 $x=0$ 处连续，所以

$$\lim_{x\to 0^-}f(x)=\lim_{x\to 0^+}f(x)=f(0)$$

因此 $b=1$。

2. 闭区间上连续函数的性质

定理 15.7(最值定理)　闭区间上连续的函数一定存在最大值和最小值。

如果函数在开区间内连续，或函数在闭区间上有间断点，那么函数在该区间上不一定有最大值和最小值。例如，开区间内的单调函数就没有最大值和最小值。又如，函数

$$f(x)=\begin{cases} -x+1 & (0\leqslant x<1) \\ 1 & (x=1) \\ -x+3 & (1<x\leqslant 2) \end{cases}$$

在闭区间[0,2]上有间断点 $x=1$，函数在该区间上也没有最大值和最小值。

推论　闭区间上的连续函数在该区间上有界。

定理 15.8(介值定理)　闭区间上的连续函数定能取得介于其最大值 M 和最小值 m 之间的一切值。

也就是说，设函数 $y=f(x)$在$[a,b]$上连续，其最大值为 M，最小值为 m，那么，任意的 $c\in(m,M)$，则至少存在一点 $\xi\in[a,b]$，使得 $f(\xi)=c$。

定理 15.9(零点定理)　设函数 $y=f(x)$在闭区间$[a,b]$上连续，且 $f(a)$与 $f(b)$异号，则至少存在一点 $\xi\in(a,b)$，使得 $f(\xi)=0$。

例 15.46　证明方程 $e^x-5x+1=0$ 在$(0,1)$内至少有一个实根。

证明　设 $f(x)=e^x-5x+1$，显然 $f(x)$在$[0,1]$上连续，而

$$f(0)=2>0,\ f(1)=e-4<0$$

所以由定理 15.9 知，至少存在一个 $\xi\in(0,1)$，使得

$$f(\xi)=e^{\xi}-5\xi+1=0$$

即方程 $e^x-5x+1=0$ 在$(0,1)$内至少有一个实根。

★练习 15.5.2

1. 求下列函数的间断点，并说明其类型。

(1) $y=\dfrac{\sin 3x}{x}$；　(2) $y=\dfrac{x^2-1}{x^3-3x+2}$；　(3) $y=\begin{cases}\dfrac{1-x^2}{1-x} & (x\neq 1)\\ 0 & (x=1)\end{cases}$。

2. 求下列极限。

(1) $\lim\limits_{x\to 1}\sqrt{x^2+3x+5}$；　(2) $\lim\limits_{x\to 1}\dfrac{x^3-1}{2x}$；　(3) $\lim\limits_{x\to 0}\dfrac{\sin x}{x}$。

3. 设 $f(x)=\begin{cases}e^x & (0\leqslant x\leqslant 1)\\ a+x & (1<x\leqslant 2)\end{cases}$，问 a 为何值时，$f(x)$在 $x=1$ 处连续？

4. 设 $f(x)=\begin{cases}x^2-1 & (0\leqslant x\leqslant 1)\\ x+3 & (x>1)\end{cases}$，指出 $f(x)$的连续区间。

5. 设函数 $f(x)=\begin{cases}x & -1\leqslant x\leqslant 1\\ 1 & (x<-1 \text{ 或 } x>1)\end{cases}$，作出函数 $f(x)$的图形，讨论 $x=\pm 1$ 处的连续性。

6. 证明方程 $x^3+3x^2-1=0$ 在区间$(0,1)$内至少有一个实根。

7. 证明方程 $\sin x-x+1=0$ 在区间$(0,\pi)$内至少有一个实根。

习　题　15

1. 判断题。

(1) 即使 $\lim\limits_{x\to x_0^-}f(x)$和 $\lim\limits_{x\to x_0^+}f(x)$都存在，极限 $\lim\limits_{x\to x_0}f(x)$也不一定存在。

(2) 初等函数在定义域内有可能间断。

(3) 如果 $y=f(x)$在 x_0 处的导数为无穷大，那么 $y=f(x)$在该点处的切线垂直于 x 轴。

(4) 极限 $\lim\limits_{x\to\infty}\dfrac{\sin x}{x}$是重要极限。

(5) 无穷间断点是第二类间断点。

2. 选择题。

(1) $\lim\limits_{x\to 0}\dfrac{|\sin x|}{x}$的值是(　　)。

A. -1　　B. 1　　C. 不存在　　D. ∞

(2) 设 $f(x)$是定义在$(-\infty,+\infty)$内的任意函数，下列函数中为奇函数的是(　　)。

A. $f(-x)$　　B. $|f(x)|$　　C. $f(x)+f(-x)$　　D. $f(x)-f(-x)$

(3) 设 $y=f(-x)$，则 $y'=$(　　)。

A. $f'(x)$　　B. $-f'(x)$　　C. $f'(-x)$　　D. $-f'(-x)$

(4) 设函数 $f(x)$在 x_0 及其左右近旁有定义，且$\lim\limits_{x\to x_0}\dfrac{f(x)-f(x_0)}{x-x_0}$存在，则(　　)。

A. x_0 为 $f(x)$的间断点　　B. x_0 为 $f(x)$的连续点

C. $f'(x_0)=\infty$　　D. $f'(x_0)$不存在

(5) 设 $f(3x)=3^x$，则 $f(x)$等于(　　)。

A. 3^{3x}　　B. $3^{\frac{x}{3}}$　　C. $\left(\dfrac{1}{3}\right)^x$　　D. 3^x

(6) 下列极限中，正确的是(　　)。

A. $\lim\limits_{x\to 0}\dfrac{\sin x}{x^3}=1$　　B. $\lim\limits_{x\to 0}\dfrac{\tan x}{x}=1$　　C. $\lim\limits_{x\to 0}\dfrac{\sin x^3}{x}=1$　　D. $\lim\limits_{x\to\infty}\dfrac{\sin x}{x}=1$

(7) 当 $x\to 0$ 时，$x^3+\sin x$ 是 x 的(　　)。

A. 高阶无穷小　　B. 等价无穷小

C. 同阶但不是等价无穷小　　D. 低阶无穷小

(8) 当 $x\to 0$ 时，$2\sin x\cos x$ 与 x 比较是(　　)。

A. 高阶无穷小　　B. 低阶无穷小

C. 等价无穷小　　D. 同阶但不是等价无穷小

(9) $\lim\limits_{x\to 3}\dfrac{\sin(x-3)}{x^2-9}$等于(　　)。

A. $\dfrac{1}{4}$　　B. $\dfrac{1}{6}$　　C. $\dfrac{1}{9}$　　D. $\dfrac{1}{3}$

(10) 点 $x=1$ 是函数 $f(x)=\begin{cases}x+1 & (0<x\leqslant 1)\\ 2-x & (1<x\leqslant 3)\end{cases}$的(　　)。

A. 连续点　　B. 可去间断点

C. 第一类但不可去间断点　　D. 第二类间断点

(11) $f(x)$在点 x_0 处有定义是$\lim\limits_{x\to x_0}f(x)$存在的(　　)。

A. 充分条件　　B. 必要条件　　C. 充要条件　　D. 无关条件

(12) 当 $x\to$(　　)时，$f(x)=\dfrac{2}{x-2}$是无穷大量。

A. 1　　B. ∞　　C. 2　　D. 0

(13) 设 $f(x)=\begin{cases}x^2 & (x\neq 3)\\ 3 & (x=3)\end{cases}$，则$\lim\limits_{x\to 3}f(x)=$(　　)。

A. 3　　B. ∞　　C. 不存在　　D. 9

(14) 设 $f(x)=x$，$g(x)=x+\sin x$，则 $f(x)$是 $g(x)$在 $x\to 0$ 时的(　　)无穷小。

A. 等价　　B. 高阶　　C. 同阶　　D. 低阶

(15) 函数 $f(x)=\dfrac{1}{\lg(x-1)}$的定义区间为(　　)。

A. $(1, +\infty)$　　B. $(1, 2)\cup(2, +\infty)$

C. $(2, +\infty)$　　D. $(1, 2)$

3. 填空题。

(1) $\lim\limits_{x\to 0}\dfrac{\sin x}{2x}=$________。

(2) 函数 $f(x)=\sqrt{4-x^2}$的定义域是________。

(3) 函数 $f(x)$在 x_0 处连续的________条件是$\lim\limits_{x\to x_0}f(x)=f(x_0)$。

(4) 函数 $y=\sin(x+2)$的定义域是________。

(5) $f(x)=\sin 2x$，则 $f\left(\dfrac{1}{a}\right)=$________。

(6) $\lim\limits_{x\to\infty}\dfrac{2x^3-3x^2+1}{(x+1)^3}=$________。

(7) 复合函数 $y=2^{\cos x}$的复合过程是________。

(8) 函数 $f(x)=\dfrac{x}{\sqrt[3]{2-x}}$的间断点是________。

(9) 当 $x\to 0$ 时，ax 与 $\tan\dfrac{x}{3}$等价，则 $a=$________。

(10) 设 $f(x)=\begin{cases}e^x & (x<0)\\ a+x+2 & (x\geqslant 0)\end{cases}$在 $\mathbf{R}$ 上连续，则 $a=$________。

4. 解答题。

(1) 求下列函数的定义域。

① $y=\sqrt{\lg(x+4)}$；　② $y=\arcsin\dfrac{x-3}{2}$；　③ $y=\sqrt{\sin x}+\sqrt{16-x^2}$。

(2) 设 $f\left(x+\dfrac{1}{x}\right)=x^2+\dfrac{1}{x^2}$，求 $f(x)$，$f\left(x-\dfrac{1}{x}\right)$。

(3) 设 $\varphi(t)=\lg\dfrac{1-t}{1+t}$，证明 $\varphi(x)+\varphi(y)=\varphi\left(\dfrac{x+y}{1+xy}\right)$。

(4) 当 $x\to 0$ 时，比较下列各组无穷小的阶。

① x 与 $\tan x$；　② x^2 与 $1-\cos x$；　③ x 与 $2x^2+10x$。

(5) 求下列极限。

① $\lim\limits_{x\to 1}\dfrac{\sin(x-1)}{2(x-1)}$；　② $\lim\limits_{x\to 0}\dfrac{\sin 3x}{\tan 2x}$；

③ $\lim\limits_{x\to\infty}\left(\dfrac{2x-1}{2x+1}\right)^x$；　④ $\lim\limits_{x\to\infty}\left(1-\dfrac{1}{x}\right)^{3x}$；

⑤ $\lim\limits_{x\to 4}\dfrac{x-4}{\sqrt{x}-2}$；　⑥ $\lim\limits_{x\to 1}\dfrac{x^4-1}{x^3-1}$；

⑦ $\lim\limits_{x\to\infty}\dfrac{3x^2+2}{1-4x^2}$；　⑧ $\lim\limits_{x\to\infty}\dfrac{3x^2+2}{1-4x^3}$；

⑨ $\lim\limits_{n\to\infty}\sqrt{n}(\sqrt{n+3}-\sqrt{n+4})$；　⑩ $\lim\limits_{x\to\infty}\dfrac{x^2+2x-\sin x}{2x^2+\sin x}$。

(6) 找出函数 $y=\dfrac{1}{1-e^{\frac{x}{x-1}}}$ 的间断点，并判断其类型。

(7) 设函数 $f(x)=\begin{cases}x^2-1 & (0\leqslant x\leqslant 1)\\ x+3 & (x>1)\end{cases}$。

① 求函数的定义域；

② 当 $x=1$ 时，$f(x)$是否连续？若不连续，是什么类型的间断点？

(8) 设函数 $f(x)=\begin{cases}(1+x)^{\frac{1}{2x}} & (x<1)\\ 2x+k & (x\geqslant 1)\end{cases}$，试确定 k 取何值时，函数 $f(x)$ 在 $x=0$ 处连续。

第 16 章　导数及其应用

微分学是微积分的重要组成部分，导数与微分是微分学的两个基本概念。导数反映实际问题的变化率，即函数相对于自变量的变化快慢程度；而微分反映当自变量有微小变化时，函数的变化幅度大小，即函数在自变量的改变量很小时其改变量的近似值。导数与微分紧密相关，在科学技术和社会实践中有着广泛的应用。

16.1　导数概述

16.1.1　导数的定义

下面我们先看两个例子。

1. 气球膨胀率

在吹气球的过程中可发现，随着气球内空气容量的增加，气球的半径增加得越来越慢。从数学的角度，如何描述这种现象呢？

气球的体积 V(单位为 L)与半径 r (单位为 dm)之间的函数关系是

$$V(r)=\frac{4}{3}\pi r^3$$

若将半径 r 表示为体积 V 的函数，那么

$$r(V)=\sqrt[3]{\frac{3V}{4\pi}}$$

当空气容量 V 从 0 L 增加到 1 L 时，气球半径增加了

$$r(1)-r(0)\approx 0.62(\text{dm})$$

气球的平均膨胀率为

$$\frac{r(1)-r(0)}{1-0}\approx 0.62(\text{dm/L})$$

当空气容量 V 从 1 L 增加到 2 L 时，气球半径增加了

$$r(2)-r(1)\approx 0.16(\text{dm})$$

气球的平均膨胀率为

$$\frac{r(2)-r(1)}{2-1}\approx 0.16(\text{dm/L})$$

可见，随着气球体积逐渐变大，气球的膨胀率逐渐变小。

当空气容量从 V_1 增加到 V_2 时，气球的平均膨胀率是$\dfrac{r(V_2)-r(V_1)}{V_2-V_1}$。

2. 平面曲线的切线斜率

首先介绍曲线 $y=f(x)$在一点 $M_0(x_0,y_0)$处的切线，如图 16－1 所示，在曲线上取与

$M_0(x_0, y_0)$邻近的一点 $N(x_0+\Delta x, y_0+\Delta y)$，作割线 M_0N，当点 N 沿着曲线逐渐向点 M_0 接近时，割线 M_0N 将绕着点 M_0 转动。当点 N 沿着曲线无限接近于点 M_0($N\to M_0$)时，割线 M_0N 的极限位置 M_0T 就叫作曲线 $y=f(x)$在点 M_0 处的切线。

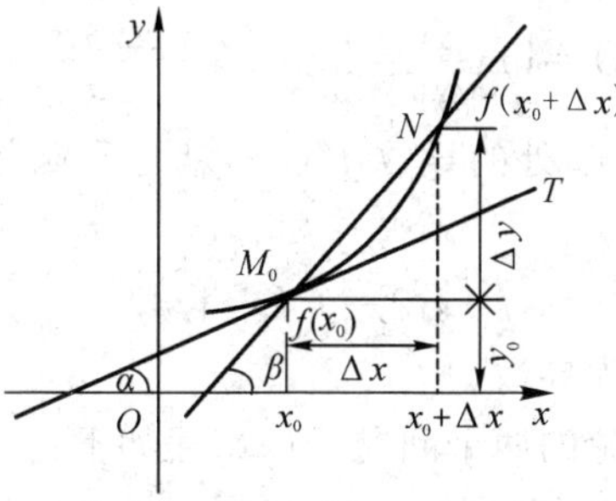

图 16-1　曲线 $y=f(x)$在一点 $M_0(x_0, y_0)$处的切线

下面求曲线 $y=f(x)$在 M_0 点处切线的斜率。设割线 M_0N 的倾斜角为β，则割线 M_0N 的斜率为

$$\tan\beta=\frac{\Delta y}{\Delta x}=\frac{f(x_0+\Delta x)-f(x_0)}{\Delta x}$$

又设切线 M_0T 的倾斜角为α，那么当 $\Delta x\to 0$ 时，割线 M_0N 的斜率的极限就是切线 M_0T 的斜率，即

$$k=\tan\alpha=\lim_{\beta\to\alpha}\tan\beta=\lim_{\Delta x\to 0}\frac{\Delta y}{\Delta x}=\lim_{\Delta x\to 0}\frac{f(x_0+\Delta x)-f(x_0)}{\Delta x}\quad\left(\alpha\neq\frac{\pi}{2}\right)$$

3. 导数的定义

以上两个实际问题的实际意义虽然不同，但从数量关系来看，它们具有共同特点，都是求当自变量的增量趋近于零时，函数的增量与自变量的增量之比的极限。在自然科学和工程技术中，有许多情况可以归结为求上述形式的极限，我们将其定义为导数。

定义 16.1　设函数 $y=f(x)$在点 x_0 的某个邻域内有定义，当自变量 x 在 x_0 处取得增量 Δx(点 $x_0+\Delta x$ 仍在该邻域内)时，函数有相应的增量 $\Delta y=f(x_0+\Delta x)-f(x_0)$，如果当 $\Delta x\to 0$ 时，$\frac{\Delta y}{\Delta x}$的极限存在，则称函数 $y=f(x)$在点 x_0 处可导，并称这个极限值为函数 $y=f(x)$在点 x_0处的导数，记为 $f'(x_0)$，即

$$f'(x_0)=\lim_{\Delta x\to 0}\frac{\Delta y}{\Delta x}=\lim_{\Delta x\to 0}\frac{f(x_0+\Delta x)-f(x_0)}{\Delta x}$$

也可记作$y'\big|_{x=x_0}$、$\left.\frac{\mathrm{d}y}{\mathrm{d}x}\right|_{x=x_0}$或$\left.\frac{\mathrm{d}f(x)}{\mathrm{d}x}\right|_{x=x_0}$。

如果函数 $y=f(x)$在 x_0 处有导数，就说函数 $f(x)$在点 x_0 处可导；如果极限$\lim\limits_{\Delta x\to 0}\frac{\Delta y}{\Delta x}$不存在，就说函数在点 x_0 处没有导数或不可导。如果不可导的原因是当 $\Delta x\to 0$ 时，$\frac{\Delta y}{\Delta x}\to\infty$，则为了方便起见，往往也说函数 $y=f(x)$在点 x_0 处的导数为无穷大。

如果函数 $y=f(x)$在区间(a, b)内的每一点都可导，就说函数 $f(x)$在区间(a, b)内可导，这时对于区间(a, b)内的每一个 x 值，都有唯一确定的导数值 $f'(x)$与之对应，这就构

成了 x 的一个新函数，这个新函数叫作函数 $y=f(x)$的导函数，记作 $f'(x)$、y'、$\frac{\mathrm{d}y}{\mathrm{d}x}$或 $\frac{\mathrm{d}f(x)}{\mathrm{d}x}$，即

$$f'(x)=\lim_{\Delta x\to 0}\frac{\Delta y}{\Delta x}=\lim_{\Delta x\to 0}\frac{f(x+\Delta x)-f(x)}{\Delta x}$$

显然，函数 $y=f(x)$在点 x_0 处的导数 $f'(x_0)$就是导函数 $f'(x)$在点 $x=x_0$ 处的函数值，即

$$f'(x_0)=f'(x)\big|_{x=x_0}$$

通常情况下，导函数简称为导数。

有了导数的定义，前面讨论的两个问题可以叙述如下：

作变速直线运动的物体在任何时刻 t_0 的速度 $v(t_0)$就是路程函数 $s(t)$在时刻 t_0 处的导数，即

$$v(t_0)=s'(t_0)$$

曲线 $y=f(x)$在点 $M_0(x_0, y_0)$处切线的斜率是函数 $y=f(x)$在点 x_0 处的导数，即

$$k=\tan\alpha=f'(x_0)$$

由于函数在点 x_0 处的导数是用极限来定义的，因此将左、右极限的概念应用到导数的定义上，则有：

如果当 $\Delta x\to 0_-$ 时，$\frac{\Delta y}{\Delta x}$的极限存在，则称此极限值为函数 $f(x)$在 x_0 处的左导数，记为 $f'_-(x_0)$，即

$$f'_-(x_0)=\lim_{\Delta x\to 0_-}\frac{\Delta y}{\Delta x}=\lim_{\Delta x\to 0_-}\frac{f(x_0+\Delta x)-f(x_0)}{\Delta x}$$

如果当 $\Delta x\to 0_+$ 时，$\frac{\Delta y}{\Delta x}$的极限存在，则称此极限值为函数 $f(x)$在 x_0 处的右导数，记为 $f'_+(x_0)$，即

$$f'_+(x_0)=\lim_{\Delta x\to 0_+}\frac{\Delta y}{\Delta x}=\lim_{\Delta x\to 0_+}\frac{f(x_0+\Delta x)-f(x_0)}{\Delta x}$$

根据左、右极限的性质，有下面的定理。

定理 16.1 函数 $y=f(x)$在点 x_0 处可导的充要条件是 $f'_-(x_0)$、$f'_+(x_0)$存在且相等。

4. 高阶导数的概念

由导数的定义我们知道，变速直线运动的速度 $v(t)$是路程函数 $s(t)$对时间 t 的导数，即

$$v=\frac{\mathrm{d}s}{\mathrm{d}t}\quad 或\quad v=s'$$

而加速度 a 又是速度 v 对时间 t 的变化率，即速度 v 对时间 t 的导数：

$$a=\frac{\mathrm{d}v}{\mathrm{d}t}=\frac{\mathrm{d}}{\mathrm{d}t}\left(\frac{\mathrm{d}s}{\mathrm{d}t}\right)\quad 或\quad a=(s')'$$

这种导数的导数$\frac{\mathrm{d}}{\mathrm{d}t}\left(\frac{\mathrm{d}s}{\mathrm{d}t}\right)$或$(s')'$叫作 s 对 t 的二阶导数，记作$\frac{\mathrm{d}^2 s}{\mathrm{d}t^2}$或 $s''(t)$。所以，直线运动的加速度就是路程函数 s 对 t 的二阶导数。

一般地，函数 $y=f(x)$ 的导数 $y'=f'(x)$ 仍然是 x 的函数，我们把 $y'=f'(x)$ 的导数叫作函数 $y=f(x)$ 的二阶导数，记作 y'' 或 $\frac{d^2y}{dx^2}$，即

$$y''=(y')' \quad 或 \quad \frac{d^2y}{dx^2}=\frac{d}{dx}\left(\frac{dy}{dx}\right)$$

相应地，把 $y=f(x)$ 的导数 $f'(x)$ 叫作函数 $y=f(x)$ 的一阶导数。

类似地，二阶导数的导数叫作三阶导数，三阶导数的导数叫作四阶导数，…，$n-1$ 阶导数的导数叫作 n 阶导数，分别记作

$$y''',\ y^{(4)},\ \cdots,\ y^{(n)}$$

或

$$\frac{d^3y}{dx^3},\ \frac{d^4y}{dx^4},\ \cdots,\ \frac{d^ny}{dx^n}$$

二阶及二阶以上的导数叫作函数 $y=f(x)$ 的高阶导数。

★练习 16.1.1

1. 选择。

(1) 当自变量从 x_0 变到 x_1 时，函数值的增量与相应自变量的增量之比是函数(　　)。

A. 在 $[x_0, x_1]$ 上的平均变化率　　B. 在 x_0 处的变化率

C. 在 x_1 处的变化率　　D. 以上都不对

(2) 已知函数 $f(x)=2x^2-1$ 的图像上一点 $(1, 1)$ 及邻近一点 $(1+\Delta x, f(1+\Delta x))$，则 $\frac{\Delta y}{\Delta x}$ 等于(　　)。

A. 4　　B. $4+2\Delta x$　　C. $4+2(\Delta x)^2$　　D. $4x$

(3) 如图 16-2 所示，函数 $y=f(x)$ 在 A、B 两点间的平均变化率是(　　)。

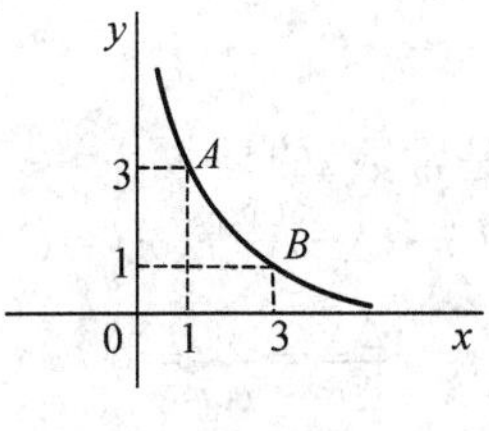

图 16-2　函数 $y=f(x)$ 上的 A、B 两点

A. 1　　B. -1　　C. 2　　D. -2

(4) 设函数 $f(x)$ 可导，则 $\lim\limits_{\Delta x\to 0}\frac{f(1+\Delta x)-f(1)}{3\Delta x}$ 等于(　　)。

A. $f'(1)$　　B. $3f'(1)$　　C. $\frac{1}{3}f'(1)$　　D. $f'(3)$

(5) 一物体的运动方程是 $s=\frac{1}{2}at^2$(a 为常数)，则该物体在 $t=t_0$ 时的瞬时速度是(　　)。

A. at_0　　B. $-at_0$　　C. $\frac{1}{2}at_0$　　D. $2at_0$

(6) 一质点按规律 $s(t)=2t^3$ 运动，则 $t=1$ 时的瞬时速度为(　　)。

A. 4　　B. 6　　C. 24　　D. 48

(7) 已知 $f(x)=-x^2+10$，则 $f(x)$ 在 $x=\frac{3}{2}$ 处的瞬时变化率是(　　)。

A. 3　　B. -3　　C. 2　　D. -2

2. 计算。

(1) 已知函数 $f(x)=x^2-2x$，分别计算函数在区间 $[-3,-1]$、$[2,4]$ 上的平均变化率。

(2) 用导数的定义，求函数 $y=f(x)=\frac{1}{\sqrt{x}}$ 在 $x=1$ 处的导数。

(3) 求函数 $y=-2x^2+5$ 在区间 $[2,2+\Delta x]$ 内的平均变化率。

(4) 若一物体的运动方程(位移单位为 m，时间单位为 s)如下：

$$s=\begin{cases}3t^2+2 & (t\geqslant 3) & ① \\ 29+3(t-3)^2 & (0\leqslant t<3) & ②\end{cases}$$

① 求物体在 $t\in[3,5]$ 内的平均速度；

② 求物体的初速度 v_0；

③ 求物体在 $t=1$ 时的瞬时速度。

16.1.2　导数的几何意义

1. 求导举例

由导数的定义可以得到，求函数 $y=f(x)$ 的导数的一般步骤如下：

(1) 求函数的增量：$\Delta y=f(x+\Delta x)-f(x)$；

(2) 求比值：$\frac{\Delta y}{\Delta x}=\frac{f(x+\Delta x)-f(x)}{\Delta x}$；

(3) 取极限：$y'=\lim\limits_{\Delta x\to 0}\frac{\Delta y}{\Delta x}$。

例 16.1　求函数 $f(x)=C$(C 是常数)的导数。

解

$$\Delta y=f(x+\Delta x)-f(x)=C-C=0$$

$$\frac{\Delta y}{\Delta x}=\frac{0}{\Delta x}=0$$

$$f'(x)=\lim_{\Delta x\to 0}\frac{\Delta y}{\Delta x}=\lim_{\Delta x\to 0}0=0$$

即

$$(C)'=0$$

例 16.2　求函数 $f(x)=\sqrt{x}$ 的导数。

解

$$\Delta y=f(x+\Delta x)-f(x)=\sqrt{x+\Delta x}-\sqrt{x}$$

$$\frac{\Delta y}{\Delta x}=\frac{\sqrt{x+\Delta x}-\sqrt{x}}{\Delta x}=\frac{(\sqrt{x+\Delta x}-\sqrt{x})(\sqrt{x+\Delta x}+\sqrt{x})}{\Delta x(\sqrt{x+\Delta x}+\sqrt{x})}=\frac{1}{\sqrt{x+\Delta x}+\sqrt{x}}$$

$$f'(x)=\lim_{\Delta x\to 0}\frac{\Delta y}{\Delta x}=\lim_{\Delta x\to 0}\frac{1}{\sqrt{x+\Delta x}+\sqrt{x}}=\frac{1}{2\sqrt{x}}$$

即
$$(\sqrt{x})'=\frac{1}{2\sqrt{x}}$$

一般地，幂函数 $y=x^{\alpha}$（α 为任意实数）的求导公式为
$$(x^{\alpha})'=\alpha x^{\alpha-1}$$

例 16.3　求函数 $f(x)=\sin x$ 的导数。

解
$$\Delta y=f(x+\Delta x)-f(x)=\sin(x+\Delta x)-\sin x=2\cos\left(x+\frac{\Delta x}{2}\right)\sin\frac{\Delta x}{2}$$
$$\frac{\Delta y}{\Delta x}=\frac{2\cos\left(x+\frac{\Delta x}{2}\right)\sin\frac{\Delta x}{2}}{\Delta x}$$
$$f'(x)=\lim_{\Delta x\to 0}\frac{\Delta y}{\Delta x}=\lim_{\Delta x\to 0}\frac{2\cos\left(x+\frac{\Delta x}{2}\right)\sin\frac{\Delta x}{2}}{\Delta x}=\lim_{\Delta x\to 0}\cos\left(x+\frac{\Delta x}{2}\right)\cdot\frac{\sin\frac{\Delta x}{2}}{\frac{\Delta x}{2}}=\cos x$$

即
$$(\sin x)'=\cos x$$

类似地，可求得
$$(\cos x)'=-\sin x$$

例 16.4　求函数 $f(x)=\log_a x\,(a>0,\ a\neq 1)$ 的导数。

解
$$\Delta y=f(x+\Delta x)-f(x)=\log_a(x+\Delta x)-\log_a x=\log_a\frac{x+\Delta x}{x}=\log_a\left(1+\frac{\Delta x}{x}\right)$$
$$\frac{\Delta y}{\Delta x}=\frac{\log_a\left(1+\frac{\Delta x}{x}\right)}{\Delta x}$$
$$f'(x)=\lim_{\Delta x\to 0}\frac{\Delta y}{\Delta x}=\lim_{\Delta x\to 0}\frac{1}{\Delta x}\log_a\left(1+\frac{\Delta x}{x}\right)=\lim_{\Delta x\to 0}\frac{1}{x}\cdot\frac{x}{\Delta x}\log_a\left(1+\frac{\Delta x}{x}\right)$$
$$=\frac{1}{x}\lim_{\Delta x\to 0}\log_a\left(1+\frac{\Delta x}{x}\right)^{\frac{x}{\Delta x}}=\frac{1}{x\ln a}$$

即
$$(\log_a x)'=\frac{1}{x\ln a}$$

特殊地，当 $a=\mathrm{e}$ 时，得到
$$(\ln x)'=\frac{1}{x}$$

例 16.5　设 $f(x)=\sqrt[3]{x}$，求 $f'(x)$，$f'(-1)$。

解
$$f'(x)=(\sqrt[3]{x})'=(x^{\frac{1}{3}})'=\frac{1}{3}x^{\frac{1}{3}-1}=\frac{1}{3\sqrt[3]{x^2}}$$
$$f'(-1)=\left.\frac{1}{3\sqrt[3]{x^2}}\right|_{x=-1}=\frac{1}{3}$$

2. 导数的几何意义

根据关于平面曲线的切线的斜率的讨论可知，函数 $f(x)$ 在点 x_0 处的导数的几何意义，就是曲线 $y=f(x)$ 在点 $M(x_0,\ y_0)$ 处切线的斜率，即

$$f'(x_0)=\tan\alpha$$

其中，α 是切线的倾斜角。

如果 $y=f(x)$ 在点 x_0 处的导数为无穷大，这时曲线 $y=f(x)$ 在点 $M(x_0, y_0)$ 处具有垂直于 x 轴的切线 $x=x_0$。

由导数的几何意义和直线的点斜式方程得到曲线 $y=f(x)$ 在点 $M(x_0, y_0)$ 处的切线方程为

$$y-y_0=f'(x_0)(x-x_0)$$

法线方程为

$$y-y_0=-\frac{1}{f'(x_0)}(x-x_0) \quad (f'(x_0)\neq 0)$$

例 16.6 求抛物线 $y=x^2$ 在点(1，1)处的切线的斜率，并写出在该点处的切线方程和法线方程。

解 根据导数的几何意义知道，所求切线的斜率为

$$k_1=y'|_{x=1}$$

由于 $y'=(x^2)'=2x$，于是

$$k_1=2x|_{x=1}=2$$

从而所求切线方程为

$$y-1=2(x-1)$$

即

$$2x-y-1=0$$

所求法线的斜率为

$$k_2=-\frac{1}{k_1}=-\frac{1}{2}$$

于是所求法线方程为

$$y-1=-\frac{1}{2}(x-1)$$

即

$$x+2y-3=0$$

3. 可导与连续的关系

函数 $y=f(x)$ 在点 x_0 处连续是指 $\lim\limits_{\Delta x\to 0}\Delta y=0$，而在点 x_0 处可导是指 $\lim\limits_{\Delta x\to 0}\dfrac{\Delta y}{\Delta x}$ 存在，那么这两种极限有什么关系呢？

定理 16.2 如果函数 $y=f(x)$ 在点 x_0 处可导，则 $f(x)$ 在点 x_0 处一定连续。

证明 函数 $y=f(x)$ 在点 x_0 处可导，即

$$\lim_{\Delta x\to 0}\frac{\Delta y}{\Delta x}=f'(x_0)$$

存在，由具有极限的函数与无穷小的关系知道：

$$\frac{\Delta y}{\Delta x}=f'(x_0)+\alpha$$

其中，α 是当 $\Delta x\to 0$ 时的无穷小。

上式两边同乘以 Δx，得

$$\Delta y=f'(x_0)\Delta x+\alpha\Delta x$$

由此可见，当 $\Delta x \to 0$ 时，$\Delta y \to 0$。这就是说，函数 $y=f(x)$ 在点 x_0 处是连续的。

定理的逆命题不成立，即一个函数在某点连续，却不一定在该点可导。

例如，函数 $y=|x|$ 在点 $x=0$ 处连续但不可导。因为在 $x=0$ 处，有

$$\Delta y=|0+\Delta x|-|0|=|\Delta x|$$

显然，当 $\Delta x \to 0$ 时，$\Delta y \to 0$，表明函数 $y=|x|$ 在点 $x=0$ 处是连续的，但又因为

$$\lim_{\Delta x \to 0_+} \frac{\Delta y}{\Delta x}=\lim_{\Delta x \to 0_+} \frac{|\Delta x|}{\Delta x}=1$$

$$\lim_{\Delta x \to 0_-} \frac{\Delta y}{\Delta x}=\lim_{\Delta x \to 0_-} \frac{|\Delta x|}{\Delta x}=-1$$

所以，$\lim\limits_{\Delta x \to 0} \frac{\Delta y}{\Delta x}$ 不存在，即函数 $y=|x|$ 在点 $x=0$ 处不可导，如图 16-3 所示。

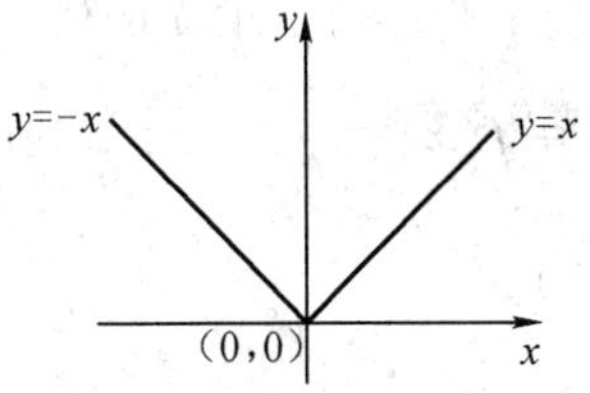

图 16-3　函数 $y=|x|$ 在点 $x=0$ 处连续但不可导

由此可见，函数 $y=f(x)$ 在点 x 处连续，但函数在该点不一定可导，即函数在某点连续是函数在该点可导的必要条件，但不是充分条件。

★练习 16.1.2

1. 选择。

(1) 已知曲线 $y=2x^3$ 上一点 $A(1, 2)$，则 A 处的切线斜率等于(　　)。

A. 2　　B. 4　　C. $6+6\Delta x+2(\Delta x)^2$　　D. 6

(2) 如果曲线 $y=f(x)$ 在点 $(2, 3)$ 处的切线过点 $(-1, 2)$，则有(　　)。

A. $f'(2)<0$　　B. $f'(2)=0$　　C. $f'(2)>0$　　D. $f'(2)$ 不存在

(3) 下面说法正确的是(　　)。

A. 若 $f'(x_0)$ 不存在，则曲线 $y=f(x)$ 在点 $(x_0, f(x_0))$ 处没有切线

B. 若曲线 $y=f(x)$ 在点 $(x_0, f(x_0))$ 处有切线，则 $f'(x_0)$ 必存在

C. 若 $f'(x_0)$ 不存在，则曲线 $y=f(x)$ 在点 $(x_0, f(x_0))$ 处的切线斜率不存在

D. 若曲线 $y=f(x)$ 在点 $(x_0, f(x_0))$ 处没有切线，则 $f'(x_0)$ 有可能存在

(4) 若曲线 $y=f(x)$ 在点 $P(a, f(a))$ 处的切线方程为 $2x+y+1=0$，那么(　　)。

A. $f'(a)=0$　　B. $f'(a)<0$　　C. $f'(a)>0$　　D. $f'(a)$ 不确定

(5) 设 $f'(x_0)=0$，则曲线 $y=f(x)$ 在点 $(x_0, f(x_0))$ 处的切线(　　)。

A. 不存在　　B. 与 x 轴平行或重合

C. 与 x 轴垂直　　D. 与 x 轴相交但不垂直

(6) 函数 $y=3x^2$ 在 $x=1$ 处的导数为(　　)。

A. 12　　B. 6　　C. 3　　D. 2

(7) 在曲线 $y=x^2$ 上切线倾斜角为$\frac{\pi}{4}$的点是(　　)。

A. (0, 0)　　B. (2, 4)　　C. $\left(\frac{1}{4}, \frac{1}{16}\right)$　　D. $\left(\frac{1}{2}, \frac{1}{4}\right)$

2. 填空。

(1) 已知函数 $y=f(x)=x^2+1$，当 $x=2$，$\Delta x=0.1$ 时，Δy 的值为________。

(2) 过曲线 $y=2^x$ 上两点(0, 1)、(1, 2)的割线的斜率为________。

(3) 已知物体运动的速度与时间之间的关系是 $v(t)=t^2+2t+2$，则在时间间隔 $[1, 1+\Delta t]$ 内的平均加速度是________，在 $t=1$ 时的瞬时加速度是________。

3. 解答。

(1) 求函数 $y=f(x)=2x^2+4x$ 在 $x=3$ 处的导数。

(2) 若函数 $f(x)=ax^2+c$，且 $f'(1)=2$，求 a 的值。

(3) 用导数的定义，求函数 $y=f(x)=\frac{1}{\sqrt{x}}$在 $x=2$ 处的导数。

(4) 设 $f(x)=\sin x$，求 $f'\left(\frac{\pi}{6}\right)$和 $f'\left(\frac{\pi}{3}\right)$。

(5) 求曲线 $y=\cos x$ 在 $x=\frac{2}{3}\pi$ 处的切线的斜率。

(6) 求曲线 $y=\ln x$ 在 $x=1$ 点的切线方程和法线方程。

16.2　函数四则运算求导法则和导数公式

在 16.1 节中，我们利用导数的定义求出了一些简单函数的导数，但是这种计算很麻烦，也很有局限性，对有些函数求导甚至是不可能的，这就需要我们讨论求函数导数的方法。

1. 函数和、差、积、商的求导法则

1) 函数和、差的求导法则

法则 16.1　两个可导函数的和(或差)的导数等于这两个函数的导数的和(或差)，即

$$(u\pm v)'=u'\pm v'$$

其中，$u=u(x)$，$v=v(x)$在点 x 处均可导。

证明　设 $y=u(x)+v(x)$，给自变量 x 以增量 Δx，函数 $u=u(x)$、$v=v(x)$及 $y=u(x)+v(x)$相应地有增量 Δu、Δv、Δy，则

$$\begin{aligned}\Delta y &=[u(x+\Delta x)+v(x+\Delta x)]-[u(x)+v(x)]\\ &=[u(x+\Delta x)-u(x)]+[v(x+\Delta x)-v(x)]\\ &=\Delta u+\Delta v\end{aligned}$$

$$\frac{\Delta y}{\Delta x}=\frac{\Delta u}{\Delta x}+\frac{\Delta v}{\Delta x}$$

于是

$$y'=\lim_{\Delta x\to 0}\frac{\Delta y}{\Delta x}=\lim_{\Delta x\to 0}\frac{\Delta u}{\Delta x}+\lim_{\Delta x\to 0}\frac{\Delta v}{\Delta x}=u'+v'$$

即

$$(u+v)'=u'+v'$$

类似地，有

$$(u-v)'=u'-v'$$

说明　这个法则可推广到有限个可导函数代数和的情况。

例 16.7　求函数 $y=x^3+\sqrt{x}-\frac{1}{x^2}$ 的导数。

解　$$y'=\left(x^3+\sqrt{x}-\frac{1}{x^2}\right)'=(x^3)'+(\sqrt{x})'-\left(\frac{1}{x^2}\right)'=3x^2+\frac{1}{2\sqrt{x}}+\frac{2}{x^3}$$

2) 函数乘积的求导法则

法则 16.2　两个可导函数乘积的导数等于第一个函数的导数乘以第二个函数，再加上第一个函数乘以第二个函数的导数，即

$$(uv)'=u'v+uv'$$

其中，$u=u(x)$，$v=v(x)$在点 x 处均可导。

证明　设 $y=u(x)\cdot v(x)$，给自变量 x 以增量 Δx，函数 $u=u(x)$、$v=v(x)$及 $y=u(x)\cdot v(x)$相应地有增量 Δu、Δv、Δy，则

$$\begin{aligned}\Delta y&=[u(x+\Delta x)\cdot v(x+\Delta x)]-[u(x)\cdot v(x)]\\&=[u(x+\Delta x)-u(x)]\cdot v(x+\Delta x)+u(x)\cdot[v(x+\Delta x)-v(x)]\\&=\Delta u\cdot v(x+\Delta x)+u(x)\cdot\Delta v\end{aligned}$$

$$\frac{\Delta y}{\Delta x}=\frac{\Delta u}{\Delta x}\cdot v(x+\Delta x)+u(x)\cdot\frac{\Delta v}{\Delta x}$$

于是

$$y'=\lim_{\Delta x\to 0}\frac{\Delta y}{\Delta x}=\lim_{\Delta x\to 0}\frac{\Delta u}{\Delta x}\cdot\lim_{\Delta x\to 0}v(x+\Delta x)+\lim_{\Delta x\to 0}u(x)\cdot\lim_{\Delta x\to 0}\frac{\Delta v}{\Delta x}=u'v+uv'$$

即

$$(uv)'=u'v+uv'$$

特别地，当 $v(x)=C$(C 为常数)时，有

$$(Cu)'=Cu'$$

例 16.8　求函数 $y=3\sin x\ln x$ 的导数。

解　$$\begin{aligned}y'&=(3\sin x\ln x)'=3(\sin x\ln x)'=3[(\sin x)'\ln x+\sin x(\ln x)']\\&=3\left(\cos x\ln x+\frac{\sin x}{x}\right)\end{aligned}$$

例 16.9　设函数 $f(x)=(1+x^2)\left(3-\frac{1}{x^3}\right)$，求 $f'(1)$和 $f'(-1)$。

解　$$\begin{aligned}f'(x)&=(1+x^2)'\left(3-\frac{1}{x^3}\right)+(1+x^2)\left(3-\frac{1}{x^3}\right)'\\&=2x\left(3-\frac{1}{x^3}\right)+(1+x^2)(3x^{-4})\\&=6x-\frac{2}{x^2}+\frac{3}{x^4}+\frac{3}{x^2}=6x+\frac{1}{x^2}+\frac{3}{x^4}\end{aligned}$$

所以 $f'(1)=10$，$f'(-1)=-2$。

3) 函数商的求导法则

法则 16.3　两个可导函数商的导数等于分子的导数乘以分母，减去分母的导数乘以分子，再除以分母的平方，即

$$\left(\frac{u}{v}\right)'=\frac{u'v-uv'}{v^2}$$

其中，$u=u(x)$，$v=v(x)$在点 x 处均可导，且 $v(x)\neq 0$。

证明　设 $y=\frac{u(x)}{v(x)}$，给自变量 x 以增量 Δx，函数 $u=u(x)$、$v=v(x)$及 $y=\frac{u(x)}{v(x)}$相应地有增量 Δu、Δv、Δy，则

$$\begin{aligned}\Delta y&=\frac{u(x+\Delta x)}{v(x+\Delta x)}-\frac{u(x)}{v(x)}=\frac{u(x+\Delta x)\cdot v(x)-u(x)\cdot v(x+\Delta x)}{v(x+\Delta x)\cdot v(x)}\\&=\frac{[u(x+\Delta x)-u(x)]\cdot v(x)-u(x)\cdot[v(x+\Delta x)-v(x)]}{v(x+\Delta x)\cdot v(x)}\\&=\frac{\Delta u\cdot v(x)-u(x)\cdot\Delta v}{v(x+\Delta x)\cdot v(x)}\end{aligned}$$

$$\frac{\Delta y}{\Delta x}=\frac{\Delta u\cdot v(x)-u(x)\cdot\Delta v}{v(x+\Delta x)\cdot v(x)\cdot\Delta x}=\frac{\frac{\Delta u}{\Delta x}\cdot v(x)-u(x)\cdot\frac{\Delta v}{\Delta x}}{v(x+\Delta x)\cdot v(x)}$$

于是

$$y'=\lim_{\Delta x\to 0}\frac{\Delta y}{\Delta x}=\lim_{\Delta x\to 0}\frac{\frac{\Delta u}{\Delta x}\cdot v(x)-u(x)\cdot\frac{\Delta v}{\Delta x}}{v(x+\Delta x)\cdot v(x)}=\frac{u'v-uv'}{v^2}$$

即

$$\left(\frac{u}{v}\right)'=\frac{u'v-uv'}{v^2}$$

例 16.10　求函数 $y=\tan x$ 的导数。

解
$$\begin{aligned}y'=(\tan x)'=\left(\frac{\sin x}{\cos x}\right)'&=\frac{(\sin x)'\cos x-\sin x(\cos x)'}{\cos^2 x}\\&=\frac{\cos^2 x+\sin^2 x}{\cos^2 x}=\frac{1}{\cos^2 x}=\sec^2 x\end{aligned}$$

即

$$(\tan x)'=\sec^2 x$$

例 16.11　求函数 $y=\sec x$ 的导数。

解
$$\begin{aligned}y'=(\sec x)'=\left(\frac{1}{\cos x}\right)'&=\frac{(1)'\cos x-1\cdot(\cos x)'}{\cos^2 x}\\&=\frac{\sin x}{\cos^2 x}=\sec x\tan x\end{aligned}$$

即

$$(\sec x)'=\sec x\tan x$$

用类似的方法可求得

$$(\cot x)'=-\csc^2 x$$
$$(\csc x)'=-\csc x\cot x$$

2. 基本初等函数的导数公式

基本初等函数的导数公式在初等函数的求导运算中起着重要的作用，我们必须熟练地掌握它们。为了便于查阅，把常数和基本初等函数的导数公式归纳如下：

(1) $(C)'=0$；

(2) $(x^\alpha)'=\alpha x^{\alpha-1}$；

(3) $(\sin x)'=\cos x$；

(4) $(\cos x)'=-\sin x$；

(5) $(\tan x)'=\sec^2 x$；

(6) $(\cot x)'=-\csc^2 x$；

(7) $(\sec x)'=\sec x\tan x$；

(8) $(\csc x)'=-\csc x\cot x$；

(9) $(a^x)'=a^x\ln a$；

(10) $(e^x)'=e^x$；

(11) $(\log_a x)'=\dfrac{1}{x\ln a}$；

(12) $(\ln x)'=\dfrac{1}{x}$；

(13) $(\arcsin x)'=\dfrac{1}{\sqrt{1-x^2}}$；

(14) $(\arccos x)'=-\dfrac{1}{\sqrt{1-x^2}}$；

(15) $(\arctan x)'=\dfrac{1}{1+x^2}$；

(16) $(\text{arccot}\, x)'=-\dfrac{1}{1+x^2}$。

★练习 16.2

1. 选择。

(1) 下列结论不正确的是(　　)。

A. 若 $y=3$，则 $y'=0$

B. 若 $f(x)=3x+1$，则 $f'(1)=3$

C. 若 $y=-\sqrt{x}+x$，则 $y'=-\dfrac{1}{2\sqrt{x}}+1$

D. 若 $y=\sin x+\cos x$，则 $y'=\cos x+\sin x$

(2) 函数 $y=\dfrac{x}{1-\cos x}$的导数是(　　)。

A. $\dfrac{1-\cos x-x\sin x}{1-\cos x}$　　B. $\dfrac{1-\cos x-x\sin x}{(1-\cos x)^2}$

C. $\dfrac{1-\cos x+\sin x}{(1-\cos x)^2}$　　D. $\dfrac{1-\cos x+x\sin x}{(1-\cos x)^2}$

(3) 若函数 $f(x)=ax^4+bx^2+c$ 满足 $f'(1)=2$，则 $f'(-1)$等于(　　)。

A. -1　　B. -2　　C. 2　　D. 0

(4) 下列结论中，正确的个数为(　　)。

① $y=\ln 2$，则 $y'=\dfrac{1}{2}$；

② $y=\dfrac{1}{x^2}$，则 $y'|_{x=3}=-\dfrac{2}{27}$；

③ $y=2^x$，则 $y'=2^x\ln 2$；

④ $y=\text{lb}\, x$，则 $y'=\dfrac{1}{x\ln 2}$。

A. 0　　B. 1　　C. 2　　D. 3

(5) 过曲线 $y=\frac{1}{x}$ 上一点 P 的切线的斜率为 -4，则点 P 的坐标为(　　)。

A. $\left(\frac{1}{2}, 2\right)$　　B. $\left(\frac{1}{2}, 2\right)$ 或 $\left(-\frac{1}{2}, -2\right)$

C. $\left(-\frac{1}{2}, -2\right)$　　D. $\left(\frac{1}{2}, -2\right)$

(6) 已知 $f(x)=x^a$，若 $f'(-1)=-4$，则 a 的值等于(　　)。

A. 4　　B. -4　　C. 5　　D. -5

2. 求下列函数的导数。

(1) $y=x^2-\frac{2}{x}+103$；　　(2) $y=(1+x^2)\cos x$；

(3) $y=\frac{1-\ln x}{1+\ln x}+\frac{1}{x^2}$；　　(4) $y=xe^x\sin x$；

(5) $y=(\sqrt{x}+1)\left(\frac{1}{\sqrt{x}}-1\right)$；　　(6) $y=x\tan x+\sin\frac{25\pi}{3}$；

(7) $y=(2x^2+3)(3x-1)$；　　(8) $y=(\sqrt{x}-2)^2$；

(9) $y=x-\sin\frac{x}{2}\cos\frac{x}{2}$；　　(10) $y=2x^2+\ln x$；

(11) $y=x\cos x$；　　(12) $y=x\ln x$。

3. 求下列函数在给定点的导数。

(1) $y=x\sin x+\frac{1}{2}\cos x$，在 $x=4$ 处；　　(2) $y=\frac{1-\sqrt{x}}{1+\sqrt{x}}$，在 $x=4$ 处。

16.3 复合函数与初等函数的导数

1. 复合函数的导数

设函数 $y=f(u)$ 和 $u=\varphi(x)$ 分别是 u 和 x 的可导函数，现在求复合函数 $y=f[\varphi(x)]$ 的导数 $\frac{dy}{dx}$。

设自变量 x 有增量 Δx，则对应地 u、y 分别有增量 Δu、Δy，因为 $u=\varphi(x)$ 在点 x 处可导，则在 x 处必连续，所以，当 $\Delta x\to 0$ 时，$\Delta u\to 0$，当 $\Delta u\neq 0$ 时，有

$$\frac{\Delta y}{\Delta x}=\frac{\Delta y}{\Delta u}\frac{\Delta u}{\Delta x}$$

又因为

$$\lim_{\Delta x\to 0}\frac{\Delta y}{\Delta u}=\lim_{\Delta u\to 0}\frac{\Delta y}{\Delta u}$$

所以有

$$\lim_{\Delta x\to 0}\frac{\Delta y}{\Delta x}=\lim_{\Delta u\to 0}\frac{\Delta y}{\Delta u}\lim_{\Delta x\to 0}\frac{\Delta u}{\Delta x}$$

即

$$\frac{dy}{dx}=\frac{dy}{du}\cdot\frac{du}{dx}$$

当 $\Delta u=0$ 时，公式也成立。

这就是复合函数的求导法则。

法则 16.4　复合函数对自变量的导数，等于已知函数对中间变量的导数，乘以中间变量对自变量的导数，即

$$\frac{dy}{dx}=\frac{dy}{du}\cdot\frac{du}{dx}$$

复合函数的求导法则可以推广到多个中间变量的情形。

例 16.12　求函数 $y=\cos(x^2+1)$ 的导数。

解　设 $y=\cos u$，$u=x^2+1$，则

$$y'_x=y'_u u'_x=(\cos u)'_u\ (x^2+1)'_x=-\sin u\cdot 2x=-2x\sin(x^2+1)$$

例 16.13　求函数 $y=\sqrt[3]{2x^2-3}$ 的导数。

解　设 $y=u^{\frac{1}{3}}$，$u=2x^2-3$，则

$$y'_x=y'_u u'_x=(u^{\frac{1}{3}})'_u(2x^2-3)'_x=\frac{1}{3}u^{-\frac{2}{3}}\cdot 4x=\frac{4x}{3\sqrt[3]{(2x^2-3)^2}}$$

运用复合函数的求导法则关键在于把复合函数的复合过程搞清楚。一般情形下，复合函数求导后，都要把引进的中间变量代换成原来的自变量的式子。在运用复合函数求导法则熟练到一定程度后，就可以不写中间变量，只要心中明确对哪个变量求导就可以了。

例 16.14　求函数 $y=(1-x^5)^3$ 的导数。

解　$y'=[(1-x^5)^3]'=3(1-x^5)^2(1-x^5)'=3(1-x^5)^2(-5x^4)=-15x^4(1-x^5)^2$

例 16.15　求函数 $y=\dfrac{1}{x-\sqrt{x^2-1}}$ 的导数。

解　先将分母有理化，然后求导：

$$y=\frac{x+\sqrt{x^2-1}}{(x-\sqrt{x^2-1})(x+\sqrt{x^2-1})}=x+\sqrt{x^2-1}$$

$$y'=(x+\sqrt{x^2-1})'=1+\frac{1}{2\sqrt{x^2-1}}(x^2-1)'=1+\frac{x}{\sqrt{x^2-1}}$$

例 16.16　求函数 $y=\ln\sqrt{a^2-x^2}$ 的导数。

解　先化简，然后求导：

$$y=\ln\sqrt{a^2-x^2}=\frac{1}{2}\ln[(a+x)(a-x)]=\frac{1}{2}[\ln(a+x)+\ln(a-x)]$$

$$y'=\frac{1}{2}\left[\frac{1}{a+x}(a+x)'+\frac{1}{a-x}(a-x)'\right]=-\frac{x}{a^2-x^2}$$

例 16.17　求函数 $y=\dfrac{\sin^2 x}{1+\cos x}$ 的导数。

解　先化简，然后求导：

$$y=\frac{\sin^2 x}{1+\cos x}=\frac{1-\cos^2 x}{1+\cos x}=1-\cos x$$

$$y'=(1-\cos x)'=\sin x$$

2. 反函数的导数

法则 16.5　反函数的导数等于原来函数的导数的倒数，即

$$f'(x)=\frac{1}{\varphi'(y)}$$

其中，$x=\varphi(y)$是 $y=f(x)$的反函数，且 $\varphi'(y)\neq 0$。

例 16.18　求函数 $y=a^x(a>0$ 且 $a\neq 1)$的导数。

解　$y=a^x$ 是 $x=\log_a y$ 的反函数，则

$$x'_y=(\log_a y)'_y=\frac{1}{y\ln a}$$

$$y'_x=\frac{1}{x'_y}=y\ln a$$

即

$$(a^x)'=a^x\ln a$$

特别地，当 $a=\mathrm{e}$ 时，有

$$(\mathrm{e}^x)'=\mathrm{e}^x$$

例 16.19　求函数 $y=\arcsin x(-1<x<1)$的导数。

解　因为 $y=\arcsin x$ 是 $x=\sin y$ 的反函数，所以

$$y'=(\arcsin x)'=\frac{1}{x'_y}=\frac{1}{(\sin y)'_y}=\frac{1}{\cos y}=\frac{1}{\sqrt{1-x^2}}$$

即

$$(\arcsin x)'=\frac{1}{\sqrt{1-x^2}}$$

用类似的方法可求得

$$(\arccos x)'=-\frac{1}{\sqrt{1-x^2}}$$

例 16.20　求函数 $y=\arctan x(-\infty<x<+\infty)$的导数。

解　因为 $y=\arctan x$ 是 $x=\tan y$ 的反函数，所以

$$y'=(\arctan x)'=\frac{1}{x'_y}=\frac{1}{(\tan y)'_y}=\frac{1}{\sec^2 y}=\frac{1}{1+\tan^2 y}=\frac{1}{1+x^2}$$

即

$$(\arctan x)'=\frac{1}{1+x^2}$$

用类似的方法可求得

$$(\mathrm{arccot}\, x)'=-\frac{1}{1+x^2}$$

例 16.21　证明$(x^\alpha)'=\alpha x^{\alpha-1}(x>0$，$\alpha$ 为任意实数)。

证明　因为 $x^\alpha=\mathrm{e}^{\ln x^\alpha}=\mathrm{e}^{\alpha\ln x}$，所以

$$(x^\alpha)'=(\mathrm{e}^{\alpha\ln x})'=\mathrm{e}^{\alpha\ln x}(\alpha\ln x)'=\mathrm{e}^{\alpha\ln x}\alpha\frac{1}{x}=\mathrm{e}^{\ln x^\alpha}\frac{\alpha}{x}=x^\alpha\frac{\alpha}{x}=\alpha x^{\alpha-1}$$

即

$$(x^\alpha)'=\alpha x^{\alpha-1}$$

3. 参数方程的导数

两个变量 x 和 y 间的函数关系，除了用显函数 $y=f(x)$和隐函数 $F(x, y)=0$ 表示外，

还可以用参数方程：

$$\begin{cases} x=\varphi(t) \\ y=\psi(t) \end{cases} \quad (\text{其中 } t \text{ 为参数})$$

来表示，现在讨论如何由参数方程求 y 对 x 的导数。

在参数方程中，如果函数 $x=\varphi(t)$ 具有单调连续的反函数 $t=\varphi^{-1}(x)$，那么由参数方程所确定的函数可以看成是由函数 $y=\psi(t)$ 和 $t=\varphi^{-1}(x)$ 复合而成的函数。假设 $x=\varphi(t)$，$y=\psi(t)$ 都可导，而且 $\varphi'(t)\neq 0$，则根据复合函数的求导法则与反函数的求导法则，有

$$\frac{\mathrm{d}y}{\mathrm{d}x}=\frac{\mathrm{d}y}{\mathrm{d}t}\frac{\mathrm{d}t}{\mathrm{d}x}$$

即

$$\frac{\mathrm{d}y}{\mathrm{d}x}=\frac{\frac{\mathrm{d}y}{\mathrm{d}t}}{\frac{\mathrm{d}x}{\mathrm{d}t}}$$

这就是由参数方程所确定的函数 y 对 x 的导数公式。

例 16.22　已知参数方程 $\begin{cases} x=\sin t \\ y=\cos t \end{cases}$，求 $\frac{\mathrm{d}y}{\mathrm{d}x}$。

解

$$\frac{\mathrm{d}y}{\mathrm{d}x}=\frac{y'_t}{x'_t}=\frac{(\cos t)'}{(\sin t)'}=\frac{-\sin t}{\cos t}=-\tan t$$

★练习 16.3

1. 选择。

(1) 下列函数不是复合函数的是(　　)。

A. $y=-x^3-\frac{1}{x}+1$　　B. $y=\cos\left(x+\frac{\pi}{4}\right)$　　C. $y=\frac{1}{\ln x}$　　D. $y=(2x+3)^4$

(2) 函数 $y=\frac{1}{(3x-1)^2}$ 的导数是(　　)。

A. $\frac{6}{(3x-1)^3}$　　B. $\frac{6}{(3x-1)^2}$　　C. $-\frac{6}{(3x-1)^3}$　　D. $-\frac{6}{(3x-1)^2}$

2. 填空。

(1) 函数 $y=(2011-8x)^3$ 的导数 $y'=$________。

(2) 曲线 $y=\cos\left(2x+\frac{\pi}{6}\right)$ 在 $x=\frac{\pi}{6}$ 处的切线的斜率为________。

3. 求下列复合函数的导数。

(1) $y=(2x^2+3)^5$；　　(2) $y=\sqrt{1+3x^2}$；

(3) $y=\sin\left(5x+\frac{\pi}{4}\right)$；　　(4) $y=\ln(1-x)$；

(5) $y=\cot\left(\frac{x}{2}+1\right)$；　　(6) $y=\csc\frac{x}{3}$；

(7) $y=(3x^2+4x-5)^6$；　　(8) $y=\frac{1}{\sqrt{1+x^2}}$；

(9) $y=(x-1)\sqrt{x^2+1}$；

(10) $y=\sqrt{x+\sqrt{x}}$；

(11) $y=\cos^2 x-x\sin^2 x$；

(12) $y=\dfrac{x^2}{\sqrt{x^2+1}}$；

(13) $y=\dfrac{x}{2}\sqrt{x^2-a^2}$；

(14) $y=\sin^2(x^2+1)$；

(15) $y=\dfrac{\sqrt{1+x}+\sqrt{1-x}}{\sqrt{1+x}-\sqrt{1-x}}$；

(16) $y=\cos^2\dfrac{x}{3}\tan\dfrac{x}{2}$；

(17) $y=\ln x^2+(\ln x)^2$；

(18) $y=\csc^3(\ln x)$；

(19) $y=(2x+\cos^2 x)^3$；

(20) $y=(\ln\ln x)^4$；

(21) $y=\log_3\dfrac{x}{1-x}$；

(22) $y=x^2\tan\dfrac{x+1}{3}$；

(23) $y=\sin^n x\cos nx$(n为常数)；

(24) $y=x^2\cos 3x^3$；

(25) $y=\dfrac{1}{\sqrt{a^2+x^4}}$；

(26) $y=\lg\dfrac{\sqrt{x^2+1}}{\sqrt[3]{3+x}}$。

4. 求下列函数的导数。

(1) $y=e^{3x}$；

(2) $y=\dfrac{5^x}{2^x}$；

(3) $y=\sin 3^x$；

(4) $y=x^2 e^x$；

(5) $y=e^{x\ln x}$；

(6) $y=5^x+x^4$；

(7) $y=3^{\cos 2x}+\ln x^2$；

(8) $y=e^{\sqrt{x+1}}$；

(9) $y=\operatorname{arccot}\sqrt{x^3-2x}$；

(10) $y=e^{\arctan\sqrt{x}}$；

(11) $y=\dfrac{1}{\arcsin x}$；

(12) $y=\sqrt{x}\arctan x$；

(13) $y=x\sin x\arctan x$；

(14) $y=\sqrt{4-x^2}+x\arcsin\dfrac{x}{2}$。

5. 求下列参数方程所确定函数的导数$\dfrac{dy}{dx}$。

(1) $\begin{cases}x=1+t^2\\ y=t^3-t\end{cases}$；

(2) $\begin{cases}x=\cos t\\ y=2t\end{cases}$；

(3) $\begin{cases}x=\cos^2 t\\ y=\sin^2 t\end{cases}$；

(4) $\begin{cases}x=e^t\sin t\\ y=e^t\cos t\end{cases}$。

16.4 导数在函数研究中的应用

单调性和极值是函数的两个重要性态之一，它能帮助人们进一步把握函数的变化状况。本节以导数为工具给出函数单调性和极值的判别法。

16.4.1 函数的单调性

在中学学过函数单调性的概念：如果函数 $f(x)$对区间(a, b)内的任意两点 x_1、x_2，当 $x_1<x_2$ 时，有 $f(x_1)\leqslant f(x_2)$，则称函数 $f(x)$在区间(a, b)内是单调增加的(或称递增)；当

$x_1<x_2$ 时，有 $f(x_1)\geqslant f(x_2)$，则称函数 $f(x)$ 在区间 (a, b) 内是单调减少的(或称递减)。单调增加函数的图形是沿 x 轴正向逐渐上升的；单调减少函数的图形是沿 x 轴正向逐渐下降的。

如果当 $x_1<x_2$ 时，有 $f(x_1)<f(x_2)$ $(f(x_1)>f(x_2))$，则称函数 $f(x)$ 在区间 (a, b) 内严格单调增加(减少)。单调增加(或严格单调增加)的函数与单调减少(或严格单调减少)的函数统称为单调函数。

用函数单调性的定义可以判断函数在某一区间的单调性。下面我们讨论函数的单调性与导数的关系。

首先从几何直观上观察函数的单调性与导数之间的联系。如果函数 $y=f(x)$ 在区间 (a, b) 上单调增加，则它的图形是一条沿 Ox 轴正向上升的曲线，如图 16-4 所示，这时曲线上各点处的切线斜率是非负的，即 $y'=f'(x)\geqslant 0$；若函数 $y=f(x)$ 在区间 (a, b) 上单调减少，则它的图形是一条沿 Ox 轴正向下降的曲线，如图 16-5 所示，这时曲线上各点处的切线斜率是非正的，即 $y'=f'(x)\leqslant 0$。由此可见，函数的单调性与导数的符号有密切的联系。下面的定理给出了利用导数的符号判别函数单调性的方法。

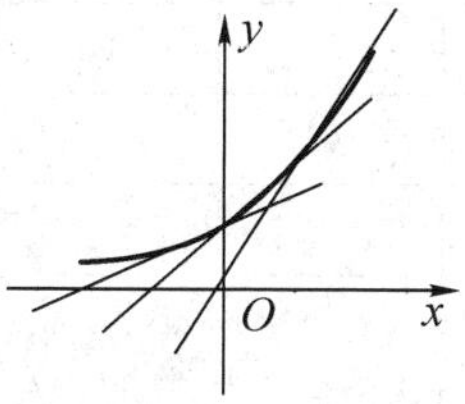

图 16-4　单调增加

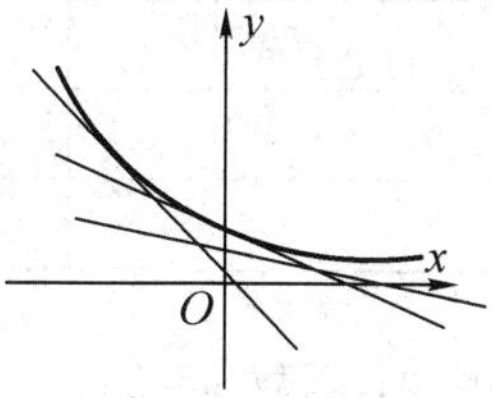

图 16-5　单调减少

定理 16.3（函数单调性的判别法）　设函数 $f(x)$ 在区间 (a, b) 上可导，则函数 $f(x)$ 在区间 (a, b) 上单调增加(或单调减少)的充分必要条件如下：

(1) 在区间 (a, b) 上 $f'(x)\geqslant 0$(或 $f'(x)\leqslant 0$)；

(2) 在区间 (a, b) 内的任何一个小区间上 $f'(x)$ 都恒不等于零。

定理 16.3 中的区间如果换成其他区间，结论仍成立。

应用定理 16.3，就可以根据导数符号来判定函数的单调性。应注意，函数的单调性是一个区间上的性质，自然也要由导数在这一区间上的符号来判定，而不能由一点处的导数符号来判定函数在这一区间上的这种性态。

例 16.23　判定函数 $y=x-\sin x$ 的单调性。

解　由于

$$y'=1-\cos x\geqslant 0$$

而且 y' 只在点 $x=2n\pi(n=0, \pm 1, \pm 2, \cdots)$ 处为零，在任何区间上 y' 都不恒等于零，因此根据定理 16.3 知，函数 $y=x-\sin x$ 在任何区间上都是单调增加的。

例 16.24　确定函数 $y=e^x-x-1$ 的单调区间。

解　函数的定义域为 $(-\infty, +\infty)$，由于

$$y'=e^x-1$$

因此当 $x\in(-\infty, 0)$ 时，$y'<0$，函数 $y=e^x-x-1$ 在区间 $(-\infty, 0)$ 内单调减少，当 $x\in(0, +\infty)$ 时，$y'>0$，函数 $y=e^x-x-1$ 在区间 $(0, +\infty)$ 内单调增加。

可以看到，点 $x=0$ 是函数 $y=e^x-x-1$ 单调减少区间与单调增加区间的分界点，且

$$y'|_{x=0}=e^0-1=0$$

例 16.25　确定函数 $y=x^{\frac{2}{3}}$ 的单调区间。

解　函数的定义域为$(-\infty, +\infty)$，由于

$$y'=\frac{2}{3}x^{-\frac{1}{3}}$$

因此当 $x=0$ 时，y'不存在，当 $x\in(-\infty, 0)$时，$y'<0$，函数 $y=x^{\frac{2}{3}}$ 在区间$(-\infty, 0)$内单调减少，当 $x\in(0, +\infty)$时，$y'>0$，函数 $y=x^{\frac{2}{3}}$ 在区间$(0, +\infty)$内单调增加。

由上面的例子可以看出，有些函数在其定义区间上不是单调的，但用导数等于零的点或导数不存在的点划分定义区间后，就可使函数在各个部分区间上单调。

例 16.26　确定函数 $y=2x^3-9x^2$ 的单调区间。

解　由于 $y'=6x^2-18x=6x(x-3)$，因此令 $y'=0$，得 $x_1=0$，$x_2=3$。x_1、x_2 这两点将区间$(-\infty, +\infty)$分成三个部分区间$(-\infty, 0]$、$[0, 3]$、$(3, +\infty]$，如表 16-1 所示。

表 16-1　三个部分区间

x	$(-\infty, 0)$	0	$(0, 3)$	3	$(3, +\infty)$
y'	+	0	−	0	+
y	↗	0	↘	−27	↗

由表 16-1 可知，函数 $y=2x^3-9x^2$ 在$(-\infty, 0]\cup[3, +\infty)$上增加，在$[0, 3]$上减少。

求函数单调区间(或讨论函数单调性)的一般步骤是：

(1) 求出函数的定义域；

(2) 求出函数 $f(x)$的导数 $f'(x)$；

(3) 求出 $f'(x)=0$ 和 $f'(x)$不存在的点；

(4) 用(3)中求出的点将函数的定义域划分成若干个小区间；

(5) 判断 $f'(x)$在每个小区间的符号，即可求出函数的单调增减区间。

★练习 16.4.1

1. 选择。

(1) 函数 $f(x)=(x-3)e^x$ 的单调递增区间是(　　)。

A. $(-\infty, 2)$　　B. $(0, 3)$　　C. $(1, 4)$　　D. $(2, +\infty)$

(2) 函数 $f(x)=x^3+ax^2+bx+c$，其中 a、b、c 为实数，当 $a^2-3b<0$ 时，$f(x)$是(　　)。

A. 增函数　　B. 减函数

C. 常数　　D. 既不是增函数，也不是减函数

(3) 下列函数中，在$(0, +\infty)$内为增函数的是(　　)。

A. $y=\sin x$　　B. $y=xe^2$　　C. $y=x^3-x$　　D. $y=\ln x-x$

(4) 设 $f(x)$、$g(x)$在$[a, b]$上可导，且 $f'(x)>g'(x)$，则当 $a<x<b$ 时，有(　　)。

A. $f(x)>g(x)$　　B. $f(x)<g(x)$

C. $f(x)+g(a)>g(x)+f(a)$　　D. $f(x)+g(b)>g(x)+f(b)$

2. 填空。

(1) 函数 $y=x-2\sin x$ 在 $(0, 2\pi)$ 内的单调递增区间为________。

(2) 函数 $y=ax^3-x$ 在 $\mathbf{R}$ 上是减函数，则 a 的取值范围为________。

(3) 函数 $y=f(x)$ 在其定义域 $\left(-\frac{3}{2}, 3\right)$ 内可导，其图像如图 16-6 所示，记 $y=f(x)$ 的导函数为 $y=f'(x)$，则不等式 $f'(x)\leqslant 0$ 的解集为________。

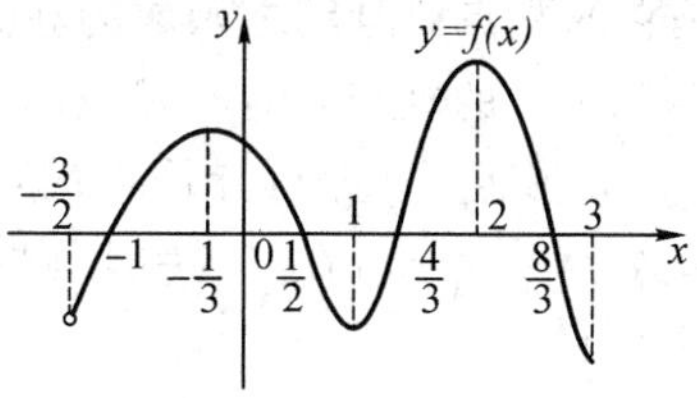

图 16-6　已知函数的图像

3. 计算。

(1) 求下列函数的单调区间。

① $y=x-\ln x$；　② $y=\frac{1}{2x}$；　③ $f(x)=2x^2-\ln x$。

(2) 已知函数 $f(x)=x^3+bx^2+cx+d$ 的图像经过点 $P(0, 2)$，且在点 $M(-1, f(-1))$ 处的切线方程为 $6x-y+7=0$。

① 求函数 $y=f(x)$ 的解析式；

② 求函数 $y=f(x)$ 的单调区间。

(3) 已知函数 $f(x)=mx^3+nx^2$ (m、$n\in\mathbf{R}$, $m\neq 0$)，函数 $y=f(x)$ 的图像在点 $(2, f(2))$ 处的切线与 x 轴平行。

① 用关于 m 的代数式表示 n；

② 求函数 $f(x)$ 的单调增区间。

16.4.2　函数的极值及其求法

1. 函数的极值

由 16.4.1 节的讨论可以看到，有些函数在某些点的左、右邻近的单调性不一样，这样的点在应用上有重要意义，下面就对这样的点作一般性的讨论，这就是函数的极值问题。

定义 16.2　设函数 $f(x)$ 在点 x_0 的某个邻域 $(x_0-\delta, x_0+\delta)$ 内连续，当 $0<|x-x_0|<\delta$ 时，有：

(1) 若 $f(x)<f(x_0)$，则称函数 $f(x)$ 在点 x_0 处取得极大值 $f(x_0)$；

(2) 若 $f(x)>f(x_0)$，则称函数 $f(x)$ 在点 x_0 处取得极小值 $f(x_0)$。

函数的极大值和极小值统称为极值，使函数取得极值的点称为函数的极值点。

注：函数 $y=f(x)$ 的极值点是指自变量 x_0 的值，极值是当自变量为 x_0 时的函数值，即 $y|_{x=x_0}=f(x_0)$。

2. 函数极值的求法

在极值点处，如果曲线的切线存在，则切线平行于 Ox 轴，即切线斜率等于零；反之，如果曲线上某点处的切线平行于 Ox 轴，却并不意味着该点就一定是极值点。因此，有如下的结论：

定理 16.4(极值的必要条件)　设函数 $f(x)$ 在点 x_0 处可导，且在点 x_0 处取得极值，则有

$$f'(x_0)=0$$

注：(1) 使函数 $f(x)$ 导数为零的点(即方程 $f'(x)=0$ 的实根)称为函数 $f(x)$ 的驻点或稳定点。可导函数的极值点必是它的驻点，但反之函数的驻点不一定是它的极值点。

例如，$x=0$ 是可导函数 $f(x)=x^3$ 的驻点，但不是该函数的极值点，如图 16-7 所示。

(2) 定理 16.4 只是对函数 $f(x)$ 在点 x_0 处可导而言的，在函数连续但不可导的点处，函数也可能取得极值。例如，函数 $f(x)=|x|$ 在点 $x=0$ 处取得极小值，但在点 $x=0$ 处不可导，如图 16-8 所示。

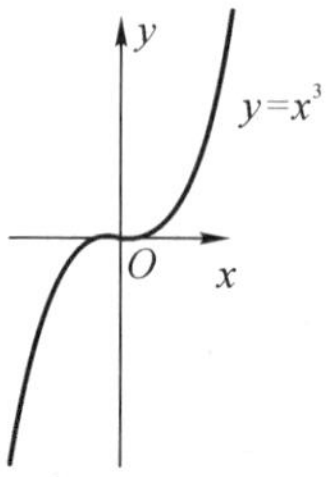

图 16-7　是驻点但不是极值点举例

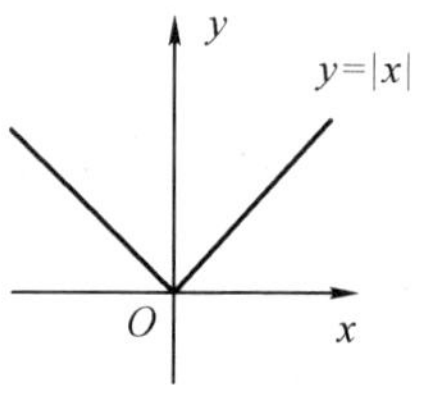

图 16-8　是极值点但不可导点举例

定理 16.4 指出，函数的极值点只能在函数的驻点和导数不存在的点中去找。一般地，函数的驻点和导数不存在的点是有限的，只要把这些点找出来，再逐一地判别它们是否为极值点。这还需要建立一个判别一个点是否为极值点的法则，这就是极值的充分条件。

定理 16.5(第一充分条件)　设函数 $f(x)$ 在点 x_0 的某个邻域 $(x_0-\delta, x_0+\delta)$ 内连续，且可导($f'(x_0)$ 可以不存在)。

(1) 如果当 $x<x_0$ 时，$f'(x)>0$，而当 $x>x_0$ 时，$f'(x)<0$，则函数 $f(x)$ 在点 x_0 处取得极大值；

(2) 如果当 $x<x_0$ 时，$f'(x)<0$，而当 $x>x_0$ 时，$f'(x)>0$，则函数 $f(x)$ 在点 x_0 处取得极小值；

(3) 如果当 $x<x_0$ 时和当 $x>x_0$ 时，$f'(x)$ 的符号相同，则函数 $f(x)$ 在点 x_0 处的值不是极值。

根据以上讨论，可以按下列步骤来求函数 $f(x)$ 的极值点和极值：

(1) 确定函数 $f(x)$ 的定义域；

(2) 求出导数 $f'(x)$；

(3) 求出函数 $f(x)$ 的全部驻点及导数不存在的点；

(4) 应用定理确定这些点是否为极值点，是极大值点还是极小值点；

(5) 求出各极值点处的函数值。

例 16.27　求函数 $y=(x-1)x^{\frac{2}{3}}$ 的单调区间和极值。

解　函数 $y=(x-1)x^{\frac{2}{3}}$ 的定义域为 $(-\infty, +\infty)$，且

$$y'=x^{\frac{2}{3}}+\frac{2}{3}(x-1)x^{-\frac{1}{3}}=\frac{5x-2}{3\sqrt[3]{x}}$$

令 $y'=0$，得驻点 $x=\frac{2}{5}$。此外，在点 $x=0$ 处函数 y 不可导。y、y' 在不同区间的取值如表 16－2 所示。

表 16－2　y、y' 在不同区间的取值

x	$(-\infty, 0)$	0	$\left(0, \frac{2}{5}\right)$	$\frac{2}{5}$	$\left(\frac{2}{5}, +\infty\right)$
y'	$+$	不存在	$-$	0	$+$
y	↗	极大值 0	↘	极小值 $-\frac{3}{5}\sqrt[3]{\frac{4}{25}}$	↗

因此，函数 $y=(x-1)x^{\frac{2}{3}}$ 在点 $x=0$ 处取得极大值，$y_{极大值}=y(0)=0$；在点 $x=\frac{2}{5}$ 处取得极小值，$y_{极小值}=y\left(\frac{2}{5}\right)=-\frac{3}{5}\sqrt[3]{\frac{4}{25}}$。函数 $y=(x-1)x^{\frac{2}{3}}$ 在区间 $(-\infty, 0)\cup\left(\frac{2}{5}, +\infty\right)$ 上单调增加，在区间 $\left(0, \frac{2}{5}\right)$ 上单调减少。

★练习 16.4.2

1. 选择。

(1) 函数 $f(x)$ 的定义域为 $\mathbf{R}$，导函数 $f'(x)$ 的图像如图 16－9 所示，则函数 $f(x)$（　　）。

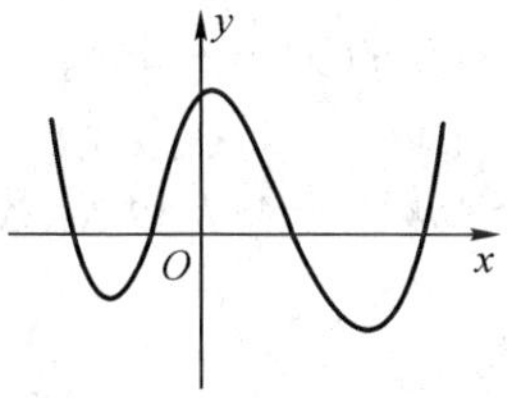

图 16－9　导函数 $f'(x)$ 的图像

A. 无极大值点，有四个极小值点　　B. 有三个极大值点、两个极小值点

C. 有两个极大值点、两个极小值点　　D. 有四个极大值点，无极小值点

(2) 已知函数 $f(x)$，$x\in\mathbf{R}$，且在 $x=1$ 处，$f(x)$ 存在极小值，则（　　）。

A. 当 $x\in(-\infty, 1)$ 时，$f'(x)>0$；当 $x\in(1, +\infty)$ 时，$f'(x)<0$

B. 当 $x\in(-\infty, 1)$ 时，$f'(x)>0$；当 $x\in(1, +\infty)$ 时，$f'(x)>0$

C. 当 $x\in(-\infty, 1)$ 时，$f'(x)<0$；当 $x\in(1, +\infty)$ 时，$f'(x)>0$

D. 当 $x\in(-\infty, 1)$ 时，$f'(x)<0$；当 $x\in(1, +\infty)$ 时，$f'(x)<0$

(3) 函数 $f(x)=x+\frac{1}{x}$ 在 $x>0$ 时有（　　）。

A. 极小值　　B. 极大值

C. 既有极大值，又有极小值　　D. 极值不存在

(4) 函数 $f(x)$ 的定义域为 (a, b)，导函数 $f'(x)$ 在 (a, b) 内的图像如图 16－10 所示，则函数 $f(x)$ 在开区间 (a, b) 内有极小值点（　　）。

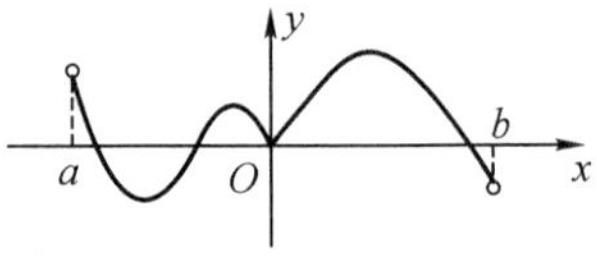

图 16-10　$f'(x)$在(a, b)内的图像

A. 1 个　　B. 2 个　　C. 3 个　　D. 4 个

(5) 函数 $f(x)=x^3-3bx+3b$ 在$(0, 1)$内有且只有一个极小值，则(　　)。

A. $0<b<1$　　B. $b<1$　　C. $b>0$　　D. $b<\frac{1}{2}$

(6) 下列关于函数的极值的说法正确的是(　　)。

A. 导数值为 0 的点一定是函数的极值点

B. 函数的极小值一定小于它的极大值

C. 函数在定义域内有一个极大值和一个极小值

D. 若 $f(x)$在(a, b)内有极值，那么 $f(x)$在(a, b)内不是单调函数

2. 填空。

(1) 若函数 $f(x)=\frac{x^2+a}{x+1}$在 $x=1$ 处取极值，则 $a=$________。

(2) 函数 $f(x)=ax^3+bx$ 在 $x=1$ 处有极值-2，则 a、b 的值分别为________、________。

3. 计算。

(1) 求下列函数的极值。

① $f(x)=x^3-12x$；　　② $f(x)=x^2e^{-x}$；　　③ $f(x)=\frac{x^3-2}{2(x-1)^2}$。

(2) 已知 $f(x)=x^3+\frac{1}{2}mx^2-2m^2x-4$($m$ 为常数，且 $m>0$)有极大值$-\frac{5}{2}$，求 m 的值。

16.4.3　函数的最大值与最小值

在许多实际问题中，常常会遇到如何使用料最省、成本最低、利润最大、效率最高等问题，这类问题反映到函数关系上就是求一个函数的最大值和最小值。

函数的最大值和最小值统称为最值。最大值和最小值是函数在一个区间上的整体性质，而极值是函数在一点处的局部性质，或者说是一个局部概念。如果函数在一点处的函数值比它附近的点的函数值大，这一点的函数值就是极大值，而与距离其稍远处的函数值无关，因此，一个函数可以有几个极大值、几个极小值，甚至函数的某个极大值比某个极小值还要小，如图 16-11 所示。

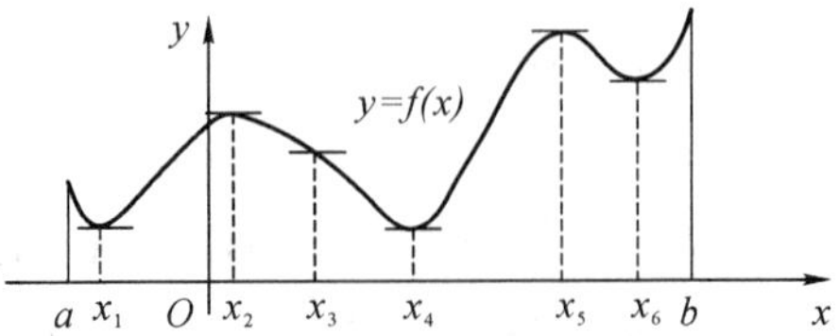

图 16-11　一个函数有几个极大值、极小值举例

1. 函数最值的求法

由闭区间上连续函数的性质我们知道，若函数 $f(x)$在$[a, b]$上连续，则 $f(x)$在$[a, b]$上必有最大值、最小值。

函数的最值与函数的极值虽然是不同的概念，但它们之间具有如下关系：

设函数 $f(x)$在区间$[a, b]$中的任何一个小区间上都不恒等于常数，如果函数 $f(x)$在区间内部的点 $x_0(a<x_0<b)$处取得最大值或最小值，则显然在点 x_0 处也取得极值，因此函数 $f(x)$必然在区间内部的极值点上或在区间的端点上取得最大值或最小值。

当函数 $f(x)$在区间$[a, b]$中的某一小区间上恒等于常数时，函数 $f(x)$在这一小区间内的导数恒等于零，这种情形也包含在下面的结论中。

函数的最大值和最小值必在如下的三种点之中取得(如果存在的话)：

(1) 驻点；

(2) 导数不存在的点；

(3) 区间端点(区间有端点时)。

因此，只要把上述三种点找出来，再求出这些点的函数值并比较这些函数值的大小，其中函数值最大的就是最大值，函数值最小的就是最小值。

例 16.28　求函数 $f(x)=3x^4-16x^3+30x^2-24x+4$ 在区间$[0, 3]$上的最大值与最小值。

解
$$f'(x)=12x^3-48x^2+60x-24=12(x-1)^2(x-2)$$

令 $f'(x)=0$，得驻点 $x_1=1$，$x_2=2$，函数 $f(x)$在这些点及端点处的函数值为

$$f(0)=4,\ f(1)=-3,\ f(2)=-4,\ f(3)=13$$

比较得函数 $f(x)$在点 $x=3$ 处取得最大值，$f_{\max}=f(3)=13$，函数 $f(x)$在点 $x=2$ 处取得最小值，$f_{\min}=f(2)=-4$。

求函数最值的一般步骤如下：

(1) 计算 $f'(x)$，解方程 $f'(x)=0$，找出$[a, b]$内的全部稳定点以及不可导点：

$$x_1,\ x_2,\ \cdots,\ x_n$$

(2) 算出以上可能极值点处相应的函数值以及端点处的函数值：

$$f(x_1),\ f(x_2),\ \cdots,\ f(x_n),\ f(a),\ f(b)$$

(3)比较以上函数值的大小，其中最大的是最大值，最小的是最小值。

在应用中，还需注意以下两点：

(1) 若函数 $f(x)$在闭区间$[a, b]$上单调递增，则 $f(a)$是函数的最小值，$f(a)=m$，$f(b)$是函数的最大值，$f(b)=M$；若在$[a, b]$上单调递减，则 $f(a)$是函数的最大值，$f(a)=M$，$f(b)$是函数的最小值，$f(b)=m$。

(2) 设 $f(x)$在区间 I 上连续，且在区间 I 内有唯一的极值点 x_0，若 x_0 是极大值点，则 x_0 也是最大值点，$f(x_0)=M$；若 x_0 是极小值点，则 x_0 也是最小值点，$f(x_0)=m$。

2. 最大值、最小值在几何上的应用

在实际问题中求最值时，首先确立变量之间的函数关系，建立目标函数，根据实际意义确定函数的定义域，然后用前面所述的方法，在其定义域内求出函数的最值。

例 16.29　要做一个容积为 V 的圆柱形可乐易拉罐，在不考虑其他因素的前提下，怎样设计才能使所用材料最省？

解 要使材料最省，就是要易拉罐的总表面积最小。设易拉罐的底半径为 r，高为 h，如图 16－12 所示，则它的侧面积为 $2\pi rh$，底面积为 πr^2，因为 $V=\pi r^2 h$，所以有 $h=\dfrac{V}{\pi r^2}$，设总表面积为 $S=S(r)$，则

$$S=S(r)=2\pi r^2+2\pi rh=2\pi r^2+\frac{2V}{r}\quad r\in(0,\ +\infty)$$

所以，对其求导得

$$S'=S'(r)=4\pi r-\frac{2V}{r^2}=\frac{2(2\pi r^3-V)}{r^2}$$

令 $S'=0$，得驻点 $r=\sqrt[3]{\dfrac{V}{2\pi}}$。又

$$S''(r)=4\pi+\frac{4V}{r^3}$$

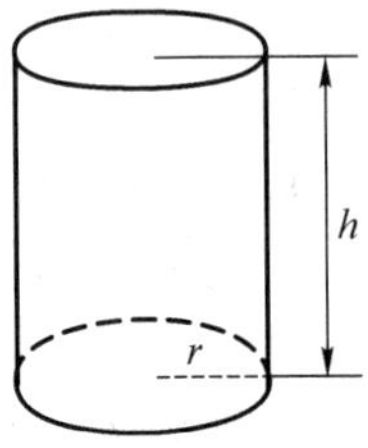

图 16－12 圆柱形可乐易拉罐

因为 π、V 都是正数，$r>0$，所以 $S''(r)>0$，因此 $S=S(r)$在点 $r=\sqrt[3]{\dfrac{V}{2\pi}}$ 处取得极小值，也就是最小值。这时相应的高为

$$h=\frac{V}{\pi r^2}=\frac{V}{\pi\left[\sqrt[3]{\dfrac{V}{2\pi}}\right]^2}=2\sqrt[3]{\frac{V}{2\pi}}=2r$$

于是得到结论：当所做易拉罐的高和底的直径相等时，所用材料最省。

★练习 16.4.3

1. 选择。

(1) 下列结论正确的是(　　)。

A. 若 $f(x)$在$[a,\ b]$上有极大值，则极大值一定是$[a,\ b]$上的最大值

B. 若 $f(x)$在$[a,\ b]$上有极小值，则极小值一定是$[a,\ b]$上的最小值

C. 若 $f(x)$在$[a,\ b]$上有极大值，则极小值一定是 $x=a$ 和 $x=b$ 时取得

D. 若 $f(x)$在$[a,\ b]$上连续，则 $f(x)$在$[a,\ b]$上存在最大值和最小值

(2) 函数 $f(x)=x^2-4x+1$ 在$[1,\ 5]$上的最大值和最小值分别是(　　)。

A. $f(1)$，$f(3)$　　B. $f(3)$，$f(5)$　　C. $f(1)$，$f(5)$　　D. $f(5)$，$f(2)$

(3) 函数 $y=\dfrac{x}{e^x}$在$[0,\ 2]$上的最大值是(　　)。

A. 当 $x=1$ 时，$y=\dfrac{1}{e}$　　B. 当 $x=2$ 时，$y=\dfrac{2}{e^2}$

C. 当 $x=0$ 时，$y=0$　　D. 当 $x=\dfrac{1}{2}$，$y=\dfrac{1}{2\sqrt{e}}$

(4) 函数 $y=\sqrt{x}+\sqrt{1-x}$在$(0,\ 1)$上的最大值为(　　)。

A. $\sqrt{2}$　　B. 1　　C. 0　　D. 不存在

(5) 已知函数 $f(x)=ax^3+c$，且 $f'(1)=6$，函数在$[1,\ 2]$上的最大值为 20，则 c 的值为(　　)。

A. 1　　B. 4　　C. -1　　D. 0

(6) 已知函数 $y=-x^2-2x+3$ 在$[a, 2]$上的最大值为$\frac{15}{4}$，则 a 等于(　　)。

A. $-\frac{3}{2}$　　B. $\frac{1}{2}$　　C. $-\frac{1}{2}$　　D. $-\frac{1}{2}$或$-\frac{3}{2}$

2. 求下列各函数的最值。

(1) $f(x)=\ln(1+x)-\frac{1}{4}x^2$，$x\in[0, 2]$；

(2) $f(x)=x^3-3x^2+6x-2$，$x\in[-1, 1]$；

(3) 已知函数 $f(x)=2x^3-6x^2+a$ 在$[-2, 2]$上有最小值-37，求 a 的值及 $f(x)$在$[-2, 2]$上的最大值。

16.5　函数的微分

导数表示函数相对于自变量的变化快慢程度。在实际中还会遇到与此相关的另一类问题，就是当自变量有微小变化时，要求知道相应的函数的改变量 Δy，可是由于 Δy 的表达式往往很复杂，因此计算它的精确值就变得很困难。而在实际中一般不需要精确值，只要有一定的精确度即可，由此引出微分学的另一基本概念——函数的微分。

1. 微分的概念

设一块正方形金属薄片，边长为 x_0，当受热后边长增加 Δx，如图 16－13 所示，那么面积 y 相应的增量：

$$\Delta y=(x_0+\Delta x)^2-x_0^2=2x_0\Delta x+(\Delta x)^2。$$

从上式可以看出，Δy 分成两部分，第一部分 $2x_0\Delta x$ 是 Δx 的线性函数，即图中带有斜线的两个矩形面积之和，而第二部分$(\Delta x)^2$ 在图中是带有交叉斜线的小正方形的面积，当 $\Delta x\to 0$ 时，第二部分$(\Delta x)^2$ 是比 Δx 高阶的无穷小，即$(\Delta x)^2=o(\Delta x)$。由此可见，如果边长改变很微小，即$|\Delta x|$很小，则面积的改变量 Δy 可近似地用第一部分来代替：

$$\Delta y\approx 2x_0\Delta x$$

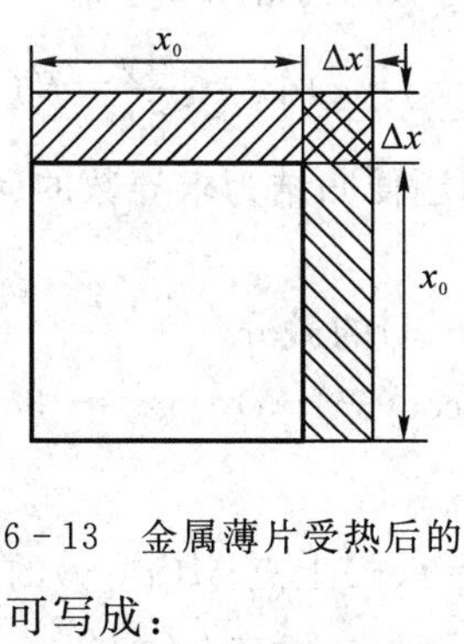

图 16－13　金属薄片受热后的尺寸

由于 $f'(x_0)=2x_0$，所以上式可写成：

$$\Delta y\approx f'(x_0)\Delta x$$

由此我们给出函数微分的定义：

定义 16.3　如果函数 $y=f(x)$在点 x_0 具有导数 $f'(x_0)$，则 $f'(x_0)\Delta x$ 叫作函数 $y=f(x)$

在点 x_0 的微分，记为$\mathrm{d}y\big|_{x=x_0}$，即

$$\mathrm{d}y\big|_{x=x_0}=f'(x_0)\Delta x$$

例 16.30 求函数 $y=x^3$ 当 $x=3$，$\Delta x=0.02$ 时的增量与微分。

解 函数增量：

$$\begin{aligned}\Delta y&=f(x+\Delta x)-f(x)=(x+\Delta x)^3-x^3\\&=3x^2\Delta x+3x(\Delta x)^2+(\Delta x)^3\end{aligned}$$

所以

$$\begin{aligned}\Delta y\Big|_{\substack{x=3\\\Delta x=0.02}}&=3x^2\Delta x+3x(\Delta x)^2+(\Delta x)^3\Big|_{\substack{x=3\\\Delta x=0.02}}\\&=3\times3^2\times0.02+3\times3\times0.02^2+0.02^3\\&=0.543\,608\end{aligned}$$

函数微分：

$$\mathrm{d}y=f'(x)\Delta x=3x^2\Delta x$$

所以

$$\mathrm{d}y\Big|_{\substack{x=3\\\Delta x=0.02}}=3x^2\Delta x\Big|_{\substack{x=3\\\Delta x=0.02}}=3\times3^2\times0.02=0.54$$

一般地，函数 $y=f(x)$在点 x 的微分叫作函数的微分，记为 $\mathrm{d}y$，即

$$\mathrm{d}y=f'(x)\Delta x$$

通常把自变量的微分定义为自变量的增量，记为 $\mathrm{d}x$，即

$$\mathrm{d}x=\Delta x$$

于是函数 $y=f(x)$的微分可记为

$$\mathrm{d}y=f'(x)\mathrm{d}x$$

由此得出如下两个结论：

(1) 微分 $\mathrm{d}y$ 是 Δx 的一次函数(线性函数)，且有 $\mathrm{d}y\approx\Delta y$，当 $y'\neq0$ 时，$\mathrm{d}y$ 与 Δx 相差一个比 Δx 更高阶的无穷小量。

(2) 由 $\mathrm{d}y=f'(x)\mathrm{d}x$ 可得$\dfrac{\mathrm{d}y}{\mathrm{d}x}=f'(x)$，即$\dfrac{\mathrm{d}y}{\mathrm{d}x}$为函数的微分与自变量的微分之商，因而称导数为微商，从而 $f(x)$在 x 处可微与可导等价，即

$$\mathrm{d}y=f'(x)\mathrm{d}x\Leftrightarrow\frac{\mathrm{d}y}{\mathrm{d}x}=f'(x)$$

因此，求一个函数的微分的问题便归结为求导数的问题，故将求函数的导数与微分的方法称为微分法。

例 16.31 求函数 $y=\cos(3x-5)$的微分。

解 $$\mathrm{d}y=y'\mathrm{d}x=[\cos(3x-5)]'\mathrm{d}x=-3\sin(3x-5)\mathrm{d}x$$

2. 微分的几何意义

如图 16-14 所示，过曲线 $y=f(x)$上点 $M(x,y)$的切线为 MT，它的倾斜角为 φ，则

$$\tan\varphi=f'(x)$$

当自变量 x 有增量 Δx 时，即自变量由 N 点变化到 N'点，函数便得到增量 $\Delta y=QM'$，同时切线上的纵坐标也得到对应的增量 QP，且

$$QP=\tan\varphi\cdot\Delta x=f'(x)\Delta x=\mathrm{d}y$$

因此，函数 $y=f(x)$ 在点 x 处的微分的几何意义就是：曲线 $y=f(x)$ 在点 $M(x,y)$ 处的切线 MT 的纵坐标的增量 QP。

由图 16－14 可知，函数的微分可能小于函数的增量，也可能大于函数的增量。

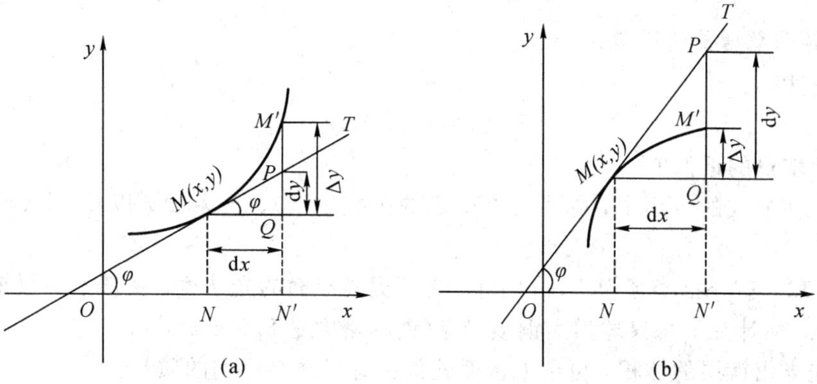

图 16－14　微分的几何意义

3. 基本初等函数的微分公式与微分运算法则

由 $dy=f'(x)dx$ 可知，要计算函数的微分，只要求出函数的导数，再乘以自变量的微分就可以了，所以我们从导数的基本公式和法则就可以直接推出微分的基本公式和法则。

1）基本初等函数的微分公式

(1) $d(C)=0$；　(2) $d(x^{\alpha})=\alpha x^{\alpha-1}dx$；

(3) $d(\sin x)=\cos x dx$；　(4) $d(\cos x)=-\sin x dx$；

(5) $d(\tan x)=\sec^2 x dx$；　(6) $d(\cot x)=-\csc^2 x dx$；

(7) $d(\sec x)=\sec x\tan x dx$；　(8) $d(\csc x)=-\csc x\cot x dx$；

(9) $d(a^x)=a^x\ln a dx$；　(10) $d(e^x)=e^x dx$；

(11) $d(\log_a x)=\dfrac{1}{x\ln a}dx$；　(12) $d(\ln x)=\dfrac{1}{x}dx$；

(13) $d(\arcsin x)=\dfrac{1}{\sqrt{1-x^2}}dx$；　(14) $d(\arccos x)=-\dfrac{1}{\sqrt{1-x^2}}dx$；

(15) $d(\arctan x)=\dfrac{1}{1+x^2}dx$；　(16) $d(\text{arccot}\, x)=-\dfrac{1}{1+x^2}dx$。

2）函数和、差、积、商的微分法则

假设 u 和 v 都是 x 的可微函数，c 为常数，则有：

(1) $d(u\pm v)=du\pm dv$；

(2) $d(uv)=udv+vdu$；

(3) $d(cu)=cdu$；

(4) $d\left(\dfrac{u}{v}\right)=\dfrac{vdu-udv}{v^2}(v\neq 0)$。

4. 微分在近似计算中的应用

由微分的定义知道，当 $|\Delta x|$ 很小时，Δy 可以用 dy 近似代替，即

$$\Delta y = f(x_0 + \Delta x) - f(x_0) \approx \mathrm{d}y = f'(x_0)\Delta x$$

一般而言，求增量的计算比较复杂，而求微分的运算比较简单，所以，当$|\Delta x|$很小时，我们就可以利用上式来计算函数的增量 Δy 的近似值，也可以计算函数值 $f(x_0+\Delta x)$ 的近似值。

1）计算函数增量的近似值

利用公式：

$$\Delta y \approx f'(x_0)\Delta x$$

可计算函数增量的近似值。

注意　在公式的应用中，除了要有确定的函数 $f(x)$、x_0 和 Δx 以外，$|\Delta x|$要相对比较小。

例 16.32　有一批半径为 1 cm 的球，为了提高球面的光洁度，要镀上一层铜，厚度定为 0.01 cm。估计一下每只球需用铜多少克(铜的密度是 8.9 g/cm³)。

解　先求出镀层的体积，再乘上密度就得到每只球需用铜的质量。

因为镀层的体积等于两个球的体积之差，所以镀层的体积就是球的体积 $V=\frac{4}{3}\pi R^3$ 当 R 自 R_0 取得增量 ΔR 时的增量 ΔV。我们求 V 对 R 的导数：

$$V'\big|_{R=R_0} = \left(\frac{4}{3}\pi R^3\right)'\bigg|_{R=R_0} = 4\pi R_0^2$$

$$\Delta V \approx 4\pi R_0^2 \Delta R$$

将 $R_0=1$、$\Delta R=0.01$ 代入上式，得

$$\Delta V \approx 4\times 3.14\times 1^2\times 0.01 \approx 0.13(\mathrm{cm}^3)$$

于是镀每只球需用的铜约为

$$0.13\times 8.9 \approx 1.16(\mathrm{g})$$

2）计算函数 $f(x)$在点 $x=x_0$ 附近的近似值

利用公式：

$$f(x_0+\Delta x) \approx f(x_0) + f'(x_0)\Delta x$$

可近似地计算函数在某点附近的函数值。

注意　在公式的应用中，除了要有确定的函数 $f(x)$、x_0 和 Δx 以外，$f(x_0)$和 $f'(x_0)$要容易计算，而且$|\Delta x|$要相对比较小。

例 16.33　利用微分计算 $\sin 30°30'$的近似值。

解　把 $30°30'$化为弧度得

$$30°30' = \frac{\pi}{6} + \frac{\pi}{360}$$

由于所求的是正弦函数的值，因此设 $f(x)=\sin x$，此时 $f'(x)=\cos x$。如果取 $x_0=\frac{\pi}{6}$，则 $f\left(\frac{\pi}{6}\right)=\sin\frac{\pi}{6}=\frac{1}{2}$与 $f'\left(\frac{\pi}{6}\right)=\cos\frac{\pi}{6}=\frac{\sqrt{3}}{2}$都容易计算，并且 $\Delta x=\frac{\pi}{360}$比较小。所以

$$\sin 30°30' = \sin\left(\frac{\pi}{6}+\frac{\pi}{360}\right) \approx \sin\frac{\pi}{6} + \cos\frac{\pi}{6}\cdot\frac{\pi}{360}$$

$$= \frac{1}{2} + \frac{\sqrt{3}}{2}\cdot\frac{\pi}{360} \approx 0.5 + 0.0076 = 0.5076$$

3）计算函数 $f(x)$ 在点 $x=0$ 附近的近似值

在公式 $f(x_0+\Delta x)\approx f(x_0)+f'(x_0)\Delta x$ 中，取 $x_0=0$，$\Delta x=x$，得

$$f(x)\approx f(0)+f'(0)x$$

应用该公式可以推得以下几个在工程上常用的近似公式（下面都假定 $|x|$ 是较小的数值）：

（1）$\sqrt[n]{1+x}\approx 1+\frac{1}{n}x$；

（2）$\sin x\approx x$（x 用弧度作单位来表达）；

（3）$\tan x\approx x$（x 用弧度作单位来表达）；

（4）$e^x\approx 1+x$；

（5）$\ln(1+x)\approx x$。

证明　（1）取 $f(x)=\sqrt[n]{1+x}$，那么 $f(0)=1$，$f'(0)=\frac{1}{n}(1+x)^{\frac{1}{n}-1}\big|_{x=0}=\frac{1}{n}$，代入公式 $f(x)\approx f(0)+f'(0)x$ 中便得

$$\sqrt[n]{1+x}\approx 1+\frac{1}{n}x$$

其他几个近似公式可用类似方法证明。

例 16.34　计算 $\sqrt{1.05}$ 的近似值。

解
$$\sqrt{1.05}=\sqrt{1+0.05}$$

这里 $x=0.05$，其值较小，利用近似公式 $\sqrt[n]{1+x}\approx 1+\frac{1}{n}x$（$n=2$ 的情形），便得

$$\sqrt{1.05}\approx 1+\frac{1}{2}\times 0.05=1.025$$

例 16.35　计算 $\tan 1^\circ$ 的近似值。

解
$$\tan 1^\circ=\tan\frac{\pi}{180}\approx\frac{\pi}{180}\approx 0.017$$

例 16.36　计算 $e^{1.98}$ 的近似值。

解
$$e^{1.98}=e^{2-0.02}=e^2\cdot e^{-0.02}\approx e^2(1-0.02)\approx 7.24$$

★练习 16.5

1. 已知 $y=x^3-x$，计算在 $x=2$ 处当 Δx 分别等于 1、0.1、0.01 时的 Δy 及 dy。

2. 将适当的函数填入下列括号内，使等式成立。

（1）$d(\quad)=2dx$；　（2）$d(\quad)=3xdx$；

（3）$d(\quad)=\cos t dt$；　（4）$d(\quad)=\sin\omega x dx$；

（5）$d(\quad)=\frac{1}{1+x}dx$；　（6）$d(\quad)=e^{-2x}dx$；

（7）$d(\quad)=\frac{1}{\sqrt{x}}dx$；　（8）$d(\quad)=\sec^2 3x dx$。

3. 求下列函数在指定点处的微分。

（1）$y=\arcsin\sqrt{x}$，$x=\frac{1}{2}$ 和 $x=\frac{a^2}{2}(a>0)$；

(2) $y=\dfrac{x}{1+x^2}$，$x=0$ 和 $x=1$。

4. 求下列函数的微分。

(1) $y=x\ln x-x^2$；

(2) $y=e^{-ax}\sin bx$；

(3) $y=x\arctan\sqrt{x}$；

(4) $y=\ln\tan\dfrac{x}{2}$；

(5) $y=1+xe^y$；

(6) $y^2\cos x=a^2\sin 3x$；

(7) $y=\arcsin\sqrt{x}$。

5. 求下列方程所确定的函数 y 的微分 dy。

(1) $xy=e^x-e^y$；

(2) $ye^x+\ln y=0$；

(3) $\arctan\dfrac{y}{x}=\sqrt{x^2+y^2}$。

6. 当 $|x|$ 较小时，证明近似公式 $\dfrac{1}{1+x}\approx 1-x$。

7. 计算下列近似值。

(1) $\arctan 1.02$；

(2) $\sqrt[3]{998}$；

(3) $\sqrt[6]{65}$；

(4) $e^{1.01}$；

(5) $\ln 0.98$；

(6) $\sqrt[3]{1.03}$。

习　题　16

1. 判断题。

(1) 函数的微分可能小于函数的增量，也可能大于函数的增量。

(2) 变速直线运动在某时刻的加速度就是在该时刻速度对时间的导数。

(3) 函数 $y=\sqrt[3]{x}$ 在 $x=0$ 点的切线方程为 $x=0$，所以函数在该点是可导的。

(4) 函数在某个区间上的最大值一定大于最小值。

(5) 如果函数在某点可导，那么函数在该点必连续。

(6) 函数 $y=\sqrt[3]{x}$ 在 $x=0$ 点的切线方程为 $x=0$，所以函数在该点是可导的。

(7) 函数的极大值也是函数的最大值。

(8) 极大值一定大于极小值。

2. 选择题。

(1) 设 $f(x)$ 在 x_0 处不连续，则 $f(x)$ 在 x_0 处(　　)。

A. 必不可导　　B. 一定可导　　C. 可能可导　　D. 无极限

(2) 函数 $y=x^3$ 的单调区间是(　　)。

A. $(0, +\infty)$　　B. $(-\infty, 0)$　　C. $(-\infty, +\infty)$　　D. $(-\infty, 0)\cup(0, +\infty)$

(3) 设函数 $y=x^2-x$，则函数在区间 $[0, 1]$ 上的最大值是(　　)。

A. 0　　B. $-\dfrac{1}{4}$　　C. $\dfrac{1}{2}$　　D. $\dfrac{1}{4}$

(4) 设 $f(0)=0$，且极限 $\lim\limits_{x\to 0}\dfrac{f(x)}{x}$ 存在，则 $\lim\limits_{x\to 0}\dfrac{f(x)}{x}=$(　　)。

A. $f'(x)$　　B. $f'(0)$　　C. $f(0)$　　D. $\frac{1}{2}f'(0)$

(5) 函数 $f(x)=(x^2-x-2)|x^3-x|$ 不可导点的个数为(　　)。

A. 0　　B. 1　　C. 2　　D. 3

(6) 设函数 $f(x)$ 为可导的偶函数，且 $f'(-2)=3$，则 $f'(2)=$(　　)。

A. 0　　B. 3　　C. -3　　D. 不存在

(7) 函数 $f(x)=|x-2|$ 在点 $x=2$ 处的导数是(　　)。

A. 1　　B. 0　　C. -1　　D. 不存在

(8) 若 $f(x)=\ln(1+e^{-2x})$，则 $f'(0)=$(　　)。

A. -1　　B. 1　　C. $\frac{1}{2}$　　D. $-\frac{1}{2}$

(9) 设函数 $y=f(-x^2)$，则 $dy=$(　　)。

A. $f'(-x^2)dx$　　B. $2xf'(-x^2)dx$

C. $-2xf'(-x^2)$　　D. $-2xf'(-x^2)dx$

(10) 函数 $y=x^4-2x^2+5$ 的单调减区间为(　　)。

A. $(-\infty, -1)$ 及 $(0, 1)$　　B. $(-1, 0)$ 及 $(1, +\infty)$

C. $(-1, 1)$　　D. $(-\infty, -1)$ 及 $(1, +\infty)$

(11) 函数 $f(x)=x^3+ax^2+3x-9$ 在 $x=-3$ 时取得极值，则 a 等于(　　)。

A. 2　　B. 3　　C. 4　　D. 5

3. 填空题。

(1) 一物体的运动方程为 $s=t^3$，则该物体在 $t=2$ 时的瞬时速度为________。

(2) d________$=\cos 2x dx$。

(3) 设函数 $y=x^3\ln x$，则 $y'(1)=$________，$y''(1)=$________。

(4) 曲线 $y=f(x)$ 在点 $M(x_0, f(x_0))$ 的法线斜率为________。

(5) 变速直线运动 $s=s(t)$ 在 t_0 时刻的加速度为________。

(6) 设函数 $y=xe^x$，则 $y''(0)=$________。

(7) 已知 $f'(3)=2$，则 $\lim\limits_{h\to 0}\frac{f(3-h)-f(3)}{2h}=$________。

(8) 曲线 $y=2x^2+3x-26$ 上一点 M 的切线斜率为 15，则点 M 的坐标为________。

(9) d________$=(\cos x+\sin x)dx$。

4. 计算题。

(1) 求下列函数的导数。

① $y=\frac{1}{1+\cos x}$；　　② $y=\cos(e^{-x})$；

③ $y=(1+x^2)\arctan x$；　　④ $y=\arcsin(\sin x)$；

⑤ $y=\sin \ln x^2$；　　⑥ $y=\frac{x\ln x}{1+x}$；

⑦ $y=\frac{\cos x}{x^2-1}$；　　⑧ $y=\sqrt{1+x^2}+\ln \cos x+e^2$；

⑨ $y=2^{\tan\frac{1}{x}}$；　　⑩ $y=\arctan\frac{1+x}{1-x}$。

(2) 求下列函数的二阶导数。

① $y=xe^x$；　② $y=x^3\ln x$；

③ $y=\ln\dfrac{2-x}{2+x}$；　④ $y=e^{\sqrt{x}}$；

⑤ $y=e^{\cos x}$。

(3) 已知函数 $f(x)$可导，求下列函数的导数。

① $y=f(x^2)$；　② $y=a^{f(x)}+[f(x)]^2$。

(4) 将一物体垂直上抛，设其运动方程为 $s=10t-\dfrac{1}{2}gt^2$(g 为重力加速度)，试求：

① $t=1$ 时的速度与加速度；

② 何时物体到达最高点？

(5) 求下列各函数的导数$\dfrac{dy}{dx}$。

① $e^x-e^y=\sin(xy)$；　② $y^3=x+\arccos(xy)$；

③ $y=(\cot x)^{\frac{1}{x}}$；　④ $y=\sin x+x^{\sqrt{x}}$。

(6) 求下列参数方程的导数$\dfrac{dy}{dx}$。

① $\begin{cases}x=a(t-\sin t)\\y=b(1-\cos t)\end{cases}$；　② $\begin{cases}x=t^2\\y=\dfrac{1}{1+t}\end{cases}$。

(7) 求下列函数的微分。

① $y=\sin^3x-\cos 3x$；　② $y=\sqrt{1+x^2}$；

③ $y=e^x\arctan x$；　④ $y=\sqrt{\ln x}$；

⑤ $x^2+xy+y^2=3$；　⑥ $xy=e^{x-y}$。

(8) 设抛物线 $y=ax^2+bx+c$ 与曲线 $y=e^x$ 在点 $x=0$ 处相交，并在交点处有相同的一阶和二阶导数，试确定 a，b，c 的值。

(9) 设函数 $f(x)=2x^3-3(a+1)x^2+6ax+8$，其中 $a\in\mathbf{R}$。已知 $f(x)$在 $x=3$ 处取得极值。

① 求 $f(x)$的解析式；

② 求 $f(x)$在点 $A(1, 16)$处的切线方程。

(10) 求下列曲线在给定点处的切线方程和法线方程。

① $x^{\frac{3}{2}}+y^{\frac{3}{2}}=1$ 在(0, 1)处；　② $\begin{cases}x=\sin t\\y=\cos 2t\end{cases}$在 $t=\dfrac{\pi}{4}$处。

第17章　线性代数

线性代数是高等数学的一个重要分支，在许多领域特别是经济领域有着广泛的应用。掌握它的基本理论知识，对实践中遇到的许多数据的处理问题具有重要意义。本章将介绍线性代数的基本知识，内容包括行列式、矩阵两大有力的数学工具的有关概念、理论、方法及它们在一般线性方程组求解问题上的应用。

17.1　n 阶行列式的定义

本节在探讨二元与三元线性方程组的解的基础上，引入二阶和三阶行列式，然后在分析二阶和三阶行列式的关系的基础上，给出 n 阶行列式的定义。

1. 二阶行列式

我们知道，任何一个二元线性方程组经过变形以后，可以化成一般形式：

$$\begin{cases} a_{11}x_1 + a_{12}x_2 = b_1 \\ a_{21}x_1 + a_{22}x_2 = b_2 \end{cases} \tag{17-1}$$

当 $a_{11}a_{22}-a_{12}a_{21}\neq 0$ 时，使用消元法得方程组的唯一解为

$$\begin{cases} x_1 = \dfrac{b_1a_{22}-a_{12}b_2}{a_{11}a_{22}-a_{12}a_{21}} \\ x_2 = \dfrac{a_{11}b_2-b_1a_{21}}{a_{11}a_{22}-a_{12}a_{21}} \end{cases} \tag{17-2}$$

仔细观察式(17-2)可以发现，x_1 与 x_2 的表达式中，分子与分母均是两个数的乘积减去另两个数的乘积。为了便于记忆，下面引入二阶行列式的概念。

定义 17.1　用记号 $\begin{vmatrix} a_{11} & a_{12} \\ a_{21} & a_{22} \end{vmatrix}$ 表示代数和 $a_{11}a_{22}-a_{12}a_{21}$，称为二阶行列式，即

$$\begin{vmatrix} a_{11} & a_{12} \\ a_{21} & a_{22} \end{vmatrix} = a_{11}a_{22}-a_{12}a_{21} \tag{17-3}$$

每个横排称为行列式的行，每个竖排称为行列式的列，$a_{ij}(i, j=1, 2)$称为该二阶行列式的元素，它位于行列式的第 i 行第 j 列处。$a_{11}a_{22}-a_{12}a_{21}$称为二阶行列式的展开式。

可以看出，此展开式是行列式中用实线表示的对角线(叫作主对角线)上两个元素的乘积，减去用虚线表示的对角线(叫作次对角线)上两个元素的乘积所得的差(见图17-1)。这种二阶行列式展开的方法叫作对角线展开法。

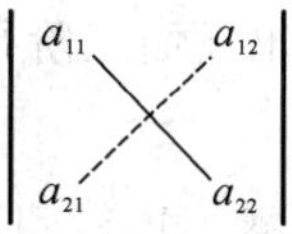

图 17-1　主对角线和次对角线

类似地，式(17－2)中的 x_1、x_2 的分子也可以写成二阶行列式，即

$$b_1a_{22}-a_{12}b_2=\begin{vmatrix} b_1 & a_{12} \\ b_2 & a_{22} \end{vmatrix}$$

$$a_{11}b_2-b_1a_{21}=\begin{vmatrix} a_{11} & b_1 \\ a_{21} & b_2 \end{vmatrix}$$

为方便起见，通常用 D、D_1、D_2 分别表示式(17－2)中分母和分子的各行列式，即

$$D=\begin{vmatrix} a_{11} & a_{12} \\ a_{21} & a_{22} \end{vmatrix},\ D_1=\begin{vmatrix} b_1 & a_{12} \\ b_2 & a_{22} \end{vmatrix},\ D_2=\begin{vmatrix} a_{11} & b_1 \\ a_{21} & b_2 \end{vmatrix}$$

那么，当系数行列式 $D\neq 0$ 时，式(17－1)的唯一解可用行列式表示为

$$\begin{cases} x_1=\dfrac{D_1}{D} \\ x_2=\dfrac{D_2}{D} \end{cases}$$

例 17.1 用行列式解线性方程组 $\begin{cases} x_1+2x_2=1 \\ 3x_1+5x_2=2 \end{cases}$。

解 因为 $D=\begin{vmatrix} 1 & 2 \\ 3 & 5 \end{vmatrix}=5-6=-1\neq 0$，所以方程组有唯一解。

又 $D_1=\begin{vmatrix} 1 & 2 \\ 2 & 5 \end{vmatrix}=5-4=1$，$D_2=\begin{vmatrix} 1 & 1 \\ 3 & 2 \end{vmatrix}=2-3=-1$

故方程组的解为

$$x_1=\frac{D_1}{D}=\frac{1}{-1}=-1,\ x_2=\frac{D_2}{D}=\frac{-1}{-1}=1$$

2. 三阶行列式

三元线性方程组的一般形式为

$$\begin{cases} a_{11}x_1+a_{12}x_2+a_{13}x_3=b_1 \\ a_{21}x_1+a_{22}x_2+a_{23}x_3=b_2 \\ a_{31}x_1+a_{32}x_2+a_{33}x_3=b_3 \end{cases} \tag{17-4}$$

当 $a_{11}a_{22}a_{33}+a_{12}a_{23}a_{31}+a_{13}a_{21}a_{32}-a_{13}a_{22}a_{31}-a_{11}a_{23}a_{32}-a_{12}a_{21}a_{33}\neq 0$ 时，使用消元法求得方程组的唯一解为

$$\begin{cases} x_1=\dfrac{b_1a_{22}a_{33}+a_{12}a_{23}b_3+a_{13}b_2a_{32}-a_{13}a_{22}b_3-b_1a_{23}a_{32}-a_{12}b_2a_{33}}{a_{11}a_{22}a_{33}+a_{12}a_{23}a_{31}+a_{13}a_{21}a_{32}-a_{13}a_{22}a_{31}-a_{11}a_{23}a_{32}-a_{12}a_{21}a_{33}} \\ x_2=\dfrac{a_{11}b_2a_{33}+b_1a_{23}a_{31}+a_{13}a_{21}b_3-a_{13}b_2a_{31}-a_{11}a_{23}b_3-b_1a_{21}a_{33}}{a_{11}a_{22}a_{33}+a_{12}a_{23}a_{31}+a_{13}a_{21}a_{32}-a_{13}a_{22}a_{31}-a_{11}a_{23}a_{32}-a_{12}a_{21}a_{33}} \\ x_3=\dfrac{a_{11}a_{22}b_3+a_{12}b_2a_{31}+b_1a_{21}a_{32}-b_1a_{22}a_{31}-a_{11}b_2a_{32}-a_{12}a_{21}b_3}{a_{11}a_{22}a_{33}+a_{12}a_{23}a_{31}+a_{13}a_{21}a_{32}-a_{13}a_{22}a_{31}-a_{11}a_{23}a_{32}-a_{12}a_{21}a_{33}} \end{cases}$$

同讨论二阶行列式相类似，我们给出下面三阶行列式的定义。

定义 17.2 用记号 $\begin{vmatrix} a_{11} & a_{12} & a_{13} \\ a_{21} & a_{22} & a_{23} \\ a_{31} & a_{32} & a_{33} \end{vmatrix}$ 表示代数和：

$$a_{11}a_{22}a_{33}+a_{12}a_{23}a_{31}+a_{13}a_{21}a_{32}-a_{13}a_{22}a_{31}-a_{11}a_{23}a_{32}-a_{12}a_{21}a_{33}$$

称为三阶行列式，把代数和式叫作三阶行列式的展开式，即

$$\begin{vmatrix} a_{11} & a_{12} & a_{13} \\ a_{21} & a_{22} & a_{23} \\ a_{31} & a_{32} & a_{33} \end{vmatrix} = a_{11}a_{22}a_{33}+a_{12}a_{23}a_{31}+a_{13}a_{21}a_{32}- a_{13}a_{22}a_{31}-a_{11}a_{23}a_{32}-a_{12}a_{21}a_{33} \tag{17-5}$$

$a_{ij}(i, j=1, 2, 3)$称为这个行列式的第 i 行第 j 列的元素。在式(17-5)的行列式中，连接 a_{11}与 a_{33}的线称为三阶行列式的主对角线，连接 a_{13}与 a_{31}的线称为三阶行列式的次对角线。

三阶行列式有三行三列共九个元素。其展开式共有六项，每项都是不同行不同列的三个元素之积，且有三项为正，三项为负。为便于记忆，三阶行列式可按图 17-2 所示展开。实线上三个元素之积取正号，虚线上三个元素之积取负号。这种展开三阶行列式的方法也叫作对角线展开法。

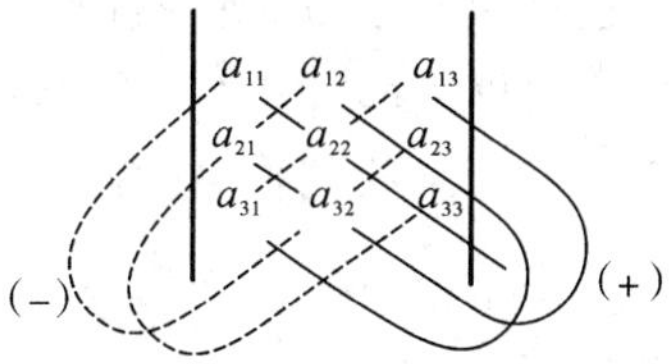

图 17-2　三阶行列式的展开

注意　对角线展开法只适用于二阶和三阶行列式。

有了三阶行列式的定义，式(17-4)的求解公式中的三个分子可分别用三阶行列式：

$$D_1=\begin{vmatrix} b_1 & a_{12} & a_{13} \\ b_2 & a_{22} & a_{23} \\ b_3 & a_{32} & a_{33} \end{vmatrix}, D_2=\begin{vmatrix} a_{11} & b_1 & a_{13} \\ a_{21} & b_2 & a_{23} \\ a_{31} & b_3 & a_{33} \end{vmatrix}, D_3=\begin{vmatrix} a_{11} & a_{12} & b_1 \\ a_{21} & a_{22} & b_2 \\ a_{31} & a_{32} & b_3 \end{vmatrix}$$

表示，当式(17-4)的系数行列式：

$$D=\begin{vmatrix} a_{11} & a_{12} & a_{13} \\ a_{21} & a_{22} & a_{23} \\ a_{31} & a_{32} & a_{33} \end{vmatrix} \neq 0$$

时，式(17-4)有唯一解：

$$\begin{cases} x_1=\dfrac{D_1}{D} \\ x_2=\dfrac{D_2}{D} \\ x_3=\dfrac{D_3}{D} \end{cases}$$

例 17.2　计算三阶行列式 $D=\begin{vmatrix} 1 & 0 & 2 \\ 3 & -1 & 2 \\ 4 & -1 & 4 \end{vmatrix}$。

解　$D=\begin{vmatrix}1 & 0 & 2\\3 & -1 & 2\\4 & -1 & 4\end{vmatrix}$

$=1\times(-1)\times4+0\times2\times4+2\times3\times(-1)-2\times(-1)\times4-1\times2\times(-1)-0\times3\times4=0$

实际上，三阶行列式的展开式也可以记为

$$a_{11}a_{22}a_{33}+a_{12}a_{23}a_{31}+a_{13}a_{21}a_{32}-a_{13}a_{22}a_{31}-a_{11}a_{23}a_{32}-a_{12}a_{21}a_{33}$$
$$=a_{11}(a_{22}a_{33}-a_{23}a_{32})-a_{12}(a_{21}a_{33}-a_{23}a_{31})+a_{13}(a_{21}a_{32}-a_{22}a_{31})$$
$$=a_{11}\begin{vmatrix}a_{22} & a_{23}\\a_{32} & a_{33}\end{vmatrix}-a_{12}\begin{vmatrix}a_{21} & a_{23}\\a_{31} & a_{33}\end{vmatrix}+a_{13}\begin{vmatrix}a_{21} & a_{22}\\a_{31} & a_{32}\end{vmatrix}$$

即可以写成第一行的元素分别与三个二阶行列式乘积的代数和的形式。

令 $D_{11}=\begin{vmatrix}a_{22} & a_{23}\\a_{32} & a_{33}\end{vmatrix}$，$D_{12}=\begin{vmatrix}a_{21} & a_{23}\\a_{31} & a_{33}\end{vmatrix}$，$D_{13}=\begin{vmatrix}a_{21} & a_{22}\\a_{31} & a_{32}\end{vmatrix}$，它们分别是划去三阶行列式的第一行与第 $j(j=1,2,3)$列，也就是划去 a_{1j} 所在行和列的元素后，所剩元素按原来的相应位置组成的二阶行列式，我们称 D_{1j} 为 $a_{1j}(j=1,2,3)$的余子式。

若记 $A_{1j}=(-1)^{1+j}D_{1j}(j=1,2,3)$，我们称 A_{1j} 为 $a_{1j}(j=1,2,3)$的代数余子式。

利用代数余子式，可得

$$\begin{vmatrix}a_{11} & a_{12} & a_{13}\\a_{21} & a_{22} & a_{23}\\a_{31} & a_{32} & a_{33}\end{vmatrix}=a_{11}A_{11}+a_{12}A_{12}+a_{13}A_{13}$$

等式右边叫作三阶行列式按第一行的展开式，所以可用二阶行列式定义三阶行列式，同样可用三阶行列式定义四阶行列式，即

$$\begin{vmatrix}a_{11} & a_{12} & a_{13} & a_{14}\\a_{21} & a_{22} & a_{23} & a_{24}\\a_{31} & a_{32} & a_{33} & a_{34}\\a_{41} & a_{42} & a_{43} & a_{44}\end{vmatrix}=a_{11}\begin{vmatrix}a_{22} & a_{23} & a_{24}\\a_{32} & a_{33} & a_{34}\\a_{42} & a_{43} & a_{44}\end{vmatrix}-a_{12}\begin{vmatrix}a_{21} & a_{23} & a_{24}\\a_{31} & a_{33} & a_{34}\\a_{41} & a_{43} & a_{44}\end{vmatrix}+$$
$$a_{13}\begin{vmatrix}a_{21} & a_{22} & a_{24}\\a_{31} & a_{32} & a_{34}\\a_{41} & a_{42} & a_{44}\end{vmatrix}-a_{14}\begin{vmatrix}a_{21} & a_{22} & a_{23}\\a_{31} & a_{32} & a_{33}\\a_{41} & a_{42} & a_{43}\end{vmatrix}$$
$$=a_{11}D_{11}-a_{12}D_{12}+a_{13}D_{13}-a_{14}D_{14}$$
$$=a_{11}A_{11}+a_{12}A_{12}+a_{13}A_{13}+a_{14}A_{14}$$

其中，$D_{1j}(j=1,2,3,4)$是四阶行列式中将 a_{1j} 所在的行和列的元素划去后得到的一个三阶行列式，称为 a_{1j} 的余子式，$A_{1j}=(-1)^{1+j}D_{1j}(j=1,2,3,4)$称为 a_{1j} 的代数余子式。同理，可由四阶行列式定义五阶行列式等。

3. n 阶行列式

一般地，假设 $n-1$ 阶行列式已定义，现在来定义 n 阶行列式。

定义 17.3　n 阶行列式由 n^2 个元素构成，记为

$$\begin{vmatrix} a_{11} & a_{12} & \cdots & a_{1n} \\ a_{21} & a_{22} & \cdots & a_{2n} \\ \vdots & \vdots & & \vdots \\ a_{n1} & a_{n2} & \cdots & a_{nn} \end{vmatrix}$$

表示由其中 n^2 个元素所组成的一个代数式的值，即

$$D=\begin{vmatrix} a_{11} & a_{12} & \cdots & a_{1n} \\ a_{21} & a_{22} & \cdots & a_{2n} \\ \vdots & \vdots & & \vdots \\ a_{n1} & a_{n2} & \cdots & a_{nn} \end{vmatrix}=a_{11}\begin{vmatrix} a_{22} & a_{23} & \cdots & a_{2n} \\ a_{32} & a_{33} & \cdots & a_{3n} \\ \vdots & \vdots & & \vdots \\ a_{n2} & a_{n3} & \cdots & a_{nn} \end{vmatrix}-a_{12}\begin{vmatrix} a_{21} & a_{23} & \cdots & a_{2n} \\ a_{31} & a_{33} & \cdots & a_{3n} \\ \vdots & \vdots & & \vdots \\ a_{n1} & a_{n3} & \cdots & a_{nn} \end{vmatrix}+\cdots+$$

$$(-1)^{1+n}\times a_{1n}\begin{vmatrix} a_{21} & a_{22} & \cdots & a_{2,n-1} \\ a_{31} & a_{32} & \cdots & a_{3,n-1} \\ \vdots & \vdots & & \vdots \\ a_{n1} & a_{n2} & \cdots & a_{n,n-1} \end{vmatrix} \tag{17-6}$$

$a_{ij}(i, j=1, 2, 3, \cdots, n)$称为 n 阶行列式的元素，在 n 阶行列式中划去元素 a_{ij} 所在的第 i 行和第 j 列上所有元素后得到的 $n-1$ 阶行列式，称为元素 a_{ij} 的余子式，记为 D_{ij}，而将$(-1)^{i+j}D_{ij}$ 称为元素 a_{ij} 的代数余子式，记为 A_{ij}，即 $A_{ij}=(-1)^{i+j}D_{ij}$。利用代数余子式，n 阶行列式 D 可表示为

$$D=a_{11}A_{11}+a_{12}A_{12}+\cdots+a_{1n}A_{1n}$$

这种 n 阶($n=3, 4, \cdots$)行列式用 $n-1$ 阶行列式来定义的方法，称为行列式的逆归定义法。

n 阶行列式有 n 行、n 列，共 n^2 个元素，n 阶行列式是有$n!$项的一个代数和，每一项都是 D 中属于不同行不同列的 n 个元素的乘积。

在 n 阶行列式中，a_{11}，a_{22}，$\cdots$，a_{nn} 称为主对角线上的元素。

例 17.3 计算四阶行列式$\begin{vmatrix} 2 & 0 & 0 & 0 \\ 10 & 1 & 0 & 3 \\ 5 & 6 & 7 & 0 \\ 6 & 4 & -2 & -1 \end{vmatrix}$。

解 $$\begin{vmatrix} 2 & 0 & 0 & 0 \\ 10 & 1 & 0 & 3 \\ 5 & 6 & 7 & 0 \\ 6 & 4 & -2 & -1 \end{vmatrix}=2\cdot(-1)^{1+1}\begin{vmatrix} 1 & 0 & 3 \\ 6 & 7 & 0 \\ 4 & -2 & -1 \end{vmatrix}$$

$$=2\left[1\cdot(-1)^{1+1}\begin{vmatrix} 7 & 0 \\ -2 & -1 \end{vmatrix}+3\cdot(-1)^{1+3}\begin{vmatrix} 6 & 7 \\ 4 & -2 \end{vmatrix}\right]$$

$$=2[-7+3(-12-28)]=-254$$

例 17.4 计算行列式$\begin{vmatrix} a_{11} & 0 & \cdots & 0 \\ a_{21} & a_{22} & \cdots & 0 \\ \vdots & \vdots & & \vdots \\ a_{n1} & a_{n2} & \cdots & a_{nn} \end{vmatrix}$。

解 $\begin{vmatrix} a_{11} & 0 & \cdots & 0 \\ a_{21} & a_{22} & \cdots & 0 \\ \vdots & \vdots & & \vdots \\ a_{n1} & a_{n2} & \cdots & a_{nn} \end{vmatrix} = a_{11} \begin{vmatrix} a_{22} & 0 & \cdots & 0 \\ a_{32} & a_{33} & \cdots & 0 \\ \vdots & \vdots & & \vdots \\ a_{n2} & a_{n3} & \cdots & a_{nn} \end{vmatrix} = \cdots = a_{11}a_{22}\cdots a_{nn}$

★练习 17.1

1. 求下列行列式的值。

(1) $\begin{vmatrix} \tan\alpha & -1 \\ 1 & \tan\alpha \end{vmatrix}$；　　(2) $\begin{vmatrix} 1 & 2 & 3 \\ 2 & 1 & 1 \\ 3 & 0 & 1 \end{vmatrix}$。

2. 写出下面行列式中元素 a_{13} 的余子式和代数余子式：

$$\begin{vmatrix} a & b & -c & 4 \\ b & -a & 3 & 6 \\ c & 5 & -b & a \\ b & 0 & 24 & b \end{vmatrix}$$

3. 用行列式解下列方程组。

(1) $\begin{cases} 4x+3y=5 \\ 3x+4y=6 \end{cases}$；　　(2) $\begin{cases} ax+by=c \\ by+cz=a \\ ax+cz=b \end{cases}$。

4. 用定义计算下列行列式的值。

(1) $\begin{vmatrix} 0 & 1 & 0 & 0 \\ 0 & 0 & 2 & 0 \\ 0 & 0 & 0 & 3 \\ 4 & 0 & 0 & 0 \end{vmatrix}$；　　(2) $\begin{vmatrix} 0 & 0 & 0 & 0 & a_{15} \\ 0 & 0 & 0 & a_{24} & 0 \\ 0 & 0 & a_{33} & 0 & 0 \\ 0 & a_{42} & 0 & 0 & 0 \\ a_{51} & 0 & 0 & 0 & 0 \end{vmatrix}$。

5. 按定义展开并计算下列行列式。

(1) $\begin{vmatrix} x & y & z & w \\ 1 & 2 & 3 & 6 \\ 2 & 1 & 3 & 6 \\ 3 & 1 & 2 & 6 \end{vmatrix}$；　　(2) $\begin{vmatrix} s & t & u & v \\ 0 & 1 & 1 & 1 \\ 1 & 1 & 0 & 1 \\ 1 & 1 & 1 & 0 \end{vmatrix}$。

6. n 阶行列式的某元素 a_{ij} 的余子式和代数余子式是什么关系？

7. 如果一个 n 阶行列式只有主对角线上的元素不为零，那么该 n 阶行列式的值与主对角线上元素的积有什么关系？

8. 例 17.4 中主对角线上方的元素都为零，如果主对角线下方的元素都为零，结果会改变吗？

9. n 阶行列式的计算能否用对角线展开法？

17.2　行列式的性质与克莱姆法则

1. 行列式的性质

从行列式的定义出发直接计算行列式是很麻烦的。为了简化 n 阶行列式的计算，下面我们讨论行列式的性质。

在讨论行列式的性质前，我们先给出行列式的转置行列式的概念。

定义 17.4　将行列式 D 的行、列互换后，得到新的行列式 D^{T}，D^{T} 称为 D 的转置行列式。如果

$$D=\begin{vmatrix} a_{11} & a_{12} & \cdots & a_{1n} \\ a_{21} & a_{22} & \cdots & a_{2n} \\ \vdots & \vdots & & \vdots \\ a_{n1} & a_{n2} & \cdots & a_{nn} \end{vmatrix}$$

则

$$D^{\mathrm{T}}=\begin{vmatrix} a_{11} & a_{21} & \cdots & a_{n1} \\ a_{12} & a_{22} & \cdots & a_{n2} \\ \vdots & \vdots & & \vdots \\ a_{1n} & a_{2n} & \cdots & a_{nn} \end{vmatrix}$$

本节所列举的行列式的性质，一般用三阶行列式加以验证或说明。这些性质及其推论对于 n 阶行列式也成立。

性质 1　行列式与它的转置行列式相等，即 $D=D^{\mathrm{T}}$。

例如：

$$\begin{vmatrix} a_{11} & a_{12} & a_{13} \\ a_{21} & a_{22} & a_{23} \\ a_{31} & a_{32} & a_{33} \end{vmatrix}=\begin{vmatrix} a_{11} & a_{21} & a_{31} \\ a_{12} & a_{22} & a_{32} \\ a_{13} & a_{23} & a_{33} \end{vmatrix}$$

性质 1 表明，在行列式中行与列的地位是对称的，因此凡是有关行的性质，对列也同样成立。

性质 2　行列式的任意两行(列)互换，行列式的值仅改变符号。

例如：

$$\begin{vmatrix} a_{11} & a_{12} & a_{13} \\ a_{21} & a_{22} & a_{23} \\ a_{31} & a_{32} & a_{33} \end{vmatrix}=-\begin{vmatrix} a_{21} & a_{22} & a_{23} \\ a_{11} & a_{12} & a_{13} \\ a_{31} & a_{32} & a_{33} \end{vmatrix}$$

说明　以 r_i 表示行列式的第 i 行，以 c_i 表示第 i 列。交换 i、j 两行记作 $r_i \leftrightarrow r_j$，交换 i、j 两列记作 $c_i \leftrightarrow c_j$。

性质 3　如果行列式的某两行(列)的对应元素相同，则此行列式的值为零。

例如：

$$\begin{vmatrix} a_{11} & a_{12} & a_{13} \\ a_{11} & a_{12} & a_{13} \\ a_{31} & a_{32} & a_{33} \end{vmatrix}=0$$

性质 4　用一个常数 k 乘以行列式的某一行(列)的各元素，等于用数 k 乘以此行列式。

例如：

$$\begin{vmatrix} ka_{11} & ka_{12} & ka_{13} \\ a_{21} & a_{22} & a_{23} \\ a_{31} & a_{32} & a_{33} \end{vmatrix} = k\begin{vmatrix} a_{11} & a_{12} & a_{13} \\ a_{21} & a_{22} & a_{23} \\ a_{31} & a_{32} & a_{33} \end{vmatrix}$$

第 i 行(列)乘以 k，记作 $r_i \times k(c_i \times k)$。

推论 1　若行列式中某一行(列)的元素都为零，则此行列式的值为零。

推论 2　若行列式中某两行(列)的对应元素成比例，则此行列式的值为零。

例如：

$$\begin{vmatrix} ka_{11} & ka_{12} & ka_{13} \\ a_{11} & a_{12} & a_{13} \\ a_{31} & a_{32} & a_{33} \end{vmatrix} = k\begin{vmatrix} a_{11} & a_{12} & a_{13} \\ a_{11} & a_{12} & a_{13} \\ a_{31} & a_{32} & a_{33} \end{vmatrix} = 0$$

性质 5　若行列式的某一行(列)的元素都是二项式，则此行列式等于把这些二项式各取一项作为相应的行(列)，而其余的行(列)不变的两个行列式的和。

例如：

$$\begin{vmatrix} a_{11}+k_1 & a_{12}+k_2 & a_{13}+k_3 \\ a_{21} & a_{22} & a_{23} \\ a_{31} & a_{32} & a_{33} \end{vmatrix} = \begin{vmatrix} a_{11} & a_{12} & a_{13} \\ a_{21} & a_{22} & a_{23} \\ a_{31} & a_{32} & a_{33} \end{vmatrix} + \begin{vmatrix} k_1 & k_2 & k_3 \\ a_{21} & a_{22} & a_{23} \\ a_{31} & a_{32} & a_{33} \end{vmatrix}$$

性质 6　用一常数 k 乘以行列式的某一行(列)的各个元素，加到另一行(列)的对应元素上去，行列式的值不变。

例如：

$$\begin{vmatrix} a_{11} & a_{12} & a_{13} \\ a_{21} & a_{22} & a_{23} \\ a_{31} & a_{32} & a_{33} \end{vmatrix} \xlongequal{r_1+kr_2} \begin{vmatrix} a_{11}+ka_{21} & a_{12}+ka_{22} & a_{13}+ka_{23} \\ a_{21} & a_{22} & a_{23} \\ a_{31} & a_{32} & a_{33} \end{vmatrix}$$

性质 7　行列式等于它的任意一行(列)的各元素与其对应的代数余子式的乘积之和。

我们常称性质 7 为行列式按行(列)展开的性质。实际上，这个性质就是我们对高阶行列式的定义，利用这个性质可以将高阶行列式化为低阶行列式进行计算。

例 17.5　计算行列式 $D=\begin{vmatrix} 1 & 3 & -1 & 2 \\ 1 & 5 & 3 & -4 \\ 0 & 4 & 1 & -1 \\ -5 & 1 & 3 & -3 \end{vmatrix}$。

解

$$D = \begin{vmatrix} 1 & 3 & -1 & 2 \\ 0 & 2 & 4 & -6 \\ 0 & 4 & 1 & -1 \\ 0 & 16 & -2 & 7 \end{vmatrix} = \begin{vmatrix} 2 & 4 & -6 \\ 4 & 1 & -1 \\ 16 & -2 & 7 \end{vmatrix} = 2\begin{vmatrix} 1 & 4 & -6 \\ 2 & 1 & -1 \\ 8 & -2 & 7 \end{vmatrix}$$

$$= 2\begin{vmatrix} 1 & 4 & -6 \\ 0 & -7 & 11 \\ 0 & -34 & 55 \end{vmatrix} = 2\begin{vmatrix} -7 & 11 \\ -34 & 55 \end{vmatrix} = -22\begin{vmatrix} 7 & 1 \\ 34 & 5 \end{vmatrix} = -22$$

例 17.6　计算行列式 $D=\begin{vmatrix} a+b+c+2d & a & b & c \\ c & b+c+d+2a & d & b \\ c & a & a+c+d+2b & d \\ d & a & b & a+b+d+2c \end{vmatrix}$。

解　$D=\begin{vmatrix} 2(a+b+c+d) & a & b & c \\ 2(a+b+c+d) & b+c+d+2a & d & b \\ 2(a+b+c+d) & a & a+c+d+2b & d \\ 2(a+b+c+d) & a & b & a+b+d+2c \end{vmatrix}$

$=\begin{vmatrix} 2(a+b+c+d) & a & b & c \\ 0 & a+b+c+d & d-b & b-c \\ 0 & 0 & a+b+c+d & d-c \\ 0 & 0 & 0 & a+b+c+d \end{vmatrix}$

$=2(a+b+c+d)^4$

例 17.7　计算五阶行列式 $D=\begin{vmatrix} 1 & 2 & 3 & 4 & 5 \\ 5 & 1 & 2 & 3 & 4 \\ 4 & 5 & 1 & 2 & 3 \\ 3 & 4 & 5 & 1 & 2 \\ 2 & 3 & 4 & 5 & 1 \end{vmatrix}$。

解　把第二、三、四、五列都加到第一列上，得

$$D=\begin{vmatrix} 15 & 2 & 3 & 4 & 5 \\ 15 & 1 & 2 & 3 & 4 \\ 15 & 5 & 1 & 2 & 3 \\ 15 & 4 & 5 & 1 & 2 \\ 15 & 3 & 4 & 5 & 1 \end{vmatrix}=15\begin{vmatrix} 1 & 2 & 3 & 4 & 5 \\ 1 & 1 & 2 & 3 & 4 \\ 1 & 5 & 1 & 2 & 3 \\ 1 & 4 & 5 & 1 & 2 \\ 1 & 3 & 4 & 5 & 1 \end{vmatrix}$$

然后把第五行乘以−1加到第四行，第四行乘以−1加到第三行，第三行乘以−1加到第二行，第二行乘以−1加到第一行上，得

$$D=15\begin{vmatrix} 0 & 1 & 1 & 1 & 1 \\ 0 & -4 & 1 & 1 & 1 \\ 0 & 1 & -4 & 1 & 1 \\ 0 & 1 & 1 & -4 & 1 \\ 1 & 3 & 4 & 5 & 1 \end{vmatrix}$$

按第一列展开

$$D=15\times(-1)^{5+1}\times 1\begin{vmatrix} 1 & 1 & 1 & 1 \\ -4 & 1 & 1 & 1 \\ 1 & -4 & 1 & 1 \\ 1 & 1 & -4 & 1 \end{vmatrix}=15\begin{vmatrix} 1 & 1 & 1 & 1 \\ -4 & 1 & 1 & 1 \\ 1 & -4 & 1 & 1 \\ 1 & 1 & -4 & 1 \end{vmatrix}$$

将第一行乘−1分别加到第二、三、四行上，得

$$D=15\begin{vmatrix}1&1&1&1\\-5&0&0&0\\0&-5&0&0\\0&0&-5&0\end{vmatrix}=15\times(-1)^{1+4}\begin{vmatrix}-5&0&0\\0&-5&0\\0&0&-5\end{vmatrix}$$

$$=15\times(-1)\times(-5)^3=1875$$

例 17.8　计算 n 阶行列式 $D=\begin{vmatrix}a&b&b&\cdots&b\\b&a&b&\cdots&b\\b&b&a&\cdots&b\\\vdots&\vdots&\vdots&&\vdots\\b&b&b&\cdots&a\end{vmatrix}$。

解　$D=\begin{vmatrix}a+(n-1)b&b&b&\cdots&b\\a+(n-1)b&a&b&\cdots&b\\a+(n-1)b&b&a&\cdots&b\\\vdots&\vdots&\vdots&&\vdots\\a+(n-1)b&b&b&\cdots&a\end{vmatrix}=[a+(n-1)b]\begin{vmatrix}1&b&b&\cdots&b\\1&a&b&\cdots&b\\1&b&a&\cdots&b\\\vdots&\vdots&\vdots&&\vdots\\1&b&b&\cdots&a\end{vmatrix}$

$$=[a+(n-1)b]\begin{vmatrix}1&b&b&\cdots&b\\0&a-b&0&\cdots&0\\0&0&a-b&\cdots&0\\\vdots&\vdots&\vdots&&\vdots\\0&0&0&\cdots&a-b\end{vmatrix}=[a+(n-1)b](a-b)^{n-1}$$

例 17.9　计算行列式 $D=\begin{vmatrix}1&2&2&\cdots&2\\2&2&2&\cdots&2\\2&2&3&\cdots&2\\\vdots&\vdots&\vdots&&\vdots\\2&2&2&\cdots&n\end{vmatrix}$。

解　在计算一般行列式时，首先应该观察一下行列式的特点，然后根据其特点进行计算。本题中的行列式对角线上的元素依次是 1，2，3，…，n，其余所有元素都是 2。所以将它的第二行元素乘以 -1 加到其余 $n-1$ 个行上以后，出现了很多零。这种行列式容易计算。

$$D=\begin{vmatrix}1&2&2&\cdots&2\\2&2&2&\cdots&2\\2&2&3&\cdots&2\\\vdots&\vdots&\vdots&&\vdots\\2&2&2&\cdots&n\end{vmatrix}=\begin{vmatrix}-1&0&0&\cdots&0\\2&2&2&\cdots&2\\0&0&1&\cdots&0\\\vdots&\vdots&\vdots&&\vdots\\0&0&0&\cdots&n-2\end{vmatrix}$$

按第一行展开，得

$$D=(-1)^{1+1}\begin{vmatrix}2&2&\cdots&2\\0&1&\cdots&1\\\vdots&\vdots&&\vdots\\0&0&\cdots&n-2\end{vmatrix}=2(n-2)!$$

例 17.10　计算 n 阶行列式 $D=\begin{vmatrix} a & b & 0 & \cdots & 0 & 0 \\ 0 & a & b & \cdots & 0 & 0 \\ \vdots & \vdots & \vdots & & \vdots & \vdots \\ 0 & 0 & 0 & \cdots & a & b \\ b & 0 & 0 & \cdots & 0 & a \end{vmatrix}$。

解　按第一列展开，得

$$D=a\begin{vmatrix} a & b & 0 & \cdots & 0 & 0 \\ 0 & a & b & \cdots & 0 & 0 \\ \vdots & \vdots & \vdots & & \vdots & \vdots \\ 0 & 0 & 0 & \cdots & a & b \\ 0 & 0 & 0 & \cdots & 0 & a \end{vmatrix}+b\cdot(-1)^{n+1}\begin{vmatrix} b & 0 & 0 & \cdots & 0 & 0 \\ a & b & 0 & \cdots & 0 & 0 \\ \vdots & \vdots & \vdots & & \vdots & \vdots \\ 0 & 0 & 0 & \cdots & b & 0 \\ 0 & 0 & 0 & \cdots & a & b \end{vmatrix}$$

$$=a\cdot a^{n-1}+b(-1)^{n+1}b^{n-1}=a^n+(-1)^{n+1}b^n$$

2. 克莱姆法则

下面介绍利用行列式求解线性方程组的克莱姆(Gramer)法则，从而解决利用 n 阶行列式解 n 元线性方程组的方法问题。

在这里只考虑方程个数与未知数个数相等的情形。

含 n 个方程的 n 元线性方程组的一般形式为

$$\begin{cases} a_{11}x_1+a_{12}x_2+\cdots+a_{1n}x_n=b_1 \\ a_{21}x_1+a_{22}x_2+\cdots+a_{2n}x_n=b_2 \\ \qquad\qquad\vdots \\ a_{n1}x_1+a_{n2}x_2+\cdots+a_{nn}x_n=b_n \end{cases} \tag{17-7}$$

与二、三元线性方程组类似，它的解可以用 n 阶行列式表示。

定理 17.1(克莱姆法则)　如果线性方程组(17-7)的系数行列式不等于零，即

$$D=\begin{vmatrix} a_{11} & a_{12} & \cdots & a_{1n} \\ a_{21} & a_{22} & \cdots & a_{2n} \\ \vdots & \vdots & & \vdots \\ a_{n1} & a_{n2} & \cdots & a_{nn} \end{vmatrix}\neq 0$$

那么方程组(17-7)有唯一一组解：

$$x_1=\frac{D_1}{D},\ x_2=\frac{D_2}{D},\ \cdots,\ x_n=\frac{D_n}{D}$$

注意　$D_j(j=1, 2, \cdots, n)$是将系数行列式 D 中第 j 列元素 a_{1j}，a_{2j}，…，a_{nj} 对应地换为方程组的常数项 b_1，b_2，…，b_n 后得到的行列式，即

$$D_j=\begin{vmatrix} a_{11} & \cdots & a_{1,j-1} & b_1 & a_{1,j+1} & \cdots & a_{1n} \\ a_{21} & \cdots & a_{2,j-1} & b_2 & a_{2,j+1} & \cdots & a_{2n} \\ \vdots & & \vdots & \vdots & \vdots & & \vdots \\ a_{n1} & \cdots & a_{n,j-1} & b_n & a_{n,j+1} & \cdots & a_{nn} \end{vmatrix}$$

例 17.11　解方程组$\begin{cases}2x_1+x_2-5x_3+x_4=8\\x_1-3x_2-6x_4=9\\2x_2-x_3+2x_4=-5\\x_1+4x_2-7x_3+6x_4=0\end{cases}$。

解　方程组的系数行列式：

$$D=\begin{vmatrix}2&1&-5&1\\1&-3&0&6\\0&2&-1&2\\1&4&-7&6\end{vmatrix}=27$$

而

$$D_1=\begin{vmatrix}8&1&-5&1\\9&-3&0&6\\-5&2&-1&2\\0&4&-7&6\end{vmatrix}=81,\quad D_2=\begin{vmatrix}2&8&-5&1\\1&9&0&6\\0&-5&-1&2\\1&0&-7&6\end{vmatrix}=-108$$

$$D_3=\begin{vmatrix}2&1&8&1\\1&-3&9&6\\0&2&-5&2\\1&4&0&6\end{vmatrix}=-27,\quad D_4=\begin{vmatrix}2&1&-5&8\\1&-3&0&9\\0&2&-1&-5\\1&4&-7&0\end{vmatrix}=27$$

所以所给方程组的解为

$$x_1=\frac{D_1}{D}=3,\ x_2=\frac{D_2}{D}=-4,\ x_3=\frac{D_3}{D}=-1,\ x_4=\frac{D_4}{D}=1$$

注意　线性方程组只有当未知数的个数和方程的个数相同且系数行列式不为零时，才能用克莱姆法则求解。

3. 齐次线性方程组

当线性方程组(17－7)的常数项全为零时，方程组

$$\begin{cases}a_{11}x_1+a_{12}x_2+\cdots+a_{1n}x_n=0\\a_{21}x_1+a_{22}x_2+\cdots+a_{2n}x_n=0\\\quad\vdots\\a_{n1}x_1+a_{n2}x_2+\cdots+a_{nn}x_n=0\end{cases}\tag{17-8}$$

叫作齐次线性方程组。

显然，$x_1=x_2=\cdots=x_n=0$ 是齐次线性方程组(17－8)的解，它称为零解。如果齐次线性方程组除去零解以外还有其他的解，那么这个解叫作非零解。

对于这个方程个数与未知数个数相同的齐次线性方程组，应用克莱姆法则有如下定理：

定理 17.2　若齐次线性方程组(17－8)的系数行列式 $D\neq0$，则它仅有零解。换句话说，齐次线性方程组(17－8)有非零解的充分必要条件是 $D=0$。

例 17.12　问 λ 取何值时，线性方程组：

$$\begin{cases} (\lambda+3)x_1+x_2+2x_3=0 \\ \lambda x_1+(\lambda-1)x_2+x_3=0 \\ 3(\lambda+1)x_1+\lambda x_2+(\lambda+3)x_3=0 \end{cases}$$

(1) 只有零解；

(2) 有非零解。

解　所给方程组的系数行列式：

$$D=\begin{vmatrix} \lambda+3 & 1 & 2 \\ \lambda & \lambda-1 & 1 \\ 3(\lambda+1) & \lambda & \lambda+3 \end{vmatrix}$$

$$=(\lambda+3)^2(\lambda-1)+2\lambda^2+3(\lambda+1)-6(\lambda-1)(\lambda+1)-2\lambda(\lambda+3)$$

$$=\lambda^2(\lambda-1)$$

(1) 当 $\lambda\neq 0$ 且 $\lambda\neq 1$ 时，系数行列式 $D\neq 0$，因此，方程组只有零解。

(2) 当 $\lambda=0$ 或 $\lambda=1$ 时，系数行列式 $D=0$，因此，方程组有非零解。

★练习 17.2

1. 计算下列行列式。

(1) $\begin{vmatrix} 1 & 1 & 2 \\ 2 & 1 & 1 \\ 1 & 2 & 1 \end{vmatrix}$；　(2) $\begin{vmatrix} 1 & 1 & 1 \\ a & b & c \\ b+c & c+a & a+b \end{vmatrix}$；

(3) $\begin{vmatrix} 1+\cos x & 1+\sin x & 1 \\ 1-\sin x & 1+\cos x & 1 \\ 1 & 1 & 1 \end{vmatrix}$；　(4) $\begin{vmatrix} 1 & 1 & 1 & 1 \\ 1 & -1 & 1 & 1 \\ 1 & 1 & -1 & 1 \\ 1 & 1 & 1 & -1 \end{vmatrix}$；

(5) $\begin{vmatrix} a_{11} & a_{12} & a_{13} & a_{14} \\ a_{21} & a_{22} & a_{23} & 0 \\ a_{31} & a_{32} & 0 & 0 \\ a_{41} & 0 & 0 & 0 \end{vmatrix}$；　(6) $\begin{vmatrix} 1 & 3 & 3 & 3 & \cdots & 3 \\ 3 & 2 & 3 & 3 & \cdots & 3 \\ 3 & 3 & 3 & 3 & \cdots & 3 \\ 3 & 3 & 3 & 4 & \cdots & 3 \\ \vdots & \vdots & \vdots & \vdots & & \vdots \\ 3 & 3 & 3 & 3 & \cdots & n \end{vmatrix}$。

2. 利用行列式的性质证明下列等式。

(1) $\begin{vmatrix} 1 & a & a^2-bc \\ 1 & b & b^2-ca \\ 1 & c & c^2-ab \end{vmatrix}=0$；　(2) $\begin{vmatrix} 1 & a & b & c+d \\ 1 & b & c & d+a \\ 1 & c & d & a+b \\ 1 & d & a & b+c \end{vmatrix}=0$；

(3) $\begin{vmatrix} c & a & d & b \\ a & c & d & b \\ a & c & b & d \\ c & a & b & d \end{vmatrix}=0$；　(4) $\begin{vmatrix} \cos\alpha & \sin\alpha & 0 & 0 \\ -\sin\alpha & \cos\alpha & 0 & 0 \\ 0 & 0 & \cos\alpha & \sin\alpha \\ 0 & 0 & -\sin\alpha & \cos\alpha \end{vmatrix}=1$；

(5) $\begin{vmatrix} a_1-b_1 & b_1-c_1 & c_1-a_1 \\ a_2-b_2 & b_2-c_2 & c_2-a_2 \\ a_3-b_3 & b_3-c_3 & c_3-a_3 \end{vmatrix}=0$；

(6) $\begin{vmatrix} a & b & c & d \\ a & a+b & a+b+c & a+b+c+d \\ a & 2a+b & 3a+2b+c & 4a+3b+2c+d \\ a & 3a+b & 6a+3b+c & 10a+6b+3c+d \end{vmatrix}=a^4$。

3. 用克莱姆法则求解方程组 $\begin{cases} x_1+x_2+2x_3+3x_4=1 \\ 3x_1-x_2-x_3-2x_4=-4 \\ 2x_1+3x_2-x_3-x_4=-6 \\ x_1+2x_2+3x_3-x_4=-4 \end{cases}$。

4. 如果齐次线性方程组 $\begin{cases} kx+y+z=0 \\ x+ky-z=0 \\ 2x-y+z=0 \end{cases}$ 有非零解，k 应取何值？

5. k 取何值时齐次线性方程组 $\begin{cases} kx+y-z=0 \\ x+ky-z=0 \\ 2x-y+z=0 \end{cases}$ 仅有零解？

17.3　矩阵的概念及其运算

矩阵是数学中的一个重要工具，矩阵的理论是线性代数的主要内容之一，在实践中大量的问题可以通过矩阵这一工具得以解决。本节介绍矩阵中最基本、最重要的概念与运算。

1. 矩阵的概念

引例 1　三元线性方程组：

$$\begin{cases} a_{11}x_1+a_{12}x_2+a_{13}x_3=b_1 \\ a_{21}x_1+a_{22}x_2+a_{23}x_3=b_2 \\ a_{31}x_1+a_{32}x_2+a_{33}x_3=b_3 \end{cases}$$

如果将未知数 x_1，x_2，x_3 前面的系数按照其相对位置排成一个三行三列的表：

$$\begin{pmatrix} a_{11} & a_{12} & a_{13} \\ a_{21} & a_{22} & a_{23} \\ a_{31} & a_{32} & a_{33} \end{pmatrix}$$

或者将未知数 x_1，x_2，x_3 前面的系数和常数项按照其相对位置排成一个三行四列的表：

$$\begin{pmatrix} a_{11} & a_{12} & a_{13} & b_1 \\ a_{21} & a_{22} & a_{23} & b_2 \\ a_{31} & a_{32} & a_{33} & b_3 \end{pmatrix}$$

则这两个表都是矩阵。这种矩阵在求解线性方程组时有着很重要的作用。

引例 2　有 m 个工人，组织加工 n 个零件，第 i 个工人加工第 j 个零件的日工效为 a_{ij}

($i=1, 2, \cdots, m$；$j=1, 2, \cdots, n$)，则把全部 mn 个日工效列成一个 m 行 n 列的表：

$$\begin{pmatrix} a_{11} & a_{12} & \cdots & a_{1n} \\ a_{21} & a_{22} & \cdots & a_{2n} \\ \vdots & \vdots & & \vdots \\ a_{m1} & a_{m2} & \cdots & a_{mn} \end{pmatrix}$$

这个表也是一个矩阵。生产管理者可以根据此矩阵做出最好的生产方案。

对于这种矩形的数表，我们给出下面的定义。

定义 17.5　由 $m\times n$ 个数 a_{ij} ($i=1, 2, 3, \cdots, m$；$j=1, 2, 3, \cdots, n$) 排成的一个 m 行 n 列的矩形表，称为一个 $m\times n$ 矩阵，记为

$$\begin{pmatrix} a_{11} & a_{12} & \cdots & a_{1n} \\ a_{21} & a_{22} & \cdots & a_{2n} \\ \vdots & \vdots & & \vdots \\ a_{m1} & a_{m2} & \cdots & a_{mn} \end{pmatrix} \text{或} \begin{bmatrix} a_{11} & a_{12} & \cdots & a_{1n} \\ a_{21} & a_{22} & \cdots & a_{2n} \\ \vdots & \vdots & & \vdots \\ a_{m1} & a_{m2} & \cdots & a_{mn} \end{bmatrix}$$

其中，数 a_{ij} ($i=1, 2, 3, \cdots, m$；$j=1, 2, 3, \cdots, n$) 称为矩阵的第 i 行第 j 列的元素，第一个下标 i 表示该元素所在的行，称为元素 a_{ij} 的行标，第二个下标 j 表示该元素所在的列，称为元素 a_{ij} 的列标。

矩阵也常用大写字母 $\boldsymbol{A}$，$\boldsymbol{B}$，$\boldsymbol{C}$，…表示。例如：

$$\boldsymbol{A}=\begin{pmatrix} a_{11} & a_{12} & \cdots & a_{1n} \\ a_{21} & a_{22} & \cdots & a_{2n} \\ \vdots & \vdots & & \vdots \\ a_{m1} & a_{m2} & \cdots & a_{mn} \end{pmatrix}$$

或简写成 $\boldsymbol{A}=(a_{ij})_{m\times n}$，$\boldsymbol{A}=(a_{ij})$ 或 $\boldsymbol{A}_{m\times n}$。

下面介绍几个特殊矩阵。

(1) 方阵。

当 $m=n$ 时，为 n 行 n 列矩阵 $\boldsymbol{A}=(a_{ij})_{n\times n}$，称为 n 阶方阵。一个 n 阶方阵从左上角到右下角的对角线叫作主对角线。n 阶方阵 $\boldsymbol{A}$ 的所有元素按其原来的相对位置所构成的行列式叫作方阵 $\boldsymbol{A}$ 的行列式，记为 $|\boldsymbol{A}|$ 或 $\det\boldsymbol{A}$。

注意　n 阶方阵与 n 阶行列式尽管从外形上看很相似，却是两个不同的概念。首先，表示记号不同；其次，行列式是一个算式，其本质是一个数，而矩阵只是一张数表。即使在只有一行或一列时，矩阵和行列式在概念上仍然不同。

(2) 对角矩阵。

除了主对角线上的元素外，其余的元素都为零的 n 阶方阵，叫作对角矩阵，如

$$\boldsymbol{A}=\begin{pmatrix} a_{11} & 0 & \cdots & 0 \\ 0 & a_{22} & \cdots & 0 \\ \vdots & \vdots & & \vdots \\ 0 & 0 & \cdots & a_{nn} \end{pmatrix}$$

(3) 单位矩阵。

主对角线上的元素都为 1 的对角矩阵，叫作单位矩阵，记作 $\boldsymbol{I}_n$，即

$$I_n=\begin{pmatrix}1 & 0 & \cdots & 0\\ 0 & 1 & \cdots & 0\\ \vdots & \vdots & & \vdots\\ 0 & 0 & \cdots & 1\end{pmatrix}$$

(4) 行矩阵和列矩阵。

只有一行的矩阵叫作行矩阵，记为

$$A=(a_{11}\quad a_{12}\quad \cdots\quad a_{1n})$$

只有一列的矩阵叫作列矩阵，记为

$$A=\begin{pmatrix}a_{11}\\ a_{21}\\ \vdots\\ a_{n1}\end{pmatrix}$$

(5) 零矩阵。

元素均为 0 的矩阵，称为零矩阵，记为 O 或 $O_{m\times n}$。零矩阵可以是行阵、列阵、方阵和 $m\times n$ 零矩阵。

(6) 三角矩阵。

主对角线的一侧所有元素都为零的方阵，叫作三角矩阵。三角矩阵分为上三角矩阵和下三角矩阵，形式分别为

$$A=\begin{pmatrix}a_{11} & a_{12} & \cdots & a_{1n}\\ 0 & a_{22} & \cdots & a_{2n}\\ \vdots & \vdots & & \vdots\\ 0 & 0 & \cdots & a_{nn}\end{pmatrix},\quad B=\begin{pmatrix}a_{11} & 0 & \cdots & 0\\ a_{21} & a_{22} & \cdots & 0\\ \vdots & \vdots & & \vdots\\ a_{n1} & a_{n2} & \cdots & a_{nn}\end{pmatrix}$$

2. 矩阵的运算

1) 矩阵的相等

定义 17.6　如果两个矩阵 $A=(a_{ij})_{m\times n}$ 和 $B=(b_{ij})_{m\times n}$ 有相同的行数与列数，并且对应位置上的元素均相等，即

$$a_{ij}=b_{ij}\ (i=1,\ 2,\ \cdots,\ m;\ j=1,\ 2,\ \cdots,\ n)$$

则称矩阵 A 和矩阵 B 相等，记为 $A=B$。

2) 矩阵的加法与减法

定义 17.7　设 $A=(a_{ij})_{m\times n}$，$B=(b_{ij})_{m\times n}$，则

$$A+B=(a_{ij})_{m\times n}+(b_{ij})_{m\times n}=\begin{pmatrix}a_{11}+b_{11} & a_{12}+b_{12} & \cdots & a_{1n}+b_{1n}\\ a_{21}+b_{21} & a_{22}+b_{22} & \cdots & a_{2n}+b_{2n}\\ \vdots & \vdots & & \vdots\\ a_{m1}+b_{m1} & a_{m2}+b_{m2} & \cdots & a_{mn}+b_{mn}\end{pmatrix}$$

矩阵的加法就是它们的对应元素相加。应该注意，当且仅当两个矩阵的行数和列数都相同时，两个矩阵相加才有意义。

下面给出矩阵加法运算满足的规律。

设 A，B，C，O 都是 $m\times n$ 矩阵，则

(1) 交换律：$\boldsymbol{A}+\boldsymbol{B}=\boldsymbol{B}+\boldsymbol{A}$。

(2) 结合律：$(\boldsymbol{A}+\boldsymbol{B})+\boldsymbol{C}=\boldsymbol{A}+(\boldsymbol{B}+\boldsymbol{C})$。

(3) 零矩阵的特性：$\boldsymbol{A}+\boldsymbol{O}=\boldsymbol{A}$。

(4) $\boldsymbol{A}+(-\boldsymbol{A})=\boldsymbol{O}$。

设矩阵 $\boldsymbol{A}=(a_{ij})_{m\times n}$，记

$$-\boldsymbol{A}=(-a_{ij})_{m\times n}$$

而 $-\boldsymbol{A}$ 称为矩阵 $\boldsymbol{A}$ 的负矩阵，显然有：$\boldsymbol{A}+(-\boldsymbol{A})=\boldsymbol{O}$。

规定 矩阵的减法为

$$\boldsymbol{A}-\boldsymbol{B}=\boldsymbol{A}+(-\boldsymbol{B})$$

也就是说，矩阵的减法就是它们的对应元素相减。

例 17.13 $\boldsymbol{A}=\begin{pmatrix}2 & -8 & 6 & 0 & -4\\ 7 & -5 & 4 & 3 & -2\\ 8 & 7 & -5 & 4 & 3\end{pmatrix}$，$\boldsymbol{B}=\begin{pmatrix}-7 & 9 & 7 & 0 & 5\\ 4 & 6 & -3 & 3 & 2\\ 0 & 3 & 2 & 0 & 1\end{pmatrix}$，求 $\boldsymbol{A}+\boldsymbol{B}$ 和 $\boldsymbol{A}-\boldsymbol{B}$。

解 由矩阵加法的定义，有

$$\boldsymbol{A}+\boldsymbol{B}=\begin{pmatrix}2-7 & -8+9 & 6+7 & 0+0 & -4+5\\ 7+4 & -5+6 & 4-3 & 3+3 & -2+2\\ 8+0 & 7+3 & -5+2 & 4+0 & 3+1\end{pmatrix}=\begin{pmatrix}-5 & 1 & 13 & 0 & 1\\ 11 & 1 & 1 & 6 & 0\\ 8 & 10 & -3 & 4 & 4\end{pmatrix}$$

$$\boldsymbol{A}-\boldsymbol{B}=\begin{pmatrix}2+7 & -8-9 & 6-7 & 0-0 & -4-5\\ 7-4 & -5-6 & 4+3 & 3-3 & -2-2\\ 8-0 & 7-3 & -5-2 & 4-0 & 3-1\end{pmatrix}=\begin{pmatrix}9 & -17 & -1 & 0 & -9\\ 3 & -11 & 7 & 0 & -4\\ 8 & 4 & -7 & 4 & 2\end{pmatrix}$$

例 17.14 已知 $\boldsymbol{A}=\begin{pmatrix}1 & 5 & 1\\ 1 & 2 & -3\\ 9 & -5 & 3\end{pmatrix}$，$\boldsymbol{B}=\begin{pmatrix}1 & x_1 & x_2\\ x_1 & 2 & x_3\\ x_2 & x_3 & 3\end{pmatrix}$，$\boldsymbol{C}=\begin{pmatrix}0 & y_1 & y_2\\ -y_1 & 0 & y_3\\ -y_2 & -y_3 & 0\end{pmatrix}$，并且 $\boldsymbol{A}=\boldsymbol{B}+\boldsymbol{C}$，求矩阵 $\boldsymbol{B}$ 和 $\boldsymbol{C}$。

解 由 $\boldsymbol{A}=\boldsymbol{B}+\boldsymbol{C}$ 得

$$\begin{pmatrix}1 & 5 & 1\\ 1 & 2 & -3\\ 9 & -5 & 3\end{pmatrix}=\begin{pmatrix}1 & x_1 & x_2\\ x_1 & 2 & x_3\\ x_2 & x_3 & 3\end{pmatrix}+\begin{pmatrix}0 & y_1 & y_2\\ -y_1 & 0 & y_3\\ -y_2 & -y_3 & 0\end{pmatrix}$$

$$=\begin{pmatrix}1 & x_1+y_1 & x_2+y_2\\ x_1-y_1 & 2 & x_3+y_3\\ x_2-y_2 & x_3-y_3 & 3\end{pmatrix}$$

根据矩阵相等的定义，有

$$\begin{cases}x_1+y_1=5\\ x_1-y_1=1\end{cases},\quad \begin{cases}x_2+y_2=1\\ x_2-y_2=9\end{cases},\quad \begin{cases}x_3+y_3=-3\\ x_3-y_3=-5\end{cases}$$

解得 $x_1=3$，$y_1=2$，$x_2=5$，$y_2=-4$，$x_3=-4$，$y_3=1$。

故所求矩阵为

$$\boldsymbol{B}=\begin{pmatrix}1 & 3 & 5\\ 3 & 2 & -4\\ 5 & -4 & 3\end{pmatrix},\quad \boldsymbol{C}=\begin{pmatrix}0 & 2 & -4\\ -2 & 0 & 1\\ 4 & -1 & 0\end{pmatrix}$$

3) 数与矩阵的乘法

定义 17.8　常数 k 乘以矩阵 $\boldsymbol{A}$ 的每一个元素后所得的矩阵，称为数 k 与矩阵 $\boldsymbol{A}$ 的乘积，记为 $k\boldsymbol{A}$ 或 $\boldsymbol{A}k$，即若 $\boldsymbol{A}=(a_{ij})_{m\times n}$，则

$$k\boldsymbol{A}=\boldsymbol{A}k=\begin{pmatrix} ka_{11} & ka_{12} & \cdots & ka_{1n} \\ ka_{21} & ka_{22} & \cdots & ka_{2n} \\ \vdots & \vdots & & \vdots \\ ka_{m1} & ka_{m2} & \cdots & ka_{mn} \end{pmatrix}$$

数乘矩阵满足下列运算规律：

设 $\boldsymbol{A}$、$\boldsymbol{B}$ 都是 $m\times n$ 矩阵，l、k 是常数，则

(1) 分配律：$k(\boldsymbol{A}+\boldsymbol{B})=k\boldsymbol{A}+k\boldsymbol{B}$，$(k+l)\boldsymbol{A}=k\boldsymbol{A}+l\boldsymbol{A}$。

(2) 数与矩阵乘法的结合律：$(k\cdot l)\boldsymbol{A}=k(l\boldsymbol{A})$。

例 17.15　$\boldsymbol{A}=\begin{pmatrix} 20 & 0 & -1 \\ 0 & 20 & 1 \end{pmatrix}$，$k=1.5$，求 $k\boldsymbol{A}$。

解　由数与矩阵的乘法的定义，有

$$k\boldsymbol{A}=1.5\boldsymbol{A}=1.5\begin{pmatrix} 20 & 0 & -1 \\ 0 & 20 & 1 \end{pmatrix}=\begin{pmatrix} 1.5\times 20 & 1.5\times 0 & 1.5\times(-1) \\ 1.5\times 0 & 1.5\times 20 & 1.5\times 1 \end{pmatrix}$$

$$=\begin{pmatrix} 30 & 0 & -1.5 \\ 0 & 30 & 1.5 \end{pmatrix}$$

例 17.16　已知 $\boldsymbol{A}=\begin{bmatrix} -1 & 0 \\ 5 & 8 \\ 4 & 9 \end{bmatrix}$，$\boldsymbol{B}=\begin{bmatrix} 5 & 2 \\ 7 & 0 \\ 3 & 4 \end{bmatrix}$，且 $\boldsymbol{A}+2\boldsymbol{X}=\boldsymbol{B}$，求 $\boldsymbol{X}$。

解　由 $\boldsymbol{A}+2\boldsymbol{X}=\boldsymbol{B}$，得

$$\boldsymbol{X}=\frac{1}{2}(\boldsymbol{B}-\boldsymbol{A})=\frac{1}{2}\begin{bmatrix} 6 & 2 \\ 2 & -8 \\ -1 & -5 \end{bmatrix}=\begin{bmatrix} 3 & 1 \\ 1 & -4 \\ -0.5 & -2.5 \end{bmatrix}$$

4) 矩阵与矩阵相乘

定义 17.9　设矩阵 $\boldsymbol{A}=(a_{ij})_{m\times s}$，$\boldsymbol{B}=(b_{ij})_{s\times n}$，令

$$c_{ij}=a_{i1}b_{1j}+a_{i2}b_{2j}+\cdots+a_{is}b_{sj}\ (i=1,2,\cdots,m;\ j=1,2,\cdots,n)$$

则称矩阵 $\boldsymbol{C}=(c_{ij})_{m\times n}$ 为矩阵 $\boldsymbol{A}$ 与 $\boldsymbol{B}$ 的积，记为 $\boldsymbol{C}=\boldsymbol{A}\cdot\boldsymbol{B}$(或 $\boldsymbol{C}=\boldsymbol{AB}$)。

从这个定义我们可以归纳出以下三点：

(1) 矩阵乘法的条件是左矩阵 $\boldsymbol{A}$ 的列数必须等于右矩阵 $\boldsymbol{B}$ 的行数；

(2) 矩阵乘法的法则是矩阵乘积 $\boldsymbol{C}$ 的元素 c_{ij} 等于左矩阵 $\boldsymbol{A}$ 的第 i 行与右矩阵 $\boldsymbol{B}$ 的第 j 列对应元素的乘积之和。

(3) 矩阵乘法的结果是矩阵，且所得矩阵 $\boldsymbol{C}$ 的行数等于左矩阵 $\boldsymbol{A}$ 的行数，列数等于右矩阵 $\boldsymbol{B}$ 的列数。

例 17.17　设 $\boldsymbol{A}=(1\quad 3\quad 2\quad 1)$，$\boldsymbol{B}=\begin{bmatrix} 2 \\ -1 \\ 4 \\ 3 \end{bmatrix}$，求 $\boldsymbol{AB}$ 与 $\boldsymbol{BA}$。

解 计算时先确定乘积矩阵的行数和列数，然后确定各个元素，得

$$\boldsymbol{AB}=(1\quad 3\quad 2\quad 1)\begin{pmatrix}2\\-1\\4\\3\end{pmatrix}=(1\times2+3\times(-1)+2\times4+1\times3)=(10)$$

$$\boldsymbol{BA}=\begin{pmatrix}2\\-1\\4\\3\end{pmatrix}(1\quad 3\quad 2\quad 1)=\begin{pmatrix}2\times1&2\times3&2\times2&2\times1\\-1\times1&-1\times3&-1\times2&-1\times1\\4\times1&4\times3&4\times2&4\times1\\3\times1&3\times3&3\times2&3\times1\end{pmatrix}$$

$$=\begin{pmatrix}2&6&4&2\\-1&-3&-2&-1\\4&12&8&4\\3&9&6&3\end{pmatrix}$$

例 17.18 已知$\boldsymbol{A}=\begin{pmatrix}-1&1\\0&0\end{pmatrix}$，$\boldsymbol{B}=\begin{pmatrix}-1&0\\-1&0\end{pmatrix}$，求 $\boldsymbol{AB}$ 与 $\boldsymbol{BA}$。

解

$$\boldsymbol{AB}=\begin{pmatrix}-1&1\\0&0\end{pmatrix}\begin{pmatrix}-1&0\\-1&0\end{pmatrix}=\begin{pmatrix}0&0\\0&0\end{pmatrix}$$

$$\boldsymbol{BA}=\begin{pmatrix}-1&0\\-1&0\end{pmatrix}\begin{pmatrix}-1&1\\0&0\end{pmatrix}=\begin{pmatrix}1&-1\\1&-1\end{pmatrix}$$

例 17.19 已知$\boldsymbol{A}=\begin{pmatrix}1&0&0\\0&1&0\end{pmatrix}$，$\boldsymbol{B}=\begin{pmatrix}1&0\\0&1\\1&0\end{pmatrix}$，$\boldsymbol{C}=\begin{pmatrix}1&0\\0&1\\0&0\end{pmatrix}$，求 $\boldsymbol{AB}$ 与 $\boldsymbol{AC}$。

解

$$\boldsymbol{AB}=\begin{pmatrix}1&0&0\\0&1&0\end{pmatrix}\begin{pmatrix}1&0\\0&1\\1&0\end{pmatrix}=\begin{pmatrix}1&0\\0&1\end{pmatrix}$$

$$\boldsymbol{AC}=\begin{pmatrix}1&0&0\\0&1&0\end{pmatrix}\begin{pmatrix}1&0\\0&1\\0&0\end{pmatrix}=\begin{pmatrix}1&0\\0&1\end{pmatrix}$$

由以上例题可以看出，进行矩阵的乘法运算时应注意以下几点：

(1) 矩阵的乘法不满足交换律，即 $\boldsymbol{AB}\neq\boldsymbol{BA}$。首先，$\boldsymbol{AB}$ 有意义，但 $\boldsymbol{BA}$ 不一定有意义；其次，即使 $\boldsymbol{AB}$ 与 $\boldsymbol{BA}$ 都有意义，其结果也不一定相等。

(2) 矩阵的乘法不满足消去律，即一般情况下，不能由 $\boldsymbol{AB}=\boldsymbol{AC}$ 及 $\boldsymbol{A}\neq\boldsymbol{O}$，推得 $\boldsymbol{B}=\boldsymbol{C}$。

(3) 两个非零矩阵的乘积有可能是零矩阵。

不难验证，矩阵的乘法满足以下运算规律：

(1) 结合律：$(\boldsymbol{AB})\boldsymbol{C}=\boldsymbol{A}(\boldsymbol{BC})$，$k(\boldsymbol{AB})=(k\boldsymbol{A})\boldsymbol{B}=\boldsymbol{A}(k\boldsymbol{B})$；

(2) 分配律：$(\boldsymbol{A}+\boldsymbol{B})\boldsymbol{C}=\boldsymbol{AC}+\boldsymbol{BC}$，$\boldsymbol{C}(\boldsymbol{A}+\boldsymbol{B})=\boldsymbol{CA}+\boldsymbol{CB}$。

因为矩阵的乘法满足结合律，所以可以定义方阵的幂：设 $\boldsymbol{A}$ 是一个 n 阶方阵，用 $\boldsymbol{A}^k$（k 为自然数）表示 k 个 $\boldsymbol{A}$ 的连乘积，称为 $\boldsymbol{A}$ 的 k 次方幂。

可以验证，方阵的幂满足以下运算规律：

(1) $A^kA^l=A^{k+l}$;

(2) $(A^k)^l=A^{kl}$。

其中，k、l 为正整数。又因为矩阵乘法一般不满足交换律，所以对于两个同阶方阵 A 与 B，一般地，$(AB)^k\neq A^kB^k$。

5) 矩阵的转置

定义 17.10 将矩阵 A 的行与列依次互换所得的矩阵叫作 A 的转置矩阵，记作 A^T 或 A'。

转置矩阵有以下运算规律：

(1) $(A^T)^T=A$;

(2) $(A+B)^T=A^T+B^T$;

(3) $(kA)^T=kA^T$(k 是常数)；

(4) $(AB)^T=B^TA^T$。

例 17.20 设 $A=\begin{pmatrix}1&-1&2\\0&1&3\\1&2&1\end{pmatrix}$，$B=\begin{pmatrix}3&1\\2&2\\1&-1\end{pmatrix}$，求$(AB)^T$。

解法 1 先求积，再转置。因为

$$AB=\begin{pmatrix}1&-1&2\\0&1&3\\1&2&1\end{pmatrix}\begin{pmatrix}3&1\\2&2\\1&-1\end{pmatrix}=\begin{pmatrix}3&-3\\5&-1\\8&4\end{pmatrix}$$

于是

$$(AB)^T=\begin{pmatrix}3&5&8\\-3&-1&4\end{pmatrix}$$

解法 2 利用两矩阵转置的积的公式，有

$$(AB)^T=B^TA^T=\begin{pmatrix}3&2&1\\1&2&-1\end{pmatrix}\begin{pmatrix}1&0&1\\-1&1&2\\2&3&1\end{pmatrix}=\begin{pmatrix}3&5&8\\-3&-1&4\end{pmatrix}$$

★练习 17.3

1. 已知二阶方阵$\begin{pmatrix}a&2b\\c&-8\end{pmatrix}=\begin{pmatrix}2d&d\\1&2a\end{pmatrix}$，求 a，b，c，d 的值。

2. 设 $A=\begin{pmatrix}-5&0\\7&-6\end{pmatrix}$，$B=\begin{pmatrix}4&-2\\-6&2\end{pmatrix}$，$C=\begin{pmatrix}3&-4\\-5&-2\end{pmatrix}$，计算 $A+2B-C$。

3. 设 $A=\begin{pmatrix}1&2&1\\2&1&2\end{pmatrix}$，$B=\begin{pmatrix}4&3&2\\-2&1&-2\end{pmatrix}$，求

(1) $3A-B$;

(2) $2A^T+3B^T$;

(3) 若 X 满足 $A+X=B$，求 X;

(4) 若 Y 满足$(2A-Y)+2(B-Y)=O$，求 Y。

4. 计算下列各式。

(1) $\begin{pmatrix}3 & 1\\2 & -1\end{pmatrix}\begin{pmatrix}4 & 5\\-1 & 3\end{pmatrix}$；　　(2) $\begin{pmatrix}1 & 2 & 3\\-2 & 1 & 2\end{pmatrix}\begin{pmatrix}1 & 2 & 0\\0 & 1 & 1\\3 & 0 & -1\end{pmatrix}$；

(3) $\begin{pmatrix}0 & 0 & 1\\0 & 1 & 0\\1 & 0 & 0\end{pmatrix}\begin{pmatrix}1 & 2\\3 & 4\\5 & 6\end{pmatrix}$；　　(4) $\begin{pmatrix}1\\2\\3\end{pmatrix}(1\quad 2\quad 3)$；

(5) $(1\quad 2\quad 2\quad 1)\begin{pmatrix}2\\4\\4\\2\end{pmatrix}$；　　(6) $\begin{pmatrix}3 & 1 & 2 & -1\\0 & 3 & 1 & 0\end{pmatrix}\begin{pmatrix}1 & 0 & 5\\0 & 2 & 0\\1 & 0 & 1\\0 & 3 & 0\end{pmatrix}\begin{pmatrix}-1 & 0\\1 & 5\\0 & 2\end{pmatrix}$。

5. 计算下列各式。

(1) $\begin{pmatrix}1 & 1\\0 & 1\end{pmatrix}^n$；　　(2) $\begin{pmatrix}1 & 1 & 1 & 1\\1 & 1 & -1 & -1\\1 & -1 & 1 & -1\\1 & -1 & -1 & 1\end{pmatrix}^4$。

6. 若矩阵 $\boldsymbol{A}$、$\boldsymbol{B}$ 满足 $\boldsymbol{AB}=\boldsymbol{BA}$，则称矩阵 $\boldsymbol{A}$ 与 $\boldsymbol{B}$ 可交换。试证：若 $\boldsymbol{A}$、$\boldsymbol{B}$ 可交换，则下式成立：

(1) $(\boldsymbol{A}+\boldsymbol{B})^2=\boldsymbol{A}^2+2\boldsymbol{AB}+\boldsymbol{B}^2$；

(2) $(\boldsymbol{A}+\boldsymbol{B})(\boldsymbol{A}-\boldsymbol{B})=\boldsymbol{A}^2-\boldsymbol{B}^2$。

17.4　逆矩阵与初等变换

1. 逆矩阵的概念和性质

在实数运算中，如果 $a\neq 0$，则 $aa^{-1}=a^{-1}a=1$。受此启发，在矩阵运算中，对于一个 n 阶方阵 $\boldsymbol{A}$，是否存在 $\boldsymbol{A}^{-1}$，使得 $\boldsymbol{AA}^{-1}=\boldsymbol{A}^{-1}\boldsymbol{A}=\boldsymbol{I}_n$ 呢？存在的条件是什么呢？如何求出 $\boldsymbol{A}^{-1}$？为此，我们给出有关逆矩阵的概念。

定义 17.11　对于 n 阶方阵 $\boldsymbol{A}$，如果存在 n 阶方阵 $\boldsymbol{B}$，使得

$$\boldsymbol{AB}=\boldsymbol{BA}=\boldsymbol{I}_n$$

则称矩阵 $\boldsymbol{A}$ 为可逆矩阵，而称矩阵 $\boldsymbol{B}$ 为 $\boldsymbol{A}$ 的逆矩阵(简称逆阵)，记作 $\boldsymbol{B}=\boldsymbol{A}^{-1}$。

注意　$\boldsymbol{A}^{-1}$ 不能读作 $\boldsymbol{A}$ 的负一次方，同时由于我们没有定义过矩阵的除法，$\boldsymbol{A}^{-1}$ 也不能看作 $\dfrac{1}{\boldsymbol{A}}$。

例如，设矩阵：

$$\boldsymbol{A}=\begin{pmatrix}4 & 3 & 2\\3 & 2 & 1\\2 & 1 & 1\end{pmatrix},\quad \boldsymbol{B}=\begin{pmatrix}-1 & 1 & 1\\1 & 0 & -2\\1 & -2 & 1\end{pmatrix}$$

因为

$$AB=\begin{pmatrix}4&3&2\\3&2&1\\2&1&1\end{pmatrix}\begin{pmatrix}-1&1&1\\1&0&-2\\1&-2&1\end{pmatrix}=\begin{pmatrix}1&0&0\\0&1&0\\0&0&1\end{pmatrix}=I_3$$

$$BA=\begin{pmatrix}-1&1&1\\1&0&-2\\1&-2&1\end{pmatrix}\begin{pmatrix}4&3&2\\3&2&1\\2&1&1\end{pmatrix}=\begin{pmatrix}1&0&0\\0&1&0\\0&0&1\end{pmatrix}=I_3$$

所以矩阵 A 是可逆的，B 是 A 的逆矩阵，即

$$A^{-1}=B=\begin{pmatrix}-1&1&1\\1&0&-2\\1&-2&1\end{pmatrix}$$

由定义可以推知，逆矩阵具有以下性质：

性质 1 若矩阵 A 可逆，则 A 的逆矩阵是唯一的。

事实上，如果 B 和 C 都是 A 的逆矩阵，则有

$$AB=BA=I,\quad AC=CA=I$$

那么

$$B=BI=B(AC)=(BA)C=IC=C$$

即 $B=C$。

性质 2 矩阵 A 的逆阵的逆阵仍为 A，即

$$(A^{-1})^{-1}=A$$

性质 3 若 n 阶方阵 A 和 B 均有逆阵，则

$$(AB)^{-1}=B^{-1}A^{-1}$$

事实上，由于

$$(AB)(B^{-1}A^{-1})=A(BB^{-1})A^{-1}=AA^{-1}=I_n$$
$$(B^{-1}A^{-1})(AB)=B^{-1}(A^{-1}A)B=B^{-1}B=I_n$$

所以 AB 有逆阵，且 $(AB)^{-1}=B^{-1}A^{-1}$。

2. 伴随矩阵求逆法

定义 17.12 设 $A=(a_{ij})$ 是 n 阶方阵，由行列式 $\det A$（或写成 $|A|$）的元素 a_{ij} 的代数余子式 $A_{ij}(i, j=1, 2, \cdots, n)$ 所构成的矩阵的转置，即矩阵：

$$A^*=\begin{pmatrix}A_{11}&A_{21}&\cdots&A_{n1}\\A_{12}&A_{22}&\cdots&A_{n2}\\\vdots&\vdots&&\vdots\\A_{1n}&A_{2n}&\cdots&A_{nn}\end{pmatrix}\tag{17-9}$$

称为方阵 A 的伴随矩阵。

例 17.21 设矩阵：

$$A=\begin{pmatrix}1&0&1\\2&1&0\\-3&2&-5\end{pmatrix}$$

试写出矩阵 A 的伴随矩阵。

解　由于 $A_{11}=\begin{vmatrix}1 & 0\\ 2 & -5\end{vmatrix}=-5$，$A_{12}=-\begin{vmatrix}2 & 0\\ -3 & -5\end{vmatrix}=10$，$A_{13}=\begin{vmatrix}2 & 1\\ -3 & 2\end{vmatrix}=7$，$A_{21}=2$，$A_{22}=-2$，$A_{23}=-2$，$A_{31}=-1$，$A_{32}=2$，$A_{33}=1$，根据式(17-9)，得

$$\boldsymbol{A}^{*}=\begin{pmatrix}-5 & 2 & -1\\ 10 & -2 & 2\\ 7 & -2 & 1\end{pmatrix}$$

定理 17.3　n 阶方阵 $\boldsymbol{A}=(a_{ij})$ 可逆(逆矩阵存在)且

$$\boldsymbol{A}^{-1}=\frac{1}{|\boldsymbol{A}|}\boldsymbol{A}^{*} \tag{17-10}$$

的充分必要条件是 $|\boldsymbol{A}|\neq 0$。

证明　必要性　设 $\boldsymbol{A}$ 可逆，$\boldsymbol{A}^{-1}=\frac{1}{|\boldsymbol{A}|}\boldsymbol{A}^{*}$，由 $\boldsymbol{A}\boldsymbol{A}^{-1}=\boldsymbol{I}_n$，有 $|\boldsymbol{A}\boldsymbol{A}^{-1}|=|\boldsymbol{I}_n|$，从而有 $|\boldsymbol{A}|\,|\boldsymbol{A}^{-1}|=1$，所以 $|\boldsymbol{A}|\neq 0$。

充分性　设 $|\boldsymbol{A}|\neq 0$，存在矩阵：

$$\boldsymbol{B}=\frac{1}{|\boldsymbol{A}|}\begin{pmatrix}A_{11} & A_{21} & \cdots & A_{n1}\\ A_{12} & A_{22} & \cdots & A_{n2}\\ \vdots & \vdots & & \vdots\\ A_{1n} & A_{2n} & \cdots & A_{nn}\end{pmatrix}$$

且有

$$\boldsymbol{AB}=\begin{pmatrix}a_{11} & a_{12} & \cdots & a_{1n}\\ a_{21} & a_{22} & \cdots & a_{2n}\\ \vdots & \vdots & & \vdots\\ a_{n1} & a_{n2} & \cdots & a_{nn}\end{pmatrix}\times\frac{1}{|\boldsymbol{A}|}\begin{pmatrix}A_{11} & A_{21} & \cdots & A_{n1}\\ A_{12} & A_{22} & \cdots & A_{n2}\\ \vdots & \vdots & \ddots & \vdots\\ A_{1n} & A_{2n} & \cdots & A_{nn}\end{pmatrix}$$

$$=\frac{1}{|\boldsymbol{A}|}\begin{pmatrix}|\boldsymbol{A}| & 0 & \cdots & 0\\ 0 & |\boldsymbol{A}| & \cdots & \vdots\\ \vdots & \vdots & & 0\\ 0 & 0 & \cdots & |A|\end{pmatrix}=\begin{pmatrix}1 & & & \\ & 1 & & \\ & & \ddots & \\ & & & 1\end{pmatrix}=\boldsymbol{I}_n$$

同理可证 $\boldsymbol{BA}=\boldsymbol{I}_n$。

由此可知，$\boldsymbol{A}$ 可逆，且 $\boldsymbol{A}^{-1}=\frac{1}{|\boldsymbol{A}|}\boldsymbol{A}^{*}$。

这个定理不仅给出了一个判定矩阵是否可逆的方法，同时给出了确定其逆矩阵的方法，即所谓的伴随矩阵求逆法。

例 17.22　求矩阵 $\boldsymbol{A}=\begin{pmatrix}1 & 0 & 1\\ 2 & 1 & 0\\ -3 & 2 & -5\end{pmatrix}$ 的逆矩阵。

解　由方阵 $\boldsymbol{A}$ 的行列式：

$$|\boldsymbol{A}|=\begin{vmatrix}1 & 0 & 1\\ 2 & 1 & 0\\ -3 & 2 & -5\end{vmatrix}=2\neq 0$$

可知，$\boldsymbol{A}$ 可逆。

根据例 17.21 的结果和式(17－10)，得

$$\boldsymbol{A}^{-1}=\frac{1}{|\boldsymbol{A}|}\boldsymbol{A}^{*}=\frac{1}{2}\begin{pmatrix}-5 & 2 & -1\\ 10 & -2 & 2\\ 7 & -2 & 1\end{pmatrix}=\begin{pmatrix}-\frac{5}{2} & 1 & -\frac{1}{2}\\ 5 & -1 & 1\\ \frac{7}{2} & -1 & \frac{1}{2}\end{pmatrix}$$

例 17.23　设矩阵 $\boldsymbol{A}=\begin{pmatrix}1 & 0 & 1\\ 0 & 2 & 0\\ 1 & 0 & 1\end{pmatrix}$，矩阵 $\boldsymbol{X}$ 满足 $\boldsymbol{AX}+\boldsymbol{I}_3=\boldsymbol{A}^2+\boldsymbol{X}$，求矩阵 $\boldsymbol{X}$。

解　由 $\boldsymbol{AX}+\boldsymbol{I}_3=\boldsymbol{A}^2+\boldsymbol{X}$ 得

$$\boldsymbol{AX}-\boldsymbol{X}=\boldsymbol{A}^2-\boldsymbol{I}_3$$

即

$$(\boldsymbol{A}-\boldsymbol{I}_3)\boldsymbol{X}=(\boldsymbol{A}-\boldsymbol{I}_3)(\boldsymbol{A}+\boldsymbol{I}_3)$$

因为

$$\boldsymbol{A}-\boldsymbol{I}_3=\begin{pmatrix}0 & 0 & 1\\ 0 & 1 & 0\\ 1 & 0 & 0\end{pmatrix}$$

即 $|\boldsymbol{A}-\boldsymbol{I}_3|=-1\neq 0$，所以 $\boldsymbol{A}-\boldsymbol{I}_3$ 可逆。

在式 $(\boldsymbol{A}-\boldsymbol{I}_3)\boldsymbol{X}=(\boldsymbol{A}-\boldsymbol{I}_3)(\boldsymbol{A}+\boldsymbol{I}_3)$ 两边左乘 $(\boldsymbol{A}-\boldsymbol{I}_3)^{-1}$，得

$$\boldsymbol{X}=\boldsymbol{A}+\boldsymbol{I}_3=\begin{pmatrix}2 & 0 & 1\\ 0 & 3 & 0\\ 1 & 0 & 2\end{pmatrix}$$

3. 矩阵的初等变换

1) 矩阵的初等变换

定义 17.13　对矩阵的行(或列)所作的以下三种变换，称为矩阵的初等变换。

(1) 互换变换：交换矩阵的某两行(或列)；

(2) 倍法变换：以一个非零数 k 乘矩阵的某一行(或列)；

(3) 消法变换：把矩阵的某一行(或列)乘以一个常数 k，再加到另一行(或列)上。

2) 用初等变换求逆矩阵

把 n 阶方阵 $\boldsymbol{A}(|\boldsymbol{A}|\neq 0)$ 和 n 阶单位矩阵 $\boldsymbol{I}_n$ 合成一个 $n\times 2n$ 的矩阵，即写成

$$(\boldsymbol{A}\ \vdots\ \boldsymbol{I}_n)$$

然后对它施以行初等变换，当左边的矩阵 $\boldsymbol{A}$ 变成单位矩阵 $\boldsymbol{I}_n$ 时，右边的矩阵 $\boldsymbol{I}_n$ 就变成了矩阵 $\boldsymbol{A}^{-1}$，即

$$(\boldsymbol{A}\ \vdots\ \boldsymbol{I}_n)\xrightarrow{\text{行初等变换}}(\boldsymbol{I}_n\ \vdots\ \boldsymbol{A}^{-1})$$

例 17.24　求矩阵 $\boldsymbol{A}=\begin{pmatrix}2 & 3 & -1\\ -1 & 3 & -3\\ 3 & 0 & 3\end{pmatrix}$ 的逆矩阵。

解 作 3×6 矩阵 $(\boldsymbol{A}\vdots\boldsymbol{I}_3)$，并对行施以初等变换：

$$(\boldsymbol{A}\vdots\boldsymbol{I}_3)=\begin{pmatrix}2&3&-1&1&0&0\\-1&3&-3&0&1&0\\3&0&3&0&0&1\end{pmatrix}\xrightarrow{r_1\leftrightarrow r_2}\begin{pmatrix}-1&3&-3&0&1&0\\2&3&-1&1&0&0\\3&0&3&0&0&1\end{pmatrix}$$

$$\xrightarrow{(-1)r_1}\begin{pmatrix}1&-3&3&0&-1&0\\2&3&-1&1&0&0\\3&0&3&0&0&1\end{pmatrix}\xrightarrow[r_3+(-3)r_1]{r_2+(-2)r_1}\begin{pmatrix}1&-3&3&0&-1&0\\0&9&-7&1&2&0\\0&9&-6&0&3&1\end{pmatrix}$$

$$\xrightarrow{r_3+(-1)r_2}\begin{pmatrix}1&-3&3&0&-1&0\\0&9&-7&1&2&0\\0&0&1&-1&1&1\end{pmatrix}\xrightarrow{r_2\times\frac{1}{9}}\begin{pmatrix}1&-3&3&0&-1&0\\0&1&-\frac{7}{9}&\frac{1}{9}&\frac{2}{9}&0\\0&0&1&-1&1&1\end{pmatrix}$$

$$\xrightarrow{r_2+\frac{7}{9}r_3}\begin{pmatrix}1&-3&3&0&-1&0\\0&1&0&-\frac{6}{9}&1&\frac{7}{9}\\0&0&1&-1&1&1\end{pmatrix}\xrightarrow{r_1+3r_2}\begin{pmatrix}1&0&3&-2&2&\frac{7}{3}\\0&1&0&-\frac{6}{9}&1&\frac{7}{9}\\0&0&1&-1&1&1\end{pmatrix}$$

$$\xrightarrow{r_1-3r_3}\begin{pmatrix}1&0&0&1&-1&-\frac{2}{3}\\0&1&0&-\frac{2}{3}&1&\frac{7}{9}\\0&0&1&-1&1&1\end{pmatrix}$$

即
$$\boldsymbol{A}^{-1}=\begin{pmatrix}1&-1&-\frac{2}{3}\\-\frac{2}{3}&1&\frac{7}{9}\\-1&1&1\end{pmatrix}$$

下面举一个使用初等变换直接求解 $\boldsymbol{AX}=\boldsymbol{B}$ 形式的矩阵方程的例子。

例 17.25 用初等变换求解下列矩阵方程：

$$\begin{pmatrix}1&3\\5&7\end{pmatrix}\boldsymbol{X}=\begin{pmatrix}8&16&24\\32&40&48\end{pmatrix}$$

解 该方程形如 $\boldsymbol{AX}=\boldsymbol{B}$，方程两边左乘 $\boldsymbol{A}^{-1}$ 得，$\boldsymbol{X}=\boldsymbol{A}^{-1}\boldsymbol{B}$。

因为

$$\boldsymbol{A}^{-1}=\begin{pmatrix}-\frac{7}{8}&\frac{3}{8}\\\frac{5}{8}&-\frac{1}{8}\end{pmatrix}$$

所以有

$$\boldsymbol{X}=\boldsymbol{A}^{-1}\boldsymbol{B}=\begin{pmatrix}-\frac{7}{8}&\frac{3}{8}\\\frac{5}{8}&-\frac{1}{8}\end{pmatrix}\begin{pmatrix}8&16&24\\32&40&48\end{pmatrix}=\begin{pmatrix}5&1&-3\\1&5&9\end{pmatrix}$$

4. 矩阵的秩

矩阵的秩反映了矩阵的一个很重要且很有用的内在特性，在矩阵的理论和应用中都有重要的意义。

1) 矩阵的秩的概念

定义 17.14 设 $m\times n$ 矩阵 $\mathbf{A}=(a_{ij})_{m\times n}$，从 $\mathbf{A}$ 中任取 k 行 k 列($k\leqslant\min(m, n)$)，其交叉处的 k^2 个元素按原来的相对位置构成的 k 阶行列式，称为矩阵 $\mathbf{A}$ 的一个 k 阶子式。

对于一个矩阵 $\mathbf{A}$，当 $\mathbf{A}=\boldsymbol{O}$ 时，它的任何子式都为零；当 $\mathbf{A}\neq\boldsymbol{O}$ 时，它至少有一个元素不为零，即它至少有一个一阶子式不为零，这时再考察二阶子式，如果 $\mathbf{A}$ 中有二阶子式不为零，则往下考察三阶子式，依次类推，最后必达到 $\mathbf{A}$ 中有 r 阶子式不为零，而再没有比 r 更高阶的不为零的子式。

这个不为零的子式的最高阶数 r，对任意一个矩阵 $\mathbf{A}$ 都存在，我们就把这个数 r 称为矩阵 $\mathbf{A}$ 的秩。

定义 17.15 矩阵 $\mathbf{A}$ 中不为零的子式的最高阶数 r 叫作这个矩阵的秩，记作 $R(\mathbf{A})=r$。

很明显，$R(\mathbf{A})$的大小不超过矩阵的行数及列数，即 $0\leqslant R(\mathbf{A})\leqslant\min(m, n)$。

例 17.26 求下列矩阵 $\mathbf{A}$ 的秩：

$$\mathbf{A}=\begin{pmatrix}1 & 2 & -1 & 5\\ 2 & -1 & 1 & 1\\ 4 & 3 & -1 & 11\end{pmatrix}$$

解 由于 $\mathbf{A}$ 是非零阵，因此直接考察二阶子式。

左上角的二阶子式 $\begin{vmatrix}1 & 2\\ 2 & -1\end{vmatrix}=-5\neq0$，此时其他二阶子式不需要考察，我们再一一考察它的所有三阶子式，即

$$\begin{vmatrix}1 & 2 & -1\\ 2 & -1 & 1\\ 4 & 3 & -1\end{vmatrix}=0,\quad \begin{vmatrix}1 & 2 & 5\\ 2 & -1 & 1\\ 4 & 3 & 11\end{vmatrix}=0,\quad \begin{vmatrix}1 & -1 & 5\\ 2 & 1 & 1\\ 4 & -1 & 11\end{vmatrix}=0,\quad \begin{vmatrix}2 & -1 & 5\\ -1 & 1 & 1\\ 3 & -1 & 11\end{vmatrix}=0$$

所有三阶子式皆为零，故 $R(\mathbf{A})=2$。

由例 17.26 我们可以看到，用定义确定一个矩阵的秩，往往计算量较大，尤其是当矩阵的行数、列数很大时，这种方法几乎是不可能实现的。

2) 初等变换求秩法

定理 17.4 矩阵经初等变换后，其秩不变。

根据定理，求矩阵 $\mathbf{A}$ 的秩时，我们可以先通过初等变换将它化为如下的阶梯形矩阵 $\boldsymbol{B}$：

$$\boldsymbol{B}=\begin{pmatrix}a_{11} & a_{12} & \cdots & a_{1r} & \cdots & a_{1n}\\ 0 & a_{22} & \cdots & a_{2r} & \cdots & a_{2n}\\ \vdots & \vdots & & \vdots & & \vdots\\ 0 & 0 & \cdots & a_{rr} & \cdots & a_{rn}\\ 0 & 0 & \cdots & 0 & \cdots & 0\\ \vdots & \vdots & & \vdots & & \vdots\\ 0 & 0 & \cdots & 0 & \cdots & 0\end{pmatrix}$$

其中，$a_{ii}\neq 0(i=1, 2, \cdots, r)$。

此时可以看出，$\boldsymbol{B}$ 的右上角的 r 阶子式：

$$\begin{vmatrix} a_{11} & a_{12} & \cdots & a_{1n} \\ & a_{22} & \cdots & a_{2n} \\ & & \ddots & \vdots \\ & & & a_{rr} \end{vmatrix}=a_{11}a_{22}\cdots a_{rr}\neq 0$$

而所有 $r+1$ 阶子式皆为零。因此 $R(\boldsymbol{A})=r$，即阶梯形矩阵中非零行的个数(阶梯层数)就是原矩阵的秩。

例 17.27 求矩阵 $\boldsymbol{A}$ 的秩：

$$\boldsymbol{A}=\begin{pmatrix} 1 & -2 & 1 & -4 & 2 \\ 4 & -7 & 4 & 4 & 5 \\ 0 & 1 & -1 & 3 & 1 \\ 2 & 4 & 3 & 1 & 0 \end{pmatrix}$$

解 对矩阵 $\boldsymbol{A}$ 进行行初等变换：

$$\boldsymbol{A}=\begin{pmatrix} 1 & -2 & 1 & -4 & 2 \\ 4 & -7 & 4 & 4 & 5 \\ 0 & 1 & -1 & 3 & 1 \\ 2 & 4 & 3 & 1 & 0 \end{pmatrix}\xrightarrow[r_4+(-2)r_1]{r_2+(-4)r_1}\begin{pmatrix} 1 & -2 & 1 & -4 & 2 \\ 0 & 1 & 0 & 20 & -3 \\ 0 & 1 & -1 & 3 & 1 \\ 0 & 8 & 1 & 9 & -4 \end{pmatrix}$$

$$\xrightarrow[r_4+(-8)r_2]{r_3+(-1)r_2}\begin{pmatrix} 1 & -2 & 1 & -4 & 2 \\ 0 & 1 & 0 & 20 & -3 \\ 0 & 0 & -1 & -17 & 4 \\ 0 & 0 & 1 & -151 & 20 \end{pmatrix}\xrightarrow{r_4+r_3}\begin{pmatrix} 1 & -2 & 1 & -4 & 2 \\ 0 & 1 & 0 & 20 & -3 \\ 0 & 0 & -1 & -17 & 4 \\ 0 & 0 & 0 & -168 & 24 \end{pmatrix}$$

所以 $R(\boldsymbol{A})=4$。

★练习 17.4

1. 用伴随矩阵法求下列矩阵的逆矩阵。

(1) $\begin{pmatrix} a & b \\ c & d \end{pmatrix}(ad-bc\neq 0)$；　　(2) $\begin{pmatrix} 5 & 6 \\ 7 & 8 \end{pmatrix}$；

(3) $\begin{pmatrix} 2 & 2 & 3 \\ 1 & -1 & 0 \\ -1 & 2 & 1 \end{pmatrix}$；　　(4) $\begin{pmatrix} 1 & -1 & 2 \\ 0 & 4 & -3 \\ 0 & 0 & 1 \end{pmatrix}$。

2. 解矩阵方程：

$$\begin{pmatrix} 1 & 1 \\ 1 & 2 \end{pmatrix}\begin{pmatrix} x_1 & x_2 \\ x_3 & x_4 \end{pmatrix}=\begin{pmatrix} -1 & 1 \\ 0 & 1 \end{pmatrix}$$

3. 用初等变换判定下列矩阵是否可逆，如可逆，求出其逆矩阵。

(1) $\begin{pmatrix} 1 & 3 & -5 & 7 \\ 0 & 1 & 2 & 3 \\ 0 & 0 & 1 & 2 \\ 0 & 0 & 0 & 1 \end{pmatrix}$；　　(2) $\begin{pmatrix} 1 & 2 & 3 & 4 \\ 0 & 2 & 3 & 4 \\ 0 & 0 & 3 & 4 \\ -1 & -2 & -3 & 4 \end{pmatrix}$。

4. 设 $\boldsymbol{A}=\begin{pmatrix}1&2&3&4\\-1&2&3&4\\-1&-2&3&4\\-1&-2&-3&4\end{pmatrix}$，$\boldsymbol{B}=\begin{pmatrix}1\\1\\1\\1\end{pmatrix}$。

(1) 求 $\boldsymbol{A}^{-1}$；

(2) 求解矩阵方程 $\boldsymbol{AX}=\boldsymbol{B}$。

5. 求下列矩阵的秩。

(1) $\begin{pmatrix}1&2&3\\2&4&6\\3&6&8\end{pmatrix}$；

(2) $\begin{pmatrix}1&1&1&1\\2&2&2&3\\3&3&3&4\end{pmatrix}$；

(3) $\begin{pmatrix}0&1&1&-1&2\\0&2&2&2&0\\0&-1&-1&1&1\\1&1&0&0&-1\end{pmatrix}$；

(4) $\begin{pmatrix}1&0&0&1&4\\0&1&0&2&5\\0&0&1&3&6\\1&2&3&14&32\\4&5&6&32&77\end{pmatrix}$。

17.5 线性方程组的求解问题

本节我们将通过使用矩阵这一有力工具，结合消元法，介绍一般线性方程组的求解方法。

1. 用逆矩阵解线性方程组

一个线性方程组，若它的方程的个数与未知数的个数相同，并且系数矩阵是可逆的，则可用逆矩阵求出其解。下面我们举例说明其解法。

例 17.28 用逆矩阵解线性方程组 $\begin{cases}x_1+2x_2+3x_3=5\\2x_1+2x_2+\ \ x_3=2\\x_1-2x_2-2x_3=-1\end{cases}$。

解 方程组的矩阵形式是 $\boldsymbol{AX}=\boldsymbol{B}$，即

$$\begin{pmatrix}1&2&3\\2&2&1\\1&-2&-2\end{pmatrix}\begin{pmatrix}x_1\\x_2\\x_3\end{pmatrix}=\begin{pmatrix}5\\2\\-1\end{pmatrix}$$

而系数矩阵对应的行列式：

$$|\boldsymbol{A}|=\begin{vmatrix}1&2&3\\2&2&1\\1&-2&-2\end{vmatrix}=-10\neq0$$

所以矩阵 $\mathbf{A}$ 的逆矩阵存在，于是

$$\begin{pmatrix}x_1\\x_2\\x_3\end{pmatrix}=\begin{pmatrix}1&2&3\\2&2&1\\1&-2&-2\end{pmatrix}^{-1}\begin{pmatrix}5\\2\\-1\end{pmatrix}=\begin{pmatrix}\frac{1}{5}&\frac{1}{5}&\frac{2}{5}\\-\frac{1}{2}&\frac{1}{2}&-\frac{1}{2}\\\frac{3}{5}&-\frac{2}{5}&\frac{1}{5}\end{pmatrix}\begin{pmatrix}5\\2\\-1\end{pmatrix}=\begin{pmatrix}1\\-1\\2\end{pmatrix}$$

根据矩阵相等的定义，得方程组的解为

$$x_1=1,\ x_2=-1,\ x_3=2$$

2. 用高斯消元法解线性方程组

设方程组：

$$\begin{cases}x_1+2x_2+3x_3=-7\\2x_1-x_2+2x_3=-8\\x_1+3x_2=7\end{cases}$$

的系数矩阵为

$$\boldsymbol{A}=\begin{pmatrix}1&2&3\\2&-1&2\\1&3&0\end{pmatrix}$$

方程组中的系数及常数项按原来位置写成矩阵：

$$\widetilde{\boldsymbol{A}}=\begin{pmatrix}1&2&3&-7\\2&-1&2&-8\\1&3&0&7\end{pmatrix}$$

$\widetilde{\boldsymbol{A}}$ 叫作方程组的增广矩阵。

现在用消元法解这个方程组，并观察增广矩阵 $\widetilde{\boldsymbol{A}}$ 相应的变化。

方程组的消元过程	增广矩阵 $\widetilde{\boldsymbol{A}}$ 的变化过程
$\begin{cases}x_1+2x_2+3x_3=-7\\2x_1-x_2+2x_3=-8\\x_1+3x_2=7\end{cases}$	$\begin{pmatrix}1&2&3&-7\\2&-1&2&-8\\1&3&0&7\end{pmatrix}\xrightarrow[r_3+(-1)r_1]{r_2+(-2)r_1}$
$\begin{cases}x_1+2x_2+3x_3=-7\\-5x_2-4x_3=6\\x_2-3x_3=14\end{cases}$	$\begin{pmatrix}1&2&3&-7\\0&-5&-4&6\\0&1&-3&14\end{pmatrix}\xrightarrow{r_2\leftrightarrow r_3}$
$\begin{cases}x_1+2x_2+3x_3=-7\\x_2-3x_3=14\\-5x_2-4x_3=6\end{cases}$	$\begin{pmatrix}1&2&3&-7\\0&1&-3&14\\0&-5&-4&6\end{pmatrix}\xrightarrow{r_3+5r_2}$
$\begin{cases}x_1+2x_2+3x_3=-7\\x_2-3x_3=14\\-19x_3=76\end{cases}$	$\begin{pmatrix}1&2&3&-7\\0&1&-3&14\\0&0&-19&76\end{pmatrix}\xrightarrow{-\frac{1}{19}r_3}$

$$\begin{cases}x_1+2x_2+3x_3=-7\\ x_2-3x_3=14\\ x_3=-4\end{cases}\qquad \begin{pmatrix}1&2&3&-7\\0&1&-3&14\\0&0&1&-4\end{pmatrix}\xrightarrow[r_1+(-3)r_3]{r_2+3r_3}$$

$$\begin{cases}x_1+2x_2=5\\ x_2=2\\ x_3=-4\end{cases}\qquad \begin{pmatrix}1&2&0&5\\0&1&0&2\\0&0&1&-4\end{pmatrix}\xrightarrow{r_1+(-2)r_2}$$

$$\begin{cases}x_1=1\\ x_2=2\\ x_3=-4\end{cases}\qquad \begin{pmatrix}1&0&0&1\\0&1&0&2\\0&0&1&-4\end{pmatrix}$$

得方程组的解为 $x_1=1$，$x_2=2$，$x_3=-4$。

从上述过程可以看出，对方程组同解变形实质上相当于对增广矩阵 $\tilde{\mathbf{A}}$ 施以行的初等变换，即经过行初等变换得到的矩阵所对应的方程组与原方程组同解。在行初等变换中达到消元的目的，从而求出方程组的解，这种消元法叫作高斯消元法。

一般地，设 n 元线性方程组为

$$\begin{cases}a_{11}x_1+a_{12}x_2+\cdots+a_{1n}x_n=b_1\\ a_{21}x_1+a_{22}x_2+\cdots+a_{2n}x_n=b_2\\ \qquad\vdots\\ a_{n1}x_1+a_{n2}x_2+\cdots+a_{nn}x_n=b_n\end{cases}$$

其增广矩阵为

$$\tilde{\mathbf{A}}=\begin{pmatrix}a_{11}&a_{12}&\cdots&a_{1n}&b_1\\a_{21}&a_{22}&\cdots&a_{2n}&b_2\\\vdots&\vdots&&\vdots&\vdots\\a_{n1}&a_{n2}&\cdots&a_{nn}&b_n\end{pmatrix}$$

若方程组的系数行列式 $|\mathbf{A}|\neq 0(R(\mathbf{A})=n)$，则 $\tilde{\mathbf{A}}$ 经过行初等变换，成为如下形式：

$$\begin{pmatrix}1&0&\cdots&0&c_1\\0&1&\cdots&0&c_2\\\vdots&\vdots&&\vdots&\vdots\\0&0&\cdots&1&c_n\end{pmatrix}$$

由此得方程组的唯一解为 $x_1=c_1$，…，$x_n=c_n$。

例 17.29　用矩阵的初等变换解方程组 $\begin{cases}2x_1-3x_2+x_3-x_4=3\\ 3x_1+x_2+x_3+x_4=0\\ 4x_1-x_2-x_3-x_4=7\\ -2x_1-x_2+x_3+x_4=-5\end{cases}$。

解

$$\tilde{\mathbf{A}}=\begin{pmatrix}2&-3&1&-1&3\\3&1&1&1&0\\4&-1&-1&-1&7\\-2&-1&1&1&-5\end{pmatrix}\xrightarrow{r_1\leftrightarrow r_2}\begin{pmatrix}3&1&1&1&0\\2&-3&1&-1&3\\4&-1&-1&-1&7\\-2&-1&1&1&-5\end{pmatrix}$$

$$\xrightarrow{r_1+r_3}\begin{pmatrix}7&0&0&0&7\\2&-3&1&-1&3\\4&-1&-1&-1&7\\-2&-1&1&1&-5\end{pmatrix}\xrightarrow{r_1\times\frac{1}{7}}\begin{pmatrix}1&0&0&0&1\\2&-3&1&-1&3\\4&-1&-1&-1&7\\-2&-1&1&1&-5\end{pmatrix}$$

$$\xrightarrow[r_4+2r_1]{\substack{r_2+(-2)r_1\\r_3+(-4)r_1}}\begin{pmatrix}1&0&0&0&1\\0&-3&1&-1&1\\0&-1&-1&-1&3\\0&-1&1&1&-3\end{pmatrix}\xrightarrow{r_4\times(-1)}\begin{pmatrix}1&0&0&0&1\\0&-3&1&-1&1\\0&-1&-1&-1&3\\0&1&-1&-1&3\end{pmatrix}$$

$$\xrightarrow{r_2\leftrightarrow r_4}\begin{pmatrix}1&0&0&0&1\\0&1&-1&-1&3\\0&-1&-1&-1&3\\0&-3&1&-1&1\end{pmatrix}\xrightarrow[r_4+3r_2]{r_3+r_2}\begin{pmatrix}1&0&0&0&1\\0&1&-1&-1&3\\0&0&-2&-2&6\\0&0&-2&-4&10\end{pmatrix}$$

$$\xrightarrow[r_4\times\left(-\frac{1}{2}\right)]{r_3\times\left(-\frac{1}{2}\right)}\begin{pmatrix}1&0&0&0&1\\0&1&-1&-1&3\\0&0&1&1&-3\\0&0&1&2&-5\end{pmatrix}\xrightarrow[r_4-r_3]{r_2+r_3}\begin{pmatrix}1&0&0&0&1\\0&1&0&0&0\\0&0&1&1&-3\\0&0&0&1&-2\end{pmatrix}$$

$$\xrightarrow{r_3+(-1)r_4}\begin{pmatrix}1&0&0&0&1\\0&1&0&0&0\\0&0&1&0&-1\\0&0&0&1&-2\end{pmatrix}$$

因此，方程组的解为 $x_1=1$，$x_2=0$，$x_3=-1$，$x_4=-2$。

3. 线性方程组解的判定

我们利用逆矩阵、高斯消元法以及克莱姆法则求解线性方程组时，有两个限制条件：一是线性方程组中方程的个数和未知数的个数必须相等；二是系数行列式不等于零(系数矩阵的秩等于未知数的个数)。现在讨论一般线性方程组的解的情况。

在含有 n 个未知数、m 个方程的线性方程组

$$\begin{cases}a_{11}x_1+a_{12}x_2+\cdots+a_{1n}x_n=b_1\\a_{21}x_1+a_{22}x_2+\cdots+a_{2n}x_n=b_2\\\qquad\qquad\vdots\\a_{m1}x_1+a_{m2}x_2+\cdots+a_{mn}x_n=b_m\end{cases}\tag{17-11}$$

中，若 b_1，b_2，…，b_m 不全为零，则称方程组(17-11)为非齐次线性方程组。若 b_1，b_2，…，b_m 全为零，则线性方程组

$$\begin{cases}a_{11}x_1+a_{12}x_2+\cdots+a_{1n}x_n=0\\a_{21}x_1+a_{22}x_2+\cdots+a_{2n}x_n=0\\\qquad\qquad\vdots\\a_{m1}x_1+a_{m2}x_2+\cdots+a_{mn}x_n=0\end{cases}\tag{17-12}$$

称为齐次线性方程组。

1) 非齐次线性方程组

定理 17.5 线性方程组(17-11)有解的充分必要条件是它的系数矩阵 $\boldsymbol{A}$ 与增广矩阵

$\widetilde{\mathbf{A}}$有相同的秩。

例 17.30　非齐次线性方程组：

$$\begin{cases}2x_1-x_2-x_3+x_4=1\\x_1+2x_2-x_3-2x_4=0\\3x_1+x_2-2x_3-x_4=2\end{cases}$$

是否有解？

解　$\widetilde{\mathbf{A}}=\begin{pmatrix}2&-1&-1&1&1\\1&2&-1&-2&0\\3&1&-2&-1&2\end{pmatrix}\xrightarrow{r_1\leftrightarrow r_2}\begin{pmatrix}1&2&-1&-2&0\\2&-1&-1&1&1\\3&1&-2&-1&2\end{pmatrix}$

$$\xrightarrow[r_3+(-3)r_1]{r_2+(-2)r_1}\begin{pmatrix}1&2&-1&-2&0\\0&-5&1&5&1\\0&-5&1&5&2\end{pmatrix}\xrightarrow{r_3+(-1)r_2}\begin{pmatrix}1&2&-1&-2&0\\0&-5&1&5&1\\0&0&0&0&1\end{pmatrix}$$

即 $R(\mathbf{A})=2$，$R(\widetilde{\mathbf{A}})=3$，$R(\mathbf{A})\neq R(\widetilde{\mathbf{A}})$。所以方程组无解。

如果非齐次线性方程组(17－11)有解，那么它的解是唯一的还是有无穷多个？下面的定理回答了这个问题。

定理 17.6　设在线性方程组(17－11)中，$R(\mathbf{A})=R(\widetilde{\mathbf{A}})=r$。

(1) 若 $r=n$，则方程组(17－11)有唯一解；

(2) 若 $r<n$，则方程组(17－11)有无穷多解。

例 17.31　解线性方程组$\begin{cases}x_1-x_2+2x_3=1\\x_1-2x_2-x_3=2\\3x_1-x_2+5x_3=3\\-2x_1+2x_2+3x_3=-4\end{cases}$。

解　因为

$$\widetilde{\mathbf{A}}=\begin{pmatrix}1&-1&2&1\\1&-2&-1&2\\3&-1&5&3\\-2&2&3&-4\end{pmatrix}\xrightarrow[r_4+2r_1]{\substack{r_2+(-1)r_1\\r_3+(-3)r_1}}\begin{pmatrix}1&-1&2&1\\0&-1&-3&1\\0&2&-1&0\\0&0&7&-2\end{pmatrix}$$

$$\xrightarrow{r_3+2r_2}\begin{pmatrix}1&-1&2&1\\0&-1&-3&1\\0&0&-7&2\\0&0&7&-2\end{pmatrix}\xrightarrow{r_4+r_3}\begin{pmatrix}1&-1&2&1\\0&-1&-3&1\\0&0&-7&2\\0&0&0&0\end{pmatrix}$$

由初等变换后的矩阵可知，$R(\mathbf{A})=R(\widetilde{\mathbf{A}})=3$(等于未知数的个数)，所以方程组有唯一解。对变换后的矩阵继续作初等变换：

$$\begin{pmatrix}1&-1&2&1\\0&-1&-3&1\\0&0&-7&2\\0&0&0&0\end{pmatrix}\xrightarrow[r_3\times\left(-\frac{1}{7}\right)]{r_2\times(-1)}\begin{pmatrix}1&-1&2&1\\0&1&3&-1\\0&0&1&-\frac{2}{7}\\0&0&0&0\end{pmatrix}\xrightarrow{r_1+r_2}\begin{pmatrix}1&0&5&0\\0&1&3&-1\\0&0&1&-\frac{2}{7}\\0&0&0&0\end{pmatrix}$$

$$\xrightarrow[r_2+(-3)r_3]{r_1+(-5)r_3}\begin{pmatrix}1&0&0&\frac{10}{7}\\0&1&0&-\frac{1}{7}\\0&0&1&-\frac{2}{7}\\0&0&0&0\end{pmatrix}$$

于是方程组的解为 $x_1=\frac{10}{7}$，$x_2=-\frac{1}{7}$，$x_3=-\frac{2}{7}$。

例 17.32　解线性方程组$\begin{cases}x_1+2x_2-3x_3=-11\\-x_1-x_2+2x_3=7\\2x_1-3x_2+x_3=6\\-3x_1+x_2+2x_3=5\end{cases}$。

解

$$\widetilde{\boldsymbol{A}}=\begin{pmatrix}1&2&-3&-11\\-1&-1&2&7\\2&-3&1&6\\-3&1&2&5\end{pmatrix}\xrightarrow[r_4+3r_1]{\substack{r_2+r_1\\r_3+(-2)r_1}}\begin{pmatrix}1&2&-3&-11\\0&1&-1&-4\\0&-7&7&28\\0&7&-7&-28\end{pmatrix}$$

$$\xrightarrow[r_4+(-7)r_2]{r_3+7r_2}\begin{pmatrix}1&2&-3&-11\\0&1&-1&-4\\0&0&0&0\\0&0&0&0\end{pmatrix}$$

由初等变换后的矩阵可知，$R(\boldsymbol{A})=R(\widetilde{\boldsymbol{A}})=2$（小于未知数的个数），所以方程组有无穷多解。继续进行初等行变换：

$$\begin{pmatrix}1&2&-3&-11\\0&1&-1&-4\\0&0&0&0\\0&0&0&0\end{pmatrix}\xrightarrow{r_1+(-2)r_2}\begin{pmatrix}1&0&-1&-3\\0&1&-1&-4\\0&0&0&0\\0&0&0&0\end{pmatrix}$$

该矩阵对应的方程组为

$$\begin{cases}x_1-x_3=-3\\x_2-x_3=-4\end{cases}$$

即

$$\begin{cases}x_1=x_3-3\\x_2=x_3-4\end{cases}$$

其中，x_3 可以取任意值，如果令 $x_3=c$，则方程组的一般解为

$$\begin{cases}x_1=c-3\\x_2=c-4\quad(c\text{ 为任意常数})\\x_3=c\end{cases}$$

例 17.33　问 k 取何值时，线性方程组：

$$\begin{cases} x_1+x_2+x_3=k \\ kx_1+x_2+x_3=1 \\ x_1+x_2+kx_3=1 \end{cases}$$

有解？试求其解。

解

$$\widetilde{\mathbf{A}}=\begin{pmatrix} 1 & 1 & 1 & k \\ k & 1 & 1 & 1 \\ 1 & 1 & k & 1 \end{pmatrix} \xrightarrow[r_3+(-1)r_1]{r_2+(-k)r_1} \begin{pmatrix} 1 & 1 & 1 & k \\ 0 & 1-k & 1-k & 1-k^2 \\ 0 & 0 & k-1 & 1-k \end{pmatrix}$$

当 $k\neq1$ 时，$R(\mathbf{A})=R(\widetilde{\mathbf{A}})=3$，方程组有唯一解。继续进行初等行变换：

$$\begin{pmatrix} 1 & 1 & 1 & k \\ 0 & 1-k & 1-k & 1-k^2 \\ 0 & 0 & k-1 & 1-k \end{pmatrix} \xrightarrow[r_3\times\frac{1}{k-1}]{r_2\times\frac{1}{1-k}} \begin{pmatrix} 1 & 1 & 1 & k \\ 0 & 1 & 1 & 1+k \\ 0 & 0 & 1 & -1 \end{pmatrix} \xrightarrow{r_1+(-1)r_2} \begin{pmatrix} 1 & 0 & 0 & -1 \\ 0 & 1 & 1 & 1+k \\ 0 & 0 & 1 & -1 \end{pmatrix}$$

$$\xrightarrow{r_2+(-1)r_3} \begin{pmatrix} 1 & 0 & 0 & -1 \\ 0 & 1 & 0 & 2+k \\ 0 & 0 & 1 & -1 \end{pmatrix}$$

于是，方程组的解为

$$\begin{cases} x_1=-1 \\ x_2=k+2 \\ x_3=-1 \end{cases}$$

当 $k=1$ 时，$R(\mathbf{A})=R(\widetilde{\mathbf{A}})=1<3$，方程组有无穷多解。设 $x_2=c_1$，$x_3=c_2$（c_1，c_2 为任意常数），得到方程的解为

$$\begin{cases} x_1=1-c_1-c_2 \\ x_2=c_1 \\ x_3=c_2 \end{cases}$$

例 17.34　问 a，b 取何值时，方程组：

$$\begin{cases} x_1+2x_3=-1 \\ -x_1+x_2-3x_3=2 \\ 2x_1-x_2+ax_3=b \end{cases}$$

有唯一解？有无穷多解或无解？

解　因为

$$\widetilde{\mathbf{A}}=\begin{pmatrix} 1 & 0 & 2 & -1 \\ -1 & 1 & -3 & 2 \\ 2 & -1 & a & b \end{pmatrix} \xrightarrow[r_3+(-2)r_1]{r_2+r_1} \begin{pmatrix} 1 & 0 & 2 & -1 \\ 0 & 1 & -1 & 1 \\ 0 & -1 & a-4 & b+2 \end{pmatrix}$$

$$\xrightarrow{r_3+r_2} \begin{pmatrix} 1 & 0 & 2 & -1 \\ 0 & 1 & -1 & 1 \\ 0 & 0 & a-5 & b+3 \end{pmatrix}$$

所以，当 $a\neq5$ 且 $b\neq-3$ 时，$R(\mathbf{A})=R(\widetilde{\mathbf{A}})=3$，方程组有唯一解；当 $a=5$ 且 $b=-3$ 时，$R(\mathbf{A})=R(\widetilde{\mathbf{A}})=2<3$，此时方程组有无穷多解；当 $a=5$ 而 $b\neq-3$ 时，$R(\mathbf{A})=2$，$R(\widetilde{\mathbf{A}})$

$=3$，方程组无解。

2）齐次线性方程组

显然，齐次线性方程组(17－12)的增广矩阵和系数矩阵的秩是相等的，因此根据定理 17.5 可知，齐次线性方程组总是有解的。根据定理 17.6 可以得出以下定理。

定理 17.7　设在齐次线性方程组(17－12)中，$R(\mathbf{A})=r$。

(1) 若 $r=n$，则方程组只有零解；

(2) 若 $r<n$，则方程组有无穷多非零解。

例 17.35　解齐次线性方程组 $\begin{cases} x_1+x_2-x_3=0 \\ x_2+x_3=0 \\ x_1-2x_2+3x_3=0 \end{cases}$。

解

$$\widetilde{\mathbf{A}}=\begin{pmatrix} 1 & 1 & -1 & 0 \\ 0 & 1 & 1 & 0 \\ 1 & -2 & 3 & 0 \end{pmatrix} \xrightarrow{r_3+(-1)r_1} \begin{pmatrix} 1 & 1 & -1 & 0 \\ 0 & 1 & 1 & 0 \\ 0 & -3 & 4 & 0 \end{pmatrix}$$

$$\xrightarrow[r_1+(-1)r_2]{r_3+3r_2} \begin{pmatrix} 1 & 0 & -2 & 0 \\ 0 & 1 & 1 & 0 \\ 0 & 0 & 7 & 0 \end{pmatrix} \xrightarrow{r_3\times\frac{1}{7}} \begin{pmatrix} 1 & 0 & -2 & 0 \\ 0 & 1 & 1 & 0 \\ 0 & 0 & 1 & 0 \end{pmatrix}$$

$$\xrightarrow[r_2+(-1)r_3]{r_1+2r_3} \begin{pmatrix} 1 & 0 & 0 & 0 \\ 0 & 1 & 0 & 0 \\ 0 & 0 & 1 & 0 \end{pmatrix}$$

即 $x_1=x_2=x_3=0$ 为方程组的解。

从此例的求解过程中我们可以看到，由于齐次线性方程组的增广矩阵的最后一列全为 0，因此用初等变换化简 $\widetilde{\mathbf{A}}$ 与直接化简系数矩阵 $\mathbf{A}$ 的效果是相同的。

★练习 17.5

1. 分别用逆矩阵和高斯消元法解方程组。

(1) $\begin{cases} x_1+x_2+x_3=1 \\ x_2+2x_3=1 \\ 5x_1+2x_2+5x_3=2 \end{cases}$；　　(2) $\begin{cases} x_1+x_2+x_3=1 \\ 2x_1+x_2-x_3=2 \\ x_2+x_3=0 \end{cases}$。

2. 判定下列方程组是否有解，若有解，求出它们的解。

(1) $\begin{cases} 3x_1-2x_2+2x_3+x_4=1 \\ x_1+x_2-x_3-x_4=2 \\ 2x_1-x_2+3x_3=-1 \end{cases}$；　　(2) $\begin{cases} 2x_1+x_2-x_3-8x_4=-1 \\ x_1+x_2+x_3-5x_4=2 \\ x_1+2x_2-3x_3=-7 \end{cases}$；

(3) $\begin{cases} 2x_1-x_2+3x_3=2 \\ 3x_1+x_2-5x_3=0 \\ 4x_1-x_2+x_3=3 \\ x_1+3x_2-13x_3=-6 \end{cases}$。

3. 当 a、b 取何值时，下列线性方程组有唯一解？无穷多解？无解？

$$\begin{cases} x_1+3x_2+2x_3=0 \\ 2x_1+5x_2+3x_3=2 \\ -x_1+2x_2+ax_3=b \end{cases}$$

4. 求解下列齐次线性方程组。

(1) $\begin{cases} x_1+2x_2+3x_3=0 \\ 2x_1+3x_2+x_3=0 \\ x_1+x_2-2x_3=0 \\ 3x_1+5x_2+4x_3=0 \end{cases}$；　(2) $\begin{cases} x_1+x_2-x_3-x_4=0 \\ 2x_1-x_2+4x_3-5x_4=0 \\ x_1+2x_2-3x_3=0 \\ -x_1+x_2-3x_3+3x_4=0 \end{cases}$。

5. 当 a 取何值时，下列齐次线性方程组只有零解？有非零解？试求解。

$$\begin{cases} x_1-2x_2+x_3-x_4=0 \\ 2x_1+x_2-x_3+x_4=0 \\ x_1+7x_2-5x_3+5x_4=0 \\ 3x_1-x_2-2x_3-ax_4=0 \end{cases}$$

习　题　17

1. 填空题。

(1) $\begin{vmatrix} 2 & 0 & 0 \\ 0 & a & b \\ 0 & c & d \end{vmatrix}+\begin{vmatrix} 0 & 2 & 0 \\ a & 0 & b \\ c & 0 & d \end{vmatrix}=$________。

(2) 若 $\boldsymbol{A}=(0\quad 1)$，$\boldsymbol{B}=\begin{pmatrix} 0 \\ 1 \end{pmatrix}$，则 $\boldsymbol{AB}=$________，$\boldsymbol{BA}=$________。

(3) $\begin{vmatrix} 2 & 0 & 0 \\ 0 & a & b \\ 1 & 2 & 3 \end{vmatrix}$中元素 b 的余子式和代数余子式分别是________和________。

(4) $\begin{vmatrix} 1 & a_{12} & \cdots & a_{1n} \\ 0 & 2 & \cdots & a_{2n} \\ \vdots & \vdots & & \vdots \\ 0 & 0 & \cdots & n \end{vmatrix}=$________。

2. 选择题。

(1) 下列命题中正确的是(　　)。

A. 若行列式 D 中任一行(列)不为零，则 $D=0$

B. 若行列式 $D=0$，则 D 中所有元素都为零

C. 若行列式 D 中有两行(列)元素对应成比例，则行列式 $D=0$

D. 交换行列式的某两行(列)，行列式的值不变

(2) $\begin{vmatrix} \sin\theta & -\cos\theta \\ \cos\theta & \sin\theta \end{vmatrix}=$(　　)。

A. −1　　B. 0　　C. 1　　D. 随 θ 的变化而变化

（3）设矩阵 $\boldsymbol{A}=\begin{pmatrix}1&0&0\\0&1&0\\0&0&1\end{pmatrix}$，则矩阵 $\boldsymbol{A}$ 为（　　）。

A. 单位矩阵　　B. 三角矩阵　　C. 对角矩阵　　D. 零矩阵

3．计算题。

（1）计算行列式。

① $\begin{vmatrix}2&0&2\cos\alpha\\0&2&0\\2\cos\alpha&0&2\end{vmatrix}$；　　② $\begin{vmatrix}1&4&9&16\\4&9&16&25\\9&16&25&36\\16&25&36&49\end{vmatrix}$；

③ $\begin{vmatrix}1&1&1&1\\a&x&b&b\\b&b&x&c\\c&c&c&x\end{vmatrix}$；　　④ $\begin{vmatrix}1&2&4&8\\1&3&9&27\\1&4&16&64\\1&5&25&125\end{vmatrix}$；

⑤ $\begin{vmatrix}1&2&3&4&5\\-1&0&3&4&5\\-1&-2&0&4&5\\-1&-2&-3&0&5\\-1&-2&-3&-4&0\end{vmatrix}$。

（2）求证。

① $\begin{vmatrix}a-b-c&2a&2a\\2b&b-c-a&2b\\2c&2c&c-b-a\end{vmatrix}=(a+b+c)^3$；

② $\begin{vmatrix}\cos(\alpha-\beta)&\sin\alpha&\cos\alpha\\\sin(\alpha+\beta)&\cos\alpha&\sin\alpha\\1&\sin\beta&\cos\beta\end{vmatrix}=0$。

（3）已知△ABC 的三个顶点坐标分别为 $A(x_1, y_1)$、$B(x_2, y_2)$、$C(x_3, y_3)$，求证△ABC 的面积为 $\frac{1}{2}\begin{vmatrix}x_1&y_1&1\\x_2&y_2&1\\x_3&y_3&1\end{vmatrix}$。

（4）求下列矩阵的逆矩阵。

① $\begin{pmatrix}1&2&-1\\3&5&0\\-1&0&0\end{pmatrix}$；　　② $\begin{pmatrix}1&m&m\\m&1&1\\m&m&1\end{pmatrix}$；

③ $\begin{pmatrix}1&-1&1&1\\-1&0&-1&0\\1&-1&1&0\\1&0&0&2\end{pmatrix}$。

(5) 解矩阵方程。

① $\begin{pmatrix}2 & 1\\3 & 2\end{pmatrix}\boldsymbol{X}\begin{pmatrix}-3 & 2\\5 & -3\end{pmatrix}=\begin{pmatrix}-2 & 4\\3 & -1\end{pmatrix}$;

② $\begin{bmatrix}0 & 1 & 0\\1 & 0 & 0\\0 & 0 & 1\end{bmatrix}\boldsymbol{X}\begin{bmatrix}1 & 0 & 0\\0 & 0 & 1\\0 & 1 & 0\end{bmatrix}=\begin{bmatrix}1 & -4 & 3\\2 & 0 & -1\\1 & -2 & 0\end{bmatrix}$。

(6) 解下列各线性方程组。

① $\begin{cases}x+3y+z=5\\x+y+5z=-7\\2x+3y-3z=14\end{cases}$;　　② $\begin{cases}3x_1+2x_2=1\\x_1+3x_2+2x_3=0\\x_2+3x_3+2x_4=0\\x_3+3x_4=-2\end{cases}$。

(7) 当 a、b 取什么值时，方程组：

$$\begin{cases}x_1+2x_2+3x_3=6\\2x_1+3x_2+x_3=-1\\x_1+x_2+ax_3=-7\\3x_1+5x_2+4x_3=b\end{cases}$$

有解，并求出它的解。

参考文献

[1] 同济大学应用数学系. 高等数学. 5 版. 北京：高等教育出版社，2002.

[2] 刘严，丁平. 新编高等数学. 4 版. 大连：大连理工大学出版社，2004.

[3] 侯风波. 高等数学. 2 版. 北京：高等教育出版社，2003.

[4] 白福志. 高等数学. 北京：机械工业出版社，1994.

[5] 王化久. 高等数学. 2 版. 北京：机械工业大学出版社，2004.

[6] 高汝熹. 高等数学. 2 版. 武汉：武汉大学出版社，2000.

[7] 盛祥耀. 高等数学. 3 版. 北京：高等教育出版社，2004.

[8] 李天然. 工程数学. 北京：高等教育出版社，2002.

[9] 宣立新，朱卓宇. 实用工程数学. 北京：高等教育出版社，2003.

[10] 林益. 工程数学. 北京：高等教育出版社，2003.

[11] 李凤香，程敬松. 新编经济实用数学. 4 版. 大连：大连理工大学出版社，2005.